Roboterwesen

Matthias Paul Scholz

Roboterwesen

bauen und programmieren

Ein Einstieg in LEGO® MINDSTORMS® NXT

mitp

Bibliografische Information der Deutschen Nationalbibliothek
Die Deutsche Nationalbibliothek verzeichnet diese Publikation in der Deutschen Nationalbibliografie; detaillierte bibliografische Daten sind im Internet über <http://dnb.d-nb.de> abrufbar.

Bei der Herstellung des Werkes haben wir uns zukunftsbewusst für umweltverträgliche und wiederverwertbare Materialien entschieden. Der Inhalt ist auf elementar chlorfreiem Papier gedruckt.

ISBN 978-3-8266-9446-2
Neuauflage der ISBN 978-3-8266-9101-0
2. Auflage 2012

E-Mail: kundenbetreuung@hjr-verlag.de

Telefon: +49 6221/489-555
Telefax: +49 6221/489-410

www.mitp.de

Lektorat: Sabine Schulz
Korrektorat: Manfred Buchholz
Satz: III-satz, Husby, www.drei-satz.de
Druck: Kessler Druck + Medien, Bobingen

In memoriam
Prof. Dr. Valentin Braitenberg
(1926–2011),
dessen Arbeiten mich zu diesem Buch angeregt haben

Inhaltsverzeichnis

Einleitung 13

I **LEGO MINDSTORMS NXT** 21
I.I Die Geburt von LEGO MINDSTORMS 21
I.2 Der NXT 22
I.3 Retail- und Education-Edition 24
I.4 Die Komponenten des NXT-Sets 25
I.4.I Der NXT-Stein 25
I.4.2 Die Motoren 28
I.4.3 Die Sensoren 29
I.4.4 Die nicht elektronischen Teile des NXT-Sets 32
I.5 Zusammenfassung 41
I.6 Anregungen 41

2 **Die Programmierung des NXT** 43
2.I Schreiben des Programms 44
2.I.I Die LEGO MINDSTORMS NXT Software 44
2.I.2 NXT-G 44
2.I.3 Die Entwicklungsumgebung 47
2.2 Laden des Programms auf den NXT-Stein 51
2.2.I USB-Verbindung 51
2.2.2 Bluetooth-Verbindung 51
2.2.3 Herunterladen des Programms über das Kontrollzentrum 53
2.3 Ausführen des Programms auf dem NXT-Stein 57
2.4 Zusammenfassung 57
2.5 Anregungen 58

3 **Der Streuner: Umherwandern** 59
3.I Mechanische Komponenten 60
3.2 Die Bauanleitung 61
3.2.I Benötigte Teile 61
3.2.2 Schritt für Schritt 61

3.3 Das Programm 80
3.3.1 Entwurf der allgemeinen Struktur 80
3.3.2 Technische Umsetzung als NXT-G-Programm 81
3.4 Das Verhalten von Streuner 87
3.5 Zusammenfassung 88
3.6 Anregungen 89

4 Der Zyklop: Wahrnehmung 91
4.1 Mechanische Komponenten 92
4.1.1 Lenkbarkeit 93
4.2 Die Bauanleitung 94
4.2.1 Benötigte Teile 94
4.2.2 Schritt für Schritt 96
4.3 Das Programm 115
4.3.1 Entwurf der allgemeinen Struktur 115
4.4 Das Verhalten des Zyklopen 128
4.4.1 Interpretation 129
4.5 Zusammenfassung 129
4.6 Anregungen 130

5 Der Kriecher: Scheu und Misstrauen 131
5.1 Mechanische Komponenten 132
5.1.1 Die Kriechsohle 132
5.1.2 Die Vorrichtung zum Ändern der Bewegungsrichtung 133
5.1.3 Die Fühler 134
5.2 Die Bauanleitung 135
5.2.1 Benötigte Teile 135
5.2.2 Schritt für Schritt 136
5.3 Das Programm 164
5.3.1 Entwurf der allgemeinen Struktur 164
5.3.2 Technische Umsetzung als NXT-G-Programm 166
5.4 Das Verhalten des Kriechers 176
5.4.1 Interpretation 176
5.5 Zusammenfassung 177
5.6 Anregungen 177

6 Der Sucher: Neugier und Vorsicht 179
6.1 Mechanische Komponenten 180
6.1.1 Der bewegliche Kopf 180
6.1.2 Die lenkbaren Vorderräder 181

6.2 Die Bauanleitung ... 182
6.2.1 Benötigte Teile ... 182
6.2.2 Schritt für Schritt ... 183
6.3 Das Programm ... 204
6.3.1 Entwurf der allgemeinen Struktur ... 204
6.3.2 Technische Umsetzung als NXT-G-Programm ... 206
6.4 Das Verhalten des Suchers ... 222
6.4.1 Interpretation ... 222
6.5 Zusammenfassung ... 223
6.6 Anregungen ... 223

7 Der Krabbler: Das Gehen auf Beinen ... 225
7.1 Mechanische Komponenten ... 226
7.1.1 Antrieb ... 227
7.1.2 Synchronisation ... 228
7.2 Die Bauanleitung ... 230
7.2.1 Benötigte Teile ... 230
7.2.2 Schritt für Schritt ... 230
7.3 Das Programm ... 258
7.3.1 Entwurf der allgemeinen Struktur ... 258
7.3.2 Technische Umsetzung als NXT-G-Programm ... 259
7.4 Das Verhalten des Krabblers ... 266
7.4.1 Interpretation ... 267
7.5 Zusammenfassung ... 267
7.6 Anregungen ... 268

8 Der Wächter: Zweibeinigkeit ... 269
8.1 Etwas Schwerpunkt-Theorie ... 269
8.2 Mechanische Komponenten ... 272
8.2.1 Der externe NXT-Stein ... 272
8.2.2 Der zweibeinige Bewegungsapparat ... 273
8.2.3 Die Werfer-Vorrichtung ... 274
8.3 Die Bauanleitung ... 275
8.3.1 Benötigte Teile ... 275
8.3.2 Schritt für Schritt ... 276
8.4 Das Programm ... 309
8.4.1 Entwurf der allgemeinen Struktur ... 309
8.4.2 Technische Umsetzung als NXT-G-Programm ... 310

8.5 Das Verhalten des Wächters ... 316
8.5.1 Interpretation ... 317
8.6 Zusammenfassung ... 317
8.7 Anregungen ... 318

9 Schwarmwesen: Roboterkommunikation ... 319
9.1 Mechanische Komponenten ... 321
9.1.1 Das Fahrwerk ... 321
9.1.2 Der Kopf ... 322
9.2 Die Bauanleitung ... 323
9.2.1 Benötigte Teile ... 323
9.2.2 Schritt für Schritt ... 324
9.3 Das Programm ... 341
9.3.1 Entwurf der allgemeinen Struktur ... 341
9.3.2 Technische Umsetzung als NXT-G-Programme ... 343
9.4 Verbinden der beiden Wesen über Bluetooth ... 356
9.4.1 Herren und Sklaven ... 356
9.4.2 Sich bekannt machen ... 357
9.5 Das Verhalten der Schwarmwesen ... 358
9.5.1 Interpretation ... 359
9.6 Fernsteuerung ... 359
9.6.1 Das Fernsteuerungswerkzeug ... 360
9.6.2 Konfiguration ... 361
9.6.3 Fernsteuern des Roboters ... 362
9.7 Zusammenfassung ... 362
9.8 Anregungen ... 362

A Hinweise zu den Anregungen ... 365
A.1 Streuner ... 365
A.2 Zyklop ... 365
A.3 Kriecher ... 366
A.4 Sucher ... 367
A.5 Krabbler ... 367
A.6 Wächter ... 368
A.7 Schwarmwesen ... 369

B Ressourcen 371
B.1 Bücher 371
B.2 Web-Links 372
B.2.1 Die Seiten zum Buch 372
B.2.2 Allgemeine Seiten zu LEGO MINDSTORMS NXT 372
B.2.3 Blogs und Foren 374
B.2.4 Onlineshops 374
B.3 Design-Werkzeuge 375

C Alternative Programmierumgebungen 377
C.1 leJOS NXJ 378
C.2 NXC 378
C.3 pbLua 379
C.4 RobotC 379

D Weitere Sensoren 381
D.1 LEGO Group 381
D.2 HiTechnic 382
D.3 Mindsensors 383
D.4 dexter industries 384
D.5 Codatex 384

E Fragen und Antworten zur Entwicklungsumgebung 385
E.1 Verwaltung des NXT-Steins 385
E.2 Verwaltung von Programmen 386
E.3 Bearbeiten von Programmelementen 387
E.4 Datenknoten und -leitungen 388
E.5 Variablen 389

F Glossar 391

Stichwortverzeichnis 395

Einleitung

Was du mir sagst, das vergesse ich.
Was du mir zeigst, daran erinnere ich mich.
Was du mich tun lässt, das verstehe ich.

Kung Fu Tse

An wen richtet sich dieses Buch?

Dieses Buch ist eine Einführung in LEGO MINDSTORMS NXT. Es erschließt dem Leser von Grund auf den Bau und die Programmierung von Robotern, die sich mit einem Set der zweiten Generation dieses Systems realisieren lassen. Es richtet sich somit vorrangig an drei Kreise von Lesern:

- Einsteiger in LEGO MINDSTORMS NXT, also Menschen, die sich das erste Mal mit dem System beschäftigen, weil sie zum Beispiel ein Set gekauft oder geschenkt bekommen haben.
- Lehrerinnen und Lehrer, die nach einem Buch für den Unterricht in ihrer naturwissenschaftlich-technischen Klasse suchen, bei dem sie eines oder mehrere Sets aus der Reihe LEGO MINDSTORMS NXT nutzen wollen.
- Anwender von LEGO MINDSTORMS NXT, die bereits erste Erfahrungen damit gesammelt haben und jetzt nach einer Erweiterung ihrer Kenntnisse sowie nach neuen Konzepten und Ideen suchen, die sie mit ihrem Set umsetzen können.

Für all diese Gruppen ist das vorliegende Buch durch seinen didaktischen Aufbau, seine Mischung aus theoretischen und praktischen Aspekten und seinem Fokus auf Roboter, die alle jeweils mit einem einzigen NXT-Set der Version 2 gebaut werden können, eine gute Wahl.

Was kann man von diesem Buch erwarten und was nicht?

Das vorliegende Buch soll den Leser in die Lage versetzen, mit LEGO MINDSTORMS NXT eigene fortgeschrittene Roboter zu entwerfen, zu bauen und zu programmieren. Dazu werden ihm oder ihr nicht nur die entsprechenden theoretischen und praktischen Grundlagen vermittelt, sondern auch die Kenntnis und das Verständnis der wichtigen Bau- und Programmierkonzepte und deren Anwendung. Darüber hinaus wird der aufmerksame Leser mit dem in diesem Buch vermittelten Handwerkszeug in der Lage sein, die nächsten Schritte auf dem Weg zur Erforschung des MINDSTORMS-Roboter-Universums selbstständig zu unternehmen und sich auch fortgeschrittenen Themen zuzuwenden.

Naturgemäß jedoch kann ein Einführungsbuch nicht alle Aspekte einer derart umfangreichen Plattform wie LEGO MINDSTORMS NXT abdecken, nicht nur aus Platzgründen, sondern auch, weil dies einen Einsteiger überfordern würde.

So kann dieses Buch keine Referenz oder ein Programmierhandbuch für die vom Set offiziell unterstützte Sprache NXT-G sein, das sämtliche Sprachkonstrukte abdeckt und vertieft behandelt. Hier muss auf andere spezialisierte Publikationen verwiesen werden, etwa das Buch *Roboter bauen und programmieren mit LEGO MINDSTORMS NXT-G* von Daniel Braun aus demselben Verlag wie das vorliegende.

Voraussetzungen

Um Nutzen aus diesem Buch zu ziehen, muss ein Leser weder über Vorkenntnisse in der Robotik noch über solche im Bereich der MINDSTORMS-Serie verfügen. Auch Programmierkenntnisse werden nicht vorausgesetzt.

Es ist zwar hilfreich, wenn ein Leser Erfahrungen in einem dieser Bereiche besitzt oder wenn er oder sie bereits einmal ein Set aus der TECHNIC-Reihe von LEGO gebaut hat, notwendig ist es für das Verständnis der einzelnen Kapitel aber nicht. Das vorliegende Buch führt all das schrittweise und von Grund auf ein, was nötig ist, um interessante Roboter mit LEGO MINDSTORMS nicht nur zu bauen und zu programmieren, sondern auch die wichtigen Konzepte zu verstehen, die diesem Set zugrunde liegen.

Alles, was der Leser neben diesem Buch dazu benötigt, ist mindestens ein Set der Retail-Edition in Version 2.0 von LEGO MINDSTORMS NXT (Set #8547). Alternativ können alle Modelle auch mit der Education-Edition (Set #9797) in Verbindung mit dem Resource-Set (Set #6948) gebaut werden. Da alle Bauanleitungen auf die Version 2 der Retail-Edition abgestimmt sind, wird an den Stellen, wo bei Verwendung der Education-Edition abweichende Teile verwendet werden müssen, explizit darauf hingewiesen.

Daneben ist für die Programmierung der Roboter auch ein Computer erforderlich, auf dem sich die im Set enthaltene LEGO MINDSTORMS NXT Software installieren lässt. Insbesondere muss der Computer dazu über ein geeignetes Betriebssystem verfügen, das heißt Windows XP, Windows Vista, Windows 7 oder Mac OSX.

Aufbau des Buchs

Als Einführung in LEGO MINDSTORMS NXT, die den Leser von Grund auf in die Materie einführt und ihn dazu befähigen soll, nach Durcharbeiten der Kapitel selbstständig NXT-Roboter bauen und programmieren zu können, ist das vorliegende Buch als praktisches Lehrbuch strukturiert: Beginnend bei den Grundlagen werden im Verlauf des Buchs nacheinander die verschiedenen Konzepte und Möglichkeiten des Sets in einer Mischung aus theoretischen Erläuterungen und praktischen Anwendungen eingeführt. Dabei ist jedes Roboter-Kapitel in sich abgeschlossen in dem Sinn, dass der Leser an seinem Ende einen voll funktionsfähigen Roboter gebaut und programmiert hat, wodurch es dem Leser ein eigenes Erfolgserlebnis bietet. Das Buch setzt dabei weniger auf die Vermittlung von möglichst erschöpfender Theorie, sondern folgt der Erkenntnis, dass man das am besten lernt, was man im wahrsten Sinn des Wortes »begriffen« hat. Für Roboter bedeutet das: was man selbst gebaut und zum Laufen gebracht hat.

Das Buch richtet sich dabei an einem roten Faden aus, nämlich der Simulation von Verhalten in mobilen mechanischen Wesen. Innerhalb dieses allgemeinen Kontextes beschäftigt sich jedes Kapitel mit einem bestimmten Aspekt der Robotik und setzt ihn mit dem jeweiligen Roboter um: von einfacher Fortbewegung über die Wahrnehmung der Umgebung bis hin zu komplexen Verhaltensweisen, die beim Betrachter bereits die Illusion von »denkenden« Robotern erzeugen. Dabei nimmt im Verlauf des Buchs nicht nur die Komplexität und Leistungsfähigkeit der einzelnen Roboter ständig zu, sondern auch deren Vielfalt sowie die Anzahl der Themen aus der Robotik, die beleuchtet werden. Ich gehe davon aus, dass dadurch sowohl der Lerneffekt als auch der Spaßfaktor bis zum Schluss des Buchs erhalten bleiben.

Es liegt nahe, dass bei diesem Ansatz jedes Kapitel auf die vorhergehenden aufbaut. Das Buch sollte daher von vorne nach hinten durchgearbeitet werden. Auch wenn es sich lohnt und von mir angeraten wird, muss dabei doch nicht jeder Roboter sofort wirklich gebaut werden. Es ist aber auf jeden Fall wichtig, die verwendeten neuen Programmierkonzepte zu studieren und zu verstehen, bevor man sich dem nächsten Kapitel zuwendet.

Am Ende jedes Kapitels finden sich Anregungen und Aufgabenstellungen, die sowohl auf eigene weitere Gedanken zum behandelten Thema führen als auch nächste Schritte vorstellen, mit denen der Leser seinen gerade gebauten Roboter erweitern kann. In einem Anhang am Ende des Buches werden, wo es angemessen erscheint, zu diesen Anregungen Lösungsvorschläge und -hinweise unterbreitet.

Im ersten Kapitel werden die Grundlagen von LEGO MINDSTORMS NXT diskutiert: Der Leser erfährt, worum es sich dabei überhaupt handelt, welche Komponenten das System hat und wozu diese gut sind.

Kapitel 2 konzentriert sich auf das Thema »Programmierung«. Die offizielle, im Set enthaltene Software wird vorgestellt, die Entwicklungsumgebung erklärt und die grundlegenden Konzepte der Programmiersprache NXT-G eingeführt.

Das dritte Kapitel ist das erste Kapitel, in dem ein Roboter entworfen, gebaut und programmiert wird: Es handelt sich dabei um einen mobilen Roboter, der sich mittels eines Kettenantriebs umherbewegt und ein erstes, ganz einfaches Verhalten zeigt. Der Leser lernt hier, die NXT-Motoren zu verwenden und ein erstes Roboterprogramm zu entwerfen und zu implementieren.

Im Kapitel 4 bauen wir den ersten Roboter, der sich auf Rädern fortbewegt. Wir erlernen die Verwendung des ersten Sensors und damit eine einfache Interaktion mit der Umgebung. Auf der Seite der Programmierung machen wir unter anderem erste Erfahrungen mit Variablen und mathematischen Operationen.

Im folgenden Kapitel lernt der Leser eine weitere Art der Fortbewegung für Roboter kennen, das Kriechen, und er nutzt das erste Mal die Berührungssensoren, um Hindernisse zu erkennen und ihnen auszuweichen.

Kapitel 6 führt einen Automobil-ähnlichen Roboter ein. Hier nutzt der Leser den Ultraschallsensor zur berührungsfreien Wahrnehmung von Objekten und implementiert ein komplexes, stark strukturiertes Programm, in dem bereits die meisten wichtigen Konzepte der Software Verwendung finden.

Im Kapitel 7 konzentrieren wir uns auf die Fortbewegung auf Beinen und bauen einen sechsbeinigen Laufroboter.

Im Kapitel 8 beschäftigt sich der Leser eingehend mit der anspruchsvollen Theorie und Praxis des zweibeinigen Gehens. Wir bauen und programmieren einen Roboter, der nicht nur auf zwei Beinen umhergehen und »sprechen« kann, sondern auch über eine Schussvorrichtung verfügt.

Das abschließende Kapitel 9 führt uns in die faszinierende Welt der Roboterschwärme ein. Wir bauen zwei Schwarmwesen, die über eine drahtlose Verbindung miteinander kommunizieren. Dies ist dann auch das einzige Kapitel, für das wir zwei NXT-Sets benötigen. Aber auch für Leser mit nur einem einzigen Set ist das Kapitel von Interesse, da wir uns hier außerdem mit der Fernsteuerung eines NXT-Roboters vom Computer aus beschäftigen.

Der anschließende Ausblick gibt dem Leser noch einmal Anregungen für die nächsten Schritte, die er im Anschluss an die Lektüre des vorliegenden Buchs auf seinem weiteren Weg in die Welt der Robotik mit LEGO MINDSTORMS NXT unternehmen kann.

In den Anhängen erhält der Leser nicht nur Hinweise auf weitere leistungsfähige Programmierumgebungen, die ihm neben der offiziellen Software zur Verfügung stehen, sondern auch zu Büchern und Webseiten, die eine überwältigende Fülle an Informationen zum Thema LEGO MINDSTORMS NXT bieten. Außerdem findet er dort Hilfestellungen zu den Anregungen und Aufgaben in den einzelnen Kapiteln und eine Übersicht über weitere Arten von Sensoren, die frei erhältlich sind. Eine Auflistung von Fragen und Antworten zur Entwicklungsumgebung bietet dem Einsteiger Hilfestellungen zu Problemen bei der Erstellung von NXT-G-Programmen.

Abgerundet wird das Buch mit einem umfangreichen Glossar.

Erklärung der verwendeten Bezeichnungen und Symbole

Wo nicht explizit anderweitig vermerkt, bezieht sich der Term »NXT-Set« in den folgenden Kapiteln immer auf ein Set der Version 2.0 der Retail-Edition von LEGO MINDSTORMS NXT, also LEGO-Set #8547.

In den Bauanleitungen bezeichnen Ausdrücke der Form »[Zahl]x« an einem Bauteil, wie oft dieses Teil im jeweiligen Schritt zu verwenden ist. Bei Balken und Achsen wird zusätzlich in kursiver Schrift die Länge des Teils in Moduln angegeben:

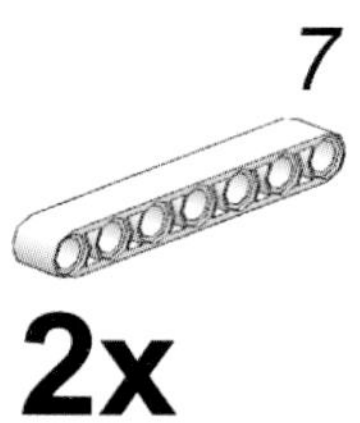

Abb. 1: Ein Balken der Länge 7M, der zweimal benötigt wird

Ein Rotationspfeil in einem Schritt deutet an, dass das Modell vor dem Anbringen der jeweiligen Bauteile in die entsprechende Richtung gedreht werden muss:

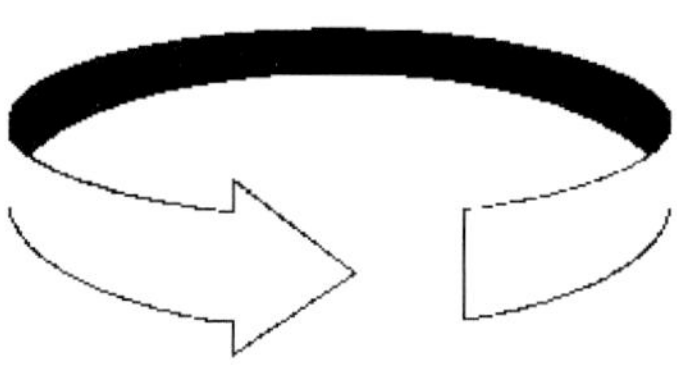

Abb. 2: Eine horizontale Drehung des Modells

Ein Kreis in einem Schritt einer Bauanleitung markiert Stellen am Modell, in die ein bestimmtes Bauteil einzufügen ist. Dies wird nur dann verwendet, wenn es nicht anderweitig ersichtlich ist:

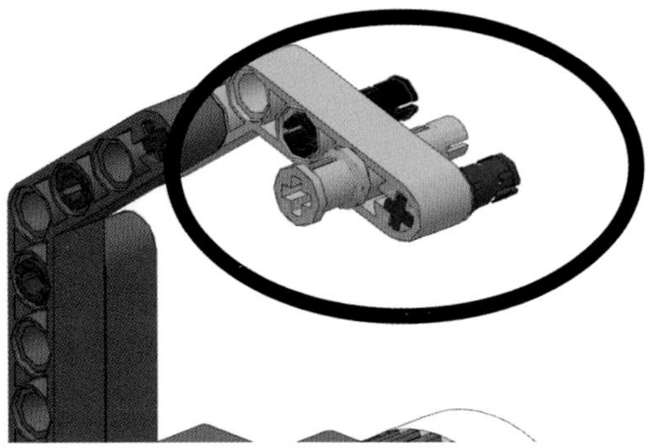

Abb. 3: Stelle, an der ein Teil (hier: ein Stecker) einzufügen ist

In den Programmieranleitungen sind alle Bezüge auf Namen und Bezeichnungen, die der Leser in der Entwicklungsumgebung auf dem Bildschirm sehen kann, in KAPITÄLCHEN dargestellt.

Webseite zum Buch

Zum vorliegenden Buch gibt es eine begleitende Webseite, die sich im Internet unter `http://www.roboterwesen.matthiaspaulscholz.eu` findet.

Dort kann der Leser nicht nur die in den Kapiteln vorgestellten NXT-G-Programme herunterladen, sondern auch direkt den Autor kontaktieren.

Außerdem finden sich dort die im Anhang aufgeführten Online-Links zur direkten Navigation. Die Seite wird regelmäßig mit Neuigkeiten, Errata und Bildern und Filmen über die Roboter des Buches aktualisiert.

Verwendete Werkzeuge

Das Manuskript dieses Buches wurde mit OpenOffice 3.2 verfasst. Bei der Erstellung der virtuellen Robotermodelle kamen LEGO Digital Designer 4 und MLCAD 3.3 zum Einsatz. Daraus wurden die Bilder und Bauanleitungen mit den Werkzeugen LPUB 4.0 und LDView 4.1 erzeugt. Für die Bildbearbeitung und die Erzeugung der Screenshots wurden GIMP 2.6 und Paint.NET 3.5 verwendet. Die Diagramme zur Visualisierung des Programmablaufs entstanden mit dem Werkzeug Magic Draw 16.

Danksagung

Ohne die Mithilfe vieler Menschen wäre das vorliegende Buch nicht möglich gewesen.

Mein Dank geht an meine freundliche, hilfsbereite und geduldige Lektorin Sabine Schulz vom mitp-Verlag und den engagierten und aufmerksamen Korrektor Manfred Buchholz.

Danken möchte ich auch dem Entwicklungsteam des LEGO Digital Designer sowie allen, die zu LDraw beigetragen haben. Insbesondere möchte ich hier Michael Lachmann, Kevin Clague und Travis Cobbes erwähnen, die Autoren von MLCAD, LPUB beziehungsweise LDView, ohne deren fantastische Arbeit die Bilder und Bauanleitungen im Buch nicht möglich gewesen wären.

Ein ganz besonderer und tief empfundener Dank gebührt THE LEGO Group für die Entwicklung von MINDSTORMS und hier vor allem Steven Canvin (*Captain, my Captain!*) für mittlerweile mehr als sechs Jahre an enthusiastischer Unterstützung für mich und die ganze MINDSTORMS-Gemeinde. In dieser Zeit habe ich dort viele interessante Menschen kennengelernt und aufregende Momente erlebt. Beides hat mein Leben sehr bereichert. Ich hoffe, dass noch eine Menge solcher Jahre folgen werden.

Kapitel 1

LEGO MINDSTORMS NXT

Bis kurz vor die Jahrtausendwende war der Bau von Robotern eine Kunst, die, wenn wir vom industriellen Sektor absehen, nur wenigen Auserwählten offenstand. Die elektronischen und mechanischen Komponenten, die für das Funktionieren selbst einer sehr einfachen autonom handelnden Maschine erforderlich sind, mussten vom Privatmenschen im darauf spezialisierten Elektrohandel einzeln zusammengekauft, in mühseliger Handarbeit mit Lötkolben und teurem Spezialwerkzeug montiert und danach mit einem proprietären und hardwarenahen Instruction Set programmiert werden.

Dies bedeutete mehr oder weniger, dass es ohne ein Elektrotechnik-Studium kaum möglich war, einen eigenen Roboter zu entwerfen, zu bauen und zum Leben zu erwecken.

1.1 Die Geburt von LEGO MINDSTORMS

Dies alles änderte sich im Jahr 1998, als *The LEGO Group®* die ersten Komponenten der MINDSTORMS-Serie veröffentlichte: Das *Robotic Invention Set* (RIS) enthielt eine zentrale programmierbare Steuereinheit, den *RCX*, um den eine Menge von elektrischen Motoren und Sensoren gruppiert waren. Zusammen mit den zusätzlich enthaltenen Standard-LEGO-Steinen aus den SYSTEM- und TECHNIC-Serien war es mit den anderen LEGO-Produkten kompatibel, man konnte also – wie bei LEGO üblich – für seine Roboter auch alle LEGO-Elemente nutzen, die man bereits besaß.

Abb. 1.1: Der RCX

Mit einer Reihe von Erweiterungssets, die im Laufe der Jahre dazukamen, wurde das RIS mit über einer Million verkaufter Einheiten das bis dahin erfolgreichste Produkt in der Geschichte von LEGO.

1.2 Der NXT

Im Lauf der darauffolgenden Jahre begann das RIS technisch zu veralten. Angesichts des anhaltenden Erfolgs der MINDSTORMS-Serie, zu der mittlerweile auch einige technisch weniger anspruchsvolle Seitenlinien wie der nur sehr eingeschränkt programmier- und erweiterbare Spybotics® oder einige automatisierte *STAR WARS*™-Sets hinzugekommen waren, entschloss sich The LEGO Group®, an einem Nachfolger des RIS zu arbeiten.

Im August 2006 kam schließlich LEGO MINDSTORMS NXT auf den Markt. Das Konzept war dem des RIS sehr ähnlich: Wieder waren elektronische Komponenten wie Sensoren und Motoren um eine zentrale Steuereinheit, den sogenannten NXT-*Stein*, gruppiert. Diese Komponenten waren technisch jedoch weitaus fortgeschrittener und leistungsfähiger als ihre Vorgänger im *Robotic Invention Set*.

Abb. 1.2: Die zentralen Komponenten des NXT-Set

Trotz des selbst für ein LEGO-Produkt hohen Preises von damals ungefähr 250 € wurde auch das NXT-Set ein ausgesprochener kommerzieller Erfolg, nicht zuletzt wegen der engen Zusammenarbeit von The LEGO Group® mit der Anwender-Gemeinde. Anders als beim RIS nämlich, bei dem LEGO-Fans noch in mühseliger Kleinarbeit und auf eigene Faust Hard- und Software-Erweiterungen schufen, erkannte The LEGO Group® beim NXT die Zeichen der Zeit: Von Anfang an setzte die Firma mit Offenlegung der Hardware- und Software-Spezifikationen sowie mit Partner-Programmen wie dem MINDSTORMS *Developer Partners Program* und dem bis heute laufenden MINDSTORMS *Community Partners Program* auf die Unterstützung der und die Befruchtung durch die große LEGO-Community. Sie verstand es dabei, das große Potenzial einer enthusiastischen Gemeinschaft zu nutzen, die zu einem erheblichen Prozentsatz aus technisch orientierten Erwachsenen besteht.

Im Jahr 2009 schließlich erwuchs aus dieser intensiven gegenseitigen Befruchtung mit Version 2.0 des NXT-Sets das bislang letzte Kind der MINDSTORMS-Serie. Zusätzlich zu einer neuen Version der Software änderte sich die Ausstattung mit Sensoren sowie die Auswahl an nicht elektronischen Teilen gegenüber der Vorgängerversion dabei nur leicht.

Abb. 1.3: Die NXT 2.0 Retail-Edition

1.3 Retail- und Education-Edition

Hauptsächlich aus Vermarktungs- und vertrieblichen Gründen erschien das NXT-Set von Anfang an in zwei Editionen: die für den Privatanwender bestimmte *Retail*- und die auf den Unterrichtssektor abzielende *Education*-Edition, die für den Einsatz an Schulen gedacht war und von LEGO Education, einem eigenen Zweig von The LEGO Group® konzipiert und betreut wurde und wird.

Abb. 1.4: Die Education-Edition des NXT-Sets

Der Inhalt des NXT-Sets der Education-Edition unterscheidet sich aufgrund ihrer anderen Zielgruppe von dem der Retail-Edition: Zwar sind viele Teile in beiden Sets die gleichen, zum Beispiel die elektronischen Komponenten. Die Education-Edition enthält aber einige nicht elektronische Teile, die in der Retail-Edition nicht vorhanden sind und umgekehrt. Es gibt allerdings ein sehr nützliches Teil ausschließlich in der Education-Edition: einen Akku, der ins Batteriefach des NXT-Steins passt. Mit ihm kann der Stein immer wieder über die Steckdose aufgeladen werden, ohne dass man Batterien wechseln muss.

Dafür enthält die Education-Edition insgesamt deutlich weniger Teile. Auch die zugehörige Software ist unterschiedlich und im Set der Education-Edition selbst nicht vorhanden, sondern muss zusätzlich erworben werden.

Da die Education-Edition für den Einsatz an Schulen und im universitären Bereich gedacht ist, wird sie über die Kanäle von LEGO Education vertrieben und üblicherweise nicht in Spielzeuggeschäften angeboten – es gibt sie aber im Onlinehandel.

Wir werden uns in diesem Buch auf die Retail-Edition konzentrieren, dort jedoch, wo es nötig ist, auch auf die Umsetzung der vorgestellten Roboter mit der Education-Edition eingehen. Dabei gehen wir davon aus, dass der Leser, sofern er die Education-Edition einsetzt, auch über das zugehörige Erweiterungsset *Education Resource Set* verfügt.

Die Retail-Edition des NXT-Sets enthält insgesamt 619 Teile, darunter neben der zentralen Steuereinheit drei Motoren und vier Sensoren, auf die wir nun einen Blick werfen wollen. Wir werden sie im Verlauf des Buches zum Bau immer komplexerer Roboter benutzen.

1.4 Die Komponenten des NXT-Sets

1.4.1 Der NXT-Stein

Der NXT-Stein (offiziell auch als *Intelligenter Stein* bezeichnet), ist das zentrale Element des NXT-Sets.

Es handelt sich um einen Kleincomputer, der selbstständig Programme ausführen kann, die mittels einer dazu geeigneten Software in ein für den Stein verständliches Format übersetzt worden sind. Man kann den Stein somit als das Gehirn des Roboters ansehen.

Abb. 1.5: Der NXT-Stein

Der Stein verfügt über vier Eingänge, an die Sensoren, und über drei Ausgänge, an die Motoren angeschlossen werden können. Die Verbindung erfolgt dabei über Kabel, die handelsüblichen Telefonkabeln sehr ähnlich sind. Die Ausrichtung der Stecker ist allerdings gerade umgekehrt als bei diesen, um eine Fehlbenutzung durch sehr junge Anwender auszuschließen.

Abb. 1.6: Die Eingänge des NXT-Steins mit eingesteckten Kabeln

Die Sensoren und Motoren können, einmal an den Stein angeschlossen, von diesem programmatisch angesteuert werden. Mit einem geeigneten Programm kann man also sowohl Motoren starten, stoppen und in verschiedenen Geschwindigkeiten laufen lassen als auch Sensorwerte auslesen und auf deren Veränderungen reagieren.

Auf der Oberseite des Steins befindet sich ein Anzeigefenster, in dem Text und Grafiken angezeigt werden können, sowie vier Tasten, die zur Kontrolle des NXT-Steins selbst dienen: ein orangefarbener zum An- und Ausschalten, ein dunkelgrauer zum Stoppen von Programmen und zwei hellgraue Pfeiltasten zum Navigieren in den Einträgen des NXT-Steuerungsmenüs im Anzeigefenster.

Abb. 1.7: Die Kontrollelemente des NXT-Steins

Weiterhin verfügt der NXT-Stein über einen eingebauten Lautsprecher, mit dem Töne wiedergegeben werden können. Auch wenn die Lautstärke und Qualität dabei recht begrenzt sind, so reicht er doch aus, um zum Beispiel auch gesprochene Worte oder kurze Sätze wiederzugeben.

Zur eigenen Energieversorgung und zum Betrieb der angeschlossenen elektronischen Komponenten benötigt der Stein sechs in einer Aussparung an der Unterseite aufbewahrte handelsübliche AA-Batterien, die im Set selbst nicht enthalten sind. Es empfiehlt sich im Allgemeinen, aus Kosten- und Umweltschutzgründen wiederaufladbare Batterien zu verwenden.

Technische Details

Der Stein verfügt über einen mit 48 MHz getakteten 32-Bit-ARM7-Mikrocontroller mit 256-KB-Flash- und 64-KB-RAM-Speicher sowie einen zweiten, mit 4 MHz getakteten 8-Bit-AVR-Mikrocontroller mit 4-KB-Flash- und 512-Byte-RAM-Speicher. Das mag in Zeiten von Smart Phones mit 500 MB Arbeitsspeicher sehr gering erscheinen, reicht aber im Allgemeinen aus, um auch komplexe Roboterprogramme ausführen zu können.

Der Lautsprecher arbeitet mit 8 KHz über einen Sound-Kanal mit einer Auflösung von 8 Bit und einer Sample-Rate von 2 bis 16 KHz.

Und wer schon immer mal wissen wollte, wie ein Stein von innen aussieht:

Abb. 1.8: Der NXT-Stein ohne Haube (THE NXT STEP Blog)

Man sollte den Stein ohne fundierte Erfahrung im Umgang mit elektrischen Systemen aber niemals selbst derartig auseinandernehmen.

1.4.2 Die Motoren

Das NXT-Set enthält drei Motoren, die zum Antrieb des Roboters und seiner Komponenten verwendet werden können:

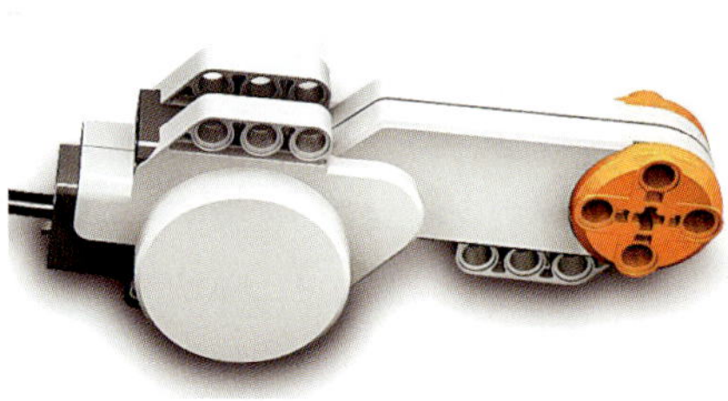

Abb. 1.9: Ein NXT-Motor

Ein NXT-Motor erscheint auf den ersten Blick recht sperrig und groß. Dies liegt an der hohen Übersetzung mittels Zahnrädern im Inneren des Motors, die ihn sehr leistungsfähig und zuverlässig macht:

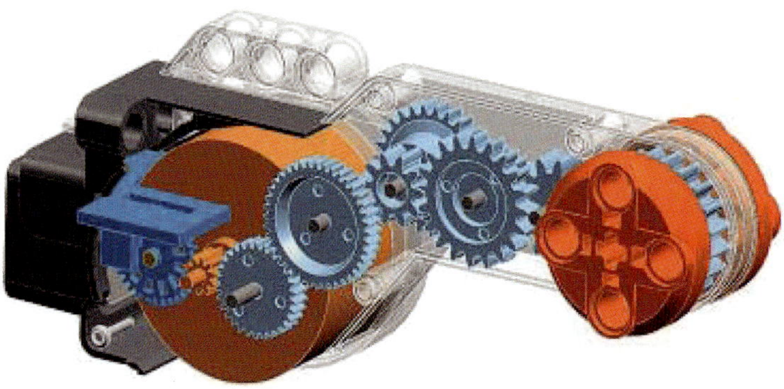

Abb. 1.10: Der innere Aufbau eines NXT-Motors

Auf der anderen Seite erfordert die Größe und Form des NXT-Motors eine gewisse Gewöhnung in der Art und Weise, Roboter mit LEGO zu bauen: Am Anfang tut man sich erfahrungsgemäß etwas schwer damit, die großen NXT-Motoren in einen Roboter zu integrieren. Generell werden NXT-Roboter dadurch auch größer als herkömmliche LEGO-Modelle.

Die NXT-Motoren sind sogenannte *Servos*, das heißt, dass ihre Position und ihr Zustand von außen kontrolliert und abgefragt werden können. In unserem Fall geschieht das durch den NXT-Stein. Dabei ist es über einen im Motor eingebauten Rotationssensor möglich, die Drehung des Motors bis auf 1° genau zu steuern. Auch die Drehgeschwindigkeit des Motors kann sehr genau kontrolliert werden. Dadurch ist es etwa auch möglich, mehrere Motoren miteinander zu synchronisieren, etwa um verlässlich geradeaus zu fahren – ein Problem, das für Maschinen generell wesentlich schwieriger zu lösen ist, als man meinen mag.

Insgesamt eignen sich die im NXT-Set enthaltenen Motoren also hervorragend dazu, präzise Bewegungen mit einem Roboter auszuführen.

1.4.3 Die Sensoren

Sensoren ermöglichen es einem Roboter, Informationen über die Außenwelt zu gewinnen – sie sind sozusagen seine Sinnesorgane. So wie unsere Augen, Ohren, unser Geruchs- und Tastsinn es uns ermöglichen, wahrzunehmen, was um uns herum vorgeht, verfügt auch ein NXT-Roboter mit seinen Sensoren über eine ganze Reihe von »Sinnen«, die über technische Komponenten realisiert sind und jeweils über ein Kabel mit dem zentralen NXT-Stein verbunden sind.

Die Version 2.0 des NXT-Sets, die wir für dieses Buch verwenden werden, enthält drei Typen von Sensoren: Berührungs-, Ultraschall- und Farbsensoren.

Diese Version unterscheidet sich damit vom ersten NXT-Set, das keinen Farbsensor, dafür aber einen Licht- und einen zusätzlichen Geräuschsensor enthielt.

Berührungssensor

Der Berührungssensor ist eine Art Finger: Mit ihm nimmt der Roboter wahr, ob er an einen Gegenstand gestoßen ist. Der NXT-Stein ermittelt zu diesem Zweck, ob der Knopf am Ende des Sensors gedrückt ist oder nicht:

Abb. 1.11: Ein NXT-Berührungssensor

Mit dem Berührungssensor kann man zum Beispiel sehr nahe Hindernisse entdecken oder Schalter bauen.

Weil er so nützlich ist, gibt es in Version 2 des NXT-Sets gleich zwei davon, die erste Version enthielt nur einen einzigen.

Ultraschallsensor

Mit diesem Sensor kann der Roboter für den Menschen unhörbaren Ultraschall aussenden und wahrnehmen. Wie eine Fledermaus sendet der Sensor dabei fortwährend solche Schallwellen aus und berechnet aus Signalen, die von Gegenständen zurückgeworfen werden, ob sich etwas vor ihm befindet und wie weit es weg ist.

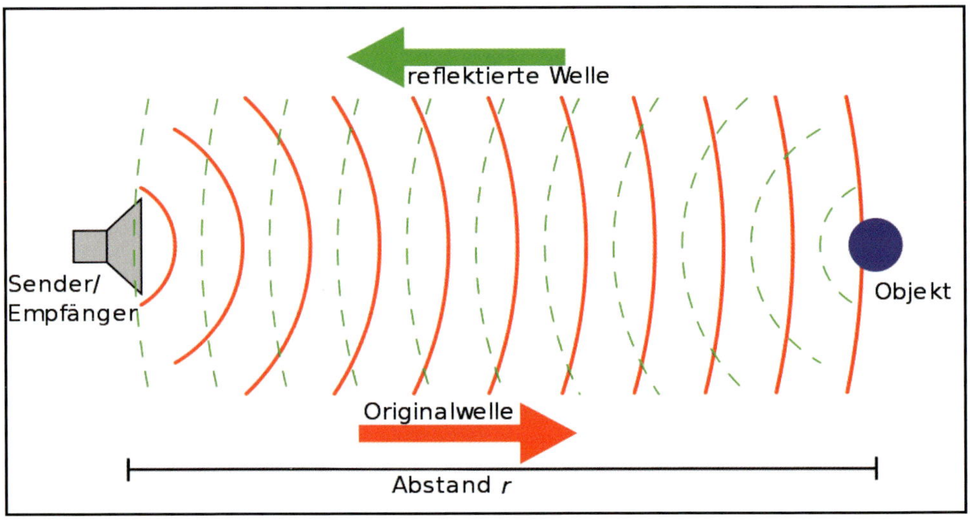

Abb. 1.12: Ultraschall-Ortung (© Georg Wiora)

Der Ultraschallsensor ist somit das »Auge« des Roboters und in der Tat erinnert seine Formgebung auch daran:

Abb. 1.13: Ein NXT-Ultraschallsensor

Abhängig von der Stelle, an der er am Roboter angebracht ist und der Art der Gegenstände kann der Ultraschallsensor dabei Hindernisse in einer Entfernung von bis zu 2,5 Metern wahrnehmen. Er kann dadurch Gegenstände entdecken, ohne sie – wie etwa der Berührungssensor – berühren zu müssen, wodurch er sich hervorragend zum frühzeitigen Ausweichen vor Hindernissen eignet.

Allerdings gibt es dabei auch einen Haken: Man kann nicht zwei dieser Sensoren gleichzeitig nutzen, da ein Ultraschallsensor nicht entscheiden kann, ob Ultraschallechos, die er empfängt, von Schallwellen stammen, die von ihm selbst ausgesandt worden sind. Senden nun zwei Ultraschallsensoren im selben Raum solche Schallwellen aus, so werden beide auch die Signale des jeweils anderen wahrnehmen und daraus ein falsches Bild über Gegenstände in der Umgebung gewinnen.

Auch können runde, stark kantige oder sehr weiche Gegenstände nur sehr unzuverlässig wahrgenommen werden, da sie Schallwellen stark streuen oder verschlucken.

Im Ganzen aber ist der Ultraschallsensor recht zuverlässig und ein überaus hilfreiches Hilfsmittel vor allem für Roboter, die sich umherbewegen.

Farbsensor

Der Farbsensor ist eine Weiterentwicklung des Lichtsensors aus dem ersten NXT-Set. Anders als sein Vorgänger kann er nicht nur verschiedene Helligkeitsstufen wahrnehmen, sondern auch zuverlässig Farben unterscheiden.

Abb. 1.14: Ein NXT-Farbsensor

Dabei wird der Gegenstand nacheinander mit rotem, grünem und blauem Licht bestrahlt und aus der Reflexion die Gesamtfarbe bestimmt.

Der Sensor kann Farben zuverlässig aus bis zu 2 cm Entfernung erkennen, allerdings ist er sehr anfällig gegen ungünstige oder sich ändernde Lichtverhältnisse.

Man muss sich deshalb immer darüber im Klaren sein, dass die Ergebnisse des Farbsensors bei unterschiedlichen Lichtverhältnissen stark voneinander abweichen können! Es kann daher vorkommen, dass ein Roboter mit Farbsensor perfekt zu Hause arbeitet, in einem anderen Umfeld, etwa bei einem auswärtigen Wettbewerb, aber plötzlich nicht mehr funktioniert.

Möglichkeiten, wie man trotzdem ein zuverlässiges Arbeiten des Farbsensors in unterschiedlichen Umgebungen sicherstellen kann, werden wir in einem der folgenden Kapitel diskutieren.

Außerdem kann der Sensor nicht nur Farben erkennen, sondern auch selbst Licht in den genannten drei Farben aussenden. Man kann den Farbsensor also auch als Lampe nutzen.

Sensoren von Drittanbietern

Neben diesen Sensoren aus dem NXT-Set gibt es noch einige weitere Sensoren von The LEGO Group® selbst wie auch solche, die von anderen Firmen für LEGO MINDSTORMS NXT produziert wurden. Dazu gehören sowohl grundlegende Funktionalitäten wie Berührungs-, Geräusch-, Temperatur- oder Helligkeitssensoren, aber auch eher spezialisierte Sensoren etwa zur Wahrnehmung von Beschleunigungen, Neigungswinkeln, Magnetfeldern, Infrarotlicht oder GPS-Signalen, die über die Fähigkeiten eines Menschen hinausgehen.

Es lohnt sich zweifellos, einige dieser Sensoren im Lauf der Zeit einmal selbst auszuprobieren und die eigenen Roboter damit um interessante Fähigkeiten zu erweitern. Mit den Kenntnissen aus diesem Buch wird man über das nötige Rüstzeug dazu verfügen.

Die Sensoren sind frei erhältlich, üblicherweise über die Onlineshops der Hersteller. Im Anhang findet sich eine entsprechende Übersicht über Sensoren und ihre Bezugsquellen.

1.4.4 Die nicht elektronischen Teile des NXT-Sets

Die elektronischen Komponenten, die wir bisher vorgestellt haben, sind die zentralen Bestandteile des NXT-Sets. Um einen Roboter zu konstruieren, braucht man jedoch vor allem eine ganze Menge an mechanischen Teilen wie Zahnräder, Balken und Verbindungsstücke.

Die weitaus meisten der nicht elektronischen Teile im Set sind nicht speziell für MINDSTORMS produziert worden, sondern stammen aus der TECHNIC-Produktreihe, die sich mit technischen Konstruktionen wie Autos, Baumaschinen oder auch Pneumatik beschäftigt. Die TECHNIC-Serie existiert bereits seit mehreren Jahrzehnten und enthält schon seit Langem hauptsächlich Teile, die nicht auf dem ursprünglichen Prinzip der Noppen basieren, für das LEGO vor allem bekannt ist. Stattdessen baut es auf ein System von Balken auf, die über Stecker miteinander verbunden werden können. Damit lassen sich wesentlich stabilere Modelle konstruieren, als es mit dem Noppen-Prinzip möglich ist.

Dass auch MINDSTORMS mit diesen Teilen nicht nur zusammenpasst, sondern sogar auf sie aufbaut, hat im Übrigen den sehr schönen Effekt, dass man alle Teile aus TECHNIC-Sets, die man vielleicht schon besitzt oder in Zukunft erwirbt, auch für seine NXT-Roboter verwenden kann! Das für LEGO typische und bekannte Prinzip, dass sich alle Teile aus allen Sets und Produktlinien miteinander kombinieren lassen, ist also auch bei LEGO MINDSTORMS präsent.

Wir werden uns nun einige der TECHNIC-Schlüsselkomponenten aus dem NXT-Set anschauen, aus denen wir in den kommenden Kapiteln unsere Roboter aufbauen werden.

Balken

Balken sind die wichtigsten Konstruktionsteile für so ziemlich jeden MINDSTORMS-Roboter, ja jedes TECHNIC-Modell. Sie geben der Konstruktion Festigkeit und Form und bilden üblicherweise den Rahmen, an denen die anderen Teile befestigt werden. Man kann sie also mit den Stahlträgern eines Hochhauses vergleichen.

Balken gibt es in einer Vielzahl von Formen, Längen und Farben im NXT-Set. Man kann zwischen geraden, winkeligen und rechtwinkeligen Balken unterscheiden:

Abb. 1.15: Die unterschiedlichen Arten von Balken im NXT-Set

Gemessen wird die Länge der Balken, wie auch die der meisten anderen TECHNIC-Teile, nicht in Zentimetern, sondern in *Moduln*. Ein Modul ist der Abstand zwischen den Mittelpunkten zweier Löcher.

Da sowohl dieser Abstand (der übrigens ca. 7,8 mm beträgt) als auch die Größe der Löcher für alle Balken gleich sind und sich so gut wie alle weiteren Längen in der TECHNIC-Welt darauf beziehen lassen, wird der Modul dort als standardisierte Maßeinheit verwendet, üblicherweise abgekürzt als »M«. Wir sagen also nicht: »der Balken, der vier Zentimeter lang ist« oder »die 5,6 Zentimeter lange Achse«, sondern der »5M-Balken« oder die »7M-Achse«. Auch Bauanleitungen beziehen sich im Allgemeinen auf diese Maßeinheit, die wir in diesem Buch ebenfalls durchgehend verwenden werden.

Man kommt bei Balken schnell darauf, dass die Anzahl der Moduln dort gleich der Menge der Löcher ist: Ein 5M-Balken hat also auch genau 5 Löcher.

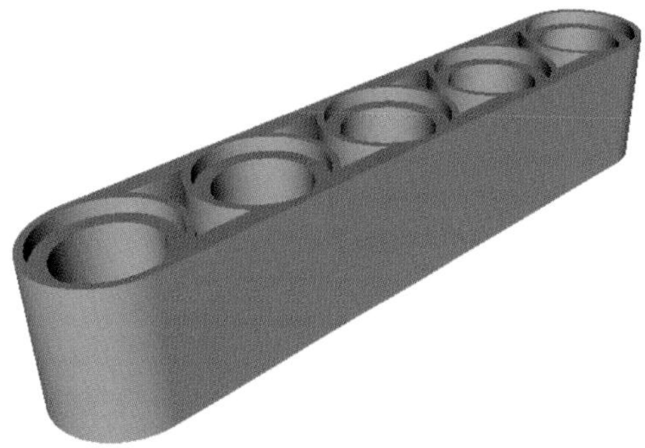

Abb. 1.16: Ein 5M-Balken

Handelt es sich um einen winkeligen Balken, gibt man zusätzlich die Anzahl der Löcher in den einzelnen Abschnitten an:

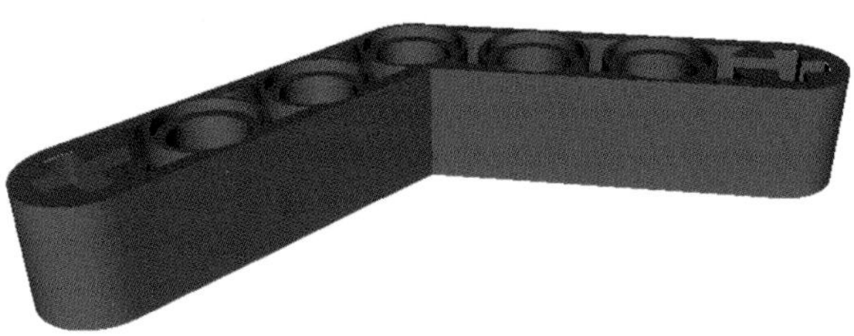

Abb. 1.17: Ein 4x4-Winkelbalken

Das macht das Finden von Balken, die zu einer Bauanleitung gehören, im Set recht einfach: Man muss nur die Löcher zählen.

Wir werden in den Bauanleitungen der nächsten Kapitel bei Balken einer bestimmten Länge daher auch immer zwei Zahlen angeben: nicht nur, wie bei den anderen Teilen, deren Anzahl, sondern auch in kursiver Schreibweise die Länge in Moduln, also die Anzahl der Löcher eines solchen Balkens.

Balken lassen sich dadurch auch gut als Messlatte verwenden: Um zu messen, wie lang etwa eine Achse ist, das heißt, wie viele Moduln sie hat, braucht man nur einen gleichlangen geraden Balken anzulegen und dessen Löcher zu zählen.

Bei den winkeligen Balken fällt auf, dass es neben den runden Löchern noch eine andere Sorte Loch gibt, nämlich solche mit Kreuzschlitz: Diese Löcher sind dazu gedacht, mit einer Achse eine feste Verbindung zu bilden, während sich in den anderen Löchern eine Achse frei drehen kann.

Verbindungsstücke

Das NXT-Set enthält eine ganze Reihe von Teilen, die dazu da sind, Verbindungen zwischen anderen Teilen herzustellen:

Abb. 1.18: Verbindungsstücke im NXT-Set

Die wichtigsten sind dabei die Stecker, die in die Löcher von Balken passen, dort einschnappen und dann eine überraschend feste Verbindung mit dem Balken bilden.

Die Stecker gibt es in mehreren Längen und Farben, wobei sich an der Farbe erkennen lässt, wozu der Stecker geeignet ist: Blaue und schwarze Stecker bilden starre Verbindungen, während Teile, die durch Stecker in Grau oder Hellbraun verbunden sind, sich gegeneinander drehen lassen.

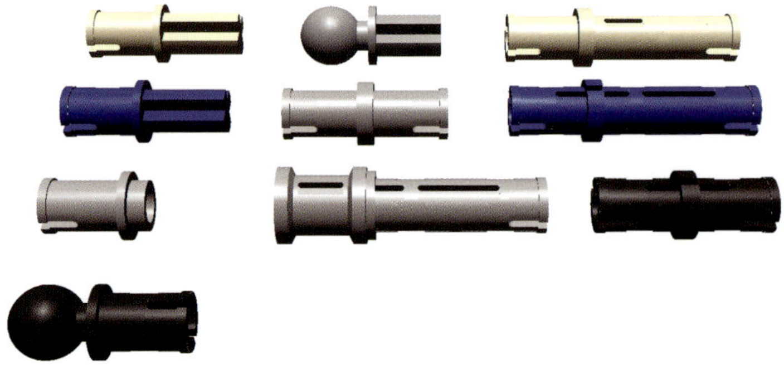

Abb. 1.19: Die verschiedenen Arten von Steckern im NXT-Set

Es ist dann beim Bauen nach einer Anleitung wichtig, darauf zu achten, welche Farbe der Stecker in der Anleitung hat und ob er zwei runde oder ein gekreuztes Ende hat.

Weitere wichtige Verbindungsstücke sind die Kreuzblöcke und die rechtwinkeligen Blöcke. Wir werden das Arbeiten mit ihnen und ihren Nutzen wie auch den der anderen Verbindungsstücke im Lauf der folgenden Kapitel noch weiter kennenlernen.

Achsen

Obwohl man Achsen im Prinzip auch für starre Verbindungen nutzen kann, so dienen sie doch im Allgemeinen dazu, bewegliche Konstruktionen in einen Roboter einzubringen. Ihre wichtigste Anwendung ist dabei wohl die Übertragung von Umdrehungen von Motoren auf Zahnräder oder Räder:

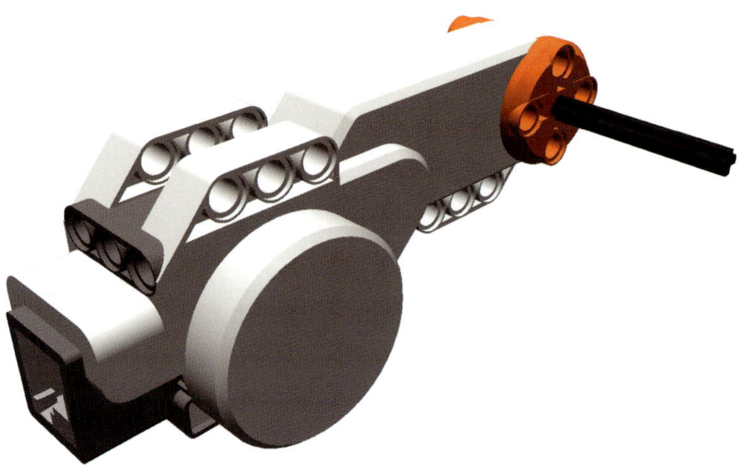

Abb. 1.20: Eine Achse, die von einem Motor bewegt wird.

Für Roboter sind bewegliche Teile sehr wichtig, deswegen enthält das NXT-Set auch ziemlich viele Achsen verschiedenster Längen, nämlich immerhin 61 Stück.

Die genaue Länge einer Achse in Moduln kann man, anders als bei Balken, nicht sofort erkennen. Deswegen haben die Achsen im NXT-Set unterschiedliche Farben: Schwarze Achsen haben gerade Modul-Längen, also 4M, 6M usw., während hellgraue Achsen von ungerader Modul-Länge sind. Bei näherer Betrachtung sieht man, dass es auch noch dunkelgraue Achsen gibt: Diese haben eine Art Stopper am Ende und sind dafür gedacht, in Konstruktionen verwendet zu werden, bei denen das eine Ende nicht aus dem Loch rutschen darf.

Der Stopper am Ende der Achse ist dabei einen halben Modul lang, eine Achse der Länge 5M mit einem Stopper ist also insgesamt 5,5M lang:

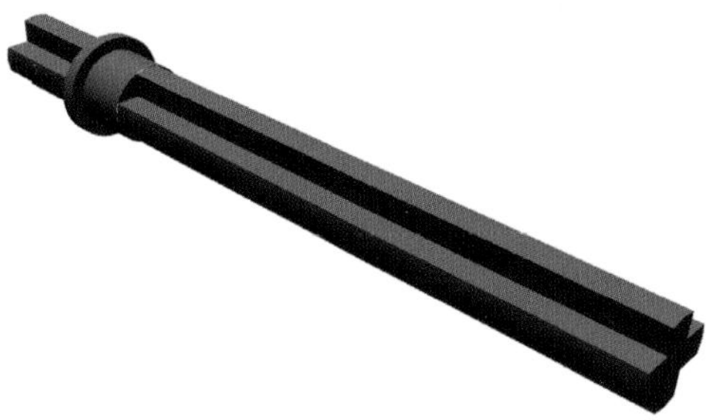

Abb. 1.21: Eine 5,5M lange Achse mit Stopper

Schließlich gibt es noch rote Achsen der Länge 2M. Da diese sehr klein sind, hilft ihre auffällige Farbe dabei, sie einfacher unter den übrigen Teilen zu finden.

Zahnräder

Zahnräder sind – neben der Elektronik – diejenigen Teile des NXT-Sets, welche die interessantesten Möglichkeiten für einen Roboter eröffnen.

Neben ihrer Hauptaufgabe, die Bewegung von Motoren weiterzugeben, dienen sie auch dazu, sowohl die Kraft und Geschwindigkeit dieser Bewegung zu verstärken oder zu reduzieren als auch ihre Richtung zu ändern – alles Dinge, die für eine Maschine von grundlegender Bedeutung sind.

In diesem Licht ist es umso bedauerlicher, dass die Version 2 des NXT-Sets weitaus weniger Zahnräder enthält als das ursprüngliche Set. Ihre Zahl wurde drastisch reduziert, um andere Teile wie etwa den Zamor-Werfer oder Laufketten in die zweite Version aufzunehmen.

Insgesamt enthält das NXT-Set in der Version 2.0 jetzt nur noch elf Zahnräder und zwar von fünf verschiedenen Arten und Größen:

Abb. 1.22: Zahnräder im NXT-Set

Zahnräder in der LEGO-Welt werden gemessen und bezeichnet, indem man die Anzahl ihrer Zähne misst. Im NXT-Set gibt es 12er, 20er und 36er Zahnräder.

Von all den vielen unterschiedlichen Arten von TECHNIC-Zahnrädern, die überhaupt existieren, finden sich im NXT-Set hauptsächlich Doppelritzel-Zahnräder, das heißt solche, deren Zähne sich über beide Seiten der Außenkanten erstrecken. Solche Zahnräder haben den Vorteil, dass sie Bewegung sowohl in Reihe als auch über Eck übertragen können:

Abb. 1.23: Doppelritzel-Zahnräder, über Eck angeordnet

Außerdem gibt es noch ein (hellbraunes) Einfachritzel, das bei Bewegungsübertragung über Eck auf engem Raum nützlich ist.

Ein besonderes Zahn»rad« ist der Drehknopf, der an ein Handrad aus einer historischen Maschine erinnert:

Abb. 1.24: Der Drehknopf

Zunächst erscheint recht unklar, was man mit diesem Teil überhaupt anfangen soll. Mit der Zeit erkennt man aber, dass sich mit zwei Drehknöpfen ebenfalls sehr gut Bewegung übertragen lässt. Eine solche Kombination ist besonders dort praktisch, wo es bei der Übertragung nicht auf korrektes Zählen von Umdrehungen ankommt und wo sehr viel Druck auf das Zahnrad ausgeübt wird. Ein Getriebe aus Drehknöpfen funktioniert nämlich selbst dann zuverlässig ohne Verkanten oder Abgleiten, wenn zum Beispiel ein großes Gewicht auf der Achse lastet – dies ist bei anderen Sorten von Zahnrädern oft nicht der Fall.

Ein anderes Einsatzgebiet des Drehknopfs ist im Übrigen tatsächlich der, der seinem Aussehen als Handrad entspricht: Man kann damit hervorragend die Funktionsweise von Motorachsen testen, ohne den Motor laufen lassen zu müssen.

Abb. 1.25: Der Drehknopf als Handrad

Insgesamt sind Zahnräder nicht nur ungemein nützlich, sondern auch ein Mittel, um faszinierende Gebilde zu bauen, bei denen es einfach Spaß macht, ihnen bei der Arbeit zuzusehen. Auch wenn die Möglichkeiten des NXT-2.0-Sets hier leider durch die geringe Zahl an Zahnrädern beschränkt sind, werden wir einige Zahnradgetriebe in den nächsten Kapiteln näher kennenlernen. Es sei aber dennoch angeraten, auch jetzt schon einmal ein wenig mit den Zahnrädern herumzuexperimentieren und sich mit ihrer Wirkungsweise vertraut zu machen.

Sonstige Teile

Es gibt natürlich noch eine Menge anderer Teile im NXT-Set mit ganz unterschiedlichen Verwendungszwecken.

Räder und Ketten dienen dazu, Roboter zu bauen, die umherfahren können. Buchsen eignen sich gut, um Achsen gegen Verrutschen zu sichern:

Abb. 1.26: Eine Buchse am Ende einer Achse

Der Zamor-Werfer ist ein neues Element der zweiten NXT-Version. Er dient dazu, murmelgroße Zamor-Kugeln zu verschießen und wurde von LEGO zusammen mit einigen dieser bunten Kugeln aufgrund seiner Beliebtheit bei vielen Besitzern des ersten NXT-Sets zur zweiten Version des Sets hinzugefügt.

Abb. 1.27: Der Zamor-Werfer mit Magazin

Der Zamor-Werfer stammt aus der *BIONICLE*-Serie, in der LEGO mit verschiedenen Sets eine mythische Inselwelt lange vor der heutigen Zeit abbildet, in der sich Wesen bekämpfen, die halb organisch, halb Maschinen sind. Die sogenannten *Zamor*-Kugeln, die mit magisch wirksamen Inhalten gefüllt sind, stellen dabei eine der dort benutzten Waffen dar. Viele Begriffe der BIONICLE-Serie sind der Sprache der Maori entlehnt. *Zamor* ist jedoch ein Kunstwort.

Weiterhin gibt es auch einige Teile, die weitgehend eine dekorative Funktion haben, wie etwa die weißen Motorverkleidungen oder die orangefarbenen »Zähne«.

Erfahrungsgemäß entwickelt man mit der Zeit bestimmte Vorlieben für manche dieser Teile und verwendet sie häufig in den eigenen Modellen, während man andere eher selten benutzt.

Wir werden in den folgenden Kapiteln einige Einsatzmöglichkeiten auch für diese Teile sehen.

1.5 Zusammenfassung

Wir haben in diesem Kapitel einen ersten Überblick über LEGO MINDSTORMS NXT gewonnen und kennen nun nicht nur die wesentlichen Teile und den Aufbau des NXT-Sets, sondern besitzen auch einen ersten Eindruck davon, aus welchen Komponenten ein NXT-Roboter besteht.

Im nächsten Kapitel werden wir uns anschauen, wie man einen solchen Roboter programmiert.

1.6 Anregungen

- Wir experimentieren mit Balken und Verbindungsstücken aus dem Set: Wie baut man stabile Konstruktionen, zum Beispiel einen Würfel? Wozu sind welche Verbindungsstücke besonders geeignet?
- Wie lässt sich der NXT-Stein in ein Gerüst aus Balken einbauen?
- Wie können die NXT-Motoren über Balken mit dem NXT-Stein verbunden werden?
- Wie kann man die Sensoren anbringen?
- Wir bilden Getriebe aus Zahnrädern und Balken: Welche Zahnräder passen wie zusammen? Wie ändert sich die Geschwindigkeit der Umdrehung, wenn man verschiedene Größen hintereinanderschaltet?

Die Programmierung des NXT

Einen Roboter zu bauen macht Spaß, und normalerweise ist ein fertiger NXT-Roboter auch schön anzuschauen. Ein Roboter ist jedoch mehr als eine tote Maschine. Laut der Definition der *Japan Robot Association* sind *Intelligent Robots*

> *Geräte [...], die über verschiedene Sensoren verfügen und damit in der Lage sind, den Programmablauf selbsttätig den Veränderungen des Werkstücks und der Umwelt anzupassen.*

Ein Roboter soll also auf Wahrnehmungen reagieren, kurz: Verhalten zeigen.

Dazu muss er programmiert werden. Die Programmierung eines NXT-Roboters kann mindestens so aufregend sein wie ihn zu bauen, auf jeden Fall ist sie meistens mindestens genauso aufwendig.

Sie erfolgt für den NXT üblicherweise in drei Schritten:

1. Erstellen des Programms auf einem Computer
2. Laden dieses Programms auf den NXT-Stein
3. Ausführen des Programms auf dem NXT-Stein

Es ist für die Ausführung des Programms dann nicht nötig, dass der Roboter an einen externen Computer angeschlossen ist. Der NXT-Roboter kann also selbstständig handeln und wird dabei komplett vom im Roboter eingebauten NXT-Stein gesteuert.

Es besteht im Übrigen auch die Möglichkeit, sehr einfache Programme auf dem NXT-Stein direkt ohne Verwendung eines externen Computers zusammenzustellen, um einfache Funktionen des Modells zu testen. Wir werden in diesem Buch jedoch nicht auf diese sogenannte *On-Brick-Programmierung* eingehen.

Der Vollständigkeit halber sollte noch gesagt werden, dass es mittlerweile auch Programmierumgebungen gibt, mit denen man den NXT mittels eines Computers fernsteuert. Bei diesen muss der Roboter also während der Programmausführung die ganze Zeit mit dem Computer verbunden sein. Wir werden im Rahmen dieses Buches allerdings auch darauf nicht tiefer eingehen, umso mehr, als es sich hierbei nicht um Roboter im eigentlichen Sinn handelt, sondern um ferngesteuerte Maschinen.

Im Folgenden werden wir das von The LEGO Group® für die Programmierung eines NXT-Roboters vorgesehene Werkzeug vorstellen. Es ist meiner Ansicht nach gut für den Einstieg und für Programme einfacher und mittlerer Komplexität geeignet.

Für sehr fortgeschrittene Anwender, die komplexe Programme für den NXT schreiben wollen oder bereits über Erfahrung in der Programmierung verfügen, gibt es hingegen mittlerweile eine Vielzahl von alternativen Programmierumgebungen, die meiner Ansicht nach für das Erstellen fortgeschrittener NXT-Programme besser geeignet sind. Einige von ihnen werden im Anhang aufgelistet. Eine vertiefte Erörterung dieser Sprachen würde jedoch den Rahmen des Buches sprengen.

2.1 Schreiben des Programms

2.1.1 Die LEGO MINDSTORMS NXT Software

Die *LEGO MINDSTORMS NXT Software* ist die offiziell von The LEGO Group® vorgesehene Programmierumgebung für den NXT. Sie ist auf der CD vorhanden, die in der Retail-Edition des NXT-Sets enthalten ist, und kann auf dem eigenen Computer installiert werden, wobei die Betriebssysteme Windows XP und Vista sowie Mac OSX unterstützt werden.

Die Software wurde von der amerikanischen Firma *National Instruments Inc.* hergestellt, die auch schon andere Programmierumgebungen für frühere MINDSTORMS-Produkte wie zum Beispiel *ROBOLAB* produziert hat.

Sie besteht aus zwei Teilen:

- einer Entwicklungsumgebung zum Schreiben, Übersetzen und Herunterladen von NXT-Programmen und
- der Sprache selbst, in der diese Programme geschrieben werden.

Wir werfen zunächst einen Blick auf die Sprache und schauen uns dann an, wie sie von der Entwicklungsumgebung unterstützt wird.

2.1.2 NXT-G

Da die von National Instruments entwickelte Sprache technisch auf einer von derselben Firma hergestellten Sprache namens *G* basiert, erhielt sie den Namen NXT-G.

NXT-G besitzt eine grafische Notation: Anders als bei den meisten anderen Programmiersprachen erfolgt die Programmierung hier also nicht durch das Schreiben von Text, sondern durch die Verknüpfung grafischer Elemente. Da NXT-G einen Datenfluss-orientierten Ansatz verfolgt, sind diese Elemente hauptsächlich

Blöcke, die Operationen darstellen, und den Balken nachempfundene *Ablaufträger,* entlang derer diese Blöcke durchlaufen werden.

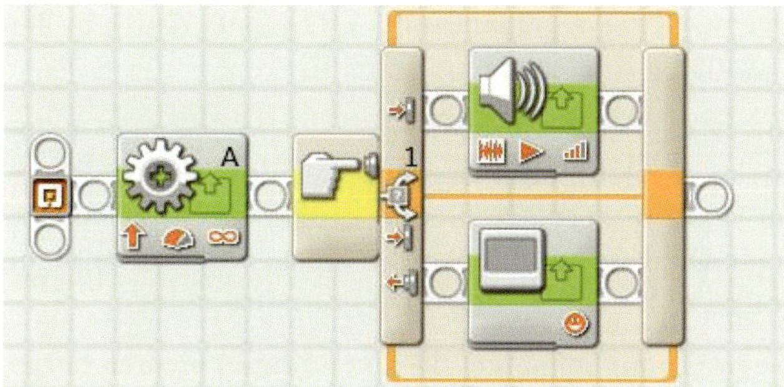

Abb. 2.1: Ein einfaches NXT-G-Programm

Es gibt eine ganze Menge unterschiedlicher Blöcke, die sich auf verschiedene Operationen des NXT-Roboters beziehen. Die meisten davon lassen sich direkt einer der elektronischen Komponenten wie Motoren, Sensoren oder dem NXT-Stein zuordnen: So gibt es etwa einen Block, um einen bestimmten Motor laufen zu lassen oder einen weiteren, um auf das Drücken des Berührungssensors zu warten. Es gibt aber auch Blöcke, die den generellen Programmablauf steuern, zum Beispiel solche, die eine bestimmte Anzahl von Wiederholungen von Programmabläufen ausführen, und Blöcke, die für die Behandlung von Daten verantwortlich sind, wie zum Beispiel Rechenoperationen.

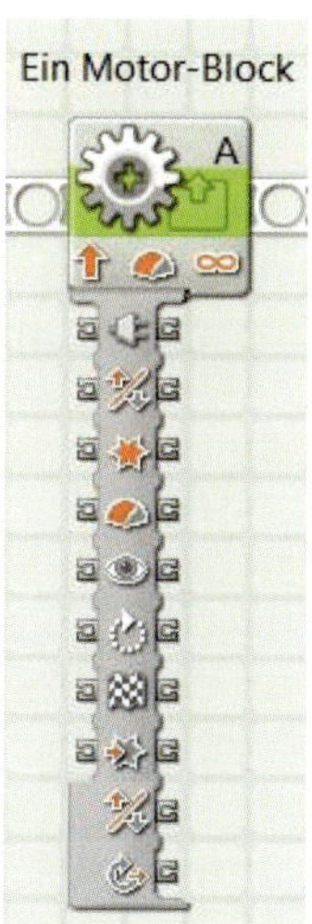

Abb. 2.2: Ein Block zum Laufen lassen eines Motors mit ausgeklapptem Datenknoten

Jeder Block besitzt einen *Datenknoten*. Dies ist eine für jede Art von Block unterschiedliche Menge an Ein- und Ausgabestellen, an denen Daten in den Block hinein- und wieder herauslaufen. Diese Daten werden im Block gegebenenfalls bearbeitet.

Wir werden die meisten Blöcke, ihr Einsatzgebiet und den Umgang damit in den Programmen der folgenden Kapitel kennenlernen.

Eine schöne Eigenschaft von NXT-G ist die Erweiterbarkeit der Sprache: Es ist möglich, auch eigene, neue Blöcke zu definieren, die man dann in seinen Roboterprogrammen verwenden und sogar anderen Anwendern über das Internet zur Verfügung stellen kann. Umgekehrt kann man auch die Blöcke, die von anderen Anwendern oder Firmen bereitgestellt werden, herunterladen und nutzen.

So gibt es für einige der oben erwähnten Sensoren, die von anderen Firmen hergestellt wurden, auch eigene Blöcke zu deren Steuerung, die man von den Webseiten der Hersteller herunterladen und in seine Programme integrieren kann.

Wir werden auch für die Roboter in diesem Buch einige eigene Blöcke definieren und verwenden.

Um den Ablauf des Programms festzulegen, werden die Blöcke über Ablaufträger miteinander verbunden:

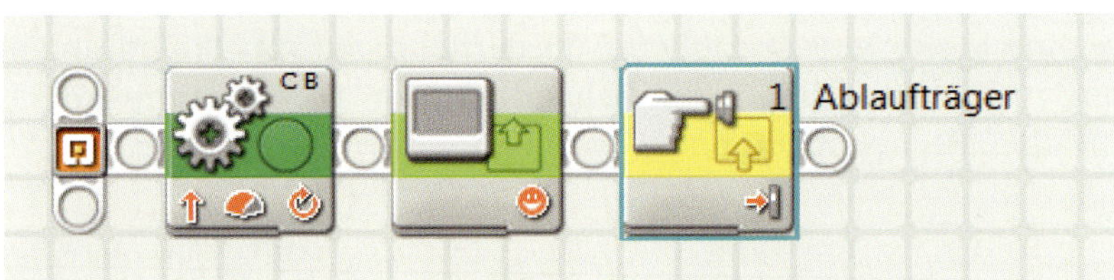

Abb. 2.3: Ein Ablaufträger mit drei Blöcken

Um die Daten dabei, falls nötig, von den Ausgabestellen eines Blocks in die Eingabestellen des nächsten zu überführen, verwendet man sogenannte Datenleitungen zum Verbinden der beiden Datenknoten:

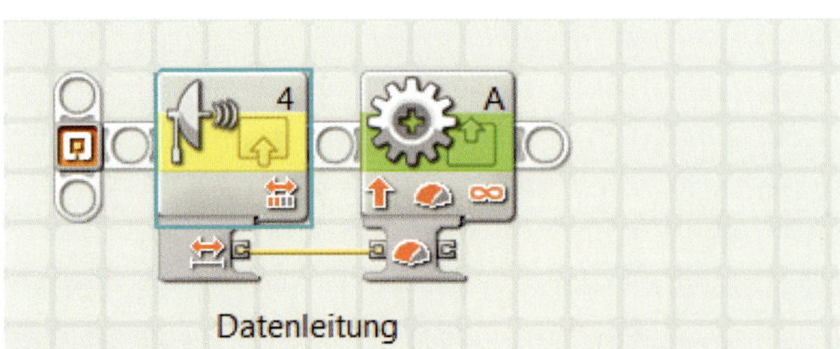

Abb. 2.4: Eine Datenleitung zwischen zwei Blöcken

Ein komplettes Programm wird nun, ausgehend von einem Startblock, entlang der Ablaufträger auf dem NXT-Stein abgearbeitet und durchläuft dabei die verschiedenen enthaltenen Blöcke.

Man kann sich ein solches NXT-G-Programm also wie eine Art Eisenbahnnetz vorstellen, bei dem die Ablaufträger die Gleise und die Blöcke die Bahnhöfe darstellen, zwischen denen ein Güterzug verkehrt. An jedem Bahnhof werden dabei Daten – sozusagen die Ladung des Zugs – aus-, ein- und umgeladen und möglicherweise auch die Weichen für die Weiterfahrt gestellt.

2.1.3 Die Entwicklungsumgebung

Über die Installations-CD oder die mittlerweile von der offiziellen Webseite für LEGO MINDSTORMS herunterladbare Installationsdatei lässt sich eine Entwicklungsumgebung namens *LEGO MINDSTORMS NXT Software* installieren, mit deren Hilfe man NXT-G-Programme entwickeln und sie auf den NXT-Stein laden kann.

Wie man sie installiert und startet, ist in dem kleinen Handbuch, das jedem Set beiliegt, detailliert beschrieben. Wir wollen uns nun zunächst einen ersten Überblick über die Benutzeroberfläche der NXT-Software verschaffen.

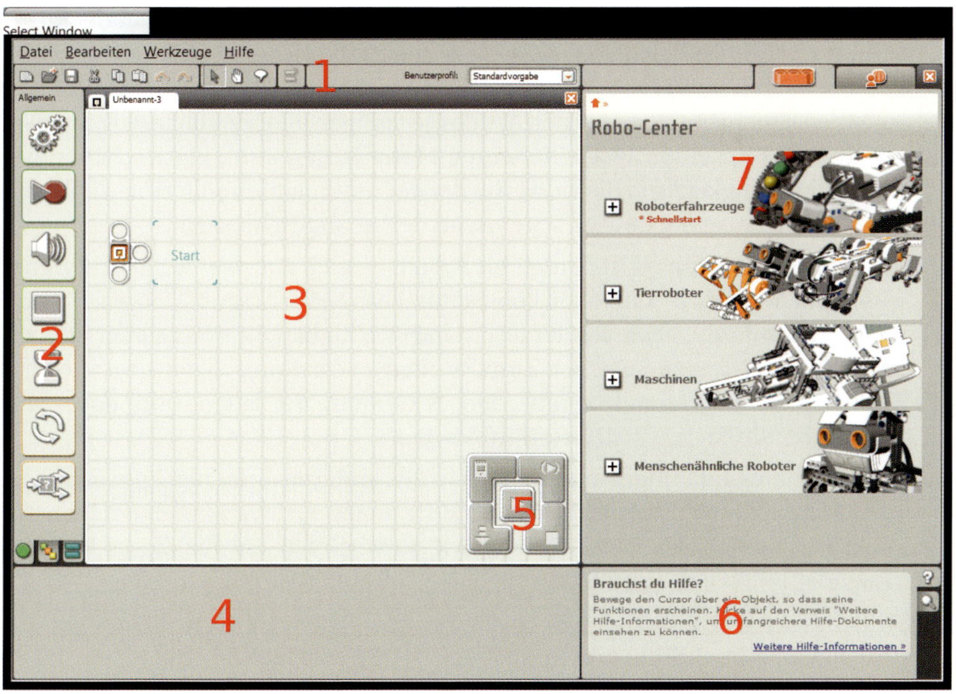

Abb. 2.5: Die Entwicklungsumgebung

Es lassen sich sieben Bereiche unterscheiden:

1. Die **Werkzeugleiste** dient dazu, Aktionen aus der Oberfläche heraus anzustoßen, etwa um Programme auf den NXT-Stein zu laden, neue Versionen des Betriebssystems des NXT (die sogenannte *Firmware*) zu installieren oder das Hilfe-System aufzurufen.
2. Die **Palette** auf der linken Seite ist der Aufbewahrungsort für die Blöcke, die die Bausteine unserer Programme bilden. Der Übersichtlichkeit halber ist sie in drei Reiter aufgeteilt, zwischen denen man über die Reiterleiste am unteren Rand der Palette wechseln kann:
   - ALLGEMEIN: enthält Blöcke, die man nach Meinung der Software-Hersteller besonders oft braucht.
   - VOLLSTÄNDIG: enthält alle verfügbaren Blöcke.
   - EIGENE: enthält die Blöcke, die man selbst hergestellt oder zusätzlich heruntergeladen hat.
3. Der **Arbeitsbereich** befindet sich im Zentrum der Entwicklungsumgebung: Hier werden die aktuellen Programme dargestellt und definiert, wobei jedes Programm einen eigenen Reiter erhält. Hierher werden Blöcke aus der Palette gezogen und mit Ablaufträgern und Datenleitungen verbunden.
4. Der **Konfigurationsbereich** im unteren Teil des Programmfensters stellt detaillierte Informationen über den Block dar, der im Arbeitsbereich gerade ausgewählt ist. Hier ist auch die Stelle, an der man diesen Block den eigenen Anforderungen gemäß konfigurieren kann, wobei die Art und Anzahl der dargestellten Eigenschaften von der Art des jeweiligen Blocks abhängt. Zum Beispiel können für einen Block, der einen Motor laufen lässt, Eigenschaften wie die Geschwindigkeit und die Kraft, mit der der Motor laufen soll, eingestellt werden oder der Ausgang des NXT-Steins, an den er angeschlossen ist.
5. Das **Kontrollzentrum** rechts unten im Arbeitsbereich hat zwei Aufgaben: Einerseits kann man sich hier über den Status des gerade angeschlossenen NXT-Steins informieren, etwa den Batteriestand, Verfügbarkeit, Name oder den auf dem Stein noch freien Speicher. Zum Zweiten ist das Kontrollzentrum auch das Werkzeug, um Programme auf den NXT-Stein zu laden und dort, falls gewünscht, direkt die Ausführung zu starten.
6. Der **Hilfebereich** befindet sich in der rechten unteren Ecke der Entwicklungsumgebung. Hier wird kontextsensitive Hilfe angezeigt: Wählt man ein Element im Arbeitsbereich aus, etwa einen Block, so wird hier ein für dieses Element passender Hilfe-Text angezeigt.
7. Schließlich gibt es noch das **Robo-Center** im rechten Bereich. Es besteht aus zwei Teilen: eine Einführung in LEGO MINDSTORMS NXT und ein Portal zu NXT-Seiten im Internet.

Im ersten Teil finden sich sehr ausführliche und gute Schritt-für-Schritt-Anleitungen zum Bauen und Programmieren mit LEGO MINDSTORMS NXT anhand von vier Beispielrobotern, die alle mit einem einzigen NXT-Set gebaut werden können.

Der zweite Reiter bildet, sofern man über einen Internetzugang verfügt, die Verbindung zu offiziellen LEGO-Seiten im Internet, über die man zusätzliches Material für seine eigenen Roboter, wie weitere Bauanleitungen oder Beispielprogramme herunterladen kann. Außerdem gibt es dort noch unterschiedliche Mediendateien und eine Verlinkung zu LEGO-Wettbewerben.

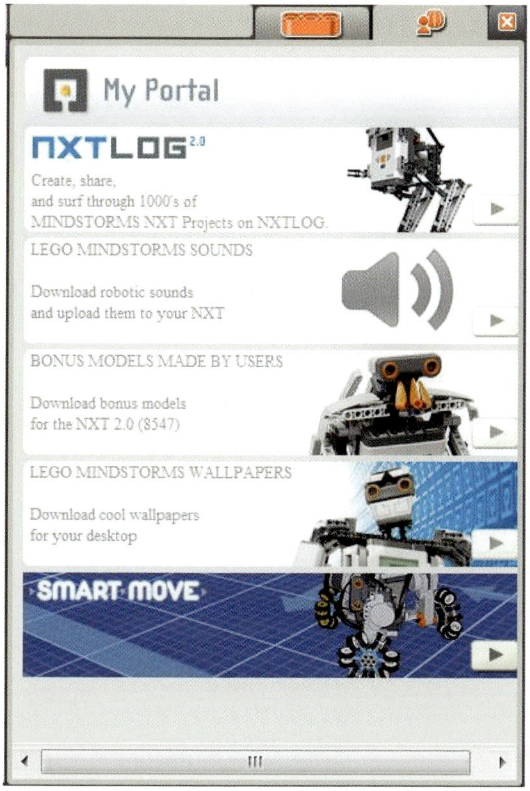

Abb. 2.6: Das Portal im Robo-Center

Während der Entwicklung eines eigenen Programms empfiehlt es sich, das Robo-Center durch Klicken auf das Kreuz in der rechten oberen Ecke zu minimieren, um mehr Platz für den Arbeitsbereich zu gewinnen.

Dies war nur ein erster Überblick über die Entwicklungsumgebung. Tiefere Kenntnisse über ihre tatsächliche Verwendung werden wir dann im Laufe der nächsten Kapitel gewinnen, in denen wir sie zur Programmierung unserer Roboter nutzen werden.

Bis dahin ist es eine gute Idee, sich einmal die sehr ausführliche, in der Software enthaltene Hilfe anzuschauen. Man startet sie in der Werkzeugleiste über den Menüpunkt HILFE.

Abb. 2.7: Starten der Hilfe über die Werkzeugleiste

Es öffnet sich dann ein Browser, mit dem man die verschiedenen Abschnitte der Hilfe lesen und auch durchsuchen kann.

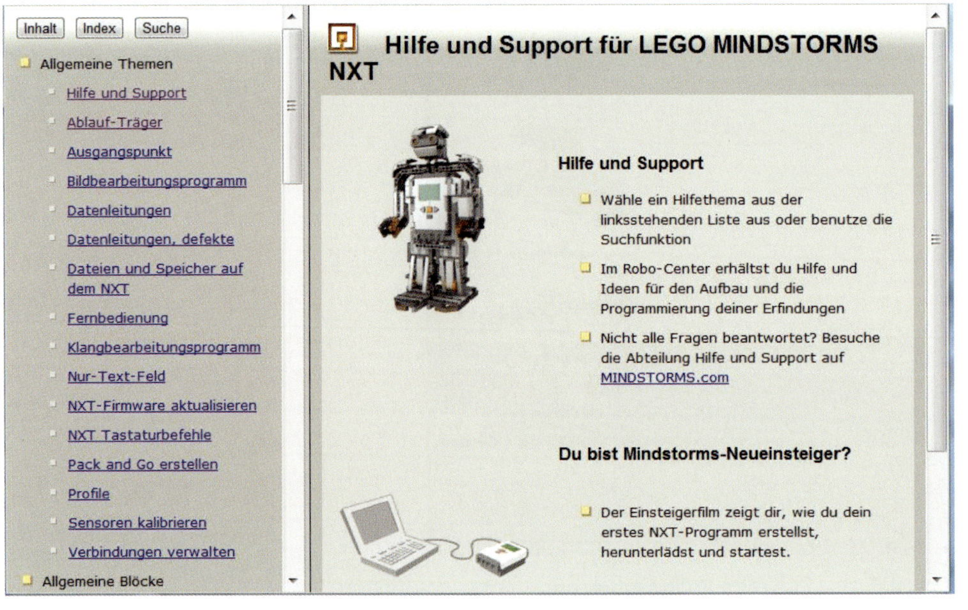

Abb. 2.8: Das eingebaute Hilfe-System

Die Hilfe ist auch später nützlich, wenn man detaillierte Informationen zur Konfiguration und Verwendung der einzelnen Blöcke sucht.

Eine sehr gute Einführung in das Arbeiten mit der Software stellen auch die Anleitungen zu den vier Beispielprojekten im Robo-Center dar. Es empfiehlt sich auf jeden Fall, diese einmal von vorn bis hinten auszuprobieren, bevor man eigene Projekte in Angriff nimmt.

2.2 Laden des Programms auf den NXT-Stein

Um das mit der Software geschriebene Programm auf den NXT-Stein zu übertragen, braucht man eine Verbindung zwischen Computer und dem Stein. Diese Verbindung kann – wie man es etwa auch für ein Handy kennt – auf zwei unterschiedliche Arten aufgebaut werden: mit einer Kabel-Verbindung über USB oder mit einer drahtlosen Verbindung über Bluetooth.

2.2.1 USB-Verbindung

Über ein im Set enthaltenes USB-Kabel kann der NXT-Stein an einen Computer angeschlossen werden, um Programme oder eine aktualisierte Version der Firmware auf den Stein zu laden. Dazu verbindet man das eine Ende des Kabels mit einem USB-Port des Computers und das andere Ende mit dem USB-Eingang des NXT-Steins, der sich neben den Ausgängen für die Motoren befindet.

Abb. 2.9: Ein über den USB- Eingang verbundener NXT-Stein

2.2.2 Bluetooth-Verbindung

Neben der kabelgestützten USB-Verbindung unterstützt der NXT-Stein auch eine drahtlose Kommunikation mittels *Bluetooth 2*, also über Funk. Es ist so möglich, den NXT-Stein mit allen Arten von Geräten zu verbinden, die Bluetooth unterstützen. Die maximale Entfernung hängt dabei von unterschiedlichen Faktoren ab, beträgt im Normalfall aber mindestens 10 Meter. Solche Geräte sind neben Mobiltelefonen vor allem andere NXT-Steine oder – besonders wichtig für das Laden von Programmen – ein Computer.

Die meisten Computer verfügen heutzutage bereits über eine eingebaute Bluetooth-Unterstützung. Ist dies nicht der Fall, so kann man dies über spezielle Bluetooth-Adapter erreichen, also Hardware, die an den Computer angesteckt werden kann.

Dabei ist zu beachten, dass leider nicht alle Arten von Bluetooth-Implementierungen und -Adaptern von der LEGO MINDSTORMS NXT Software unterstützt werden. Eine Übersicht der geeigneten Adapter findet sich auf der offiziellen LEGO MINDSTORMS-Seite unter `http://mindstorms.lego.com`.

USB- und Bluetooth-Verbindung haben jeweils Vor- und Nachteile. Eine USB-Verbindung ist weitaus verlässlicher und einfacher einzurichten als eine über Bluetooth: Man steckt einfach das Kabel ein. Sie ist aber unpraktisch, wenn man einen beweglichen Roboter hat oder wenn der Eingang für das USB-Kabel am Stein schlecht zugänglich ist. In einem solchen Fall ist eine drahtlose Verbindung wesentlich praktischer.

Bluetooth auf dem NXT-Stein aktivieren

Bluetooth ist nicht von vornherein auf dem NXT-Stein aktiviert, da ein Stein bei eingeschaltetem Bluetooth sehr viel mehr Batterieenergie verbraucht. Man sollte daher Bluetooth dort immer abschalten, wenn man keine drahtlose Verbindung benötigt.

Um Bluetooth anzuschalten, wechselt man im LCD-Menü des Steins in den Menüpunkt BLUETOOTH. Durch Aktivieren des ON/OFF-Symbols schaltet man Bluetooth auf dem Stein an und später auch wieder aus. Ist Bluetooth angeschaltet, so muss man beim »Slave« noch darauf achten, dass er für andere Bluetooth-Geräte sichtbar ist: Dazu setzt man ihn über den mit einem Augensymbol versehenen Untermenüpunkt VISIBILITY auf VISIBLE.

Wir können bereits im Hauptbildschirm des NXT-Steins erkennen, ob Bluetooth angeschaltet ist: In der rechten oberen Ecke des LCD-Menüs erscheint dann nämlich ein kleines Bluetooth-Symbol.

Verbindung des Computers mit dem NXT-Stein

Die Art und Weise, wie man einen Computer mit einem Bluetooth-Gerät verbindet, hängt vom jeweiligen Betriebssystem ab. Unter Windows Vista wechselt man dazu in die SYSTEMSTEUERUNG und wählt dort den Unterpunkt BLUETOOTH-GERÄTE aus. Mittels des Befehls DRAHTLOSGERÄT HINZUFÜGEN startet man den Assistenten, der nach aktiven Bluetooth-Geräten in Reichweite des Computers sucht. Ist auf unserem NXT-Stein, den wir fernsteuern wollen, Bluetooth aktiviert und sichtbar, so wird der Assistent diesen finden und anzeigen:

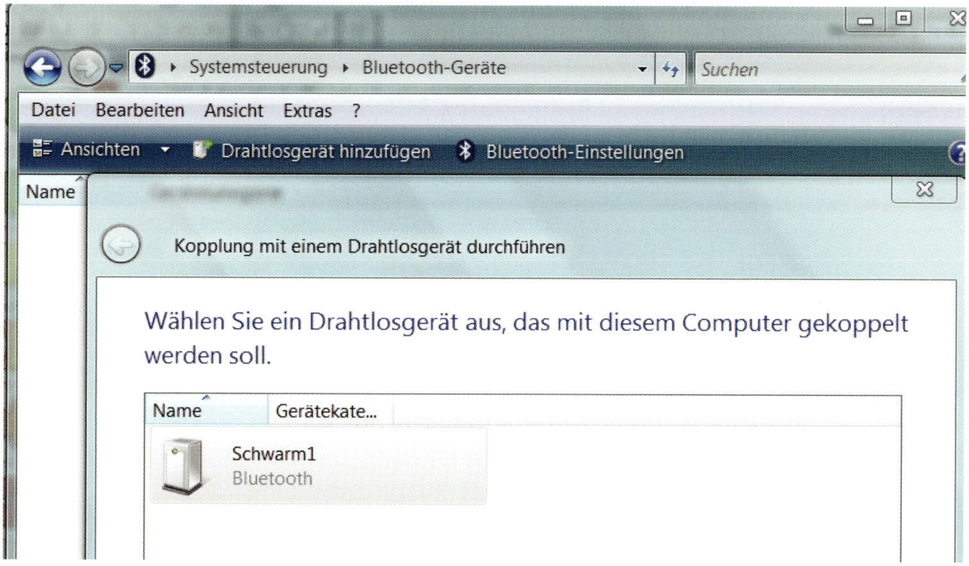

Abb. 2.10: Bluetooth-Assistent in Windows Vista

Beim erstmaligen Verbinden müssen wir üblicherweise eine PIN eingeben; hier können wir die Voreinstellung »1234« des NXT-Steins übernehmen.

2.2.3 Herunterladen des Programms über das Kontrollzentrum

Den NXT-Stein mit dem Computer verbinden

Mit dem Kontrollzentrum kann man überprüfen, ob der NXT-Stein tatsächlich mit dem Computer verbunden ist. Dazu öffnet man dort über die Taste mit dem NXT-Symbol den Verbindungsassistenten:

Abb. 2.11: Öffnen des Verbindungsassistenten

Es öffnet sich eine Liste mit derzeit verfügbaren Steinen. Hier werden, falls vorhanden, auch die Namen von NXT-Steinen angezeigt, die mindestens einmal mit dem Computer verbunden waren sowie ihr derzeitiger Verbindungsstatus.

Abb. 2.12: Die Liste mit verfügbaren NXT-Steinen

Der Umstand, dass es sich um eine Liste handelt, zeigt übrigens schon an, dass es auch möglich ist, mehr als einen NXT-Stein gleichzeitig mit dem Computer zu verbinden, etwa um dasselbe Programm auf all diese Steine herunterzuladen.

Ist unser NXT-Stein über ein USB-Kabel mit dem Computer gekoppelt, so taucht er sofort in der Liste auf. Im Falle von Bluetooth hingegen wird er möglicherweise in der Liste noch nicht angezeigt und wir müssen erst noch nach ihm suchen. Dazu wählen wir SUCHEN aus:

Abb. 2.13: Die Suche nach NXT-Steinen

Wenn alles richtig funktioniert, erscheint unser NXT-Stein in der Liste:

Abb. 2.14: Ein mittels Bluetooth verfügbarer NXT-Stein

Durch VERBINDEN stellen wir eine Verbindung zwischen der LEGO MINDSTORMS NXT Software und dem Stein her. Damit können wir jetzt auf die Daten des Steins zugreifen und Programme auf ihn herunterladen.

Herunterladen des Programms

Zum Herunterladen dient die Taste in der linken unteren Ecke des Kontrollzentrums:

Abb. 2.15: Herunterladen eines Programms auf den NXT-Stein

Dabei wird das Programm vor dem Laden auf den Stein in ein binäres Format übersetzt, das das Betriebssystem des Steins verstehen und ausführen kann.

Der Fortschritt dieses Prozesses wird über ein kleines Fenster sichtbar gemacht:

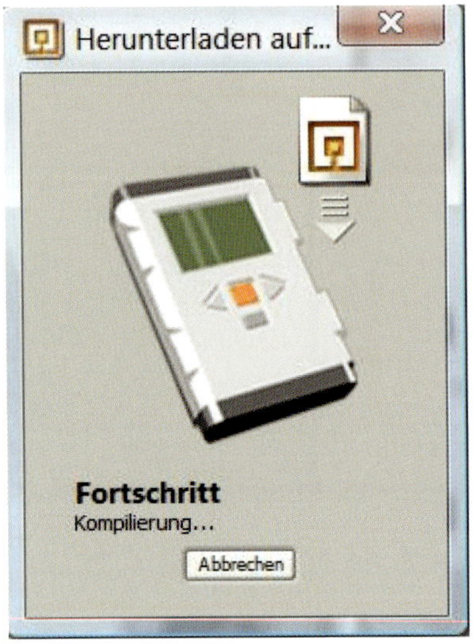

Abb. 2.16: Fortschritt des Herunterladens

Tritt hingegen ein Fehler auf (etwa weil sich der NXT-Stein mittlerweile selbstständig abgeschaltet hat, um Strom zu sparen), so wird stattdessen eine Fehlermeldung angezeigt und das Laden des Programms auf den Stein abgebrochen.

Es besteht zusätzlich die Möglichkeit, das Programm über die große Taste in der Mitte des Kontrollzentrums nicht nur auf den Stein herunterzuladen, sondern es dort auch gleich ausführen zu lassen. Dies ist insbesondere in der Entwicklungsphase des Programms zum Testen sehr hilfreich.

Abb. 2.17: Starten des Programms auf dem Stein vom Kontrollzentrum aus

Über die Stopp-Taste des Kontrollzentrums kann man ein solches laufendes Programm vom Computer aus beenden:

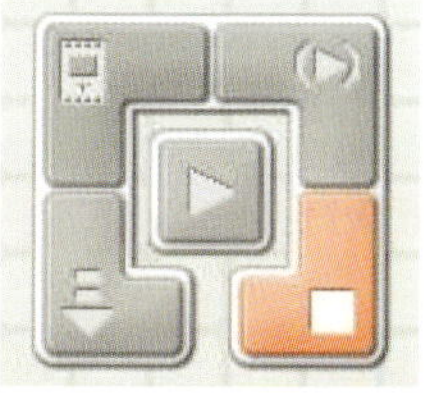

Abb. 2.18: Stoppen eines laufenden Programms

Zu guter Letzt gibt es in der rechten oberen Ecke noch eine Taste, die nur die gerade ausgewählten Blöcke auf den NXT-Stein lädt und dort ausführt. Dies ist eine Funktionalität, die man normalerweise selten nutzt, die aber für das Testen kleinerer Abschnitte des Programms recht nützlich sein kann.

2.3 Ausführen des Programms auf dem NXT-Stein

Ist das Programm nun auf den Stein geladen, so ist es dort gespeichert und kann beliebig oft ausgeführt werden. Selbst wenn der NXT-Stein ausgeschaltet wird, verbleibt das Programm auf dem Stein und kann nach Wiedereinschalten erneut gestartet werden.

Dies geschieht, indem man im Bedienungsmenü des Steins mit den Bedienungsknöpfen zur Liste der vorhandenen Programme navigiert und das entsprechende Programm startet.

Dazu wählt man im Startbildschirm des NXT-Steins MY FILES aus, dann SOFTWARE FILES und schließlich den Namen des Programms, das man ausführen will. Über den Eintrag RUN wird das Programm dann gestartet.

Ein laufendes Programm kann man durch Drücken des dunkelgrauen Knopfes wieder beenden.

Um den NXT-Stein ganz auszuschalten, genügt es, den dunkelgrauen Knopf einige Sekunden gedrückt zu halten.

2.4 Zusammenfassung

Wir besitzen nun einen ersten Eindruck davon, wie man einen NXT-Roboter programmiert.

Im nächsten Kapitel werden wir nun mit dem Bau unseres ersten eigenen Roboters beginnen und dabei auch unser erstes echtes Programm schreiben, das ihn zum Leben erweckt.

2.5 Anregungen

- Wir schauen uns die Hilfe an: Welche Arten von Blöcken gibt es? Welche Eigenschaften haben sie? Welche Werkzeuge bietet die Entwicklungsumgebung?
- Wir untersuchen die Entwicklungsumgebung: Welche Aktionen lassen sich womit ausführen? Wie klickt man ein kleines Beispielprogramm zusammen?
- Wir schauen uns die vier Beispielprojekte im Robo-Center an und versuchen, sie zu bauen und zu programmieren.
- Wir laden die Programme der Beispielprojekte mittels einer USB-Verbindung über das Kontrollzentrum auf den NXT-Stein und starten es auch von dort.
- Wir starten die heruntergeladenen Programme über das Menü im Anzeigefenster des NXT-Steins. Wie stoppt man sie wieder?
- Wie kann man in der Entwicklungsumgebung ermitteln, welchen Ladezustand die Batterien des NXT-Steins haben? Wie geht das im Anzeigefenster des NXT-Steins?
- Wir laden die Programme der Beispielprojekte über eine Bluetooth-Verbindung auf den NXT-Stein.

Kapitel 3

Der Streuner: Umherwandern

Neues in diesem Kapitel

- Simulation von einfachem Verhalten
- Bau eines mobilen Roboters mit dem NXT-Set
- Verwendung von NXT-Motoren und Laufketten
- Entwurf von Programmen
- Erzeugung von Programmen mit NXT-G
- Nutzung von Bewegungsblöcken
- Programmierung von Zufallsentscheidungen und Vergleichen
- Verwendung von Datenleitungen
- Implementierung von Programmverzweigungen

In diesem Kapitel werden wir unser erstes Roboterwesen bauen und programmieren.

Es handelt sich dabei um ein Wesen, das ein sehr einfaches Bewegungsmuster zeigt: Es bewegt sich auf einem zufälligen Kurs durch seine Umgebung, ohne sie aktiv wahrzunehmen. Dieses Verhalten erinnert an zielloses »Umherstreunen«. Man könnte dergestalt unser Wesen, das wir *Streuner* nennen wollen, für einen entfernten Verwandten von primitiven und ursprünglichen natürlichen Lebewesen wie etwa Bakterien halten.

Wir werden anhand von Streuner lernen, wie man NXT-Motoren und Laufketten zur Fortbewegung in verschiedene Richtungen nutzen kann. Im Programm von Streuner werden wir sehen, wie man diese Motoren steuert und wie man den Programmablauf über unterschiedliche Kontrollinstrumente strukturiert. Außerdem werden wir erste Fähigkeiten von NXT-G kennenlernen, die über die reine Kontrolle der mechanischen Komponenten hinausgehen.

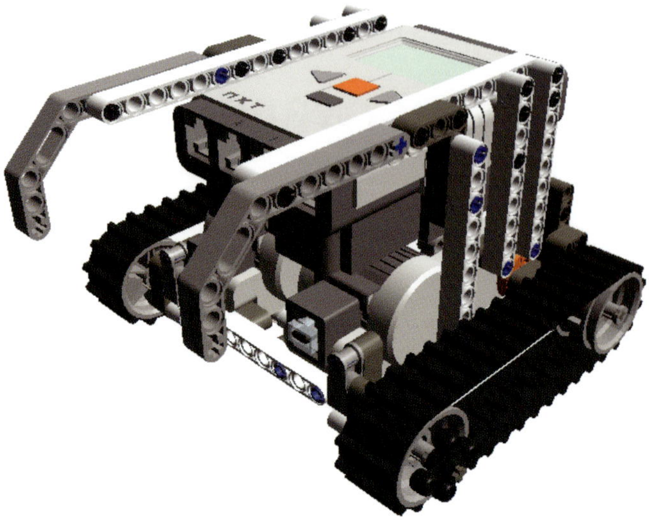

Abb. 3.1: Streuner

3.1 Mechanische Komponenten

Streuner verfügt über keinerlei Sensoren zur aktiven Wahrnehmung seiner Umwelt, ist jedoch in der Lage, sich mittels zweier Laufketten in jede beliebige Richtung zu bewegen. Jede der beiden Laufketten wird von einem eigenen Motor angetrieben:

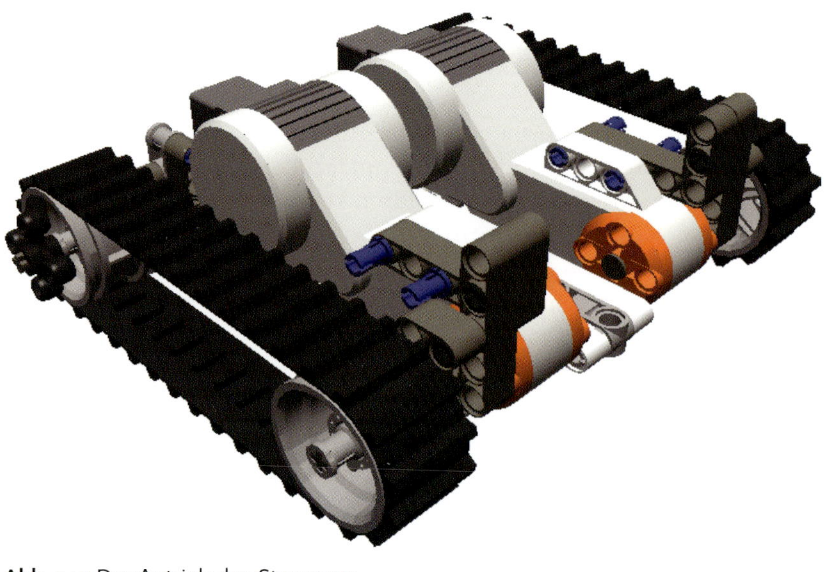

Abb. 3.2: Der Antrieb des Streuners

Dadurch ist es für Streuner unter anderem möglich, sich auf der Stelle zu drehen.

3.2 Die Bauanleitung

3.2.1 Benötigte Teile

Für den Bau des Streuners benötigen wir folgende Teile des NXT-Sets:

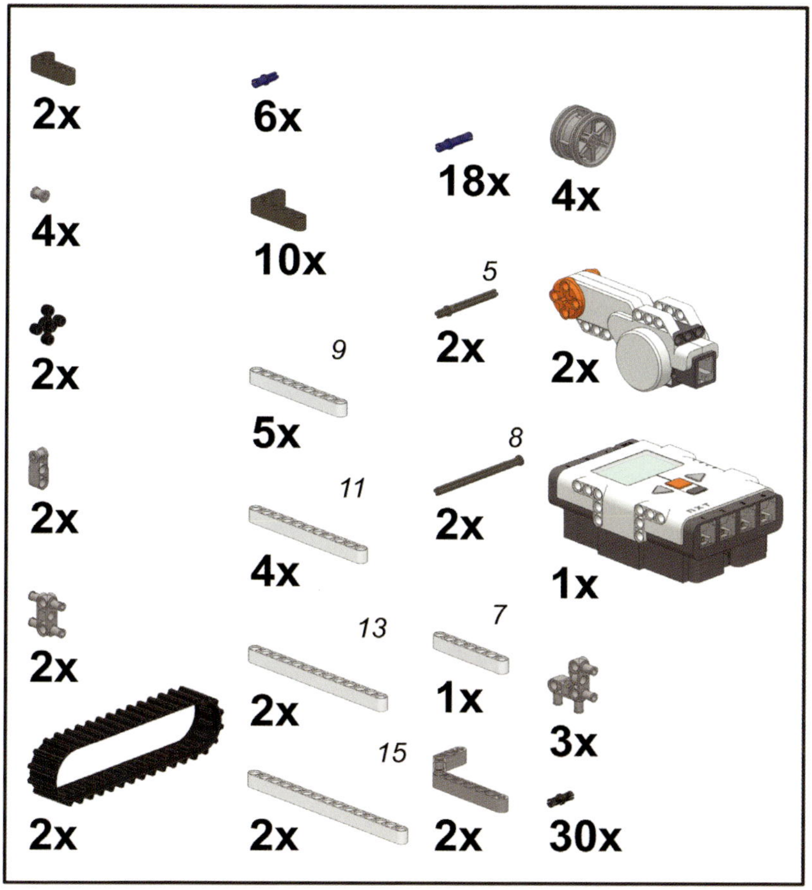

3.2.2 Schritt für Schritt

Wie bei LEGO-Bauanleitungen üblich, sind für jeden Schritt die dort benötigten Teile aufgeführt samt ihrer Anzahl. Bei den Balken ist zusätzlich die Länge in Moduln angegeben, also die Anzahl der Löcher.

Der Antrieb

1

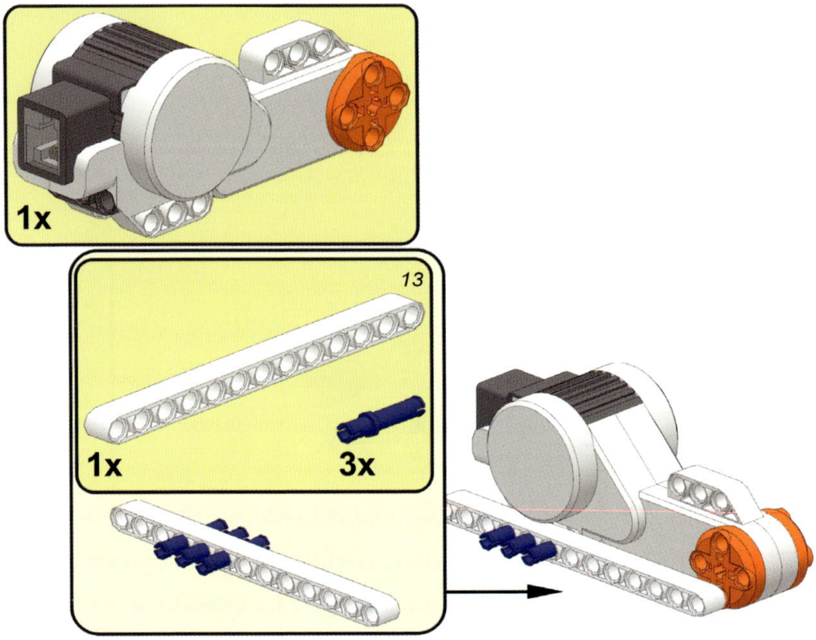

2

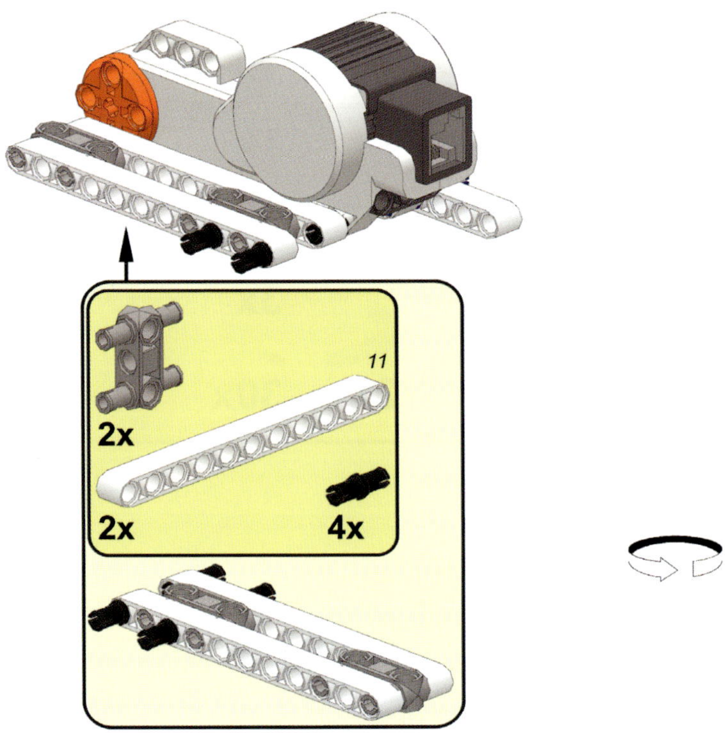

3

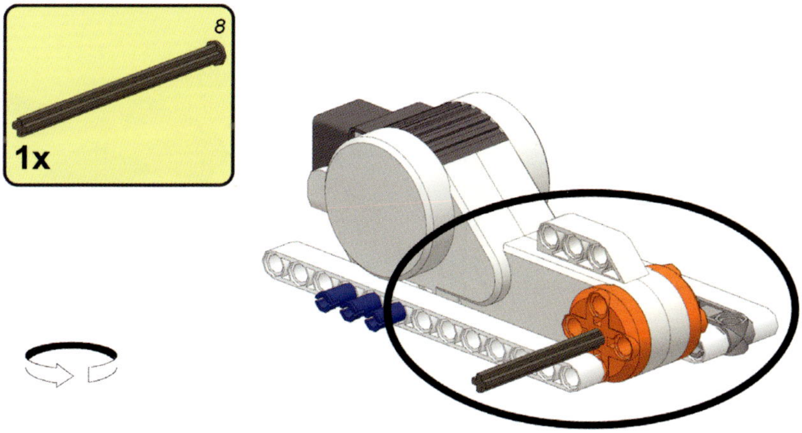

Die Bauanleitung basiert auf der Retail-Edition der Version 2.0 des NXT-Sets. Wollen wir den Streuner mit der Education-Edition bauen, so ersetzen wir hier die 8M-Achse mit Stopper durch eine normale 8M-Achse.

4

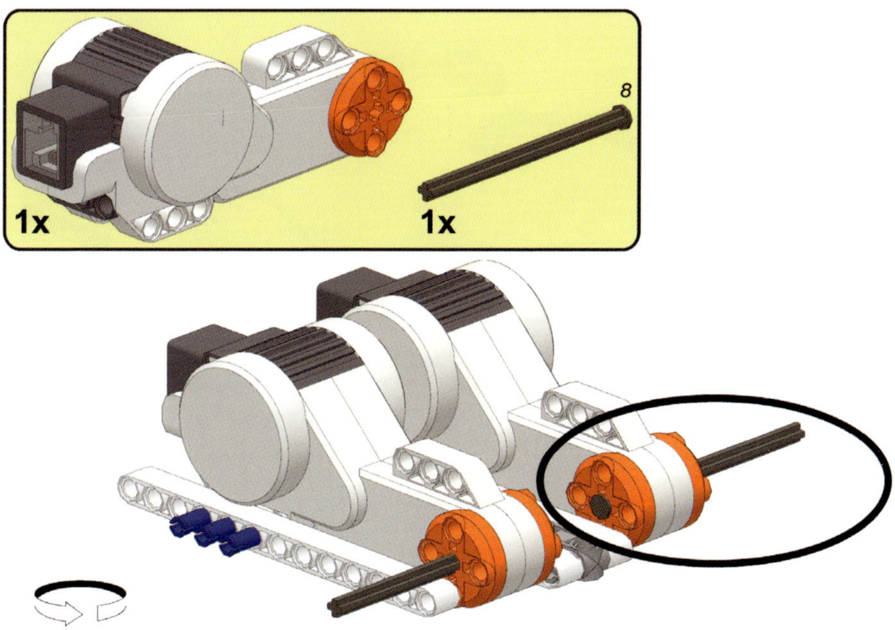

Auch hier ersetzen wir wieder die 8M-Achse mit Stopper durch eine normale 8M-Achse, wenn wir die Education-Edition verwenden.

5

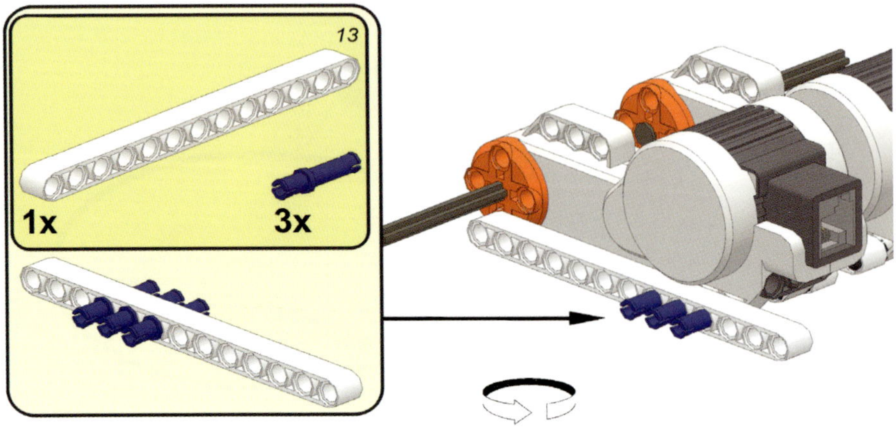

6

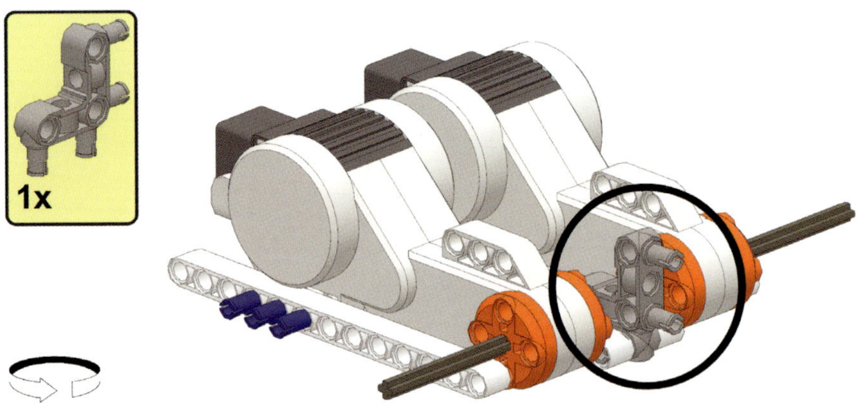

7

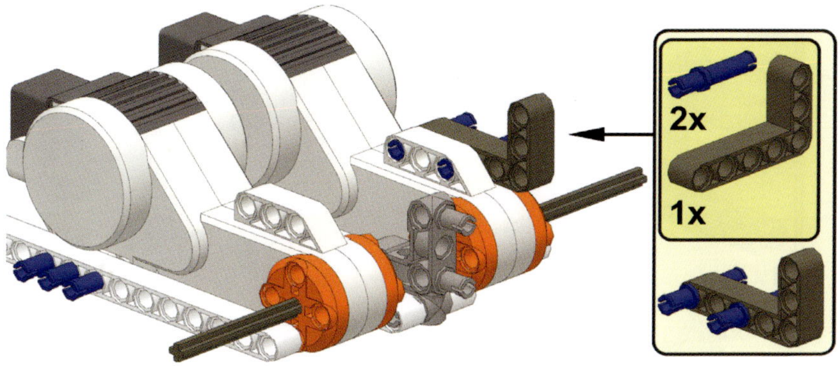

8

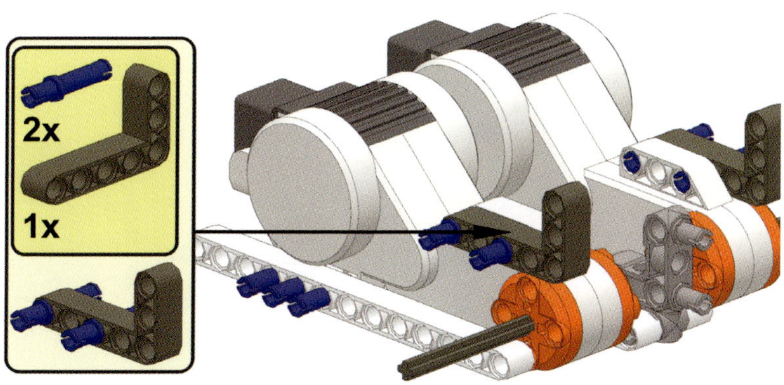

9

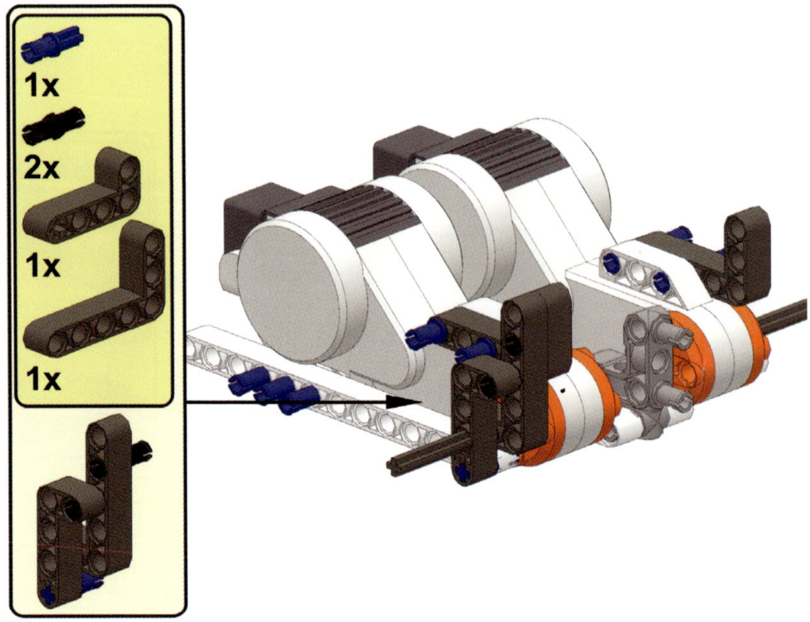

10

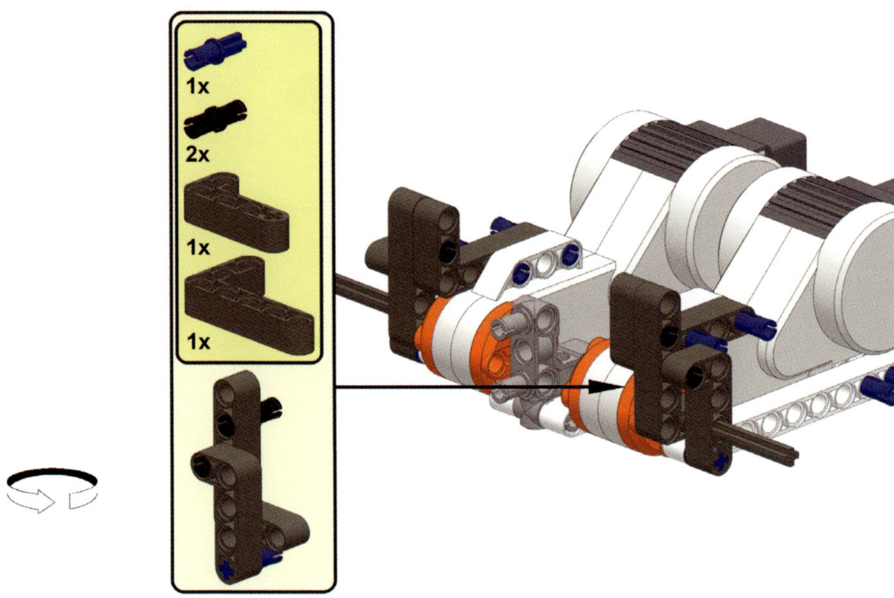

11

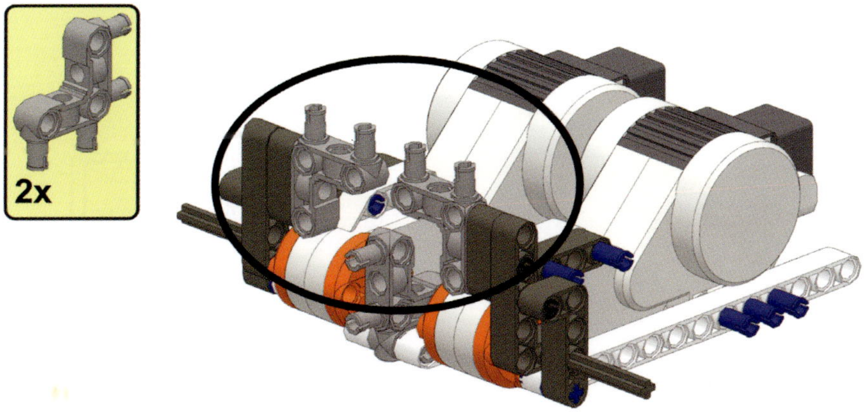

12

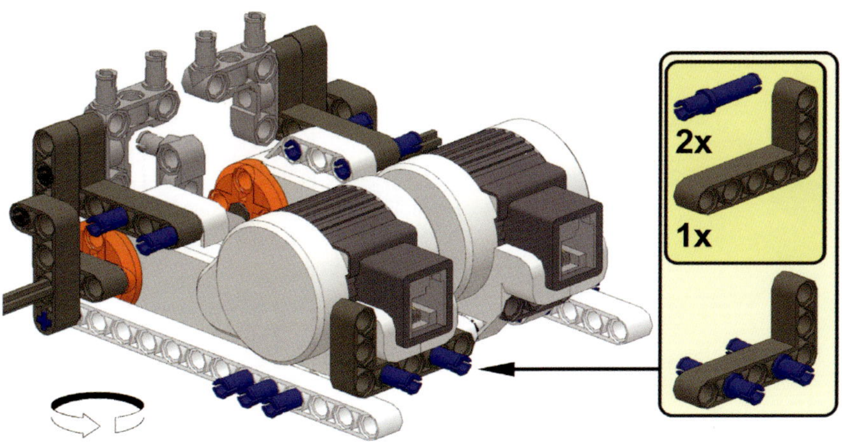

13

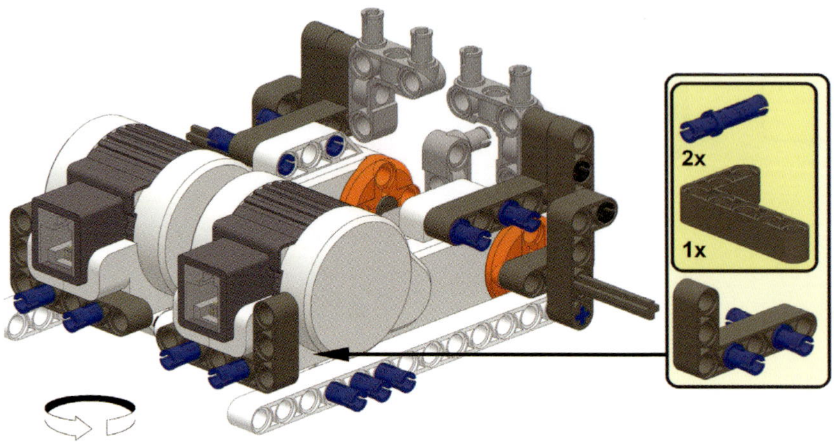

14

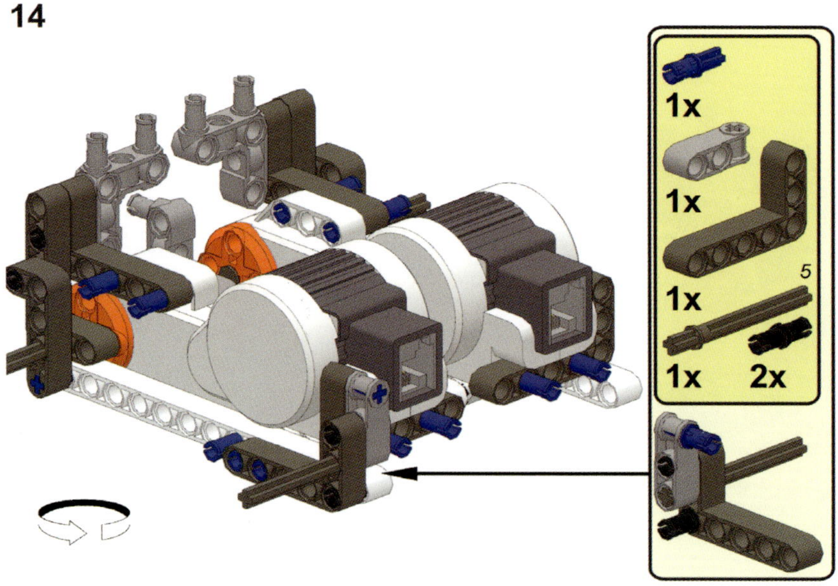

15

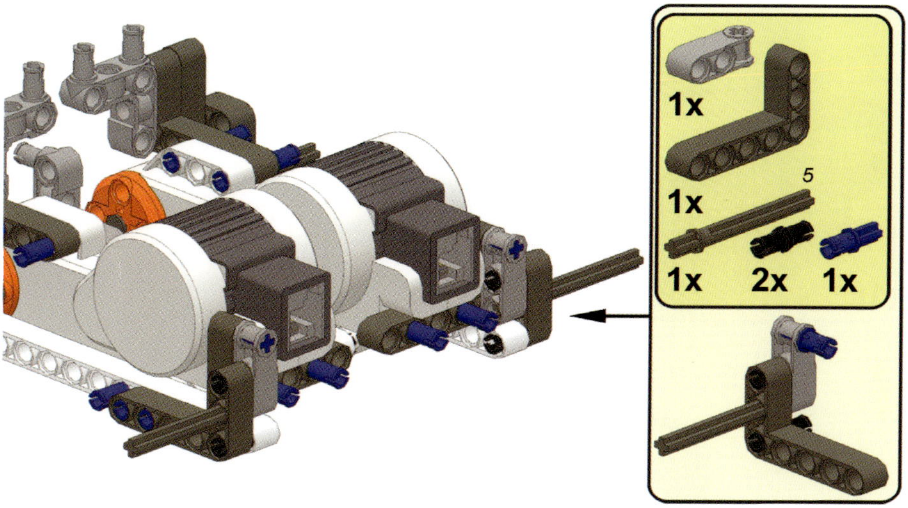

16

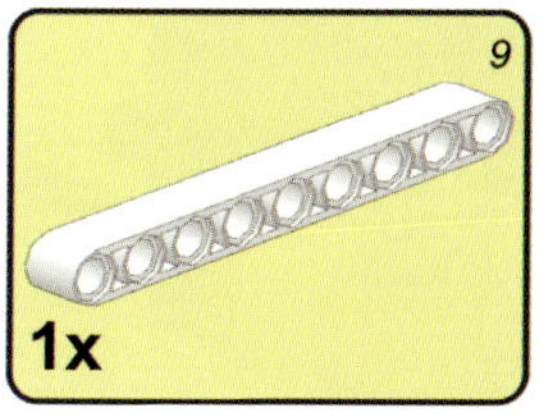

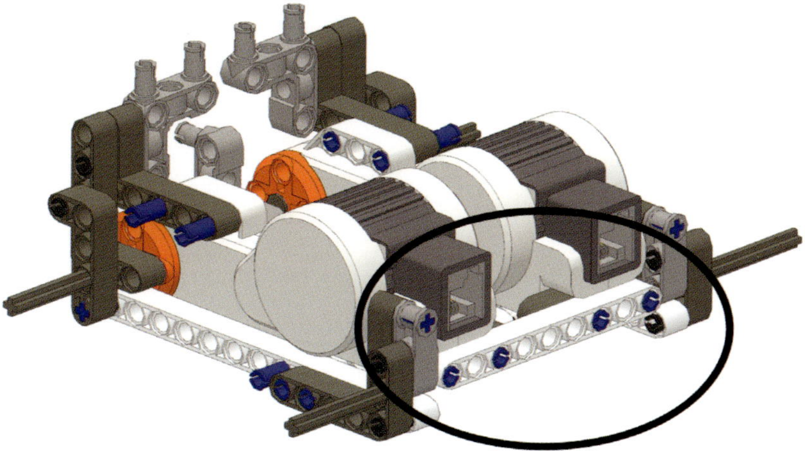

Der Körper

17

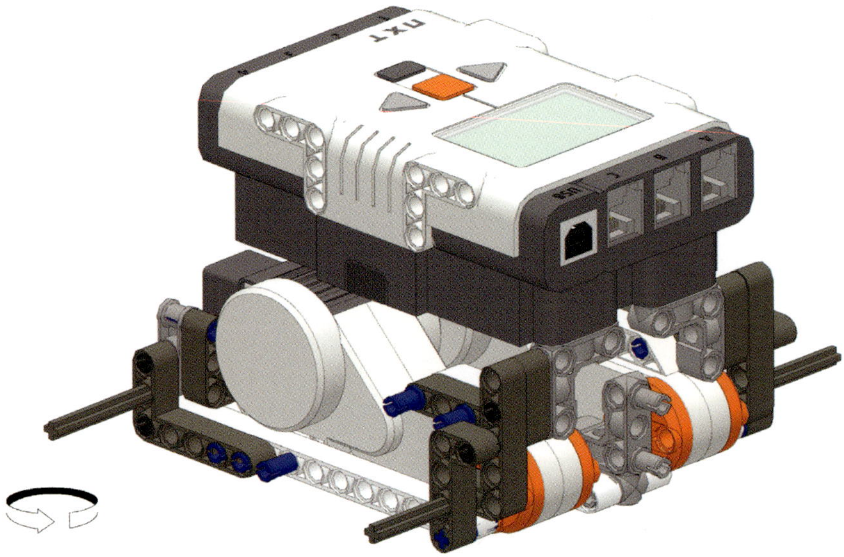

18

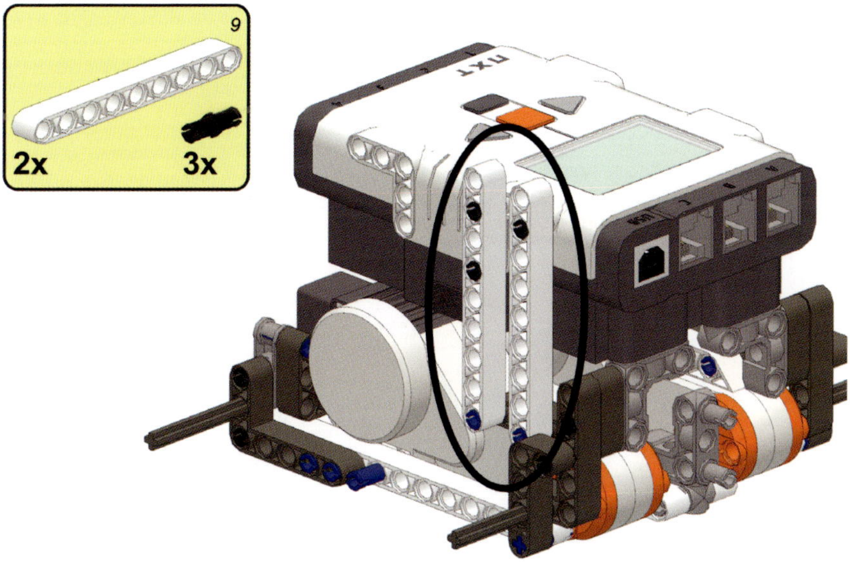

19

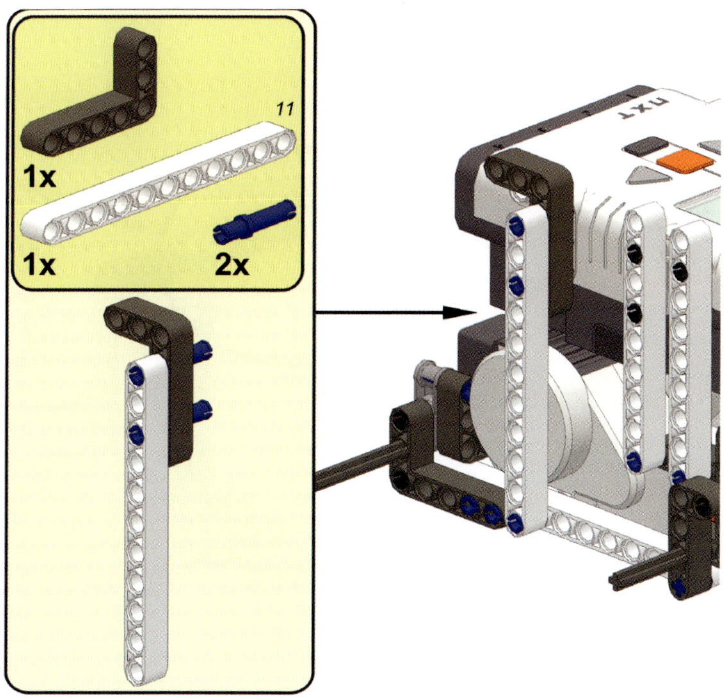

Bei Nutzung der Education-Edition ersetzen wir den 3x5-Winkelbalken durch einen 2x4-Winkelbalken.

20

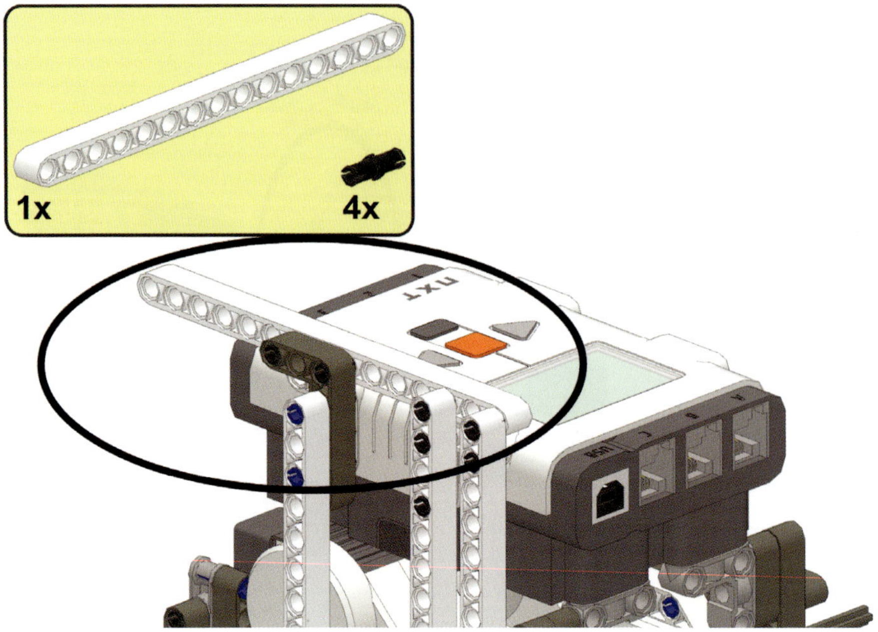

21

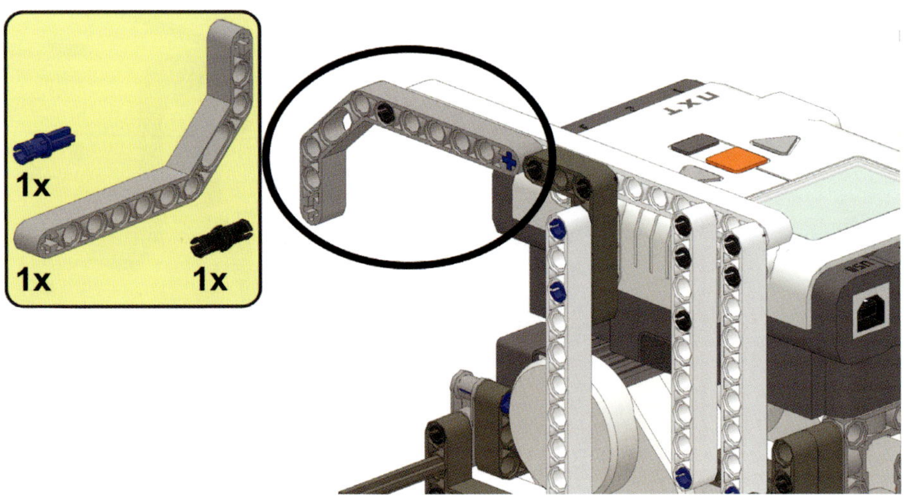

22

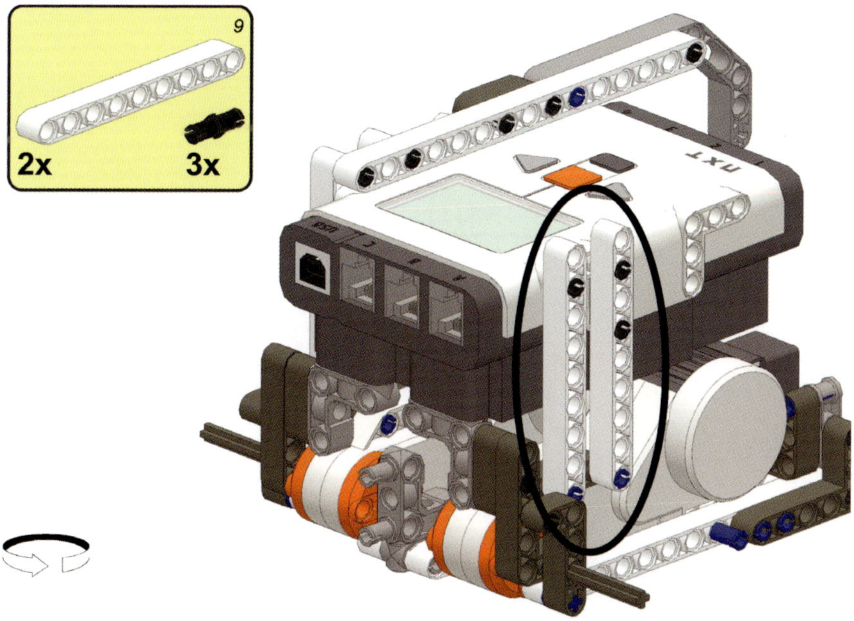

23

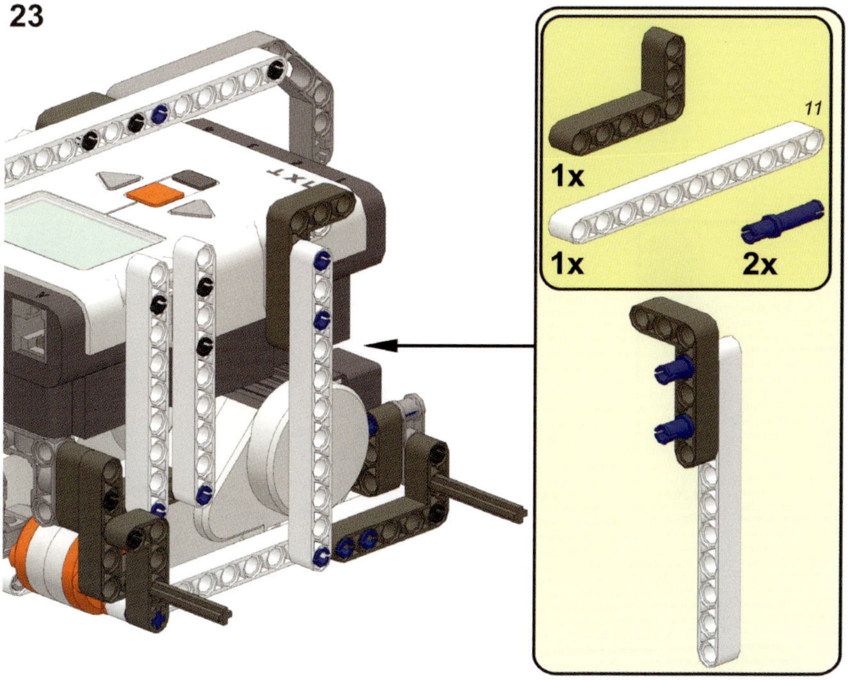

Bei Nutzung der Education-Edition ersetzen wir den 3x5-Winkelbalken auch hier wieder durch einen 2x4-Winkelbalken.

24

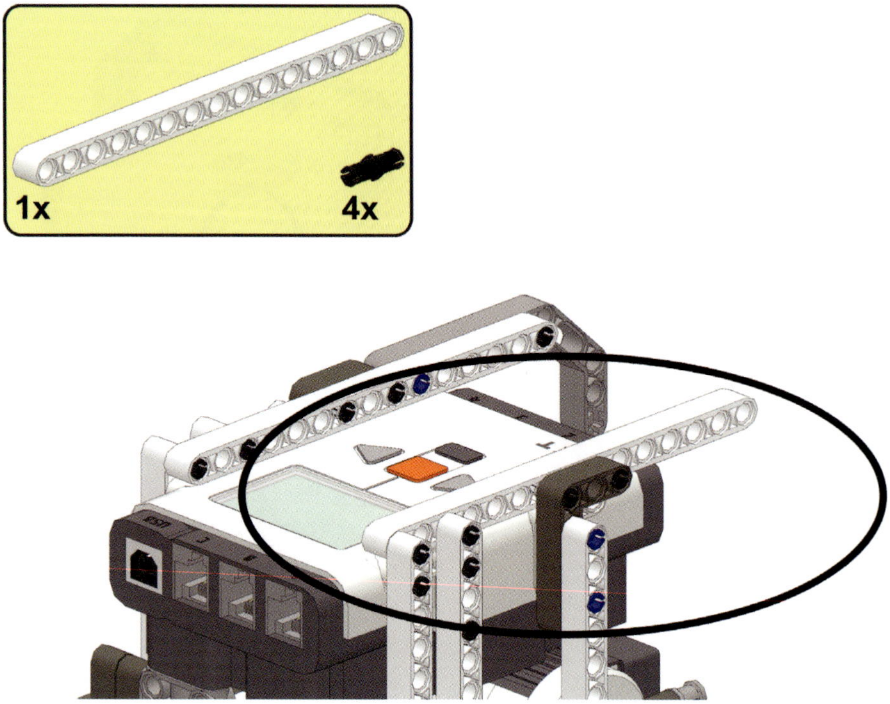

25

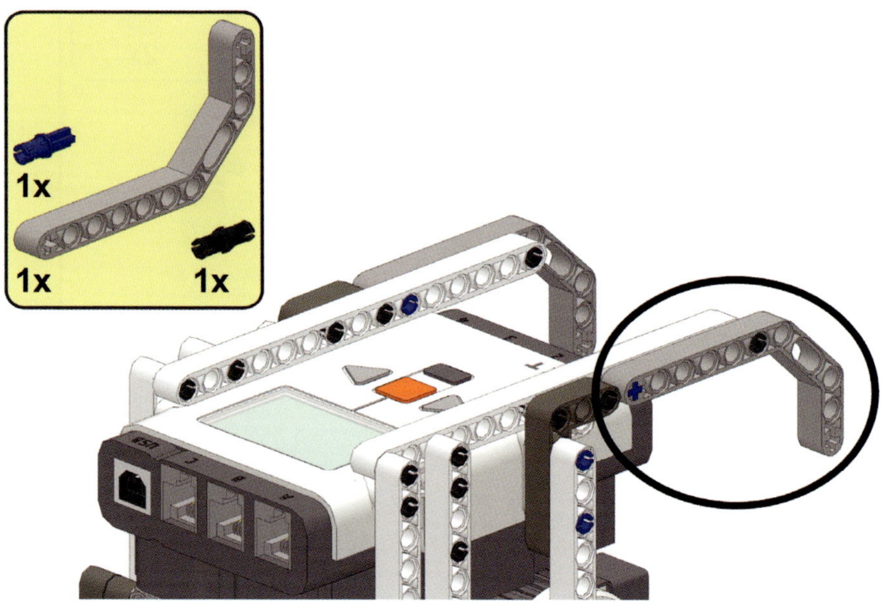

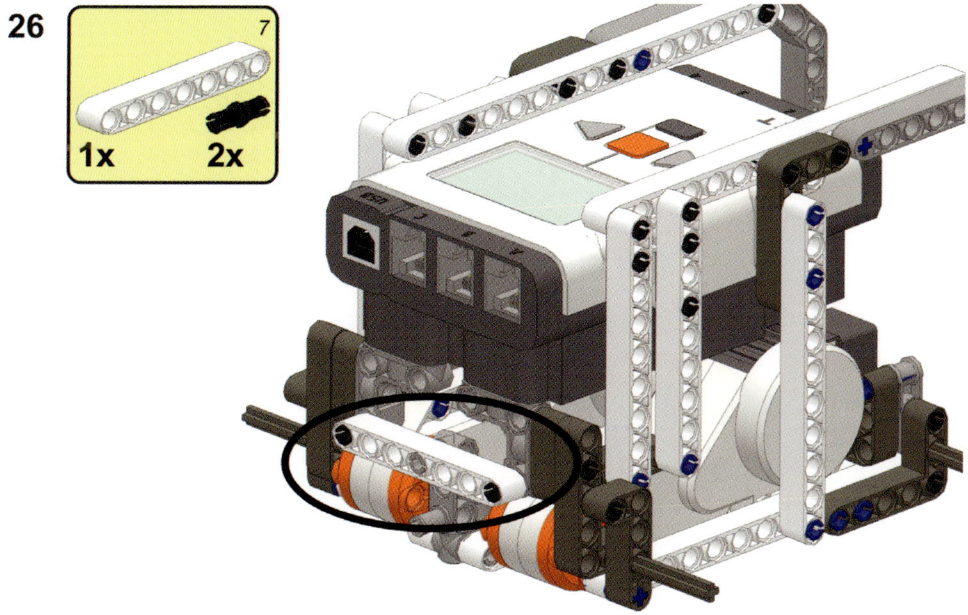

Die Ketten

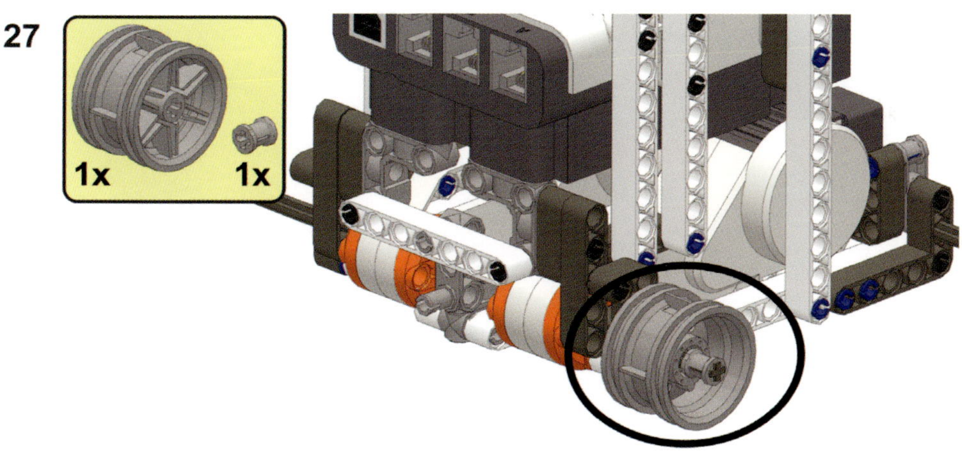

28

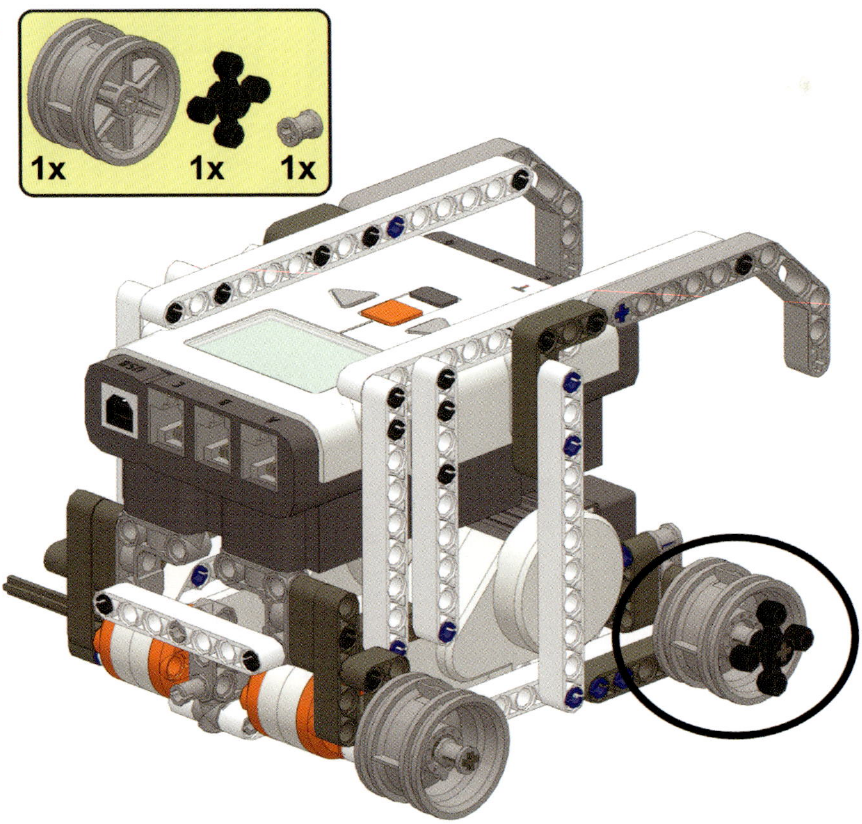

29

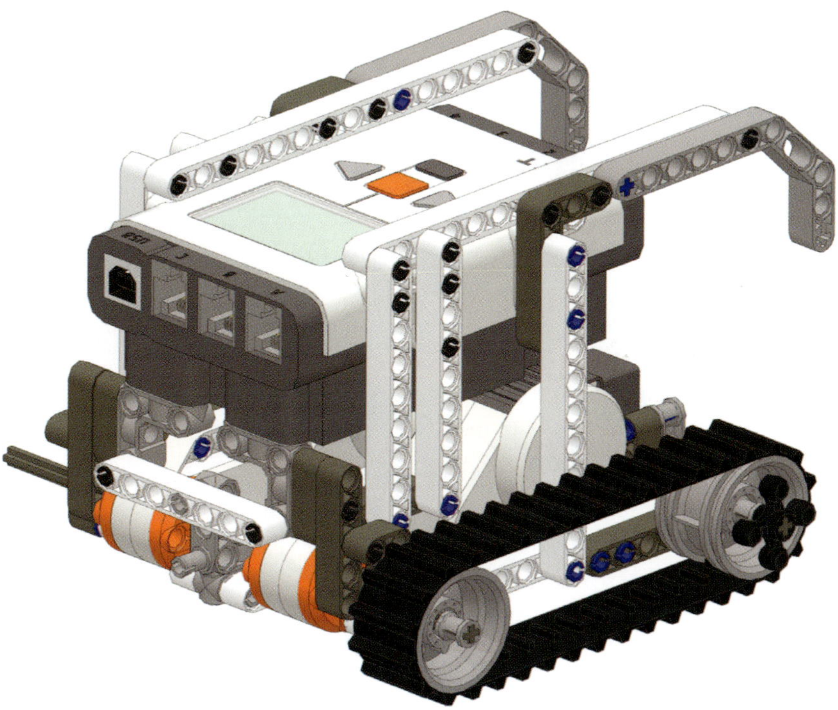

30

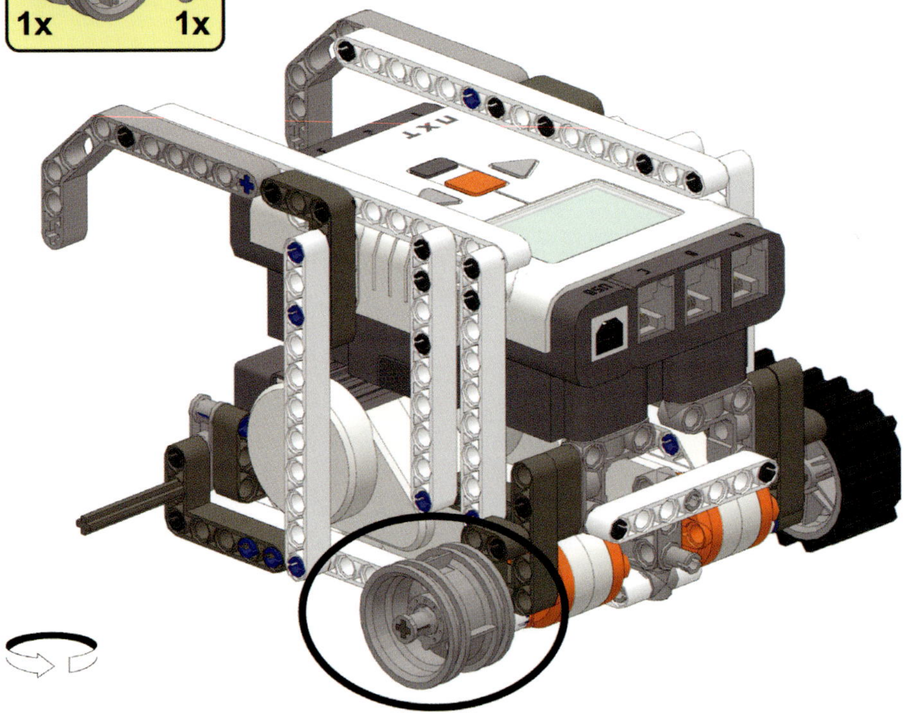

31

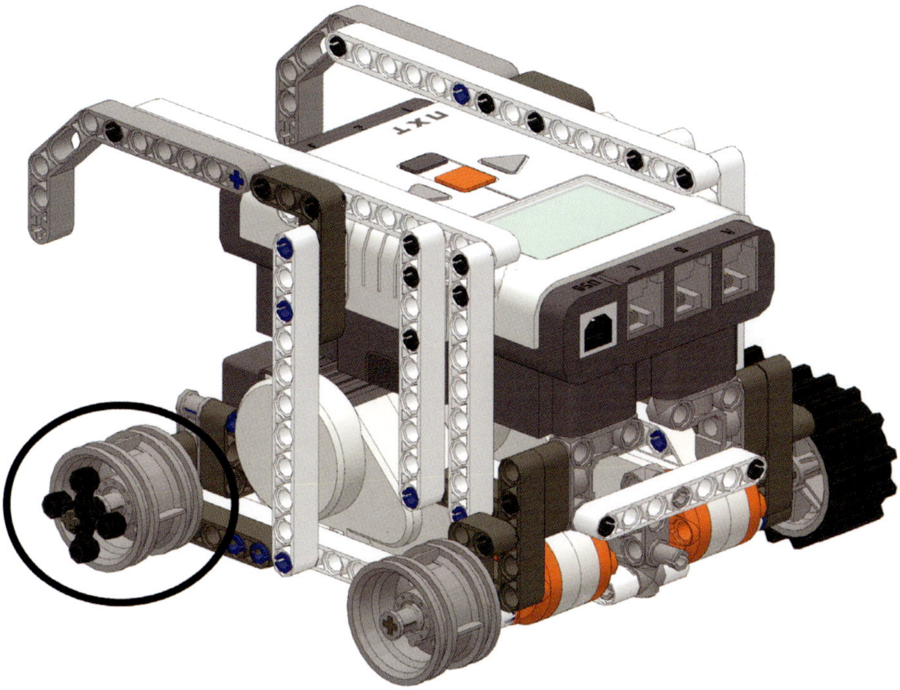

Verkabelung

Wir verbinden mit zwei Kabeln noch

1. den von hinten gesehen linken Motor mit Ausgang C des NXT-Steins und
2. den rechten Motor mit dessen Ausgang A.

Es empfiehlt sich dabei, die Kabel unter dem NXT-Stein hindurchzuführen.

3.3 Das Programm

3.3.1 Entwurf der allgemeinen Struktur

Bei der Programmierung eines Roboters ist es vorteilhaft, sich zunächst in Grundzügen klar zu machen,

1. wie sich der Roboter verhalten soll,
2. was das technisch bedeutet und
3. welche Aktionen im Programm in welcher Reihenfolge dafür auszuführen sind.

Wie soll sich der Roboter verhalten?

Streuner ist ein sehr einfaches Wesen: Er tut nicht mehr, als sich zunächst eine Zeit lang geradeaus zu bewegen, sagen wir für zwei Sekunden. Danach trifft er eine zufällige Entscheidung für links oder rechts und dreht sich dann für eine gewisse Zeitspanne – zum Beispiel eine Sekunde lang – in diese Richtung.

Dieses Verhalten zeigt er »unendlich« lange, das heißt, so lange, bis wir das Programm beenden.

Was bedeutet das technisch?

Streuner wird von zwei Motoren angetrieben. Damit seine Bewegung geradeaus verläuft, müssen die beiden Motoren mit gleicher Stärke in die gleiche Richtung laufen. Zum Abbiegen hingegen genügt es bei einem Roboter mit Laufkettenantrieb, die beiden Motoren in gegenläufiger Richtung zueinander laufen zu lassen.

Schließlich brauchen wir noch ein Programmkonstrukt, um zufällig zu entscheiden, nach welcher Richtung abgebogen wird.

Allgemeiner Programmablauf

Um sich den allgemeinen Ablauf des Programms klar zu machen, ist eine Zeichnung immer sehr hilfreich. Es ist dabei nicht so wichtig, welche Art der Darstellung man verwendet und welches Werkzeug, entweder mit Bleistift und Papier oder auf elektronische Weise. In der Tat gibt es in der Informations-Technologie mittlerweile unzählige dieser Werkzeuge und mannigfaltige Notationen. Es ist lediglich wichtig, dass man selber mit der gewählten Methode gut zurechtkommt und dass das entstehende Bild die Ablaufstruktur des Programms klar und verständlich wiedergibt.

Wir verwenden hier eine Art von Diagramm, das als *UML-Aktivitätsdiagramm* bekannt ist und das für den Entwurf von NXT-Programmen gut geeignet ist: Einerseits spiegelt ein solches Diagramm gut den sequenziellen Ablauf solcher Programme wieder, andererseits ist es recht einfach zu erstellen und zu verstehen.

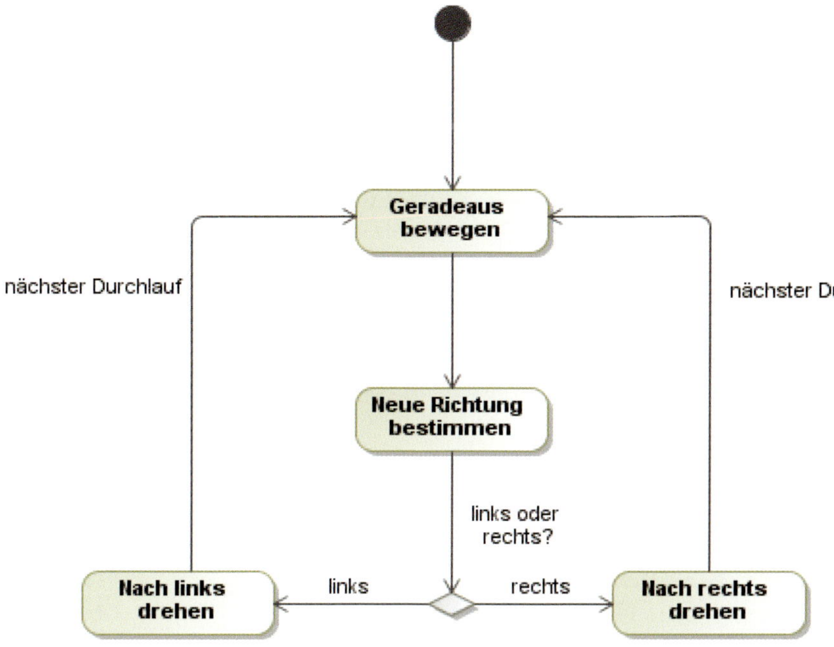

Abb. 3.3: Das Verhalten von Streuner

Dabei bedeuten

- der schwarze Kreis den Startpunkt,
- die Kästchen mit den runden Ecken Aktionen, die vom Programm ausgeführt werden,
- die Rauten Entscheidungen, zum Beispiel »nach rechts oder nach links« und
- die Pfeile Übergänge von einer Aktion zur nächsten oder zu einer Entscheidung.

Um den Programmablauf zu verstehen, muss man nur beim Startpunkt beginnend den Pfeilen folgen. Kommt man zu einem Entscheidungsknoten, so wird nur einer der abgehenden Pfeile verfolgt, je nachdem, welche der Bedingungen erfüllt ist, die an den jeweiligen Pfeilen vermerkt ist.

3.3.2 Technische Umsetzung als NXT-G-Programm

Wir werden unsere Zeichnung nun dazu verwenden, schrittweise unser NXT-G-Programm für Streuner zu schreiben.

Nachdem wir die LEGO MINDSTORMS NXT Software gestartet haben, legen wir ein neues, leeres Programm namens STREUNER an, indem wir den Namen in das zugehörige Textfeld eintragen und auf GO klicken:

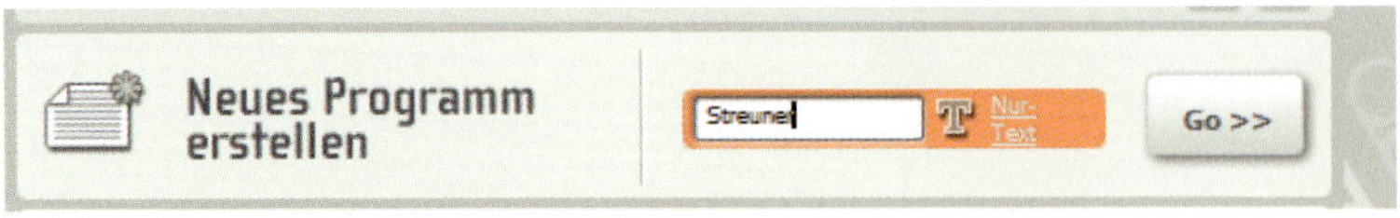

Jedes NXT-G-Programm hat einen einzigen, eindeutigen Ausgangspunkt, an dem das Programm beginnt. Unser neues Programm enthält zunächst nur diesen einen Ausgangspunkt:

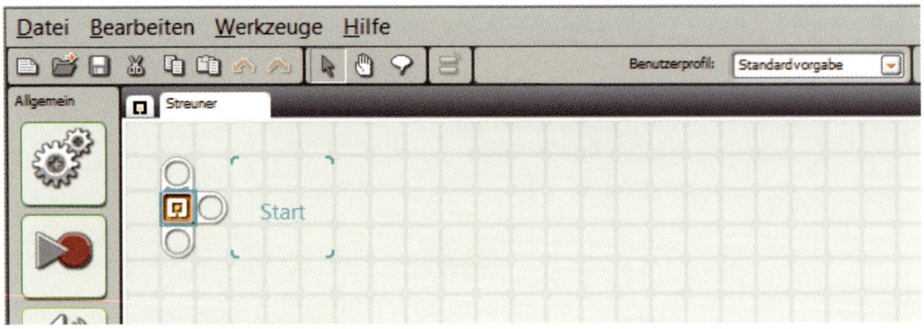

Abb. 3.4: Der Ausgangspunkt

Das Programm soll »unendlich lange« laufen, das heißt so lange, bis wir es wieder abschalten: Darum hängen wir zunächst eine Schleife an den Ausgangspunkt, die wir in der ALLGEMEIN-Palette als zweiten Eintrag von unten finden, und stellen die Steuerung im Konfigurationsabschnitt auf UNENDLICH:

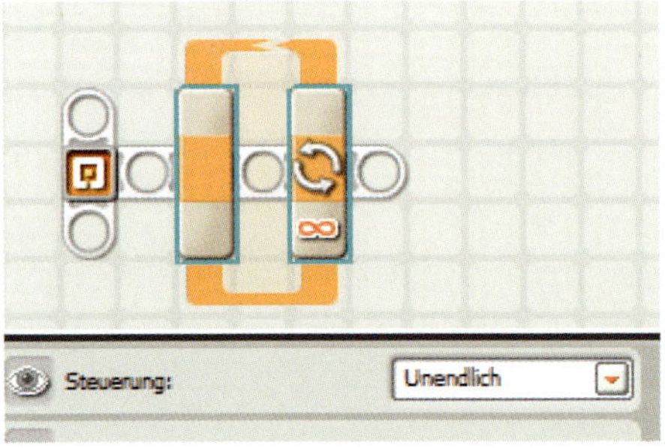

Abb. 3.5: Die Endlosschleife

Damit wird nun alles, was sich innerhalb der Schleife befindet, so lange ausgeführt, bis wir das Programm beenden, zum Beispiel mittels des grauen Ausschaltknopfs des NXT-Steins.

Innerhalb der Schleife soll sich Streuner zunächst zwei Sekunden lang geradeaus bewegen. Dazu fügen wir einen Bewegungsblock in die Schleife ein. Wir finden ihn ganz oben in der ALLGEMEIN-Palette.

Haben wir übrigens einmal aus Versehen einen falschen Block in unser Programm eingefügt, so können wir ihn wieder löschen, indem wir ihn auswählen und die Taste `Entf` auf der Tastatur betätigen.

Da die beiden Motoren an die Ausgänge A und C angeschlossen sind, setzen wir die Häkchen an der Eigenschaft PORT entsprechend. Die Motoren sind rückwärts eingebaut, wir müssen also den Fahrtrichtungspfeil RÜCKWÄRTS aktivieren, damit sich Streuner nach vorne bewegt. Außerdem setzen wir die DAUER auf zwei Sekunden:

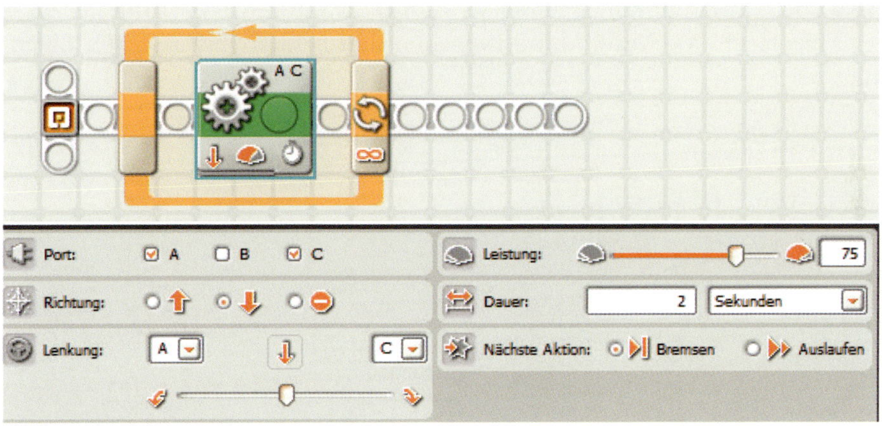

Abb. 3.6: Bewegung geradeaus

Nun soll Streuner auf zufällige Weise nach links oder rechts abbiegen. Dazu brauchen wir zunächst eine Möglichkeit, diese zufällige Entscheidung zu treffen. Wir benutzen den Zufallsblock, der als Würfelsymbol im zweiten Fach von unten in der VOLLSTÄNDIG-Palette enthalten ist:

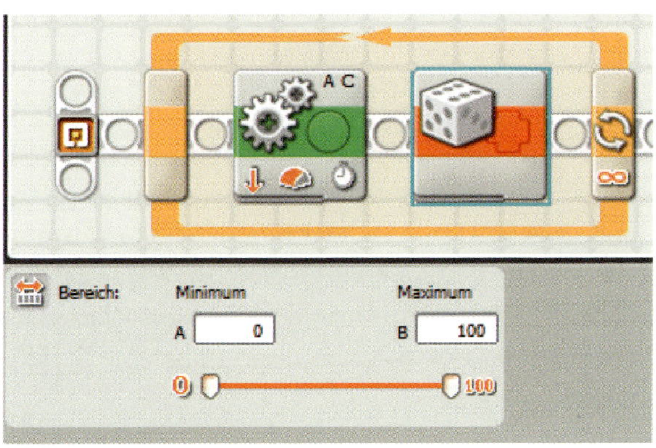

Abb. 3.7: Zufallsblock

Wir sehen, dass der Zufallsblock bereits so konfiguriert ist, dass er bei einem Aufruf eine zufällige Zahl zwischen 0 und 100 auswählt. Auch wenn wir jede beliebige gerade Zahl als Obergrenze benutzen könnten, lassen wir diese Einstellung so und benutzen die jeweils vom Zufallsblock ausgewählte Zahl nun für die Entscheidung über die neue Richtung, die Streuner einschlagen soll: Ist die Zahl größer als 50, soll es nach rechts, ansonsten nach links gehen.

Dazu geben wir das Ergebnis des Zufallsblocks an einen Vergleichsblock weiter, den wir an derselben Stelle der VOLLSTÄNDIG-Palette finden. Dazu öffnen wir durch Anklicken jeweils den Datenknoten der beiden Blöcke, indem wir mit der Maus links unten auf den Rand des Blocks klicken. Dann ziehen wir mit gedrückter linker Maustaste eine Verbindung zwischen den beiden gewünschten Eigenschaften:

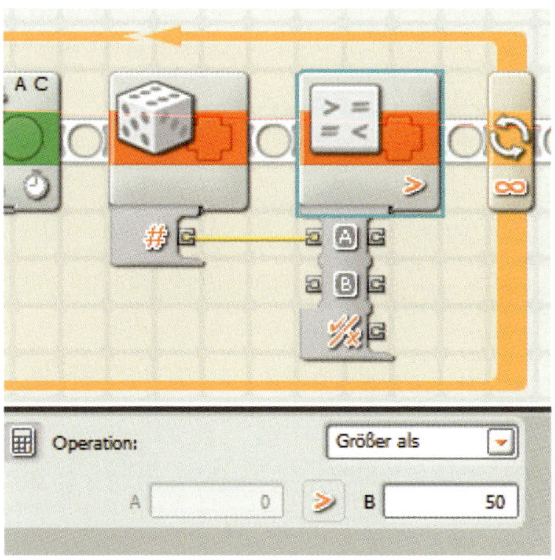

Abb. 3.8: Vergleich der Zufallszahl

Man sieht, dass der Ausgang des Zufallsblocks, der die erzeugte Zufallszahl enthält, nun mit einem der beiden Eingänge des Vergleichsblocks über eine Datenleitung verbunden ist. Auf diese Weise kann im Vergleichsblock diese Zahl mit dem zweiten Wert, den wir fest als 50 eingeben, verglichen werden.

Den Vergleich nutzen wir nun, um im Programm zu verzweigen: Wir koppeln sein Ergebnis mit einem Schaltblock, der in der ALLGEMEIN-Palette ganz unten angeordnet ist. Dazu setzen wir die Steuerung des Schaltblocks auf WERT, lassen den Typ des Werts auf der Voreinstellung LOGIKSIGNAL und verbinden über eine Datenleitung den Ausgang des Vergleichsblocks mit dem Eingang des Schaltblocks.

Damit der Datenknoten nicht so viele für uns überflüssige Symbole anzeigt, klicken wir ihn an. Dadurch wird er automatisch so reduziert, dass man nur noch die Einträge sieht, die auch tatsächlich als Anfangs- oder Endpunkt einer Datenleitung benutzt werden. In unserem Fall sind das Eingang A, verbunden mit dem Ausgang des Zufallsblocks, und das Ergebnis des Vergleichs, das mit dem Eingang des Schaltblocks verbunden wird:

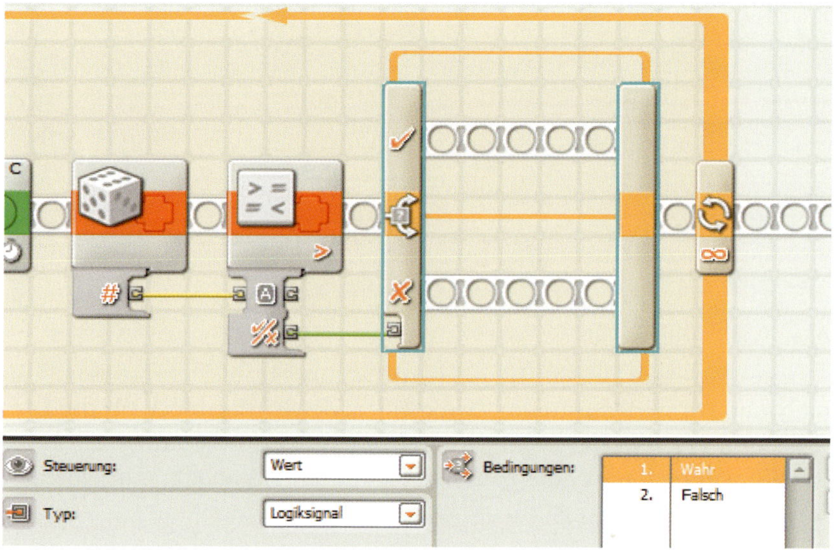

Abb. 3.9: Verzweigung aufgrund eines Vergleichs zweier Werte

Damit erreichen wir, dass im Programmablauf der obere Zweig abgearbeitet wird, falls der Vergleichsblock den Wert WAHR liefert, das heißt, wenn die erzeugte Zufallszahl größer als 50 ist; ansonsten wird der untere Zweig gewählt.

Damit brauchen wir jetzt nur noch beide Zweige jeweils mit der zugehörigen Richtungsänderung zu füllen: im oberen Zweig das Abbiegen nach rechts, im unteren Zweig das nach links.

Dazu ziehen wir einen weiteren Bewegungsblock für die Motoren A und C auf den oberen Zweig, der diesmal eine Drehung nach rechts für eine Sekunde enthält. Dies erreichen wir durch Verschieben des Schiebereglers für die Lenkung ganz nach rechts:

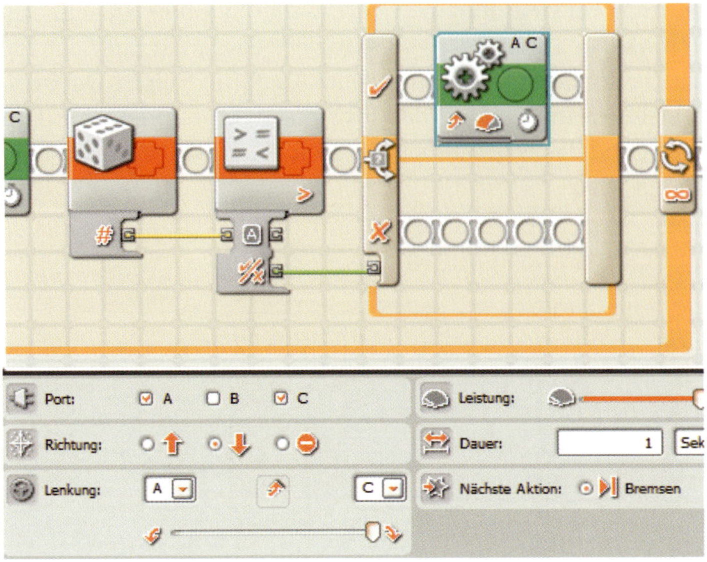

Abb. 3.10: Drehung nach rechts

Entsprechend bauen wir in den unteren Zweig einen Bewegungsblock für die Drehung nach links ein, bei dem der Schieberegler für die Lenkung ganz nach links geschoben ist. Wir achten darauf, die anderen Eigenschaften analog zum vorherigen Block zu setzen:

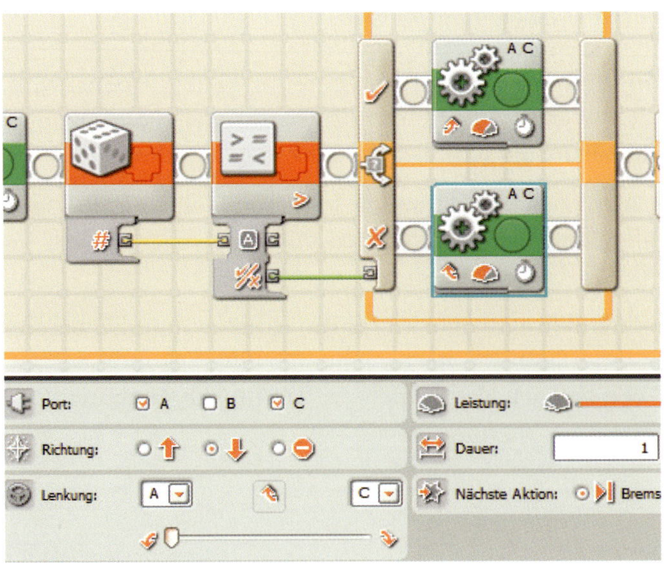

Abb. 3.11: Drehung nach links

Damit ist das Programm bereits vollständig.

Wie sieht der Ablauf nun aus?

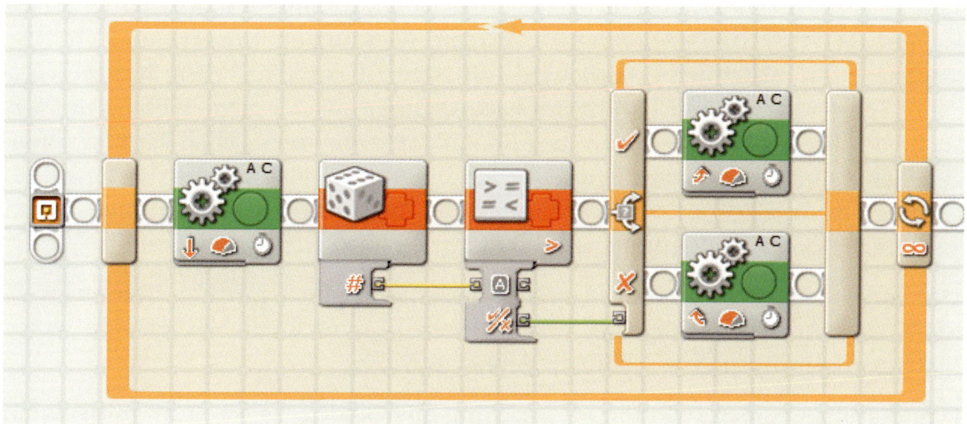

Abb. 3.12: Das vollständige Programm für Streuner

1. Das Programm startet mit dem ersten Durchlauf der »Unendlich«-Schleife.
2. Streuner bewegt sich zwei Sekunden lang geradeaus vorwärts.
3. Es wird eine Zufallszahl zwischen 0 und 100 ermittelt.
4. Ist die Zufallszahl größer als 50, so wird der obere Zweig des Schaltblocks durchlaufen, Streuner dreht sich also eine Sekunde lang nach rechts.
5. Andernfalls wird der untere Zweig gewählt, Streuner dreht sich also für eine Sekunde lang nach links.
6. Der erste Durchlauf der Schleife ist beendet, und der nächste Durchlauf der Schleife beginnt wieder mit 2.

3.4 Das Verhalten von Streuner

Nachdem wir das Programm über das Kontrollzentrum auf den NXT-Stein geladen und entweder darüber oder direkt aus dem Menü des Steins gestartet haben, zeigt Streuner ein Verhalten, das uns, die wir das Programm kennen, nicht weiter überraschen wird – zumindest, solange es wie beabsichtigt funktioniert.

Für jemanden hingegen, der nichts über die interne Programmierung weiß, stellt sich die Situation schwieriger dar: Ähnlich wie wir, die wir im Allgemeinen nur wenig über die internen »Programme« der Lebewesen wissen, die uns umgeben, wird auch der Beobachter von Streuner zunächst versuchen, in dessen Verhalten bestimmte grundlegende Muster zu erkennen. Anschließend wird er darangehen, daraus einige *Gründe* für dieses Verhalten abzuleiten, wahrscheinlich unter Zuhilfenahme des Aussehens von Streuner. Möglicherweise wird er es sogar für hilfreich halten, Streuner ganz und gar auseinanderzunehmen, um Einblicke in den inneren Aufbau zu erhalten – Biologen tun das bekanntlich ja gerne.

Er wird dann wohl zunächst feststellen, dass sich Streuner zwar anscheinend ziellos bewegt, aber mit seinen regelmäßigen Wendungen immerhin doch eine gewisse Ordnung einhält. Auch wird ihm schnell auffallen, dass Streuner nur wenig Interesse an seiner Umwelt zu haben scheint: Weder reagiert es auf die Versuche des Wesen-Forschers, mit ihm Kontakt aufzunehmen, noch kann es offensichtlich Hindernisse wahrnehmen oder ihnen gar ausweichen. Dennoch, so erscheint es dem Betrachter, ist Streuner sehr »ruhelos« und verharrt niemals am selben Ort. Es bleibt allerdings rätselhaft, *warum* er so eifrig umherstreift.

Der Forscher wird sich versucht sehen, diesem eifrigen Umherstreifen nun vielleicht eine Art »Lebendigkeit« zuzugestehen – schließlich bewegt sich »tote« Materie erfahrungsgemäß nicht auf derartige Weise.

Dann lässt sich aber auch die Mutmaßung anstellen, dass Streuner mit seinem Verhalten bestimmte *Absichten* verfolgt, auch wenn diese zunächst noch unbekannt und unverständlich bleiben: Sucht er auf diese Weise nach Nahrung? Erforscht er seine Umgebung? Sucht er nach etwas, vielleicht nach einem anderen Wesen?

Allerdings wird ein Beobachter von Streuner wohl nicht umhinkommen zu bemerken, dass er ziemlich »dumm« ist: Er lernt offensichtlich nichts daraus, dass er zum wiederholten Mal gegen die Wand stößt, irgendwo hängen bleibt oder andauernd an derselben Stelle vorbeikommt.

Wir sehen, dass selbst ein derart primitives Verhalten, das, wie wir wissen, durch ein äußerst einfaches Programm entsteht, bereits dazu geeignet ist, nicht nur eine Menge von Fragen und Mutmaßungen aufzuwerfen, sondern schon zu dem Eindruck führen kann, dass es sich hierbei um eine Art »Lebendigkeit« handelt, dem Denken oder zumindest bestimmte Absichten zu eigen sind.

Diese Behauptung mag uns vermessen erscheinen. Wir sind ja die Schöpfer von Streuner und wissen, dass ihm jegliche »Lebendigkeit« oder auch »Intelligenz« im üblichen Sinne fehlt. Führen wir jedoch Streuner einmal jemandem vor, der darüber nichts weiß, werden wir überrascht sein, welche Reaktionen und Vermutungen Streuners Verhalten bei den meisten Menschen hervorrufen wird.

Versuchen wir es einmal!

3.5 Zusammenfassung

In diesem Kapitel haben wir ein erstes Roboterwesen gebaut und unser erstes eigenes Programm dafür geschrieben. Dabei haben wir die NXT-Motoren verwendet und gelernt, wie man sie in einem Roboter für die Fortbewegung benutzen kann. Wir haben die Kettenlaufbänder eingesetzt und gesehen, wie einfach man mit ihnen Drehungen ausführt.

Wir haben nicht nur die Motoren mit NXT-G programmiert, sondern auch Kontrollstrukturen wie Schleifen und Verzweigungen zur Steuerung des Programmablaufs verwendet. Schließlich haben wir auch noch Hilfsmittel zum Vergleich von Zahlen und zur Erzeugung von Zufallszahlen kennengelernt.

Auch wenn der Aufbau von Streuner, sein Programm und seine Bewegungsmuster noch sehr einfach sind, haben wir doch schon gesehen, wie schnell man ein Wesen erzeugen kann, dessen Verhalten beim Betrachter bereits einen ersten Anschein von »Lebendigkeit« und absichtsvollem Vorgehen erzeugt.

Im nächsten Kapitel werden wir ein Wesen kennenlernen, das, anders als Streuner, bestimmte Aspekte seiner Umwelt wahrnehmen kann und darauf zu reagieren vermag.

3.6 Anregungen

Hinweise zu den Anregungen in den einzelnen Kapiteln finden sich im Anhang zu diesem Buch.

1. Wir führen Streuner einer oder mehreren anderen Personen vor, ohne ihnen zu verraten, wie das interne Programm aussieht oder welche Strategien wir dabei verfolgt haben. Welche Vermutungen stellen die Beobachter über die Verhaltensmuster und Absichten von Streuner an? Welche Strategien verfolgen sie selbst, um etwas über Streuner herauszufinden?
2. Wir beobachten, wie oft Streuner nach links oder rechts abbiegt. Wie groß ist die jeweilige Anzahl nach einer hinreichend großen Menge von Messungen? Welche Wahrscheinlichkeit erwarten wir für jede Richtung? Stimmt die gemessene Verteilung damit überein?
3. Wie sehen natürliche Lebewesen aus, etwa Bakterien oder andere Einzeller, die ein ähnliches Verhalten wie Streuner zeigen? Wie sind sie aufgebaut, auf welche Weise bewegen sie sich fort?
4. Wie ändert sich das Verhalten von Streuner, wenn in den Bewegungsblöcken die Werte für die DAUER verändert werden?
5. Wie begrenzt man im Programm die Anzahl der Durchläufe, anstatt es »unendlich« lange laufen zu lassen?
6. Auf welche Weise könnte man das Programm in der LEGO MINDSTORMS NXT Software kommentieren, um es für andere verständlicher zu machen?

7. Wie muss man das Programm verändern, um auch für die Werte der DAUER (kleine) Zufallszahlen zu verwenden? Wie verändert sich dadurch das Verhalten von Streuner?

Kapitel 4

Der Zyklop: Wahrnehmung

Neues in diesem Kapitel

- Fortbewegung auf Rädern
- Wahrnehmung bestimmter Aspekte der Umgebung
- Verwendung eines Sensors
- Gleichzeitig stattfindende Abläufe im Programm
- Steuerung eines mobilen Roboters durch eine Lenkrolle
- Verbindung von Sensormessungen mit der Motorsteuerung
- Verwendung des Farbsensors als Lichtsensor
- Definition und Verwendung von Variablen
- Verwendung des Warteblocks
- Kalibrierung des Farbsensors
- Programmierung mathematischer Operationen

Streuner aus dem vorherigen Kapitel bewegt sich zwar schon in seiner Welt umher, ihm fehlt aber eine grundlegende Eigenschaft, die sowohl Roboter auszeichnet als auch jedes Wesen, dem man eine gewisse Lebendigkeit zuschreibt: die Umwelt zumindest grundlegend wahrzunehmen und auf Veränderungen in ihr zu reagieren.

In diesem Kapitel wollen wir daher ein Wesen schaffen, das sich durch eine Umwelteigenschaft beeinflussen lässt, die auch für uns Menschen eine der wichtigsten Quellen für Sinneswahrnehmungen darstellt: das Licht.

Die Version 2 des NXT-Sets enthält nämlich einen Farbsensor, der sich auch zur Messung der Stärke des Umgebungslichts eignet, und mit seiner Hilfe wird sich unser Wesen versuchen dorthin zu bewegen, wo es seiner Wahrnehmung nach am hellsten ist.

Ein Verhalten dieser Art kennt man auch bei Lebewesen, die ähnlich einfach aufgebaut sind wie die Vorbilder des Streuners: den *Augentierchen*, wissenschaftlich *Euglena* genannt. Diese einzelligen Lebewesen verfügen über einen Fotorezeptor, also ein lichtempfindliches Organ in ihrem Inneren. Bei Bewegungen wird dieser Lichtsensor je nach Lichteinfall von einem Pigmentfleck auf der Außenhülle des Augentierchens – dem sogenannten *Augenfleck* – beschattet und ermöglicht Euglena somit eine Orientierung in Richtung auf das Licht hin, um wie eine Pflanze Fotosynthese zur Energiegewinnung zu betreiben.

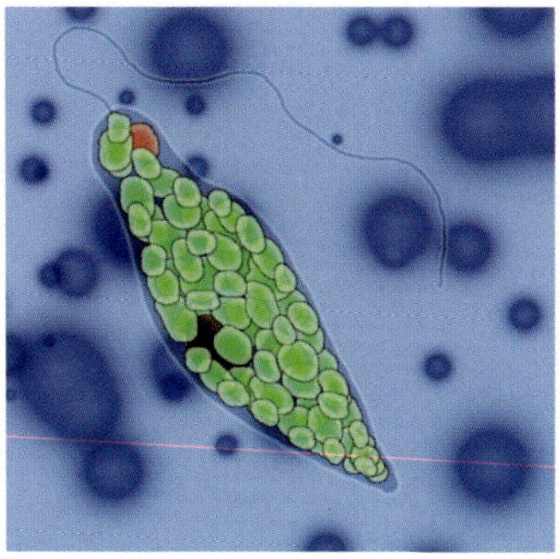

Abb. 4.1: Euglena gracilis (© naturalismus) Man erkennt gut den Fotorezeptor am vorderen Ende und den Augenfleck in der Mitte.

Bei unserem Wesen wollen wir nicht mit Schattenwurf durch einen Augenfleck, sondern direkt mit dem Lichtsensor arbeiten. Weil es damit sozusagen nur über ein einziges »Auge« verfügt, wollen wir es *Zyklop* (Abbildung 4.2) nennen, in Erinnerung an die einäugigen Riesen der griechischen Sagenwelt.

Anhand des mechanischen Zyklopen werden wir verschiedene neue Konzepte kennenlernen, die man mit LEGO MINDSTORMS NXT umsetzen kann: die gesteuerte Fortbewegung mit Rädern, das Arbeiten mit einem Sensor und das Programmieren von mehreren gleichzeitig stattfindenden Abläufen.

4.1 Mechanische Komponenten

Die größte mechanische Neuerung des Zyklopen im Vergleich zu seinem Vorgänger ist die Ablösung des Kettenantriebs durch einen solchen mit Rädern. Kettenantriebe sind nützlich bei rauem und unebenem Untergrund. Fahrzeuge, die damit ausgestattet sind, lassen sich sehr leicht in alle Richtungen bewegen. Außerdem kann man mit ihnen zuverlässig auch schwere Lasten befördern. Sie haben aber einen entscheidenden Nachteil, der dem Leser beim Beobachten des Streuners zweifellos schon aufgefallen ist: Sie sind sehr langsam.

Abb. 4.2: Der Zyklop

Beim NXT-Set kommt noch hinzu, dass wegen der festen Länge der Ketten die Rollen, über die sie laufen, immer einen bestimmten Abstand haben müssen, wodurch man beim Bau eines solchen Fahrzeugs doch recht eingeschränkt ist.

Da auch das biologische Vorbild unseres Roboters sich vergleichsweise schnell in seinem Lebensraum, dem Wasser, fortbewegt, wollen wir beim Zyklopen deshalb Räder zur Fortbewegung verwenden.

4.1.1 Lenkbarkeit

Außer in Ausnahmefällen, etwa wenn die Räder sehr groß und breit sind oder wenn der Roboter sich durch ständige Bewegung wie ein Fahrradfahrer auszubalancieren versteht – auch solche NXT-Roboter gibt es –, benötigt ein radgetriebener Roboter mindestens drei Räder, um nicht umzufallen. Fordert man zusätzlich noch, dass der Roboter in beliebige Richtungen fahren kann, so kann man eine der Achsen lenkbar machen, wie es etwa bei einem Auto der Fall ist.

Für dreirädrige Fahrzeuge gibt es aber noch eine andere Möglichkeit. Diese besteht darin, das dritte Rad drehbar zu lagern. Bewegen sich die beiden anderen, parallelen Räder dann in unterschiedlicher Geschwindigkeit, so wird sich das Fahrzeug zu der Seite drehen, auf der das Rad langsamer läuft – ein Prinzip, dass man zum Beispiel von dreirädrigen Kinderwagen kennt. In einem solchen Fall bezeichnet man das dritte Rad als *Lenkrolle*:

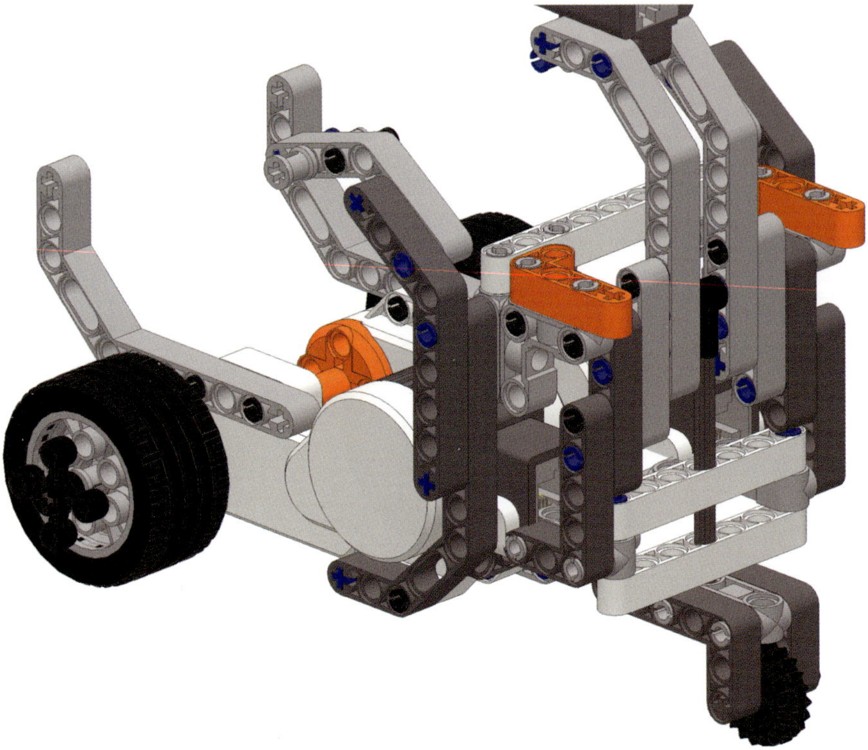

Abb. 4.3: Beweglichkeit mittels einer Lenkrolle

Im Folgenden wollen wir nun den Zyklopen als ein Fahrzeug bauen, das sich mittels dieses Konzepts bewegt, und das über ein lichtempfindliches »Organ« verfügt, nämlich den Farbsensor.

4.2 Die Bauanleitung

4.2.1 Benötigte Teile

Für den Bau des Zyklopen benötigen wir folgende Teile des NXT-Sets:

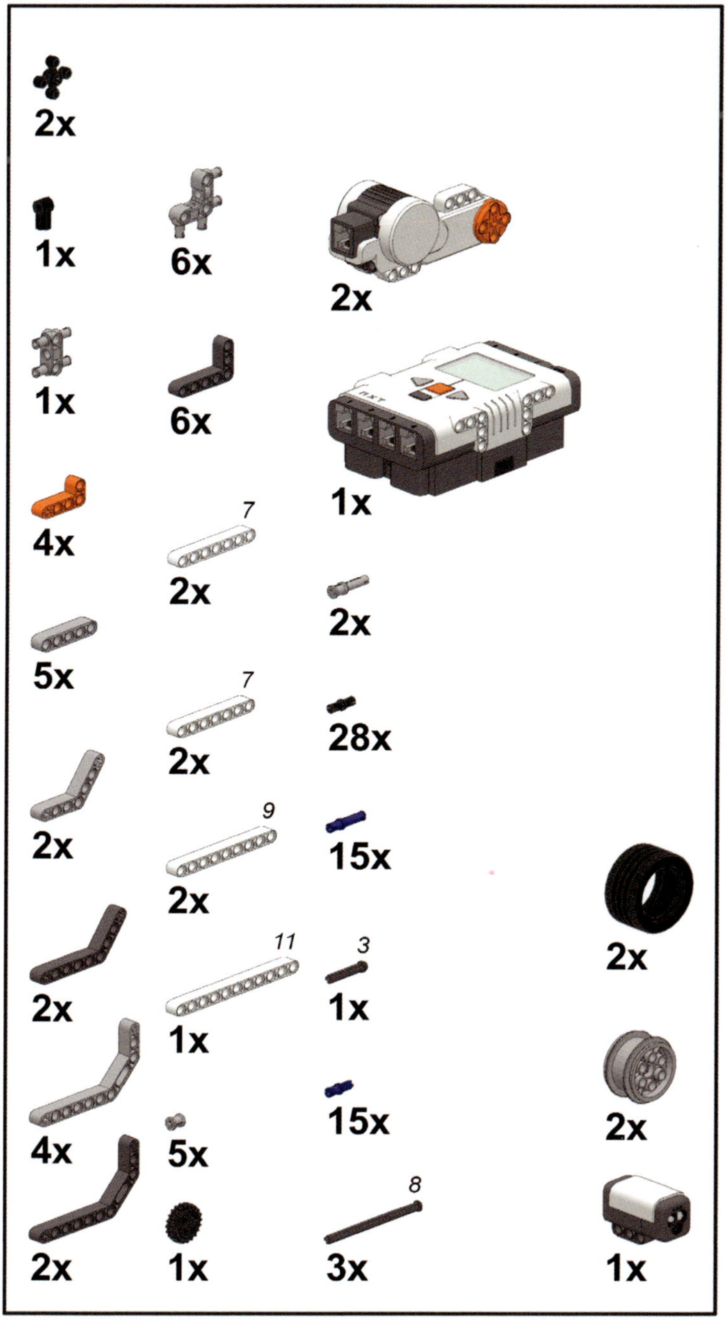
2x
1x
6x
2x
1x
6x
1x
7
4x
2x
2x
5x
7
28x
2x
2x
9
15x
2x
2x
11
3
2x
2x
1x
1x
15x
2x
4x
5x
8
2x
1x
3x
1x

4.2.2 Schritt für Schritt

Die linke Seite

1

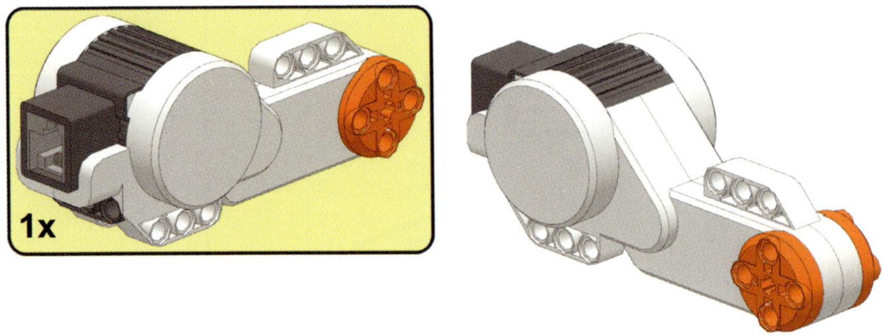

2

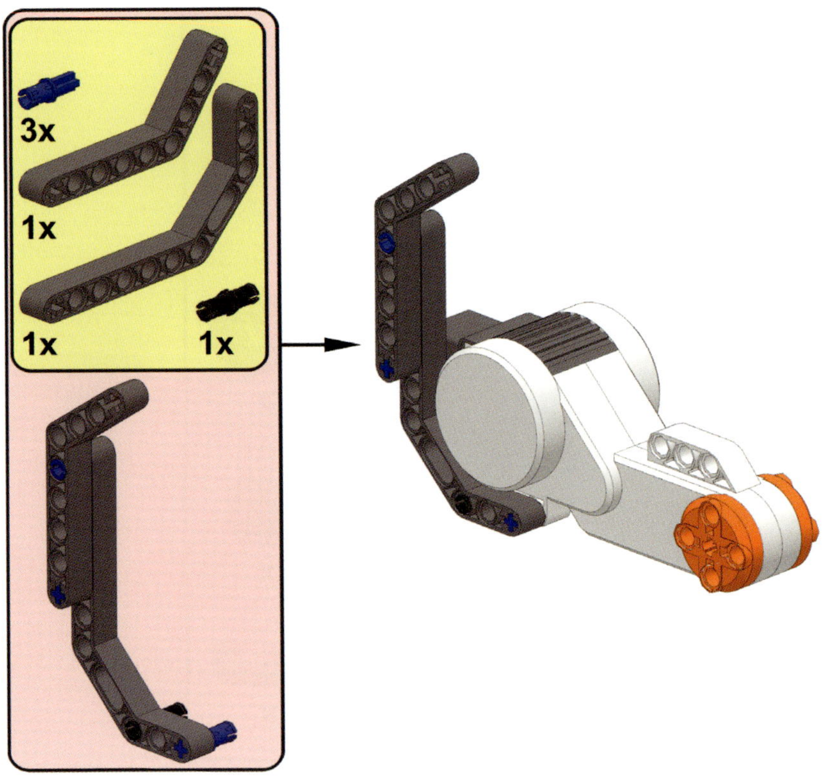

3

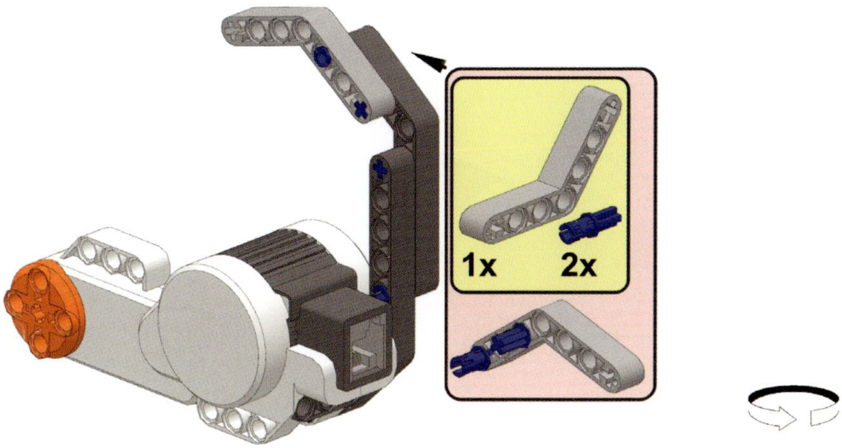

4

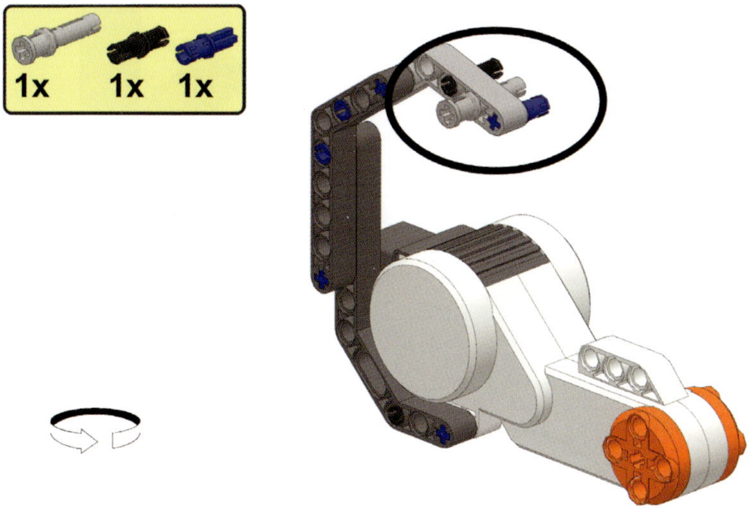

5

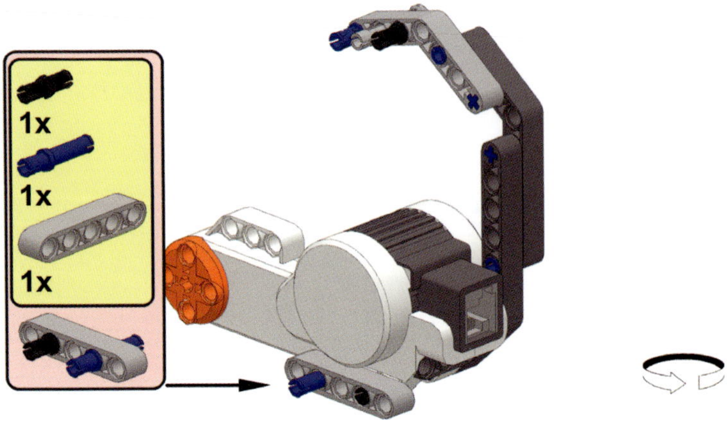

6

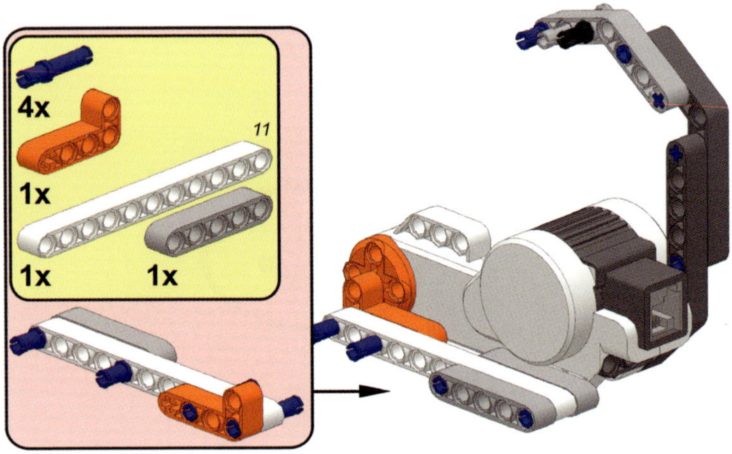

7

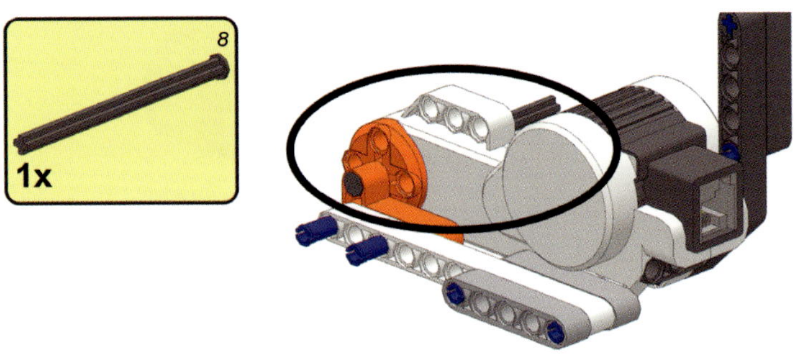

Bei Verwendung der Education-Edition ersetzen wir die 8M-Achse mit Stopper durch eine normale 8M-Achse.

8

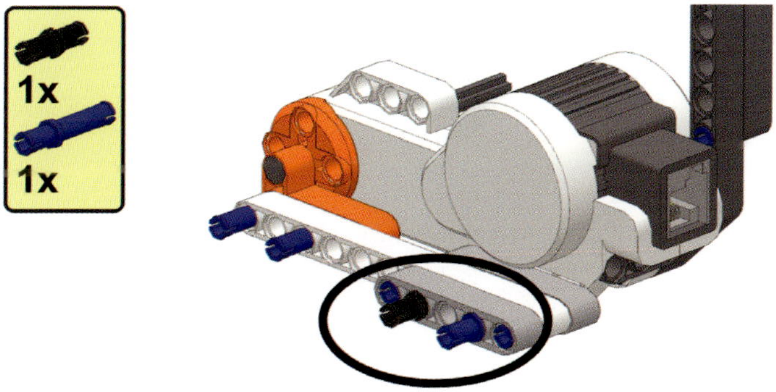

9

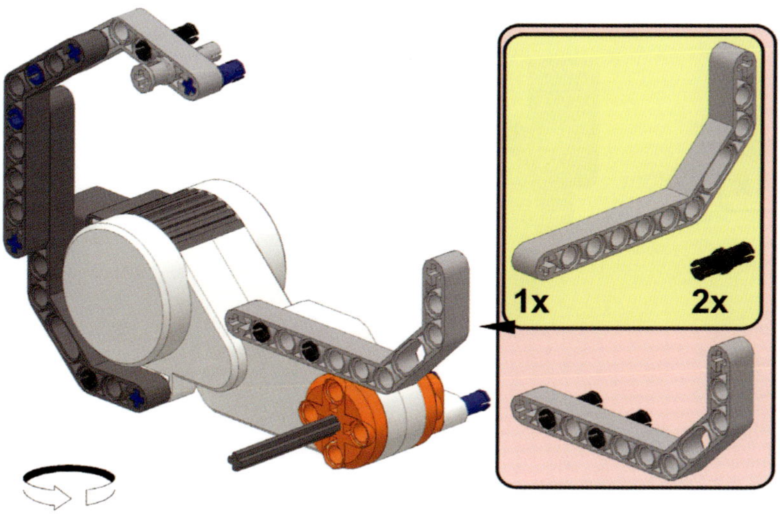

10

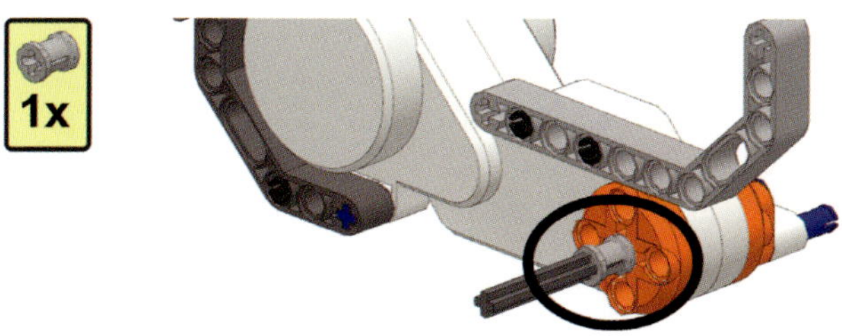

11

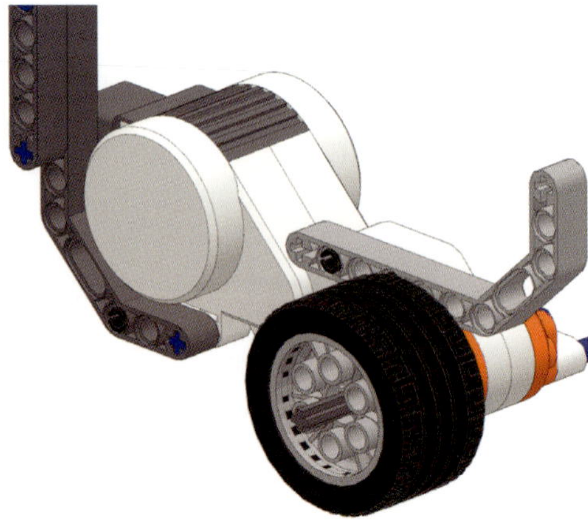

12

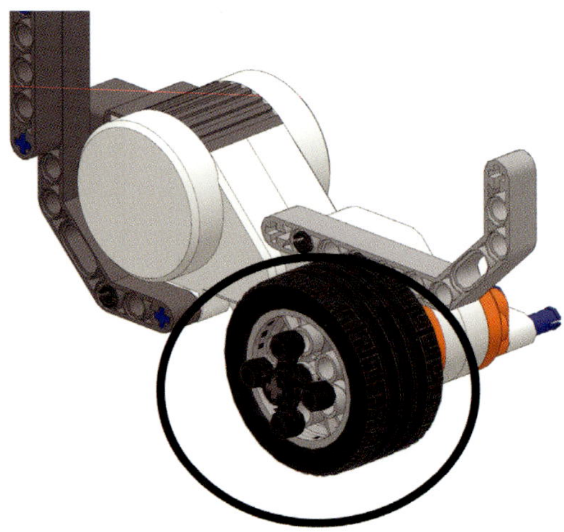

Die rechte Seite

1

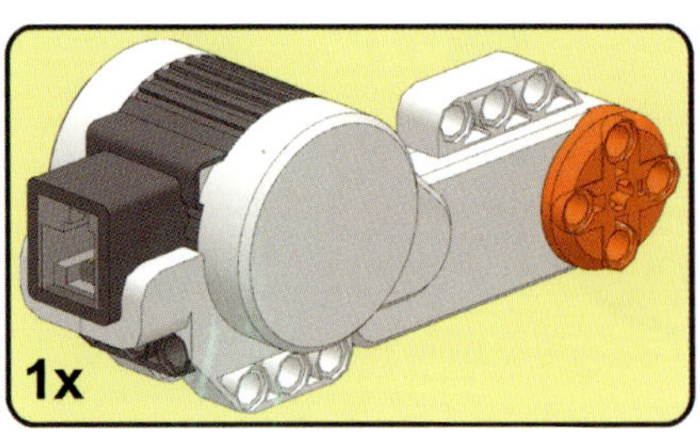

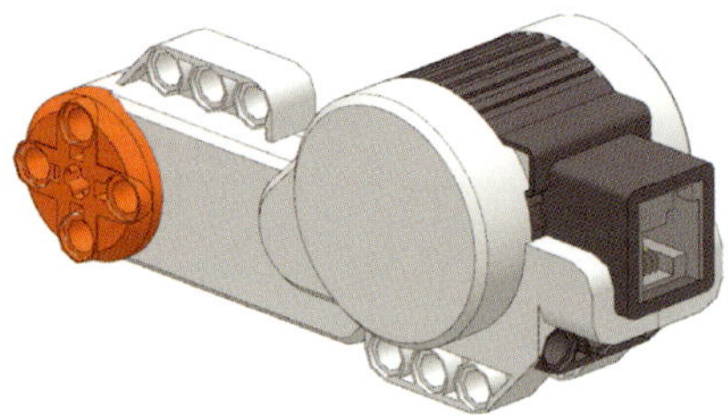

2

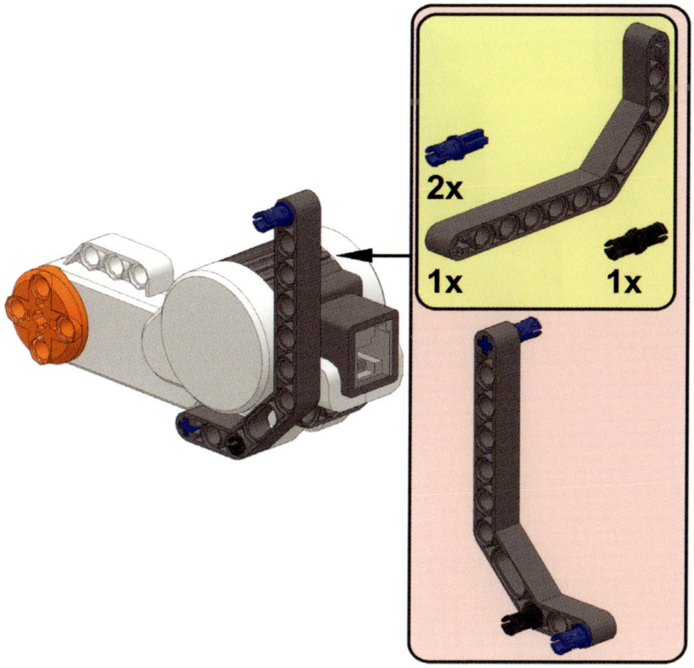

3

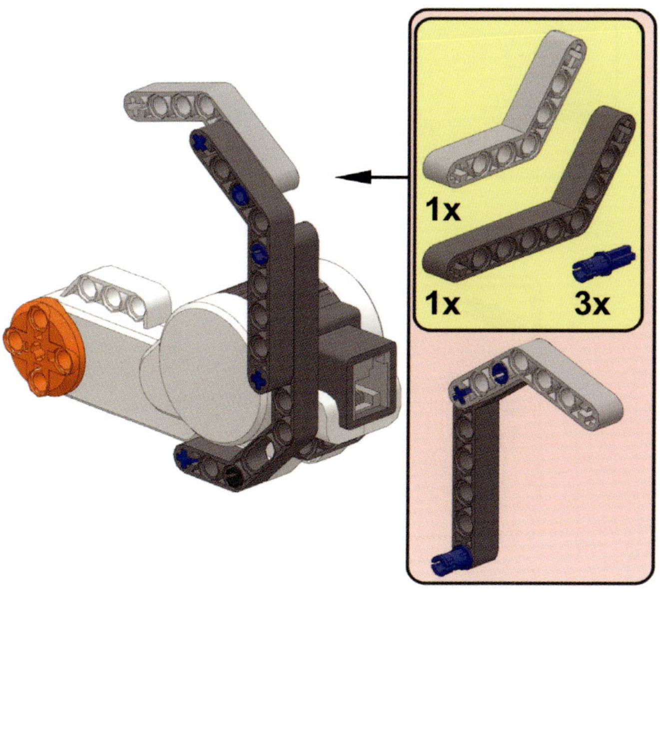

4

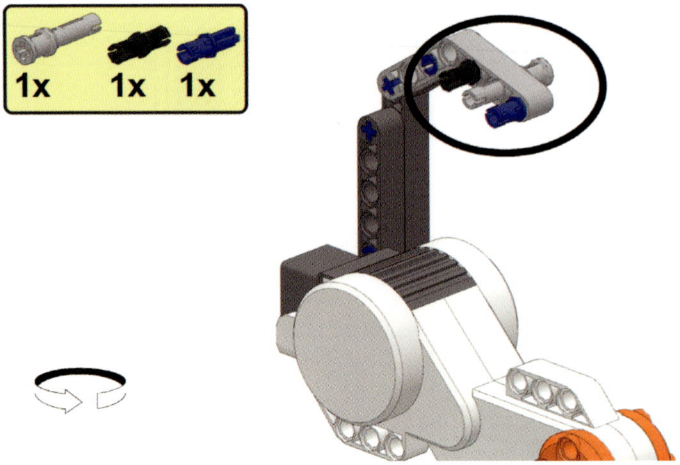

5

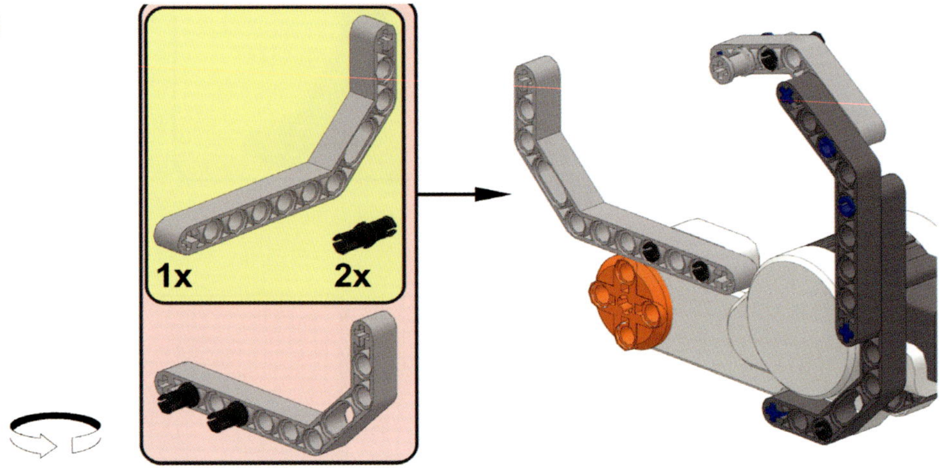

6

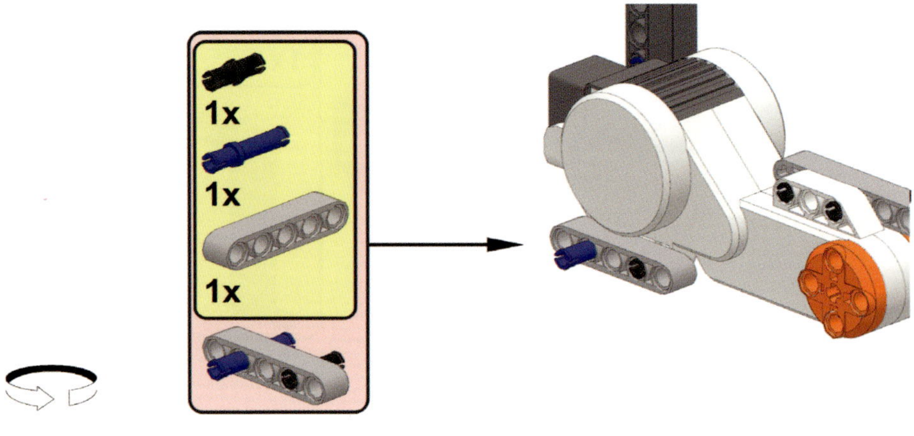

7

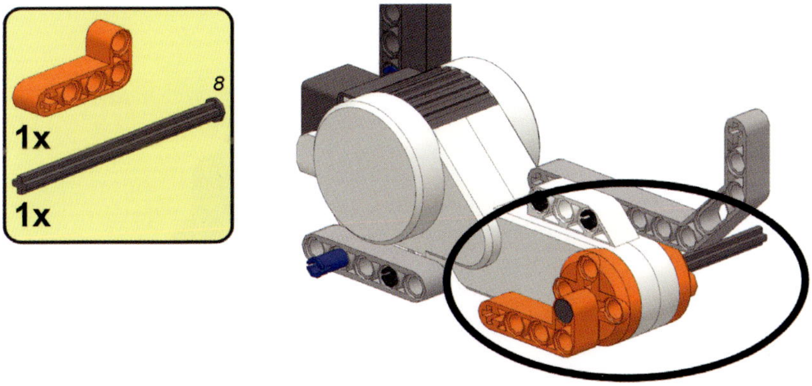

Bei Verwendung der Education-Edition ersetzen wir auch hier die 8M-Achse mit Stopper durch eine normale 8M-Achse.

8

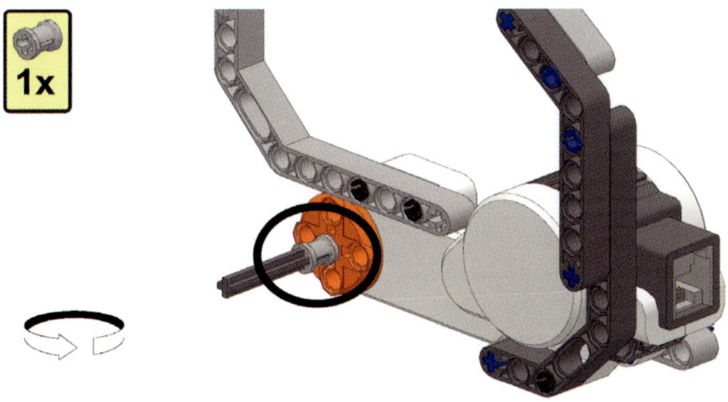

9

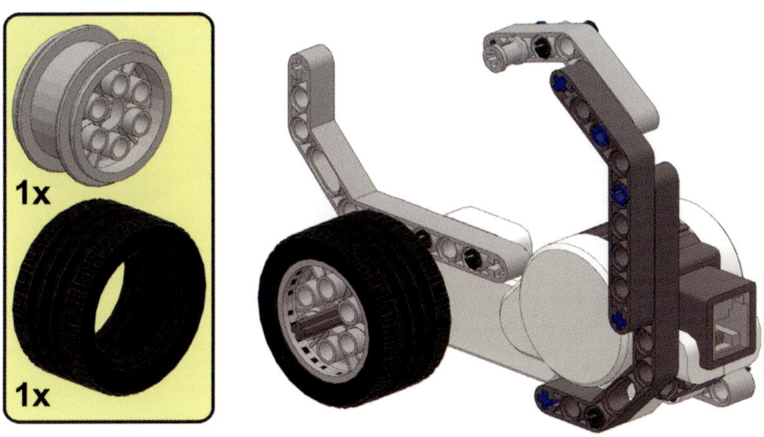

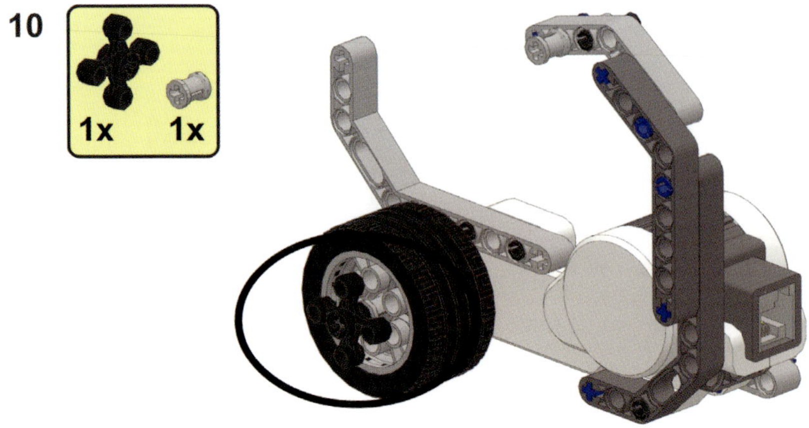

Wir fügen die beiden Seiten zusammen:

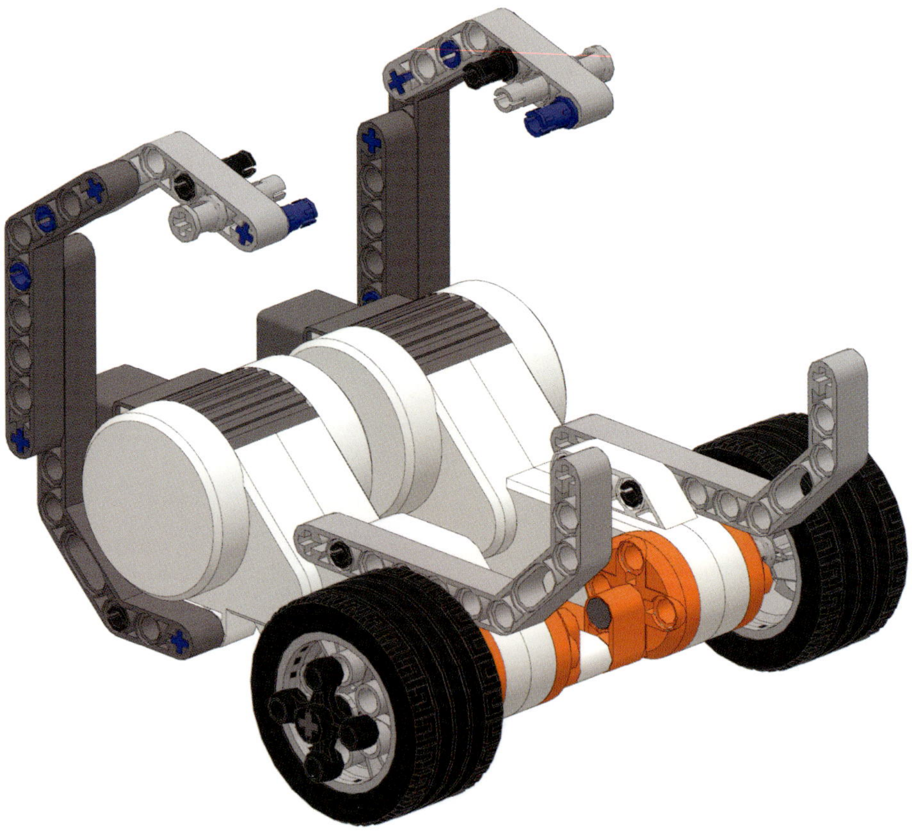

Der Rücken

1

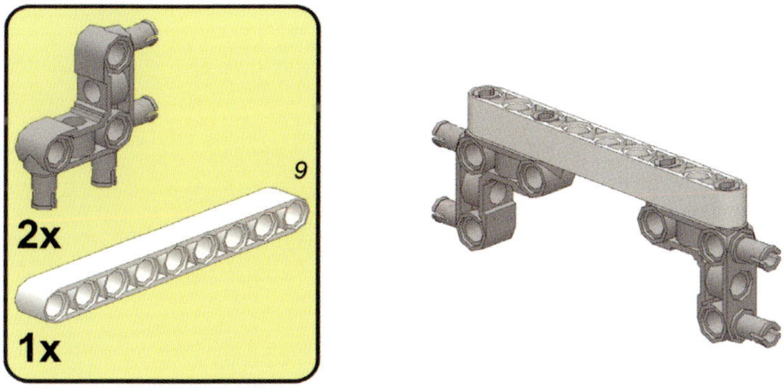

2

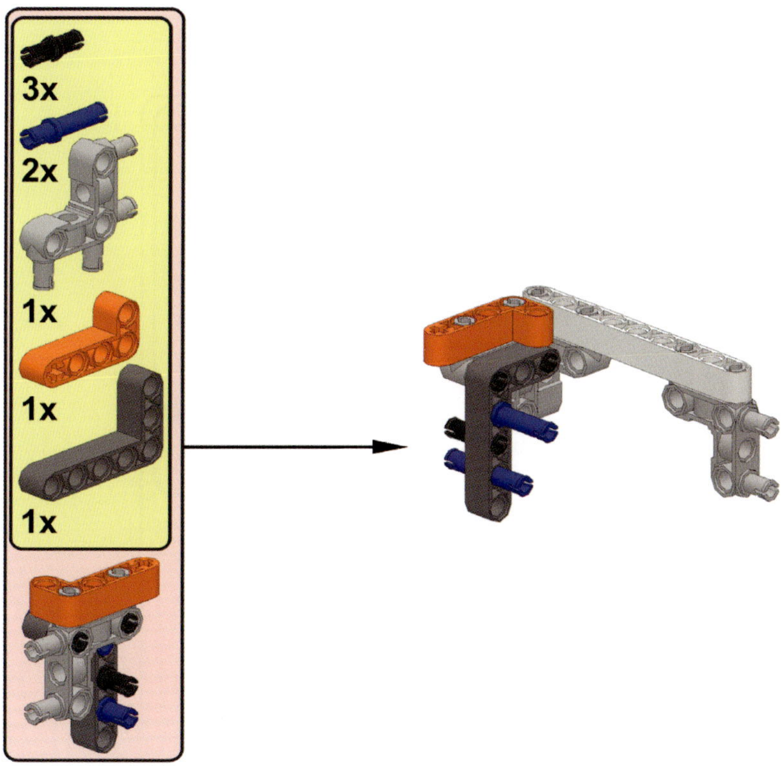

3

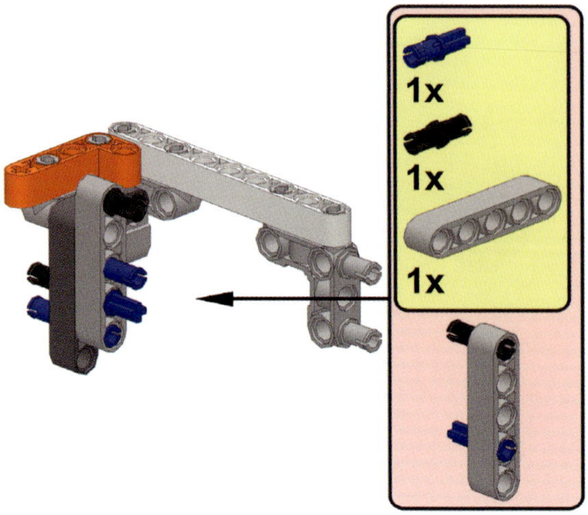

4

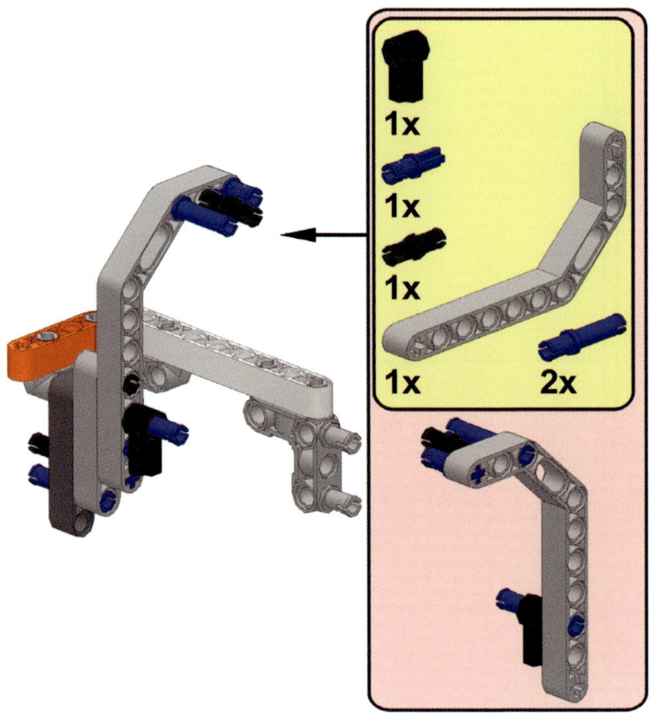

5

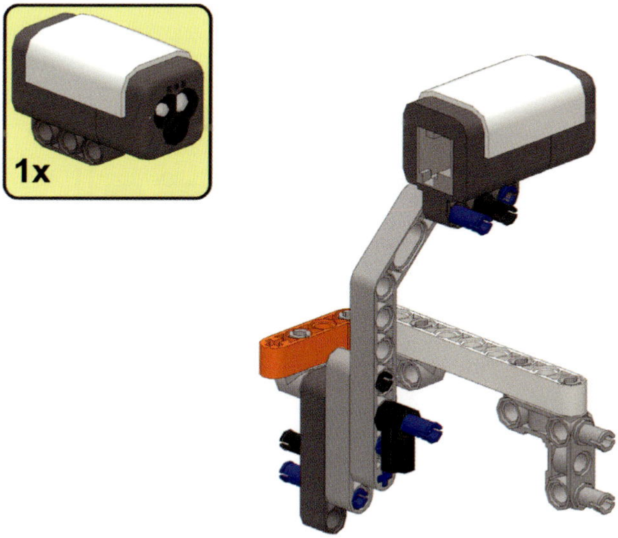

Bei Verwendung der Education-Edition ersetzen wir den Farbsensor durch den Lichtsensor.

6

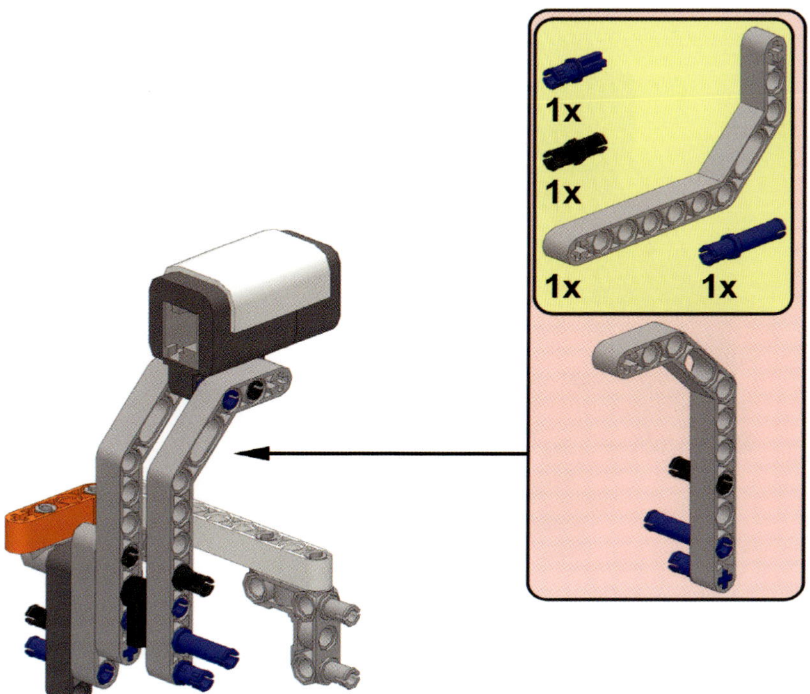

7

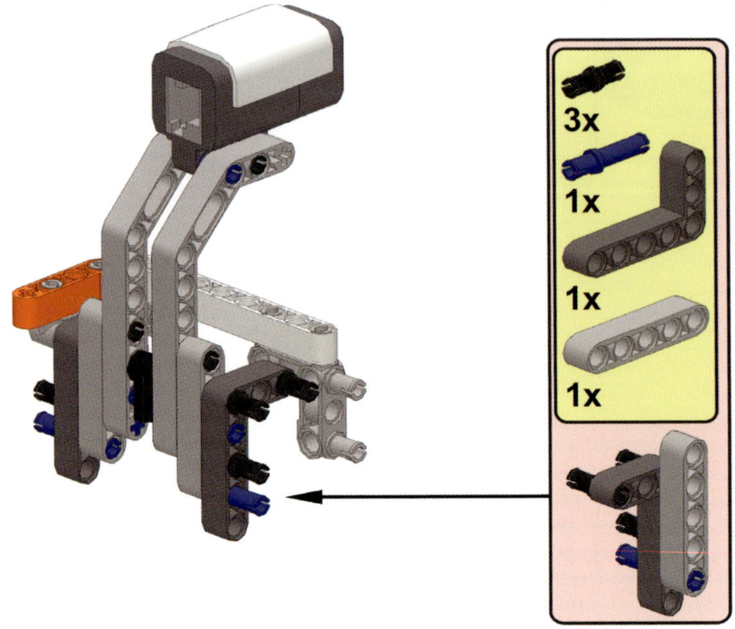

8

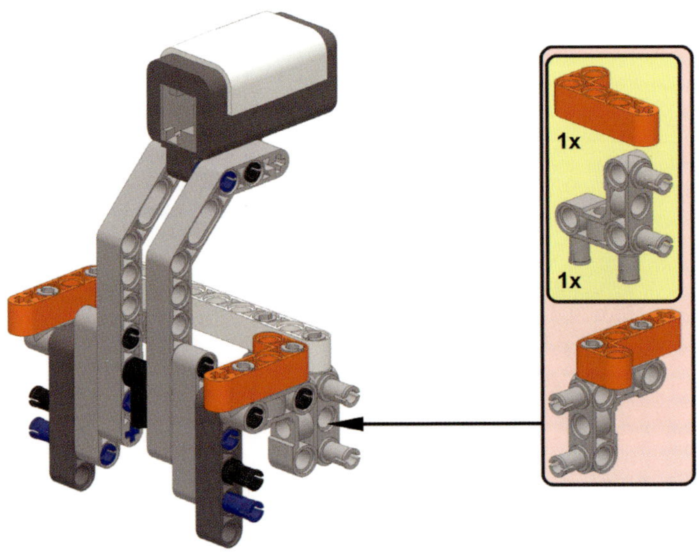

Wir setzen den Rücken auf die beiden Seiten auf:

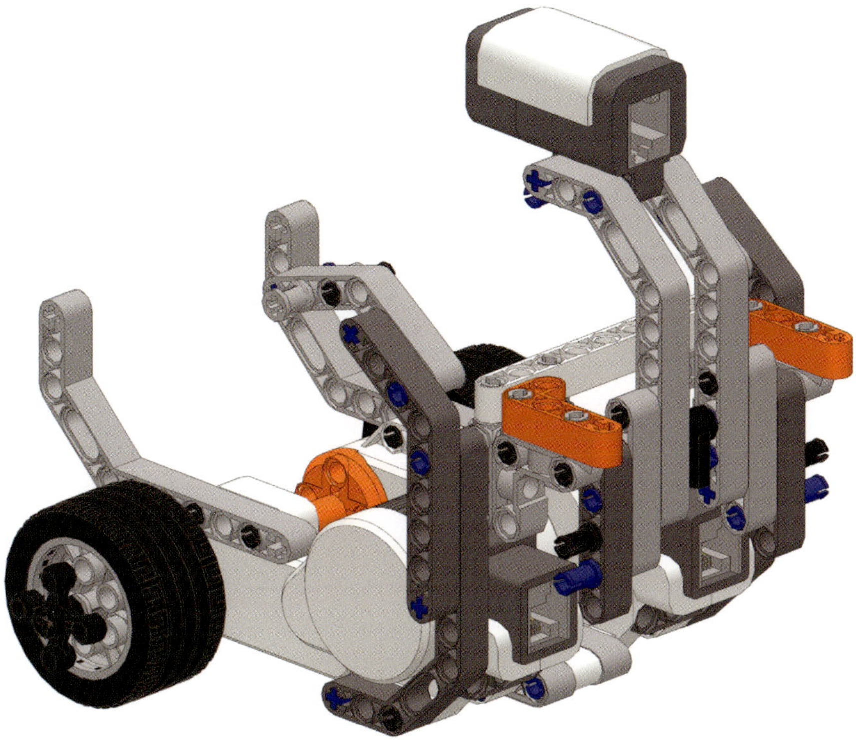

Die Halterung für die Lenkrolle

1

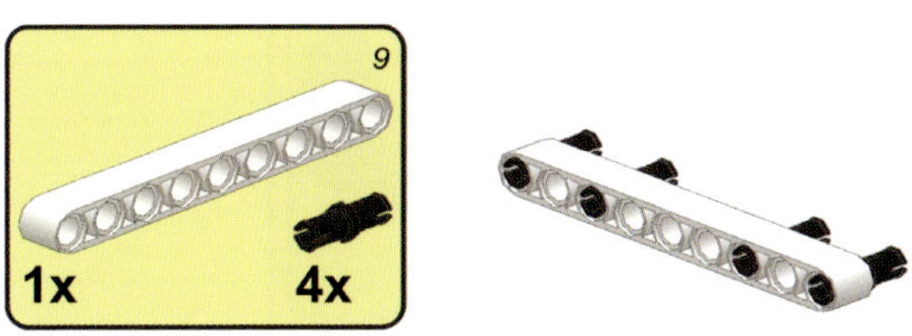

2

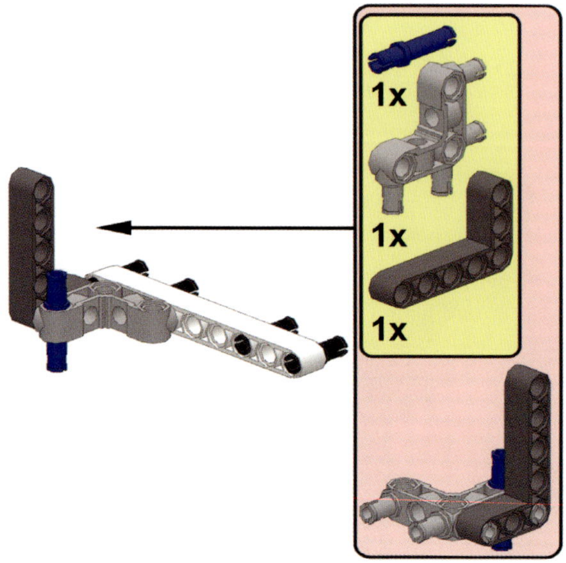

3

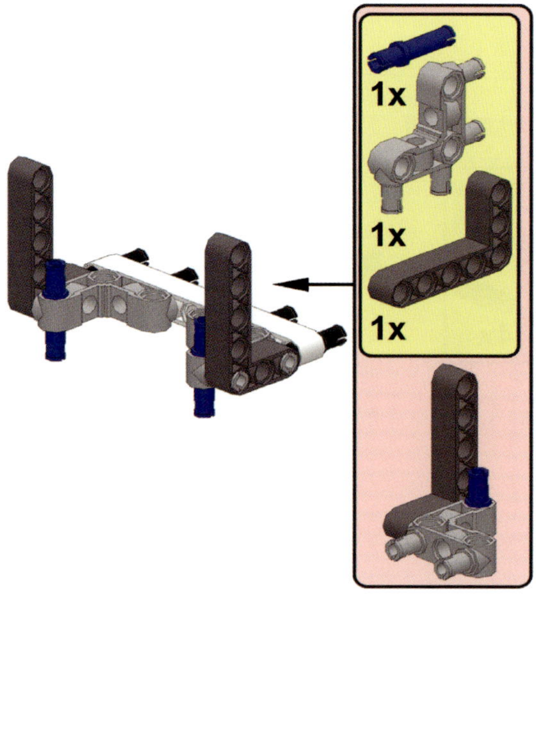

4

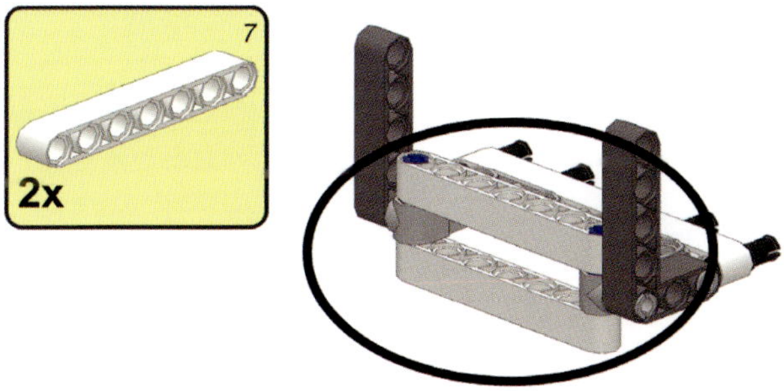

Wir setzen die Halterung an die untere Seite des Rückens an:

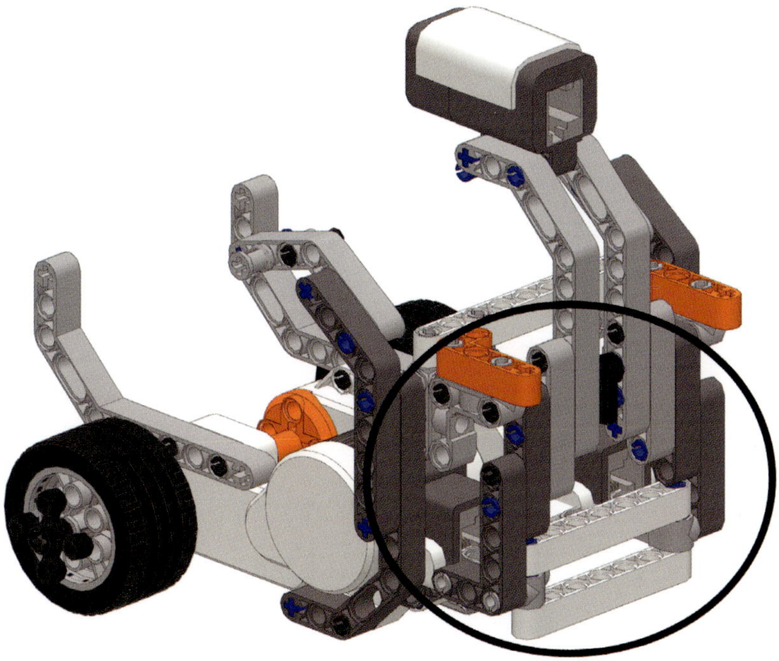

Die Lenkrolle

1

2

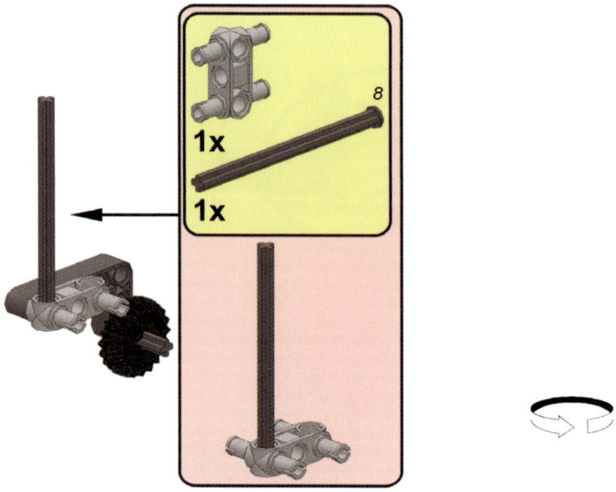

3

Wir setzen die Lenkrolle in die Halterung ein:

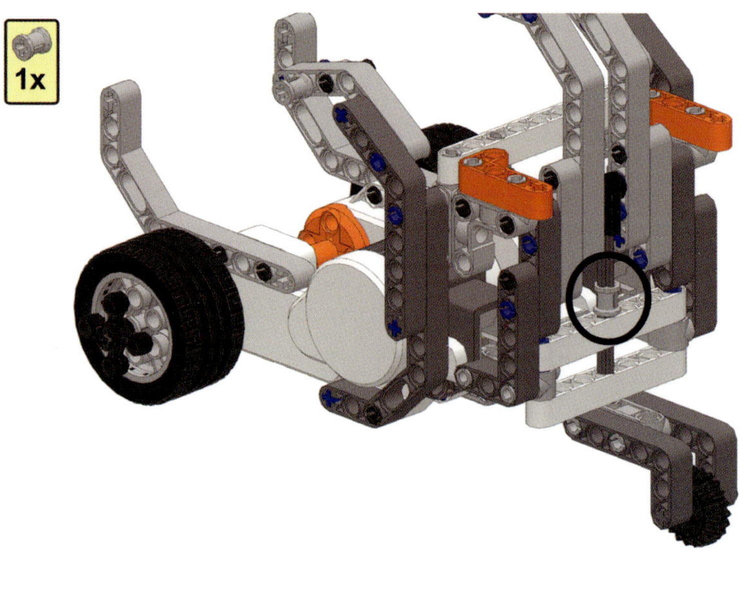

Der NXT-Stein

1

2
7
1x
2x

3
7
1x
2x

Verkabelung

Jetzt verbinden wir noch

1. den Farbsensor mit Eingang 2,
2. den von vorne gesehen linken Motor mit Ausgang A und
3. den von vorne gesehen rechten Motor mit Ausgang C.

Dabei ist es wieder zweckmäßig, die Kabel unter dem NXT-Stein hindurchzuführen.

4.3 Das Programm

4.3.1 Entwurf der allgemeinen Struktur

Wie soll sich der Zyklop verhalten?

Wie der Streuner, so soll sich auch der Zyklop im Raum umherbewegen. Dabei soll er aber nicht zufällig und ziellos umherwandern, sondern sich nach dem Licht orientieren. Das bedeutet, er soll versuchen, die Richtung herauszufinden, in der sich die stärkste Lichtquelle befindet, und sich dann dorthin bewegen.

Was bedeutet das technisch?

Man könnte zunächst vermuten, dass die Aufgabe »Finde die stärkste Lichtquelle und bewege Dich dorthin« eine aufwendige Lösungsstrategie erfordert und ein entsprechend komplexes Programm. Die Möglichkeiten, die uns das NXT-Set mit seinem Kleincomputer bietet, insbesondere die Fähigkeit zur Definition und Ausführung solcher Programme, bergen aber auch die Gefahr in sich, dass man jedes Problem vorrangig als ein *programmatisches* sieht. Dies ist aber in der Robotik oft gar nicht der Fall, vor allem nicht in Situationen, in denen einfache Reiz-Reaktions-Muster eine Rolle spielen – hier sind manchmal einfache Lösungen eleganter und verlässlicher, die eine direkte Beziehung zwischen den mechanischen Komponenten herstellen, ohne komplexe Eingriffe durch ein Programm zu erfordern.

Dies entspricht im Übrigen auch den biologischen Strategien, die vielen grundlegenden Verhaltensmustern von Lebewesen zugrunde liegen: Hier ist oft kein komplexer Entscheidungsprozess eines hochorganisierten Gehirns im Spiel, sondern die direkte Steuerung aufgrund von Reizen. Ein »Bewusstsein« in dem Sinne, wie wir es verstehen, ist dazu nicht nötig.

Euglena, unser Vorbild für den Roboter, dreht sich zum Beispiel bei der Fortbewegung andauernd um seine Längsachse. Dadurch fällt in regelmäßigen Abständen der Schatten des Augenflecks auf den lichtempfindlichen Teil am vorderen Ende. Um sich in Richtung der Quelle des Lichts zu bewegen, muss Euglena nichts weiter tun, als sich in den Augenblicken, in denen ein solcher Schattenwurf erfolgt, in Richtung des Augenflecks auszurichten.

Eine einfache aber zielführende Strategie – und damit außerordentlich elegant!

Nicht von ungefähr bedient sich die industrielle und wissenschaftliche Robotik in den letzten Jahren immer mehr solcher Lösungen aus der Biologie – ein Forschungsgebiet, das als *Bionik* populär geworden ist.

Die Steuerung des Zyklopen

Wenden wir ein solches Vorgehen auf den vorliegenden Fall an, so sehen wir, dass es letztendlich um die Steuerung der beiden Motoren mittels der Lichtmessung geht, die uns der Farbsensor bietet.

Zunächst stellen wir fest, dass die Richtung, in der sich ein Fahrzeug wie das unsere bewegt, davon abhängt, mit welcher Geschwindigkeit sich die beiden Motoren jeweils drehen: Ist sie bei beiden gleich, so wird der Zyklop vorwärts fahren. Dreht sich der linke Motor jedoch stärker, so wird er sich nach rechts bewegen, umgekehrt nach links.

Diese Beobachtung führt uns zu der Erkenntnis, dass es ausreicht, die Lichtwerte auf beiden Seiten des Zyklopen über Kreuz mit den Motoren zu verbinden. Das heißt: Wir lassen den rechten Motor mit dem Geschwindigkeitswert laufen, der der gemessenen Lichtstärke auf der linken Seite entspricht, und den linken mit der auf der rechten Seite. Dann passiert nämlich Folgendes: Ist es auf der linken Seite heller als auf der rechten, so wird der rechte Motor auch schneller laufen als der linke, der Zyklop wird sich also nach links wenden. Umgekehrt ist es analog.

Abb. 4.4: Ausrichtung nach der Helligkeit

Solange wir also regelmäßige Messungen vornehmen, wird sich der Zyklop auf diese Weise automatisch immer nach der Seite hin ausrichten, auf der es heller ist. Liegt die stärkste Lichtquelle genau vor unserem Wesen, so werden beide Lichtwerte annähernd gleich sein, damit beide Motoren ungefähr gleich schnell laufen und es sich dadurch geradeaus darauf zubewegen.

Kommt unser Zyklop dabei aus irgendwelchen Gründen zwischenzeitlich vom Weg ab, so ist das nicht weiter schlimm, da er sich bei der nächsten Messung wieder von selbst korrigiert. Wichtig ist nur, dass wir möglichst kontinuierlich solche Messungen vornehmen, um ihn immer genauer auf die Richtung auszurichten, in der es am hellsten ist.

Wohlgemerkt: Dies alles funktioniert, ohne dass eine Entscheidung oder ein Bewusstsein unseres Zyklopen notwendig ist, sondern allein durch die direkte Verdrahtung von Lichtsensoren und Motoren!

Messung der beiden Lichtwerte

Bei der Verwendung des NXT-Sets stehen wir allerdings zunächst vor einem Problem: Wir können nicht, wie es idealerweise erfolgen sollte, gleichzeitig die Lichtwerte auf den beiden Seiten des Roboters messen. Die meisten Lebewesen verfügen über mindestens zwei Augen, wir haben jedoch nur einen einzigen Farbsensor zur Verfügung.

Hätten wir zwei, so könnten wir sie einfach an beiden Seiten des Zyklopen befestigen und praktisch kontinuierlich die Geschwindigkeit der beiden Motoren über die Messwerte der Lichtsensoren steuern. Das wäre eine sehr einfache und gleichzeitig elegante Lösung – das passende Programm dazu gibt es weiter unten.

Da im NXT-Set aber nur ein einziger Farbsensor enthalten ist, müssen wir uns mit einem Trick behelfen: wir messen die beiden Lichtwerte einfach kurz nacheinander mit demselben Farbsensor, indem wir den gesamten Roboter einmal nach rechts, einmal nach links drehen, und merken uns die beiden Werte. Nachdem wir den Zyklopen wieder gerade ausgerichtet haben, verwenden wir die zwischengespeicherten Werte, um die jeweilige Geschwindigkeit der Motoren damit zu steuern.

Auf diese Weise wird das Programm zwar etwas aufwendiger, da wir uns die Werte merken müssen und nicht kontinuierlich messen können, sondern immer nur in den zeitlichen Abständen, die der Zyklop braucht, um sich hin und her zu drehen. Außerdem müssen wir die Vorwärtsbewegung immer wieder für die Messungen unterbrechen, was zu einer ruckartigen Bewegungsweise unseres Wesens führt. Zumindest können wir so aber die beiden »Augen« simulieren.

Allgemeiner Programmablauf

Damit ergibt sich folgender Ablauf des Programms:

1. Messung des rechten Lichtwerts: Der Zyklop dreht sich rechts und misst und speichert den rechten Lichtwert mit dem Farbsensor.
2. Messung des linken Lichtwerts: Er dreht sich nach links und misst und speichert den linken Lichtwert.
3. Der Roboter richtet sich wieder gerade aus, dreht sich also zurück in die Mitte.
4. Jetzt laufen die beiden Motoren gleichzeitig: der rechte mit dem linken Lichtwert, der linke mit dem rechten Lichtwert. Da wir regelmäßig Anpassungen des Kurses und damit neue Messungen vornehmen müssen, lassen wir die Motoren nur eine kurze Zeit laufen und starten dann wieder bei 1.

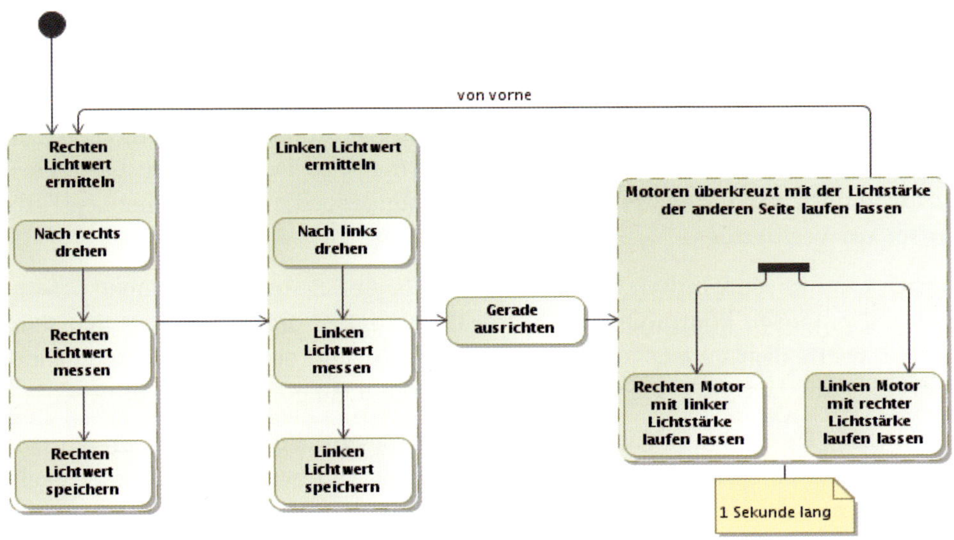

Abb. 4.5: Der Ablauf des Programms für den Zyklopen

Technische Umsetzung als NXT-G-Programm

Wir legen wieder ein neues Programm namens ZYKLOP an. Da das Programm so lange laufen soll, bis wir es manuell abschalten, beginnen wir erneut mit einer leeren Endlosschleife:

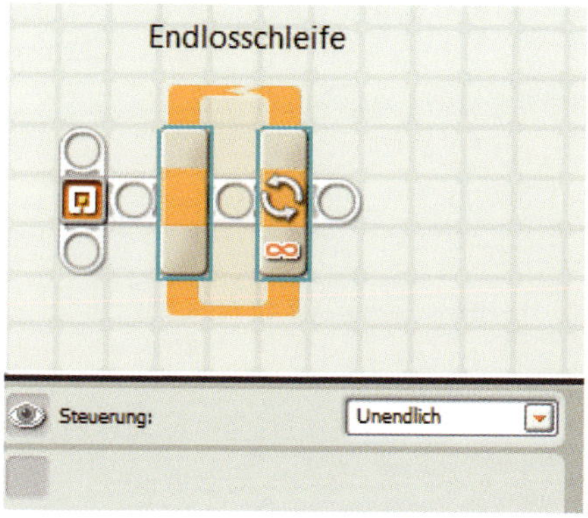

Anschließend vollführen wir zunächst die Drehung nach rechts. Dazu benutzen wir einen Bewegungsblock, dessen Lenkung wir entsprechend konfiguriert haben. Für die Drehung stellen wir eine Rotation der Motoren um 120° ein:

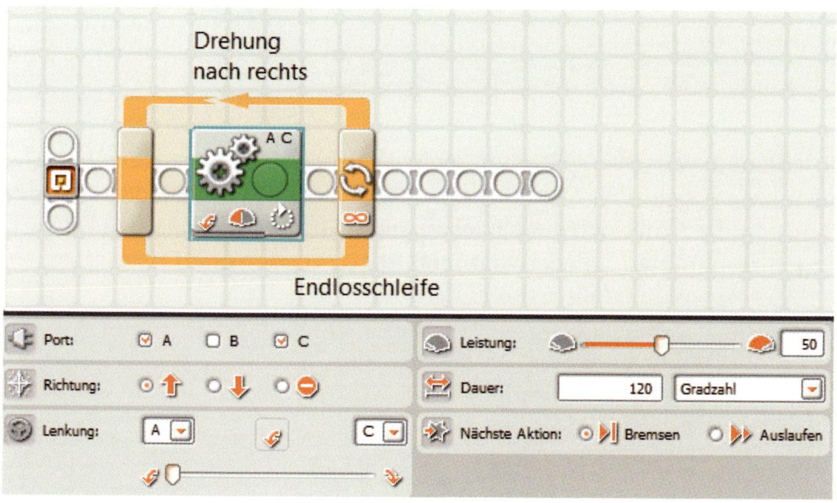

Wir messen nun den rechten Lichtwert. Dazu benutzen wir den Farbsensorblock, den wir in der VOLLSTÄNDIG-Palette im Bereich SENSOR finden, an Eingang 2 im Lichtsensormodus und schalten das Aussenden eigenen Lichts ab. Das heißt, wir setzen den PORT auf 2, die Eigenschaft AKTION auf LICHTSENSOR und entfernen bei der Eigenschaft FUNKTION das Häkchen vor LICHT.

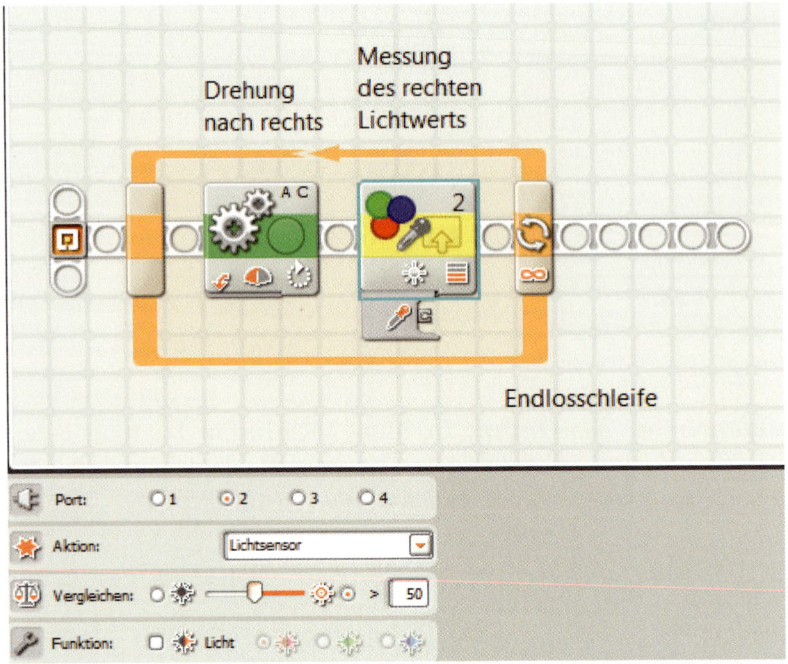

Um den gemessenen Wert für später zu speichern, benötigen wir eine Variable. Neue Variablen lassen sich über VARIABLEN DEFINIEREN im Menü BEARBEITEN der Menüleiste anlegen. Es öffnet sich ein Dialog, in dem wir über ERSTELLEN zwei Variablen vom Datenformat ZAHL anlegen, nämlich RECHTSLICHT und LINKSLICHT:

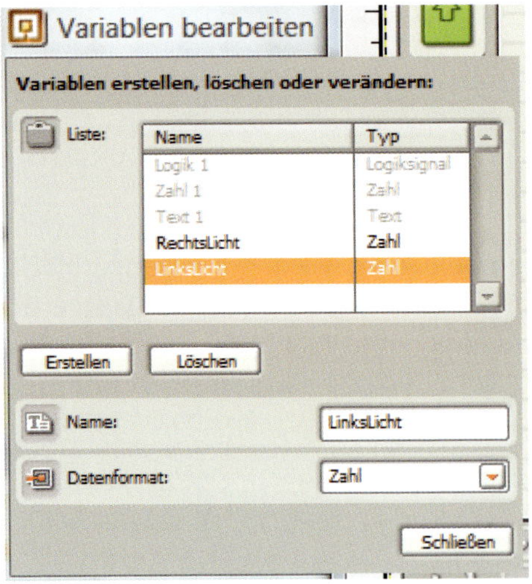

Um den mit dem Farbsensor gemessenen Wert in der Variablen RECHTSLICHT zu speichern, ziehen wir den Variablenblock aus dem Bereich DATEN der VOLLSTÄNDIG-Palette auf den Ablaufträger, wählen die neue Variable RECHTSLICHT aus, setzen ihr Aktionsfeld auf SCHREIBEN und verbinden die Eigenschaft ERKANNTE FARBE des Farbsensorblocks über eine Datenleitung mit dem Wert des Variablenblocks:

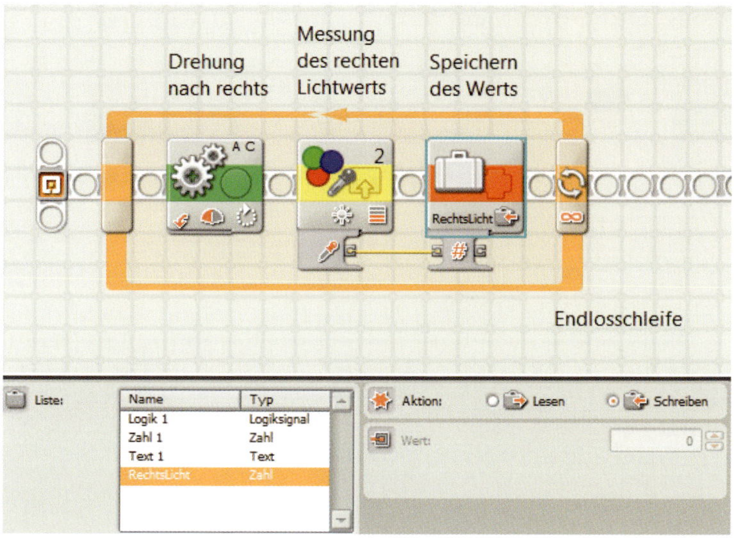

Um eine verlässliche Messung des Lichtwerts zu gewährleisten, warten wir eine halbe Sekunde. Dazu verwenden wir den Warteblock aus der Palette ALLGEMEIN und setzen seine Eigenschaft STEUERUNG auf ZEIT. Bei BIS tragen wir im Feld SEKUNDEN die Zahl 0,5 ein:

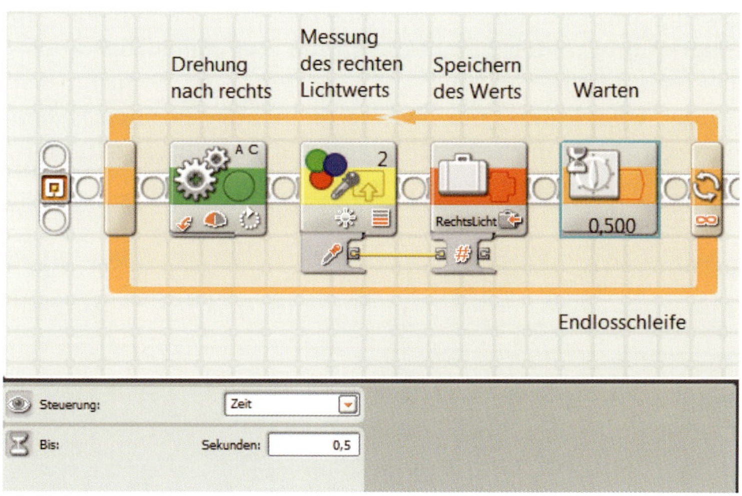

Nun erfolgt die Drehung nach links, um dort den Lichtwert zu messen. Da wir uns bereits in einer um 120° nach rechts gedrehten Position befinden, müssen wir uns im Bewegungsblock um den doppelten Wert nach links drehen:

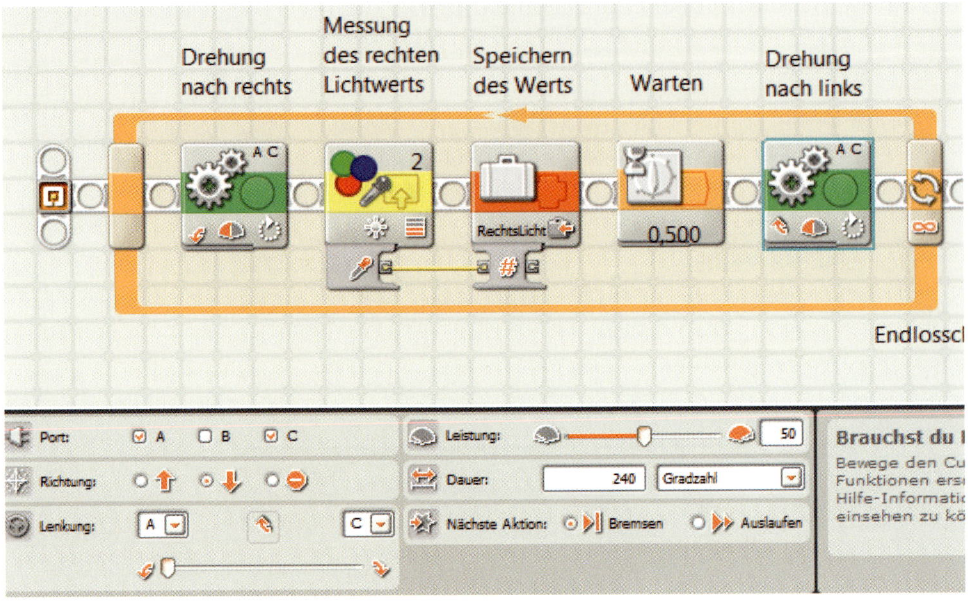

Die weiteren Schritte der Messung des linken Lichtwerts sind analog zu denen bei der Messung des rechten, mit dem Unterschied, dass wir den gemessenen Wert in der Variablen LINKSLICHT speichern.

> Um uns die Arbeit zu erleichtern, können wir hier die Kopierfunktion nutzen, die uns die Entwicklungsumgebung bietet: Will man einen Block kopieren, so kann man ihn markieren und mittels `Strg`+`C` in die Zwischenablage kopieren. Durch anschließendes Drücken von `Strg`+`V` wird eine Kopie in den Arbeitsbereich eingefügt, die wir dann nur noch an die richtige Position ziehen müssen. Dieses Vorgehen funktioniert im Übrigen nicht nur für einzelne Blöcke, sondern auch für größere Programmteile.

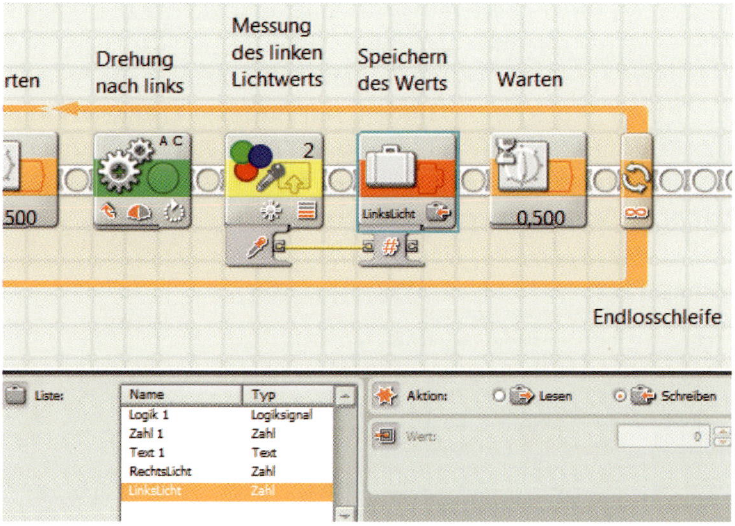

Wird das Programm breiter als der aktuell sichtbare Ausschnitt des Arbeitsbereichs, so erscheint nicht wie üblicherweise gewohnt eine Bildlaufleiste. Man kann in der Entwicklungsumgebung jedoch auf drei Arten scrollen: Zum einen kann man die Pfeiltasten der Tastatur benutzen. Daneben gibt es aber auch das Schwenkwerkzeug, das als kleine Hand in der Werkzeugleiste angeklickt werden kann und mit dem man dann den Arbeitsbereich mit der Maus verschieben kann. Schließlich gibt es auch eine Lupe als zweiten Reiter im rechten unteren Bereich der Entwicklungsumgebung: Klickt man sie an, so zeigt ein kleines Übersichtsfenster das gesamte Programm an, über das man mit der Maus den im Arbeitsbereich sichtbaren Bereich des Programms verschieben kann.

Nun drehen wir uns mit einer Rechts-Drehung um 120° zurück in die Mitte:

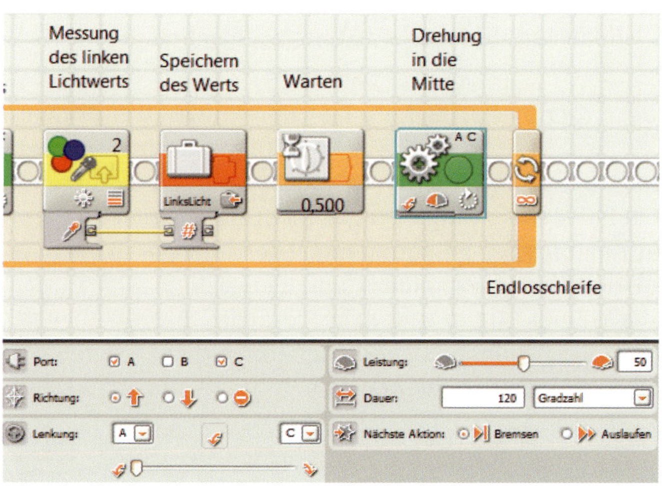

Jetzt wollen wir die beiden Motoren gleichzeitig für eine Sekunde mit den gespeicherten Werten aus der jeweils passenden Variablen laufen lassen. Zunächst programmieren wir den linken Motor: Wir konfigurieren einen Motorblock, den wir im Bereich AKTION der Palette VOLLSTÄNDIG finden, mit Ausgang C und verknüpfen die Eigenschaft LEISTUNG über eine Datenleitung mit dem Wert der Variablen RECHTSLICHT. Den Variablenblock legen wir dabei so an, wie wir es schon oben bei der ersten Benutzung der Variablen gesehen haben.

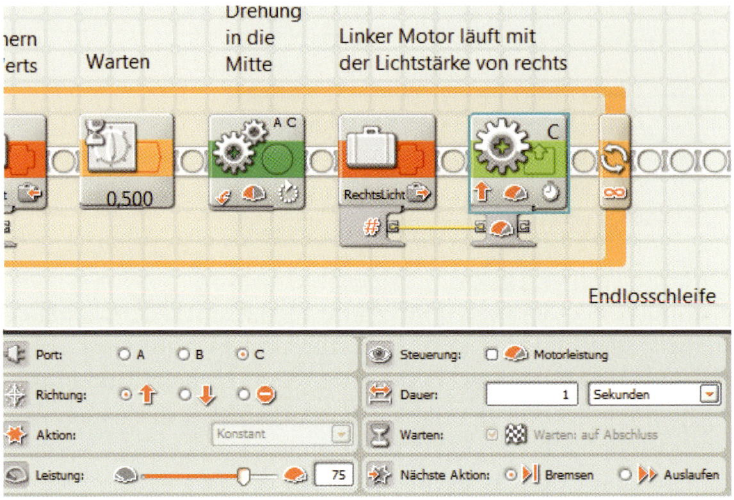

Jetzt brauchen wir die gleichzeitige Ausführung des anderen Motorblocks. Gleichzeitigkeit definiert man in NXT-G dadurch, das man einen weiteren Ablaufträger vom Hauptstrang abzweigen lässt und dort die Aktion und etwaige Folgeaktionen anordnet, die gleichzeitig ausgeführt werden sollen. Um einen solchen parallelen Ablaufträger zu definieren, ziehen wir den Variablenblock parallel zum Hauptstrang unterhalb des bereits bestehenden Variablenblocks in das Programm und verbinden den Anfang des Ablaufträgers mit dem Hauptstrang. Dazu muss man ihn bei gedrückter ⇧ anklicken und mit der Maus hochziehen.

Hier zeigt sich oft eine der ärgerlichsten Schwächen der Entwicklungsumgebung: Ein Schleifenblock vergrößert sich nicht automatisch, wenn wir einen weiteren Block hineinziehen wollen, der nicht auf dem bereits bestehenden Ablaufträger liegen soll. Oft ist es dann zunächst gar nicht möglich, den ersten Block für einen parallelen Ablaufträger zu platzieren. Hier hilft ein Trick: Wir klappen den Datenknoten des Bewegungsblocks auf, der sich bereits in der Schleife befindet, indem wir links unten auf den Rand des Blocks klicken. Dadurch vergrößert sich die Schleife entsprechend nach unten. Jetzt können wir den neuen Variablenblock wie gewünscht hineinziehen.

Haben wir den parallelen Ablaufträger dann angelegt, so können wir den ausgeklappten Datenknoten auf die gleiche Weise wieder zuklappen, wie wir ihn geöffnet haben.

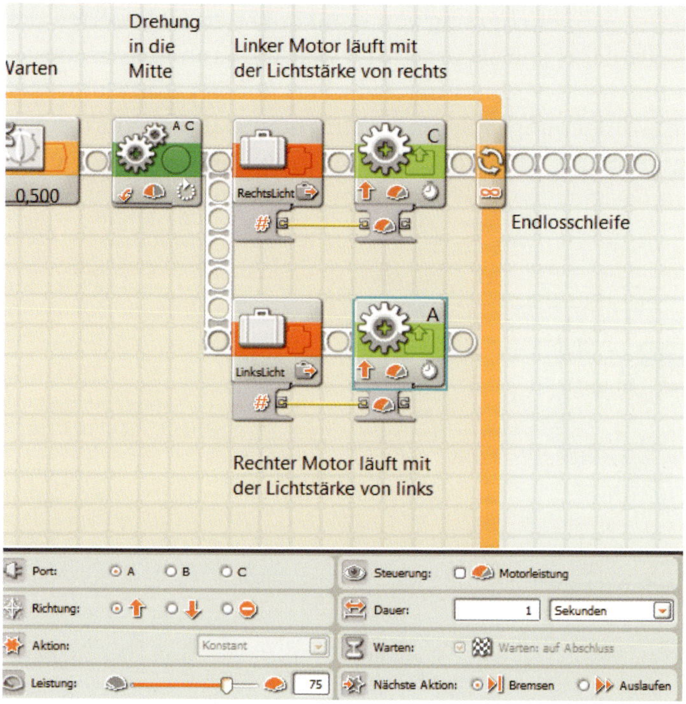

Die Eigenschaft LEISTUNG des Motorblocks für den rechten Motor am Ausgang A verbinden wir über eine Datenleitung mit dem Wert der Variablen LINKSLICHT.

Damit ist das Programm fertig:

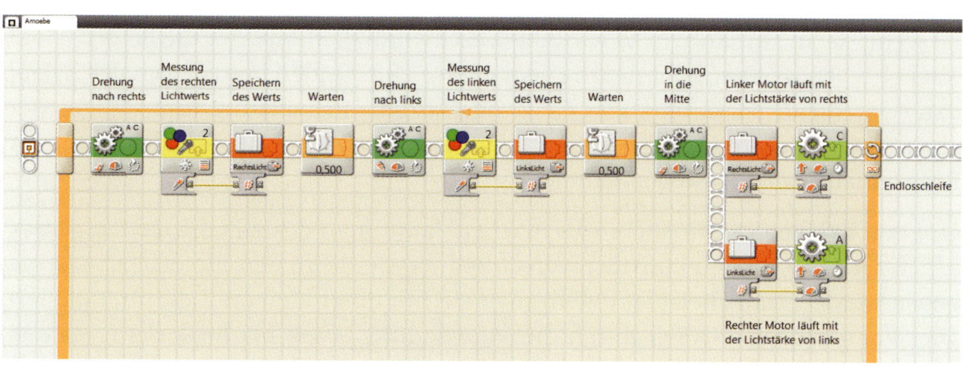

Abb. 4.6: Das komplette Programm für den Zyklopen

Durch das Einbetten in eine Endlosschleife beginnt nach jedem Durchlauf automatisch eine neue Messung.

Bei Bedarf: Anpassung der gemessenen Lichtwerte

Da die beiden Motoren direkt von den Werten des Lichtsensors gesteuert werden, hängt das Verhalten des Zyklopen hochgradig von den konkreten Lichtwerten der Umgebung ab. Welche Werte dabei jeweils gemessen werden, kann man bei bestehender USB-Kabel- oder Bluetooth-Verbindung zwischen Roboter und Computer direkt in der Entwicklungsumgebung ablesen. Wählt man nämlich dort einen Farbsensorblock im Programm aus, so wird in der linken unteren Ecke ein gelber Bereich angezeigt, in dem der gerade vom Farbsensor gemessene Lichtwert angezeigt wird:

Abb. 4.7: Direkte Anzeige des gemessenen Lichtwerts (hier: 14)

Ist wenig Licht vorhanden, so wird die Geschwindigkeit, mit der die beiden Motoren betrieben werden, sehr niedrig sein. Unter Umständen bewegt sich der Zyklop dann gar nicht, da es eine von Gewicht, Getriebeübersetzung und Untergrund abhängige Untergrenze für den Geschwindigkeitswert gibt, ab dem der Motor den Roboter tatsächlich bewegen kann.

Um den Zyklopen verlässlicher zu machen, kann man deshalb die beiden gemessenen Lichtwerte noch künstlich verstärken, bevor sie an den Motorblock übergegeben werden, zum Beispiel indem man sie mit einer kleinen Zahl multipliziert. Dies kann man in NXT-G durch die Verwendung eines Matheblocks erreichen, den man im DATEN-Bereich der VOLLSTÄNDIG-Palette findet. Dazu wählt man dort als Operation MULTIPLIKATION aus und verbindet den Wert der Variablen mit dem Eingabewert A des Matheblocks. Den zweiten Wert des Matheblocks setzt man auf den gewünschten Faktor und verbindet die Ausgabe wieder mit dem auf SCHREIBEN gesetzten Wert eines zweiten Variablenblocks derselben Variablen. Wir verwenden hier den Faktor 2:

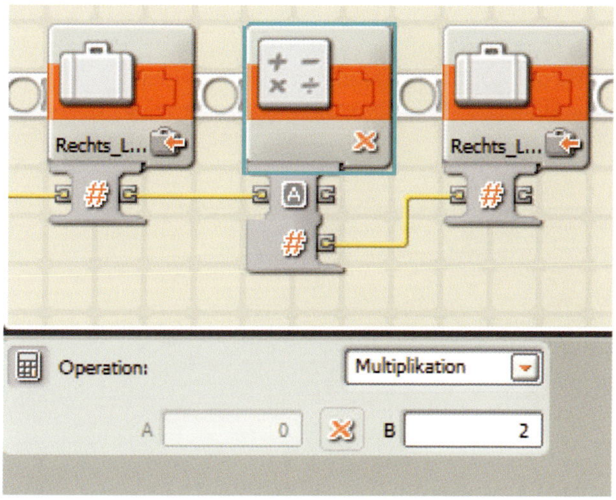

Bei der Multiplikation ist allerdings Vorsicht geboten: Die Motorblöcke können höchstens mit der Geschwindigkeit 100 laufen. Sind die Lichtwerte bereits bei der Messung ausreichend hoch oder ist der Faktor zu groß, so besteht die Gefahr, dass beide Geschwindigkeitswerte bei der Multiplikation größer als 100 werden. Dann jedoch wird der Zyklop immer nur geradeaus fahren.

Man sollte deshalb nur dann zu dieser Möglichkeit greifen, wenn sich der Zyklop beim Testen des Programms wegen zu schwachen Lichts nicht bewegt und man seine Versuche auch nicht in einem helleren Umfeld durchführen kann.

Alternatives Programm für zwei Lichtsensoren

Verfügen wir über zwei Lichtsensoren, die wir an den beiden Seiten des Zyklopen angebracht haben, so können wir das Programm viel einfacher und eleganter schreiben: Wir müssen lediglich die Eigenschaft ERKANNTE FARBE der als Lichtsensor konfigurierten beiden Farbsensorblöcke jeweils mit der Eigenschaft LEISTUNG des Motorblocks verbinden, der den gegenüberliegenden Motor steuert.

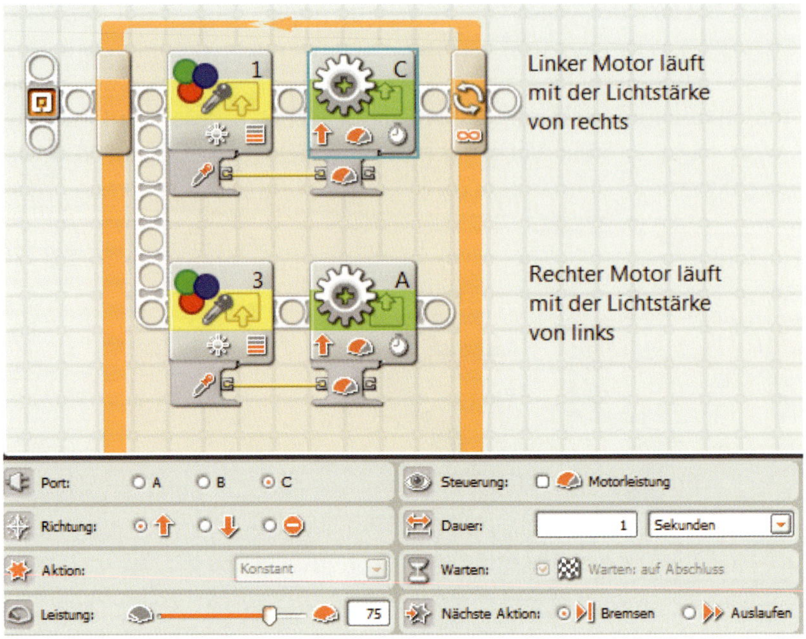

Abb. 4.8: Alternatives Programm für zwei Lichtsensoren

4.4 Das Verhalten des Zyklopen

Lassen wir den Zyklopen nun in einer Umgebung umherfahren, in der es eine starke seitliche Lichtquelle gibt, so wird er sich bei seinen regelmäßigen Messungen nach links und rechts und der anschließenden Bewegungsabschnitte durch die unterschiedlich starken Geschwindigkeiten der beiden Motoren allmählich immer mehr in Richtung der Lichtquelle ausrichten. Solange er am Anfang noch weiter davon entfernt ist und in eine andere Richtung »schaut«, wird diese Bewegung aufgrund des schwächeren Lichteinfalls langsam sein. Mit zunehmender Annäherung an und Ausrichtung auf die Lichtquelle wird er sich dann aber immer schneller darauf zubewegen. Ist die Lichtquelle am Boden angebracht, wird der Zyklop am Ende dagegen stoßen. Ansonsten wird er zunächst darunter durchfahren und anschließend vorübergehend, im schlimmsten Fall dauerhaft die Orientierung verlieren oder gar vollständig zum Stillstand kommen, da sich die Lichtquelle nun plötzlich im Rücken befindet – ein Fall, der für das Vorbild unseres Zyklopen in der freien Natur allerdings sehr unwahrscheinlich ist, da sich die Lichtquelle, also die Sonne, in praktisch unerreichbarer Ferne befindet.

4.4.1 Interpretation

Eine hypothetische Beobachterin, die nichts über das »Innenleben« des Zyklopen weiß, wird aus dem anfänglichen langsamen Suchen eine Art Unentschlossenheit und Zögern herauslesen, so, als wisse das Wesen nicht so recht, was es nun anfangen solle. Sobald es sich jedoch erkennbar in Richtung der Lichtquelle bewegt, wird sie wohl auf eine starke Gefühlsregung des Zyklopen gegenüber Licht schließen: Entweder mag er Helligkeit sehr oder er verabscheut Licht derart, dass er sogar versucht, seine Quelle anzugreifen. Entsprechend wird sie aus der zunehmenden Schnelligkeit, mit der er sich darauf zubewegt, entweder auf eine euphorische Begeisterung des Wesens oder eine zunehmende Wut schließen. Wenn der Zyklop die Lichtquelle jedoch schließlich mit voller Geschwindigkeit rammt, wird sie vielleicht annehmen, dass unser Wesen aggressiv ist und gegenüber dem Licht durchaus feindselige Gefühle hegt.

Außerdem kann es ihrer Beobachtung nach anscheinend zumindest die Lichtquelle sehen, also seine Umgebung in gewissen Grenzen wahrnehmen – vielleicht wird sie deshalb sogar ausprobieren, ob es auch ihr Vorhandensein bemerkt.

Sie wird jedoch schnell feststellen, dass auch der Zyklop nicht sehr viel schlauer als der Streuner zu sein scheint, stößt er doch nicht nur anscheinend unbelehrbar gegen die Lichtquelle, sondern auch gegen alle anderen Hindernisse. Noch dazu nimmt er in seiner Erregung offenbar nichts anders als die Lichtquelle wahr.

Ist er über das Ziel hinausgeschossen, so verliert er offensichtlich sofort die Erinnerung an die Lage der Lichtquelle und lässt in den Augen unserer Beobachterin mit seinem neuerlichen langsamen Umhersuchen eine ordentliche Verwirrung erkennen.

Unentschlossenheit, Liebe, Abscheu, Begeisterung, Aggression, Feindseligkeit, Verwirrung – in der Tat eine ganze Menge an scheinbaren Gefühlen und Verhaltensweisen, die unsere einfache Verschaltung von Lichtsensor und Motoren zu erzeugen vermag!

4.5 Zusammenfassung

In diesem Kapitel haben wir gesehen, wie man in der Robotik manchmal mit sehr einfachen Strategien bereits schon scheinbar schwierigere Herausforderungen lösen kann und wie uns die Bionik, also die technische Umsetzung von Lösungen aus der Biologie, dabei wertvolle Anregungen liefern kann.

Wir haben gelernt,

- wie man einen Sensor verwendet,
- wie man einen schnellen, lenkbaren Roboter mithilfe dreier Räder entwirft und
- wie man gleichzeitige Aktionen des Roboters sowie mathematische Operationen mit NXT-G programmieren kann.

Des Weiteren haben wir erste Schritte auf dem Weg zur Wahrnehmung der Umgebung gemacht, in der sich unser Roboter bewegt. Im nächsten Kapitel werden wir diese Konzepte vertiefen und unser Wesen Hindernissen ausweichen lassen.

4.6 Anregungen

1. Wie bringen wir den Zyklopen dazu, vor dem Licht zu fliehen, anstatt sich darauf zuzubewegen? Welche Verhaltensweisen und scheinbaren Emotionen würde ein Beobachter an einem solchen Wesen wahrnehmen?
2. Wie können wir das Programm so erweitern, dass der Zyklop in der Nähe der Lichtquelle, also bei starkem Licht, wieder langsamer wird? Können wir ihn nahe bei der Lichtquelle zum Anhalten bringen? Wie würde ein Beobachter ein solches Verhalten interpretieren?
3. Wie verhält sich der Zyklop in verschieden hellen Umgebungen, wie bei unterschiedlich angeordneten Lichtquellen? Was funktioniert gut, was nicht?
4. Wir experimentieren mit regelmäßiger Verdunkelung der Lichtquelle. Findet der Zyklop trotzdem sein Ziel?
5. Wenn wir über zwei Farbsensoren oder über zwei Lichtsensoren aus dem ersten NXT-Set verfügen, so ändern wir das Design und das Programm dergestalt, dass sich der Zyklop anhand dieser beiden Sensoren orientiert.

Kapitel 5

Der Kriecher: Scheu und Misstrauen

Neues in diesem Kapitel:

- Wahrnehmen von Objekten bei Kontakt
- Hindernissen ausweichen
- Fortbewegung auf einer Kriechsohle
- Nutzung des Berührungssensors
- Kontinuierliches Abfragen von Sensorwerten
- Arbeiten mit logischen Blöcken

Auch wenn unsere bisherigen Wesen bereits über einfache Fähigkeiten verfügen, bestimmte Aspekte ihrer Umgebung wahrzunehmen, so fehlt ihnen doch eine grundlegende Eigenschaft, die man im Allgemeinen mobilen Robotern zuzuschreiben geneigt ist: die Fähigkeit nämlich, Objekte wahrzunehmen und auf sie zu reagieren.

In diesem Kapitel werden wir ein Wesen entwerfen, das über diese Fähigkeit verfügt. Wir werden uns dabei zunächst darauf konzentrieren, Objekte bei Kontakt wahrzunehmen, das heißt, unser Wesen soll ein solches Objekt dann bemerken, wenn es dagegen stößt.

Dazu werden wir es mit einer Art Taster ausstatten, die wie die Fühler eines Insekts oder einer Schnecke Gegenstände in ihrer Umgebung »fühlen« können. Unser Wesen soll in einem solchen Fall den ertasteten Gegenständen ausweichen.

Außerdem wollen wir in diesem Kapitel wiederum eine neue Art der Fortbewegung einführen. Nachdem wir bereits die Bewegung eines Roboters mittels Laufketten oder Rädern kennengelernt haben, werden wir nun unseren ersten Läufer bauen. Genauer gesagt: einen *Kriecher*, denn er wird sich nicht mit Beinen, sondern wie eine Schnecke auf einer einzelnen Kriechsohle fortbewegen.

Wir wollen dieses Wesen daher auch »Kriecher« nennen:

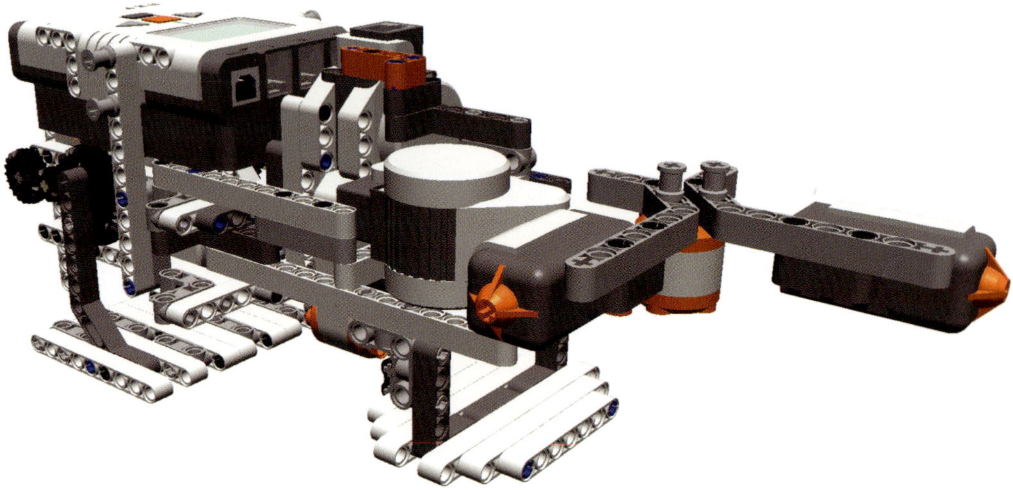

Abb. 5.1: Der Kriecher

Wir werden anhand des Kriechers verschiedene neue Möglichkeiten des NXT-Sets kennenlernen: die Arbeit mit dem Berührungssensor, eine neue Art der Fortbewegung für Roboter und eine Möglichkeit, Sensorwerte kontinuierlich abzufragen, während gleichzeitig andere Teile des Programms ablaufen.

5.1 Mechanische Komponenten

5.1.1 Die Kriechsohle

Der Kriecher bewegt sich auf einem einzigen Fuß vorwärts, der über ein Zahnradgetriebe angehoben und ein kleines Stückchen weiter wieder abgesetzt wird. Solange sich der Fuß dabei über dem Boden befindet, wird der Kriecher durch zwei Balken hinten und eine feste »Sohle« unter seiner Vorderseite gehalten. Trifft die Kriechsohle nun wieder auf den Boden auf, wird das gesamte Wesen auf der Sohle vorwärts geschoben (siehe Abbildung 5.2).

Abb. 5.2: Die Kriechsohle

5.1.2 Die Vorrichtung zum Ändern der Bewegungsrichtung

Unser Wesen soll natürlich nicht nur vorwärts und rückwärts kriechen, sondern auch die Richtung seiner Bewegung ändern können, um zum Beispiel Hindernisse zu umgehen.

Eine zweite, quergestellte Kriechsohle wäre dafür eine gute Lösung. Leider verfügen wir jedoch in unserem NXT-Set über einen allzu begrenzten Vorrat an Zahnrädern, sodass wir uns etwas anderes einfallen lassen müssen. Wir nutzen daher eine Art Drehpaddel (Abbildung 5.3).

Solange sich der Kriecher in gerader Richtung bewegt, sind die beiden schwarzen Paddel links im Bild parallel zum Boden ausgerichtet und berühren ihn nicht, sodass sie die Bewegung nicht behindern.

Soll der Kriecher sich nun nach rechts oder links ausrichten, so stoppen wir die Kriechsohle und lassen stattdessen das Paddel über den angeschlossenen Motor in die geeignete Richtung rotieren. Dabei erhalten die gummierten Teile Kontakt zum Boden und drücken den Kriecher zur Seite.

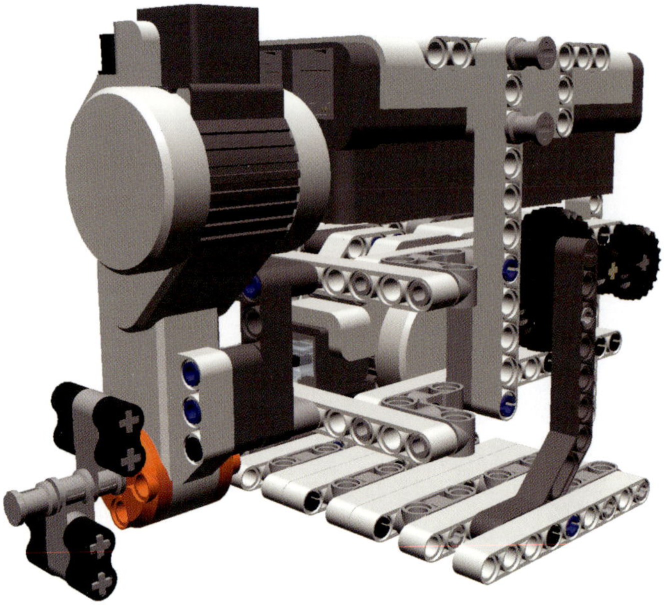

Abb. 5.3: Das Drehpaddel

Die Drehung ist so etwas holperig und weit weniger elegant, als sie es mit einer zweiten Kriechsohle wäre, erfüllt aber immerhin ihren Zweck.

5.1.3 Die Fühler

Die beiden Fühler dienen dazu, Objekte wahrzunehmen, wenn der Kriecher daran stößt. Dazu sitzt jeweils ein Berührungssensor an ihren Enden. Zusätzlich werden sie von einem eigenen Motor hin und her bewegt, um auch Gegenstände zu bemerken, die sich nicht direkt vor dem Kriecher befinden, sondern etwas seitlich.

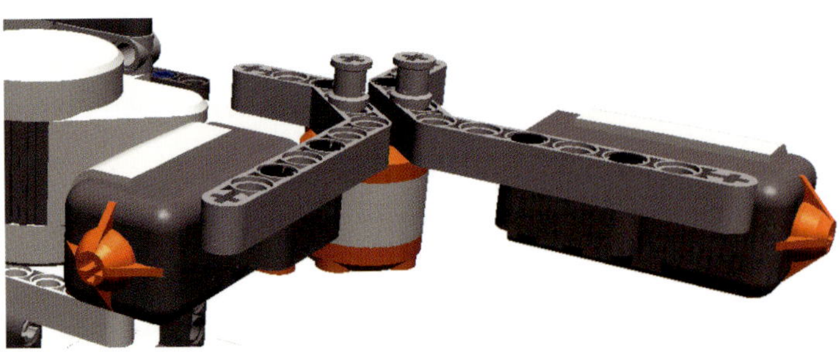

Abb. 5.4: Die Fühler

5.2 Die Bauanleitung

5.2.1 Benötigte Teile

Für den Bau des Kriechers benötigen wir folgende Teile des NXT-Sets:

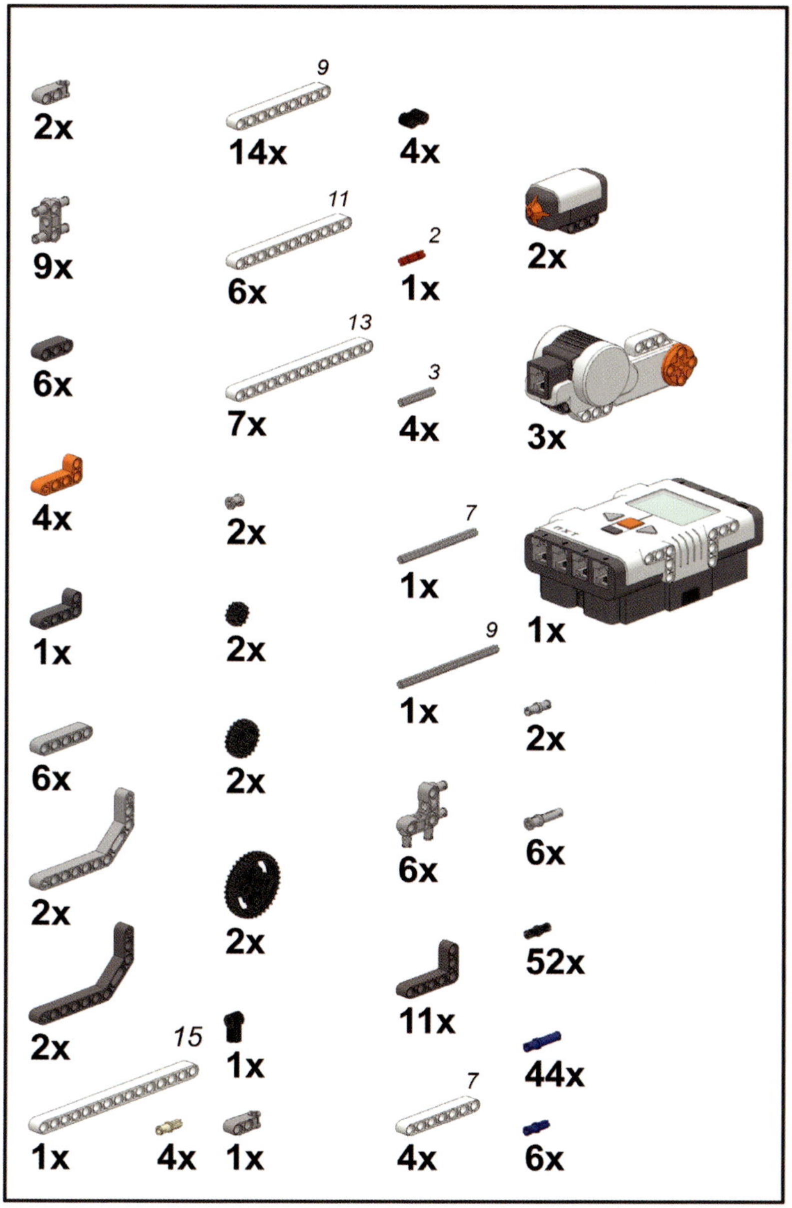

5.2.2 Schritt für Schritt

Der Antrieb

1

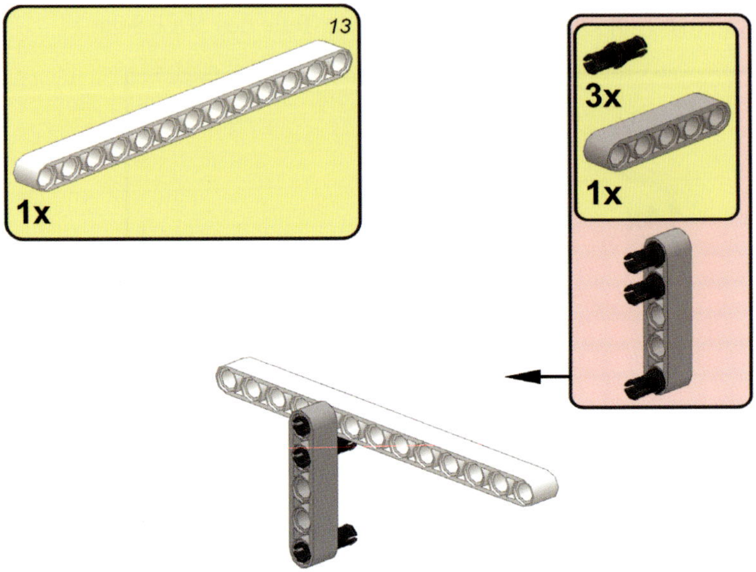

2

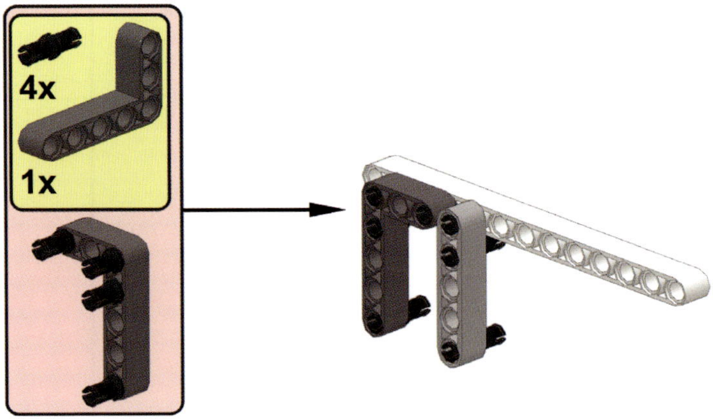

Bei Verwendung der Education-Edition ersetzen wir hier den 3x5-Winkelbalken durch einen 5M-Balken.

3

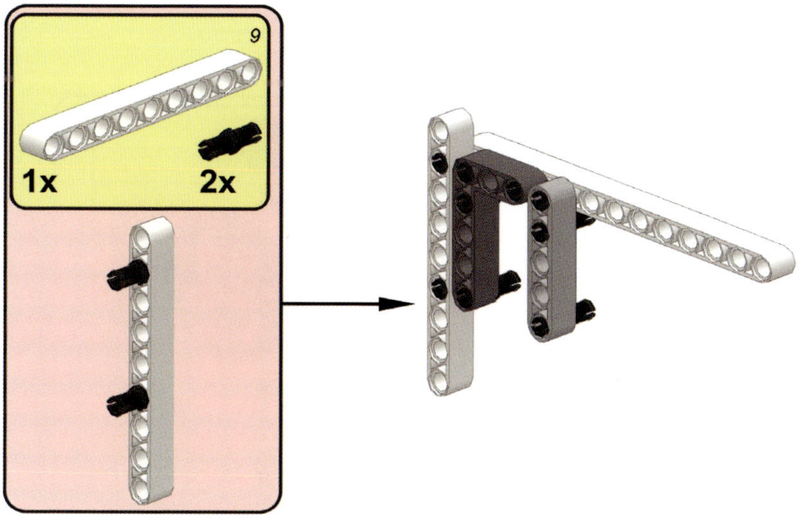

4

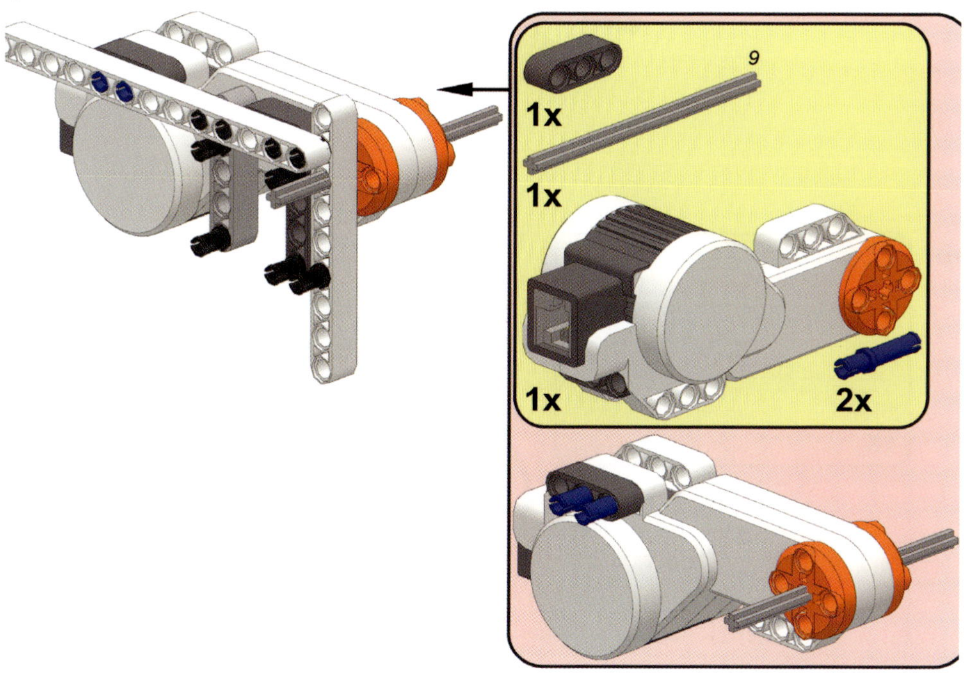

Bei Verwendung der Education-Edition ersetzen wir hier die 9M-Achse durch eine 10M-Achse.

Beim Einsetzen der Zahnräder ist darauf zu achten, dass die beiden Löcher des großen Zahnrads genau übereinanderstehen:

5

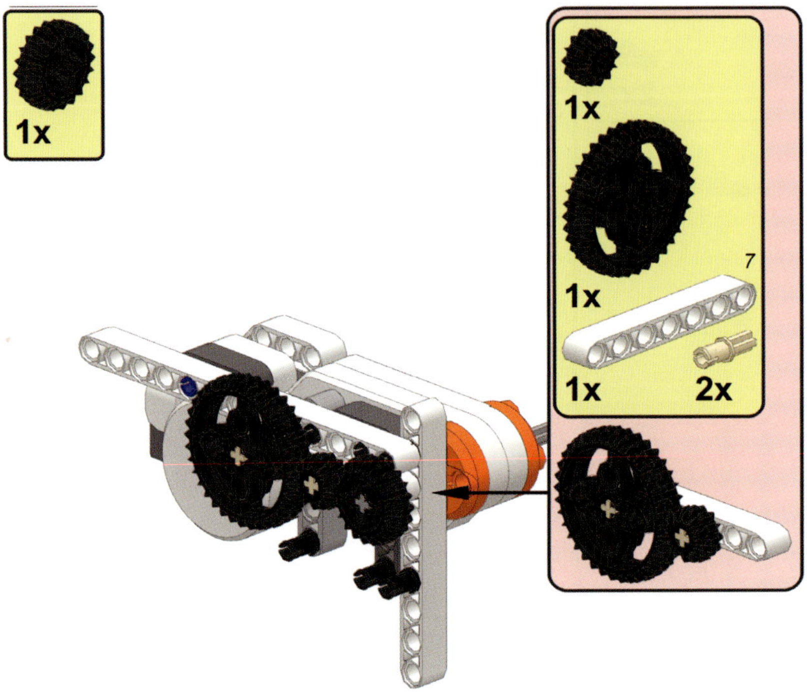

6

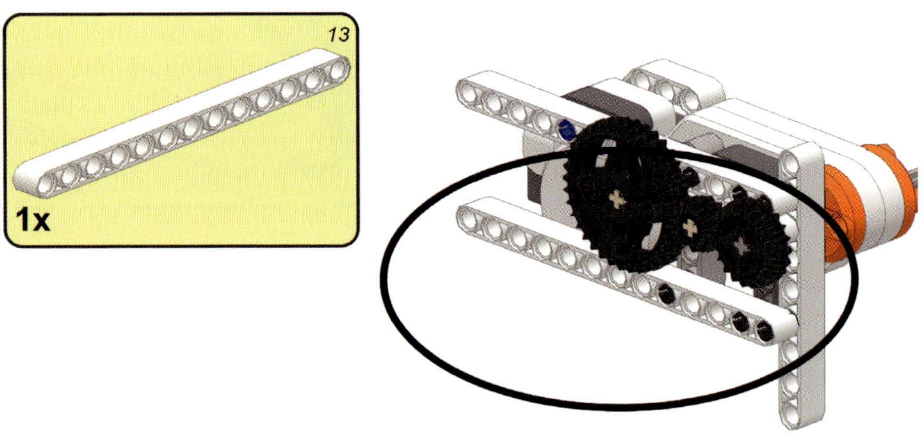

7

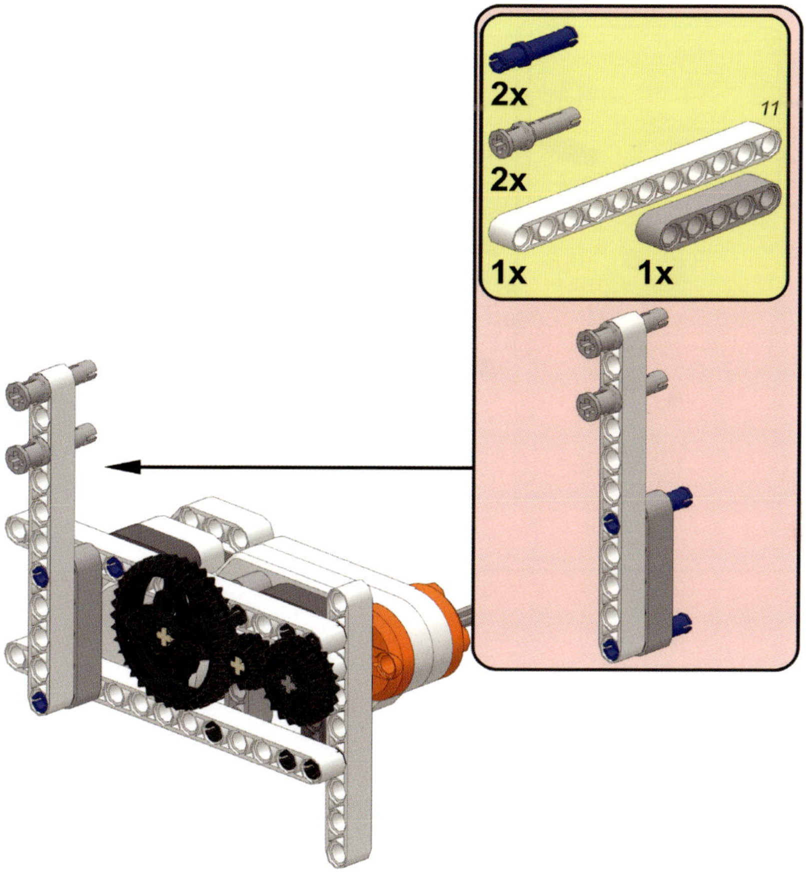

8

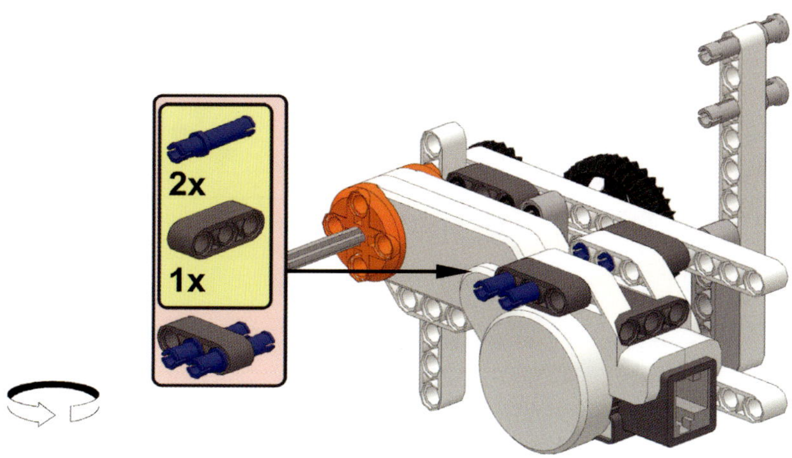

9

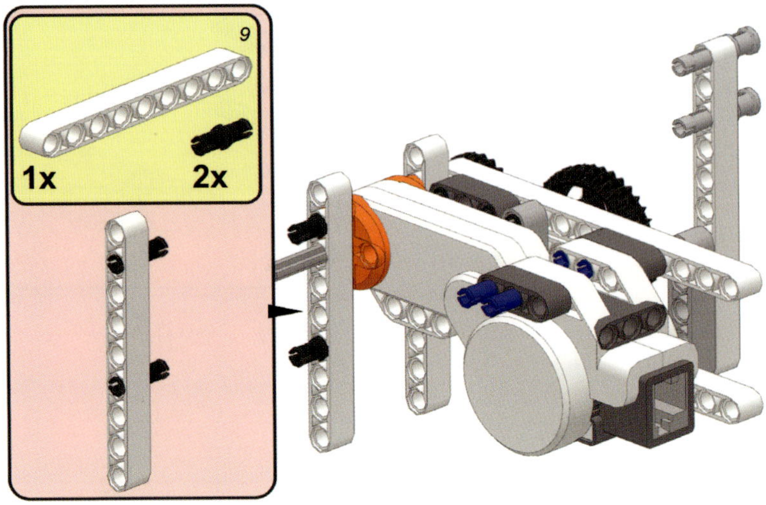

10

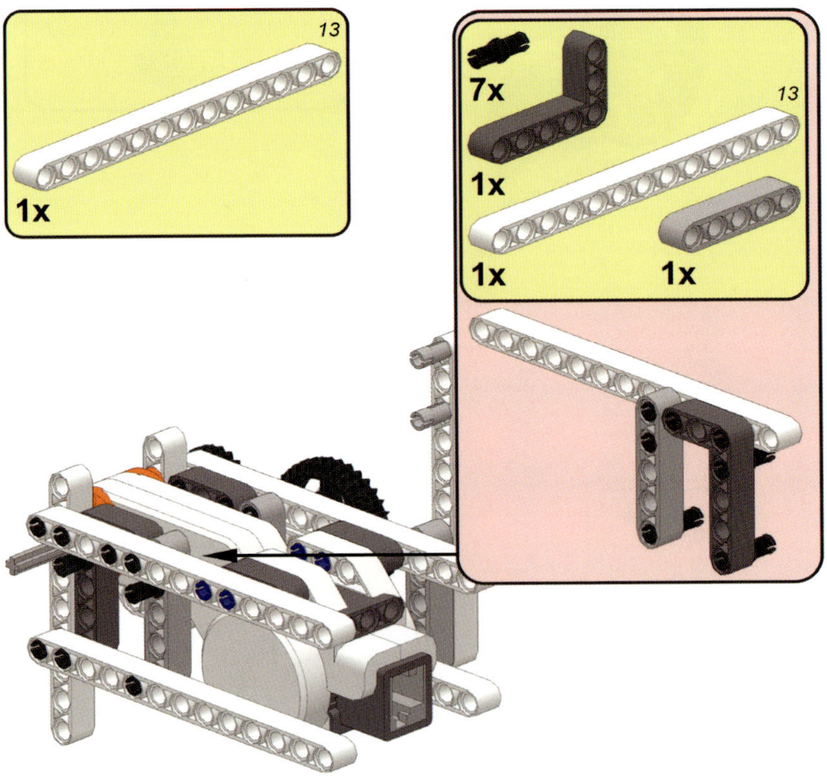

Bei Verwendung der Education-Edition ersetzen wir hier den 3x5-Winkelbalken wieder durch einen 5M-Balken.

Beim Einsetzen der Zahnräder ist wieder darauf zu achten, dass die beiden Löcher des großen Zahnrads genau übereinanderstehen, symmetrisch zum großen Zahnrad auf der anderen Seite:

11

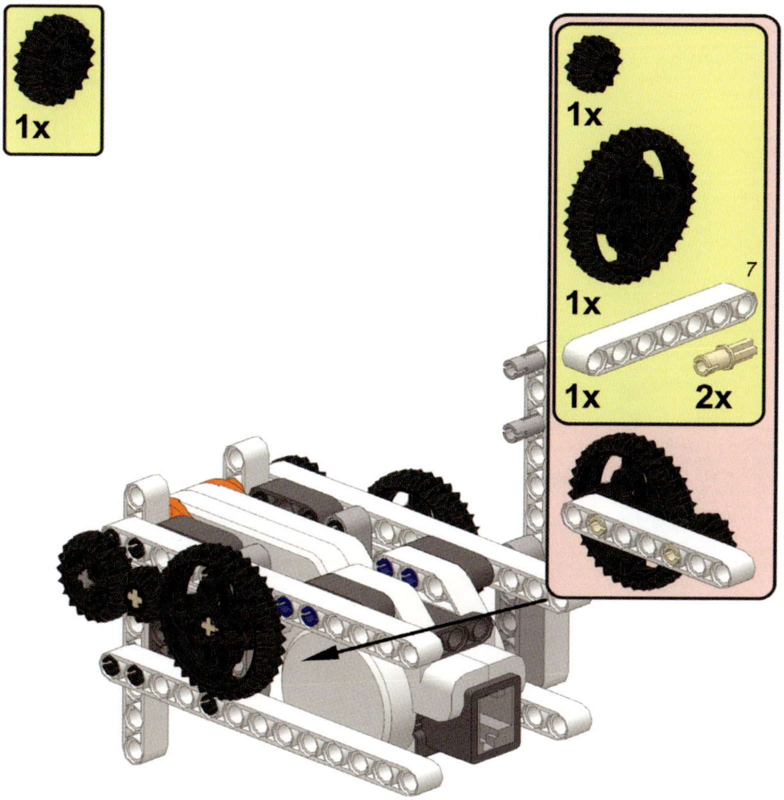

12

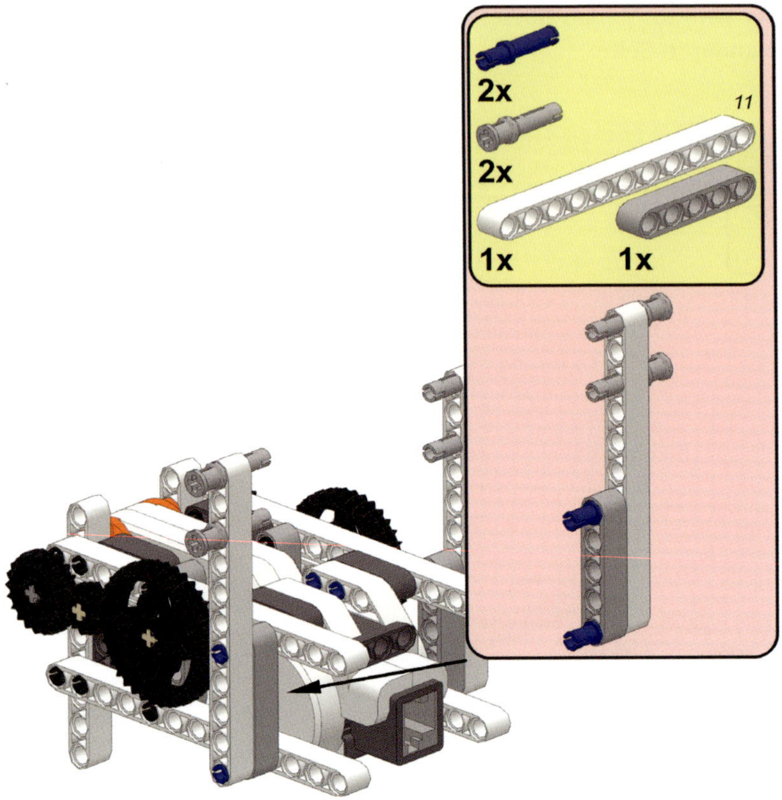

13

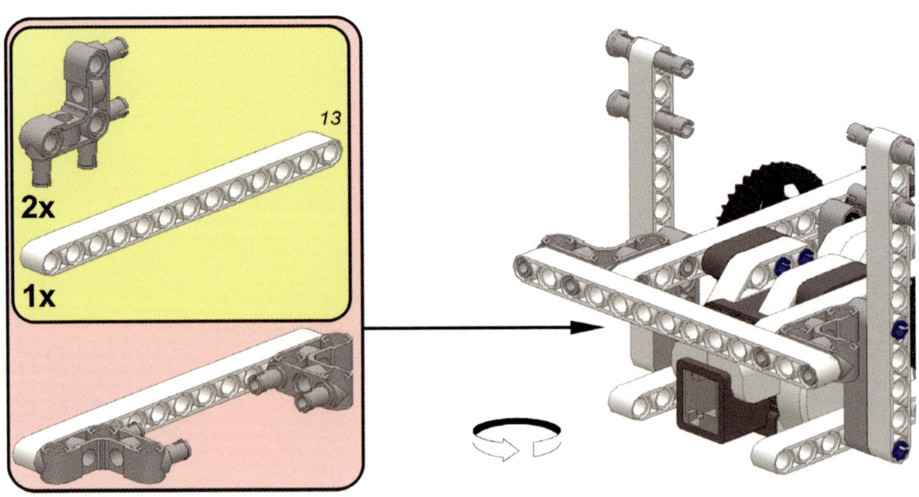

Bei Verwendung der Education-Edition ersetzen wir hier den 13M-Balken durch einen 15M-Balken und bringen die beiden grauen Teile so an, dass rechts und links im Balken jeweils ein Loch frei bleibt.

Bevor wir fortfahren, stecken wir bereits jetzt das kürzeste Kabel in den Motor ein, das im NXT-Set vorhanden ist.

14

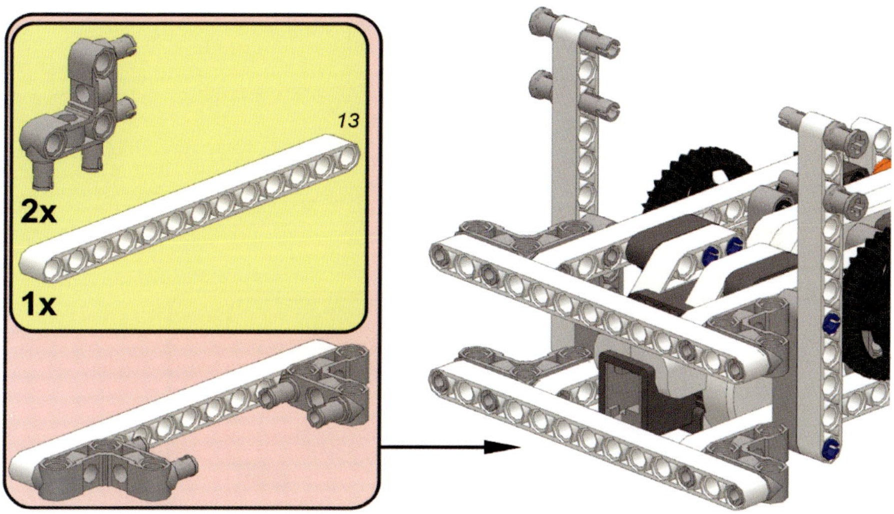

Bei Verwendung der Education-Edition ersetzen wir hier den 13M-Balken auf gleiche Weise wie oben durch einen 15M-Balken.

Die Kriechsohle

1

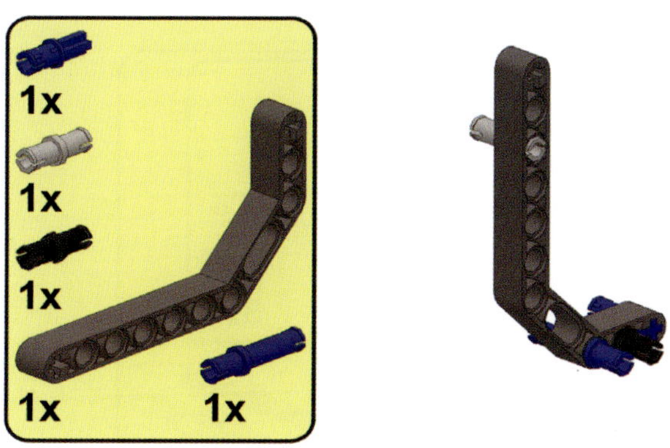

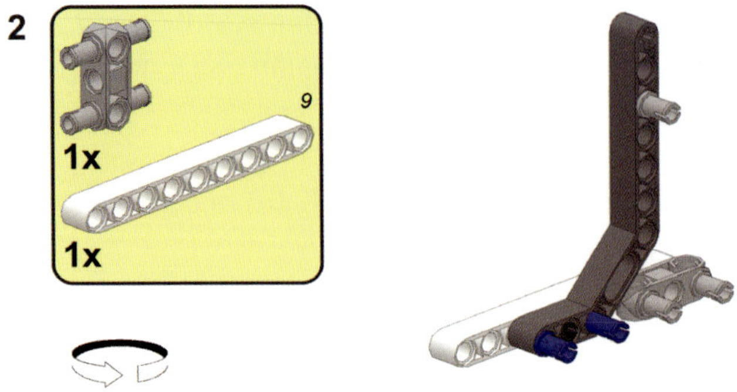

Bei Verwendung der Education-Edition ersetzen wir hier den 9M-Balken durch einen 11M-Balken.

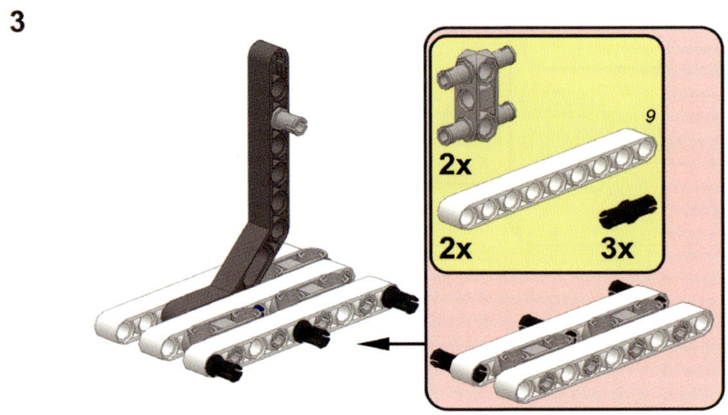

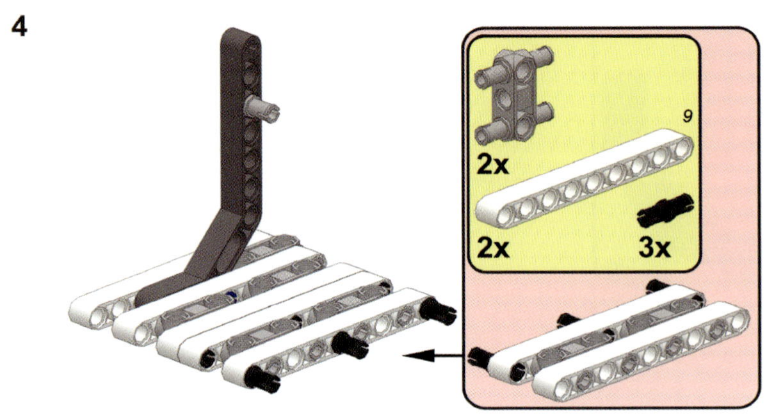

5

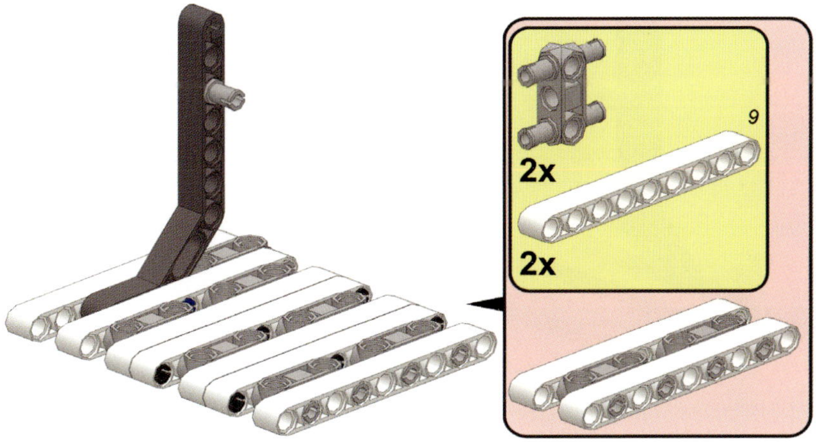

6

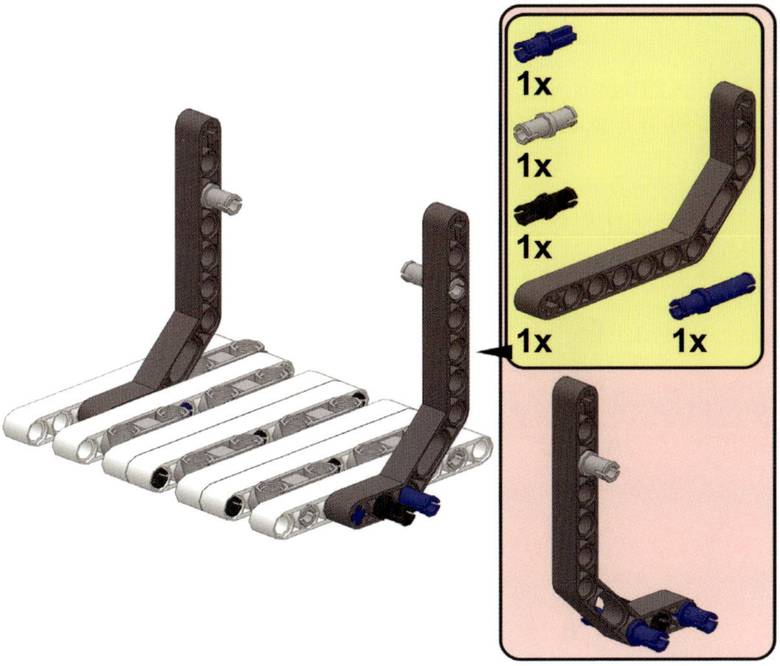

7

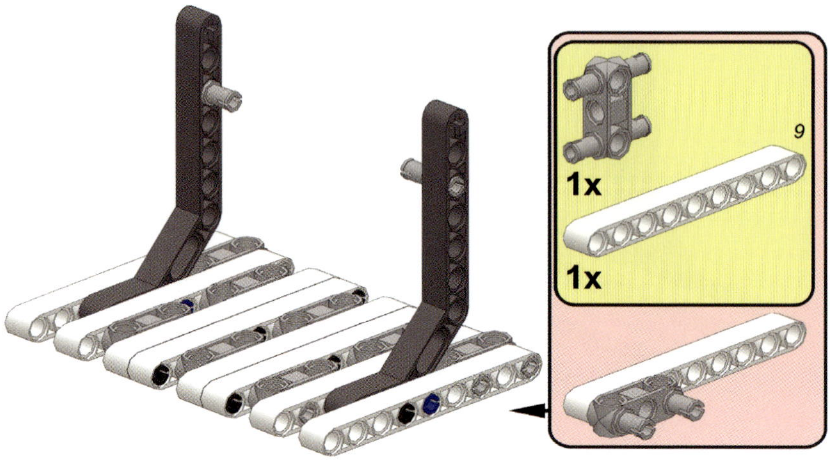

Bei Verwendung der Education-Edition ersetzen wir hier den 9M-Balken durch einen 11M-Balken.

Wir stecken die Kriechsohle auf die großen Zahnräder am Antrieb auf, und zwar so, dass die beiden grauen Stecker in deren unteren Löchern einrasten:

Die Kriechsohle sollte jetzt parallel zur Unterseite des Motors stehen.

Das Drehpaddel

1

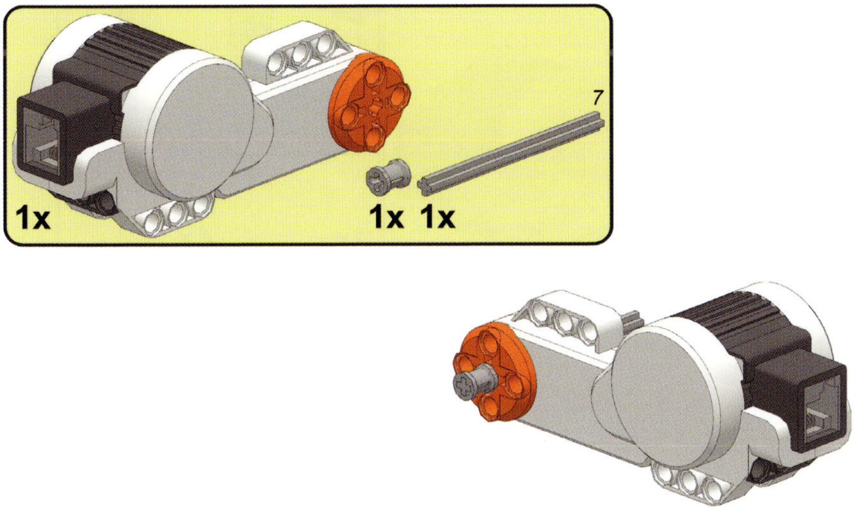

2

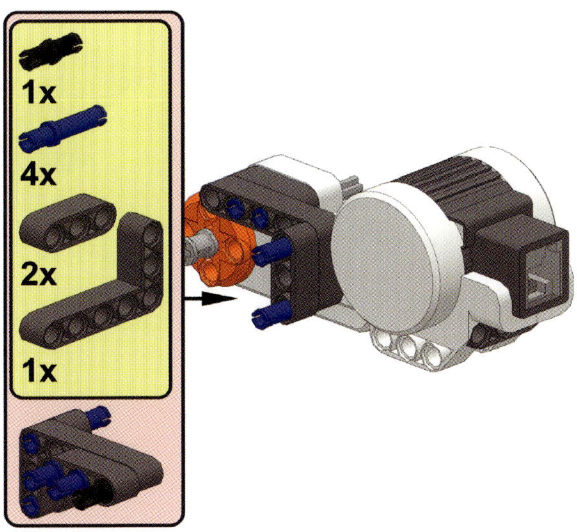

3

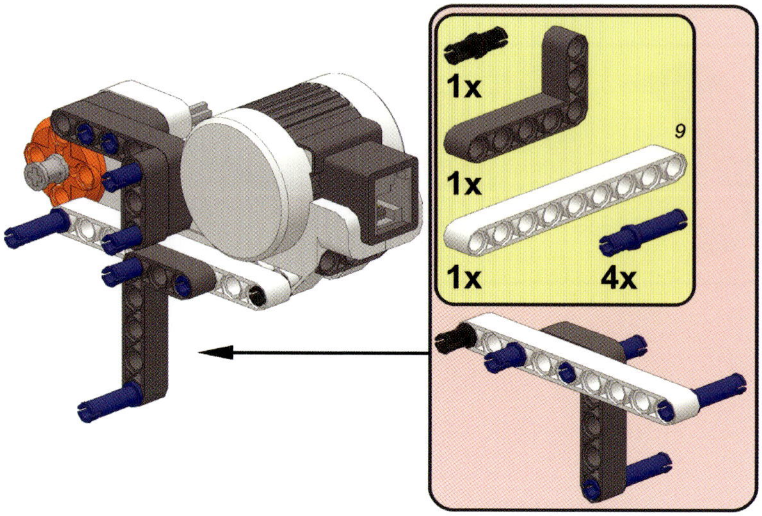

4

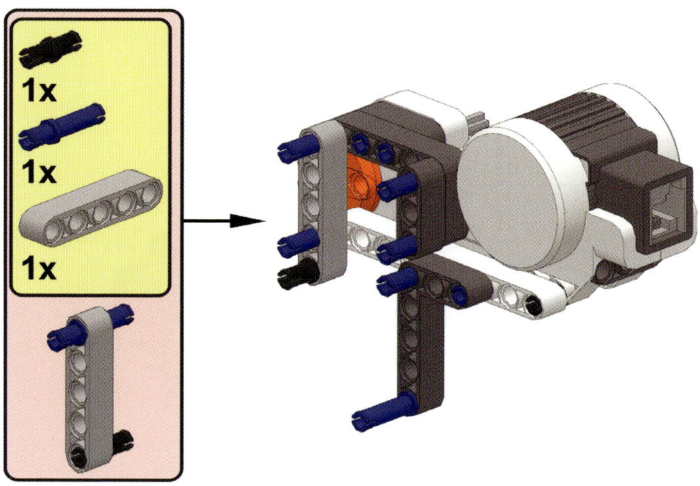

5

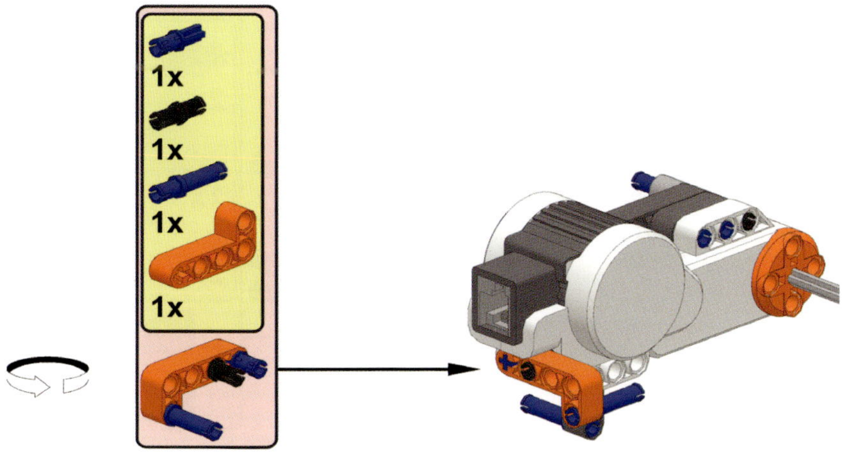

6

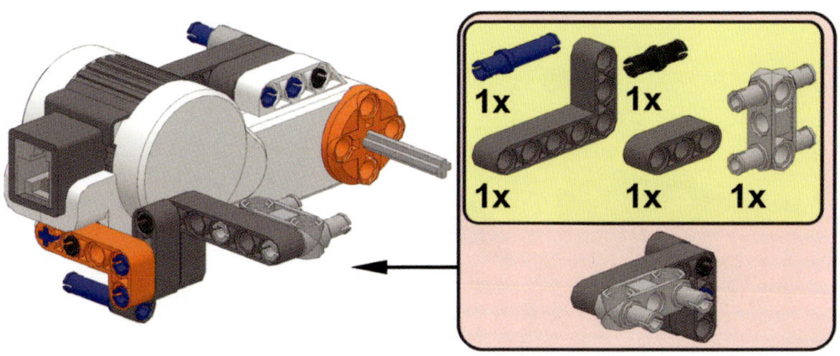

7

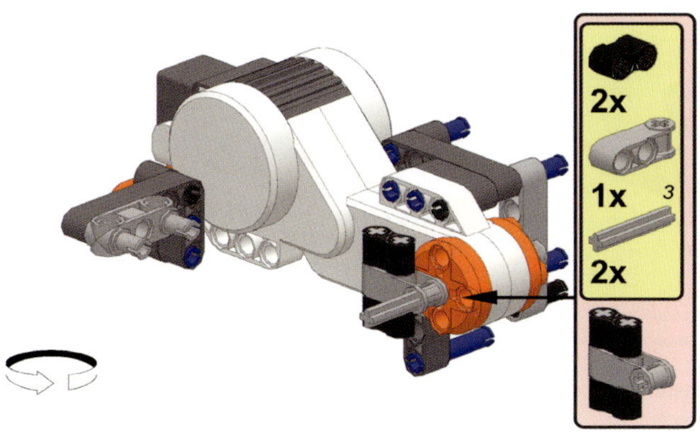

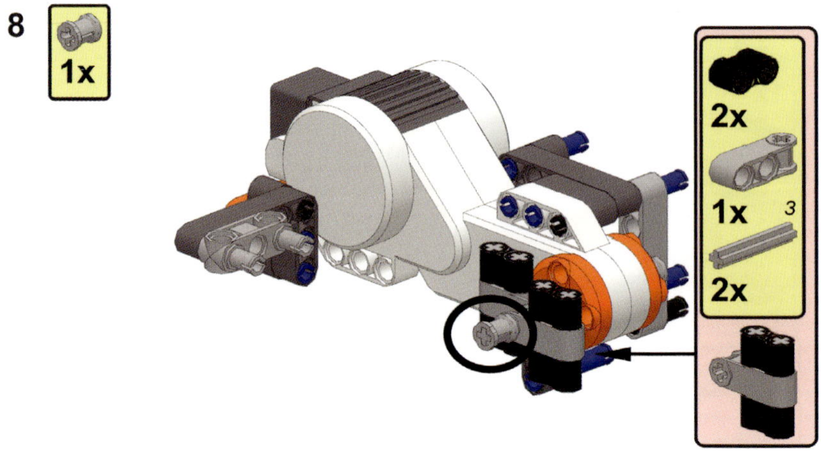

Wir stecken die Einheit mit dem Drehpaddel auf den Antrieb auf:

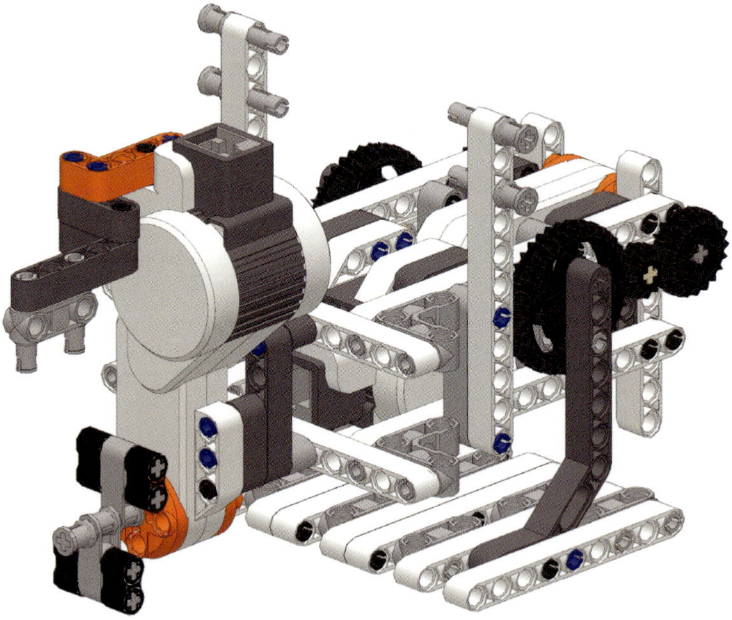

Das Vorderteil

1

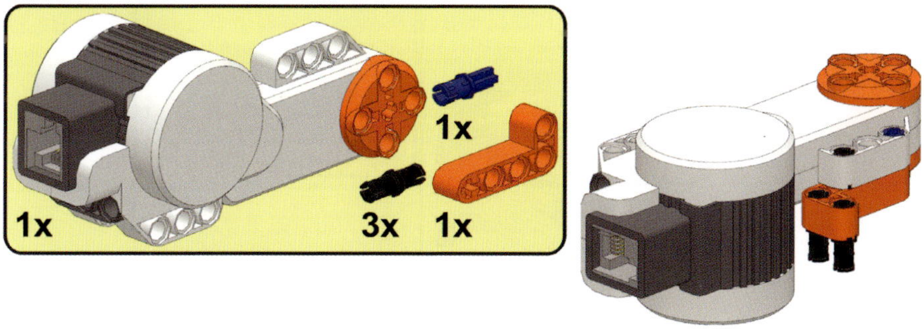

2

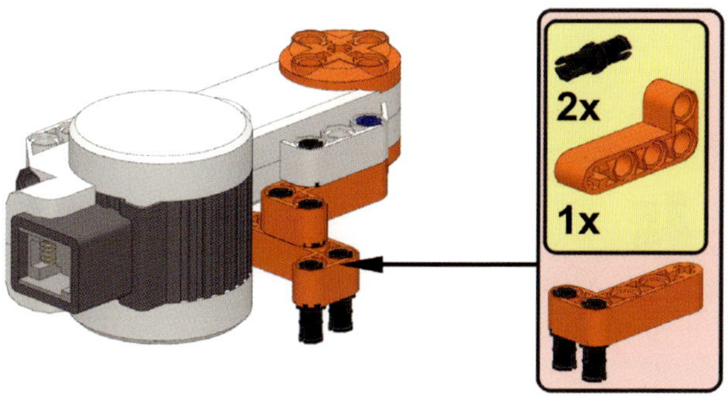

3

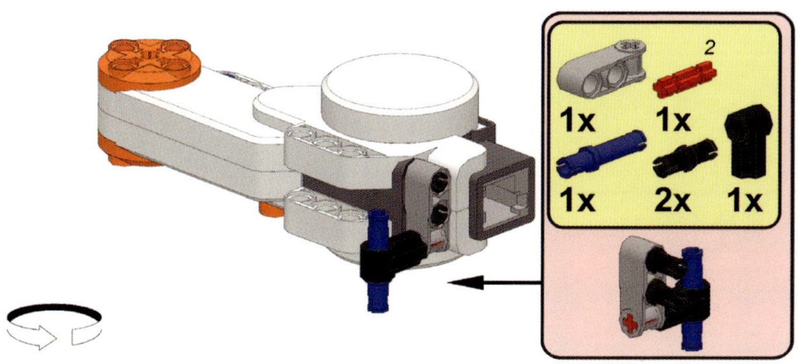

4

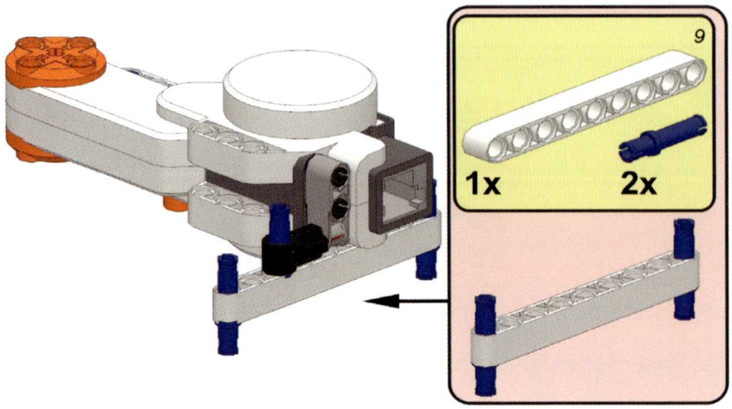

5

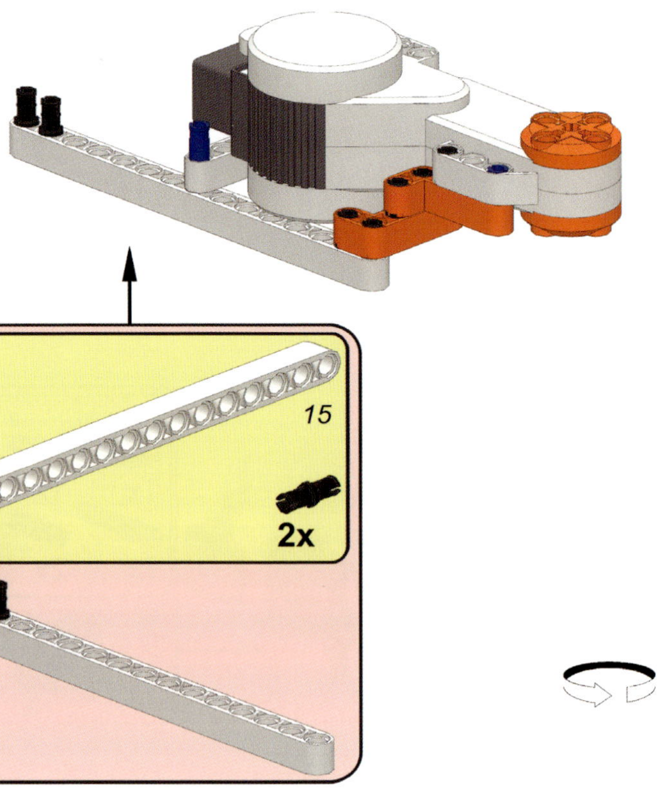

6

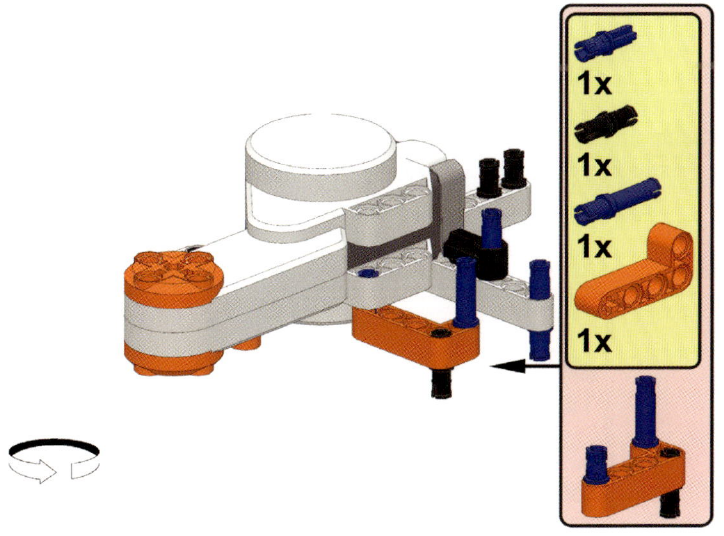

7

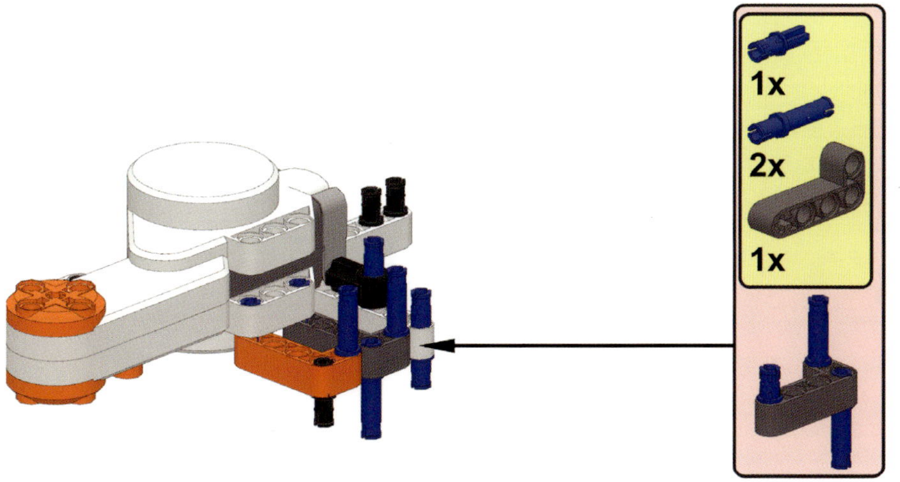

8

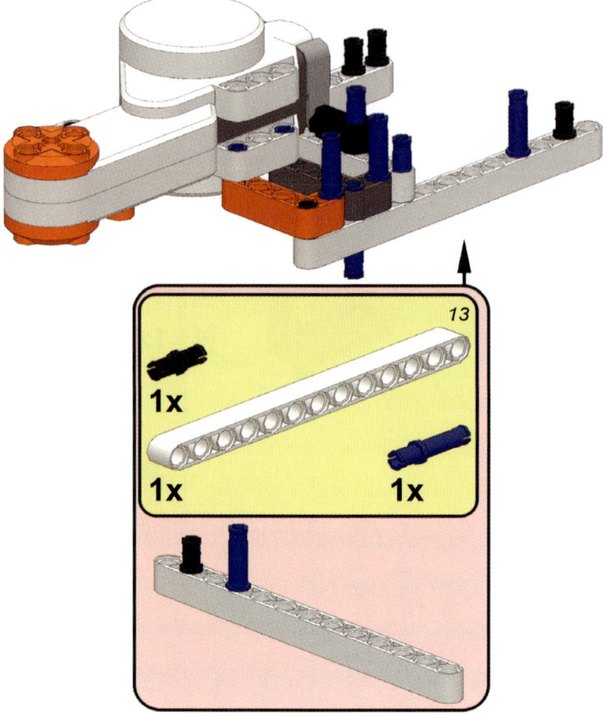

Bei Verwendung der Education-Edition ersetzen wir hier den 13M-Balken durch einen 15M-Balken und zwar so, dass der Balken mit zwei Löchern über den orangefarbenen 2x4-Winkelbalken hinausragt.

9

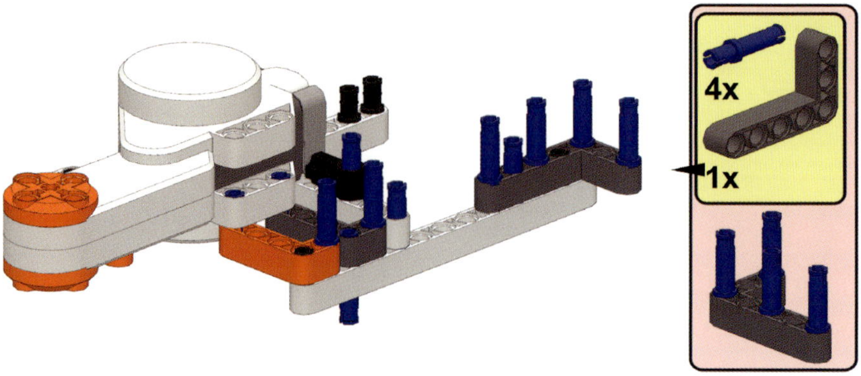

10

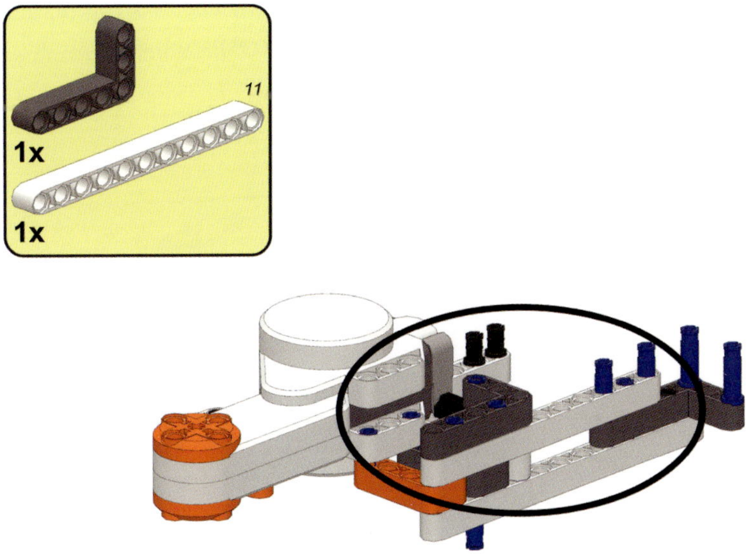

11

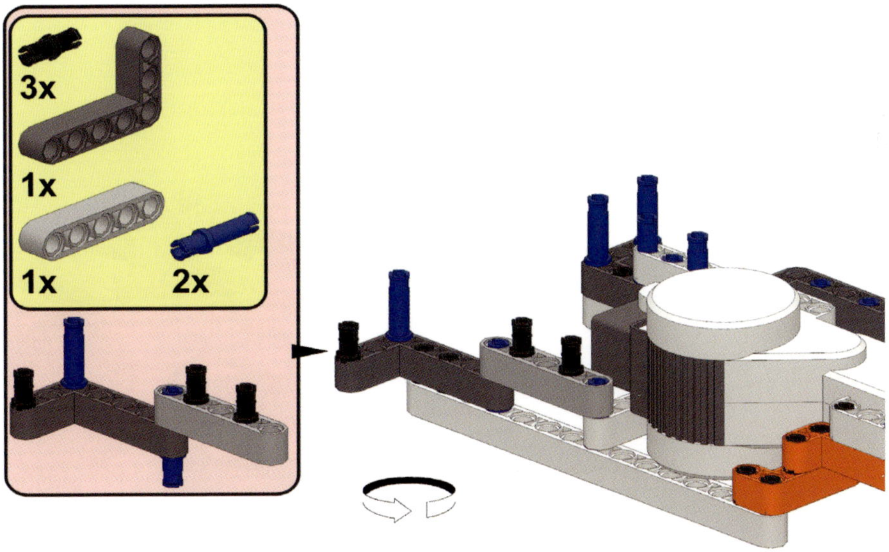

Wir stecken das Vorderteil auf den Antrieb auf, und zwar so, dass die blauen langen Stecker in den oberen hellgrauen Kreuzblöcken am Antrieb einrasten:

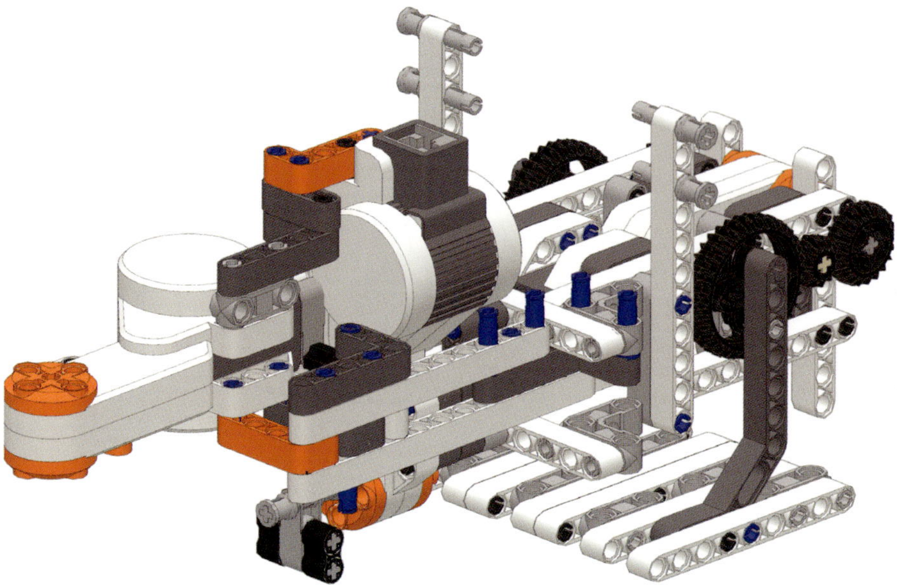

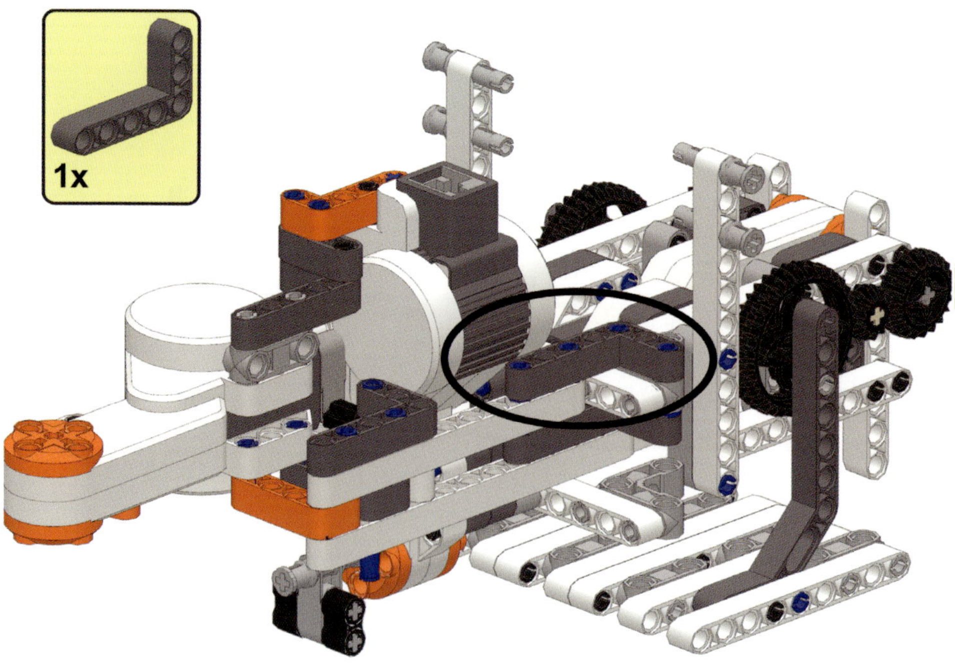

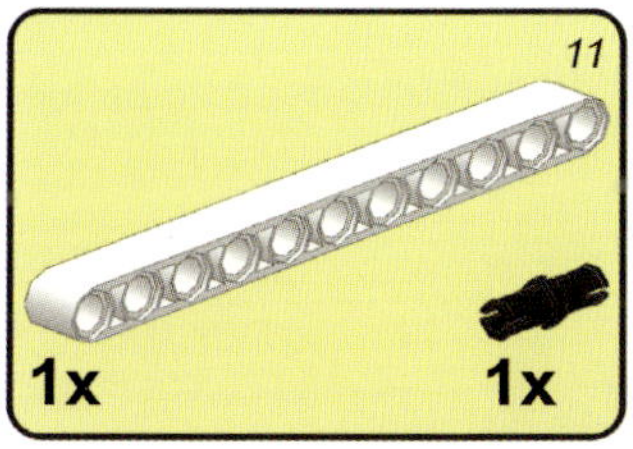

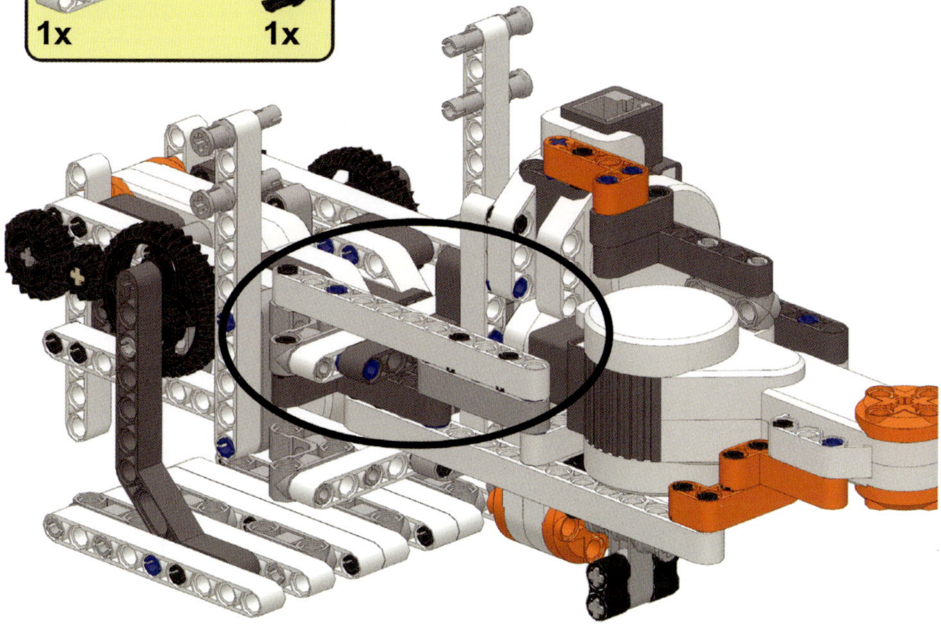

Der Vorderfuß

1

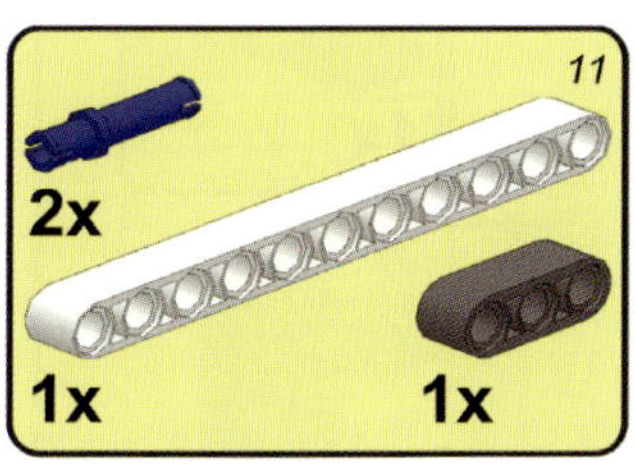

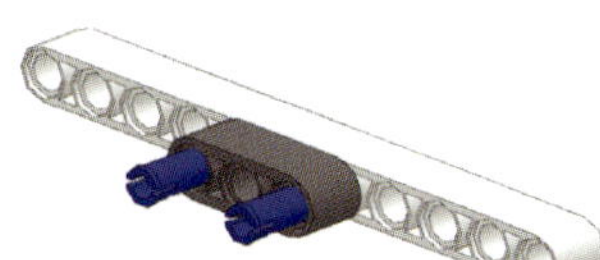

2

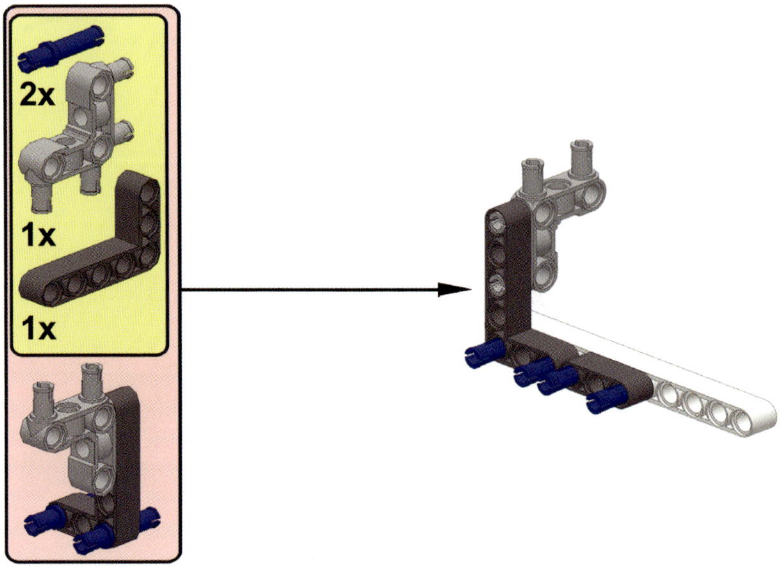

3

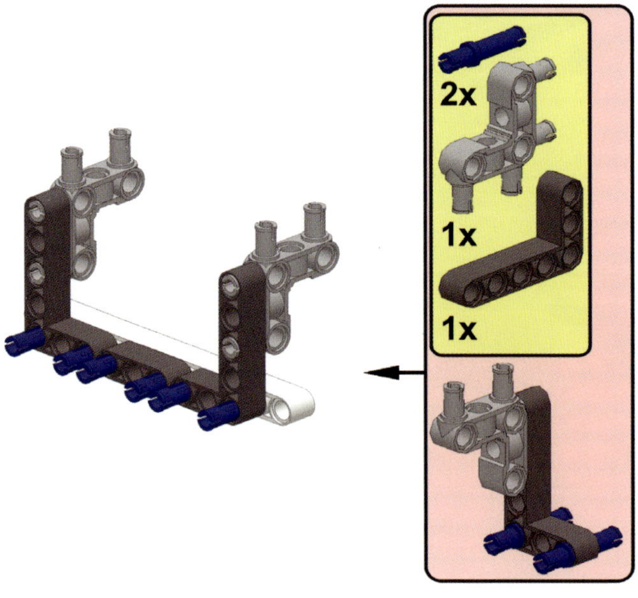

Bei Verwendung der Education-Edition ersetzen wir hier den 3x5-Winkelbalken durch einen 5M-Balken.

4

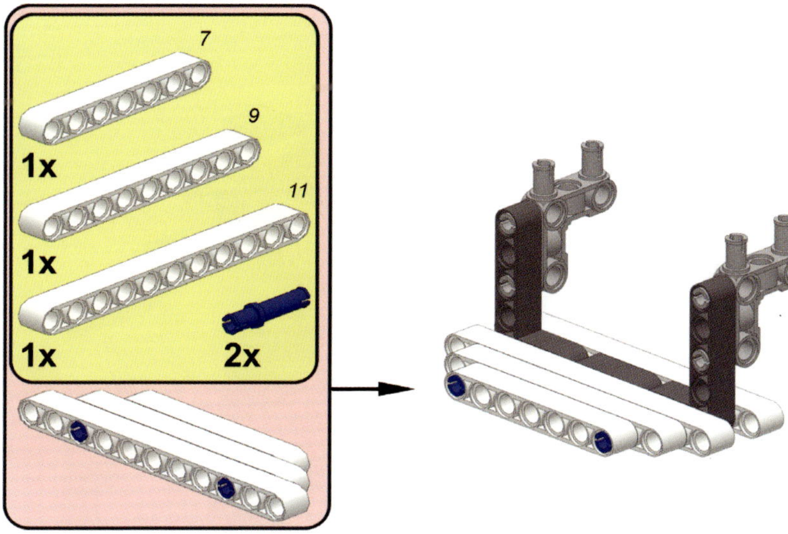

Bei Verwendung der Education-Edition ersetzen wir hier den 9M-Balken durch einen 15M-Balken.

5

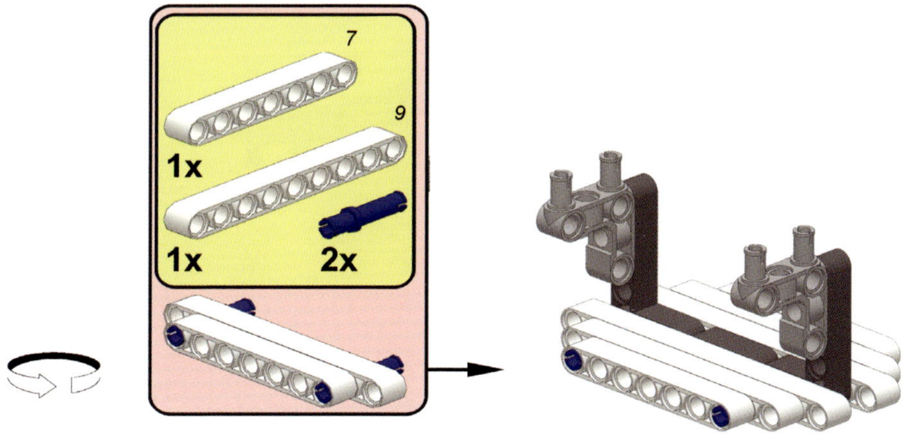

Bei Verwendung der Education-Edition ersetzen wir hier wieder den 9M-Balken durch einen 15M-Balken.

Wir bringen den Vorderfuß an der Unterseite des Vorderteils an:

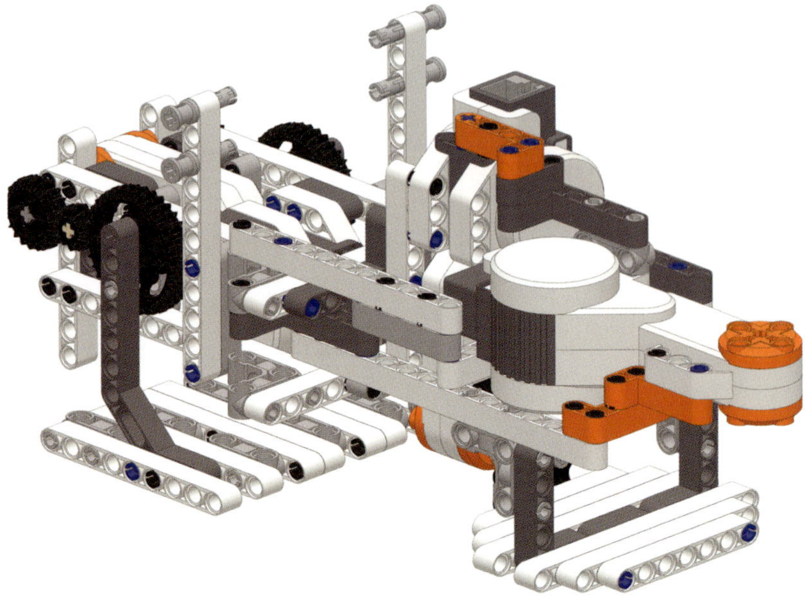

Der rechte Fühler

1

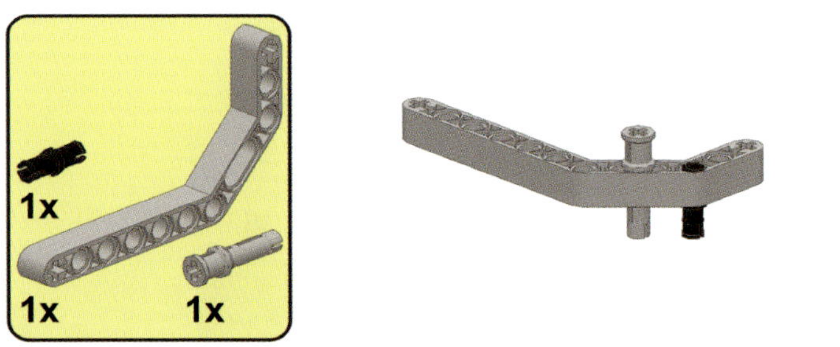

2

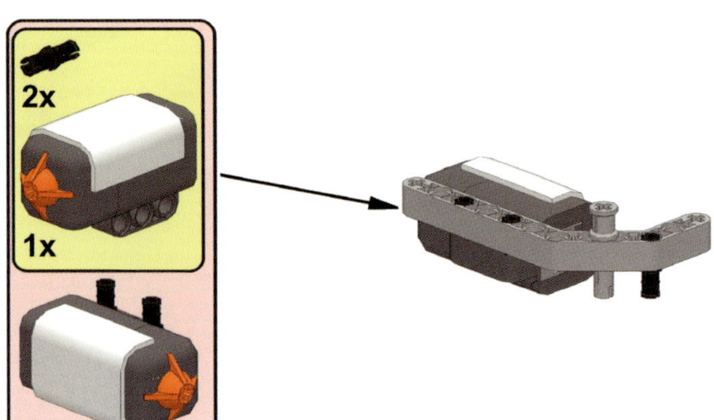

Wir stecken den rechten Fühler auf den vorderen Motor auf:

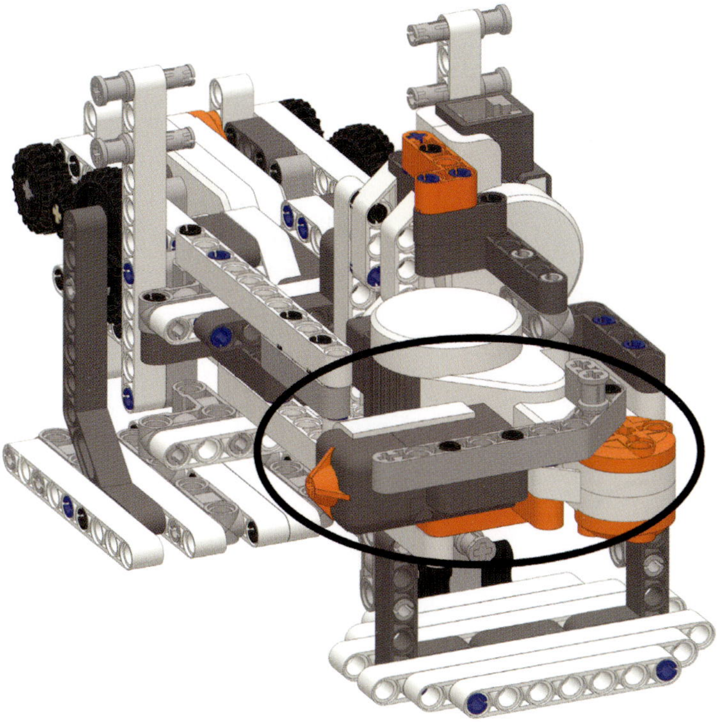

Der linke Fühler

1

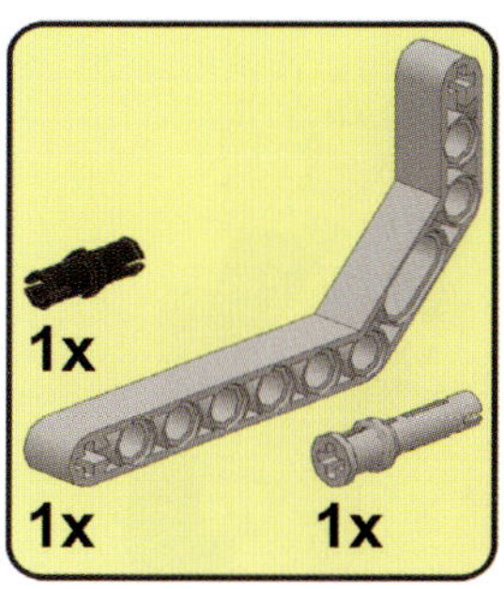

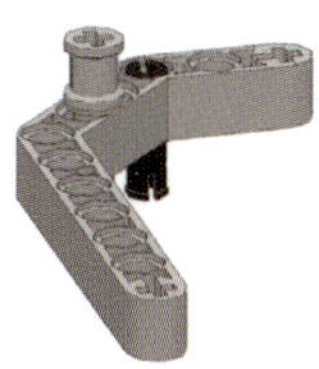

2

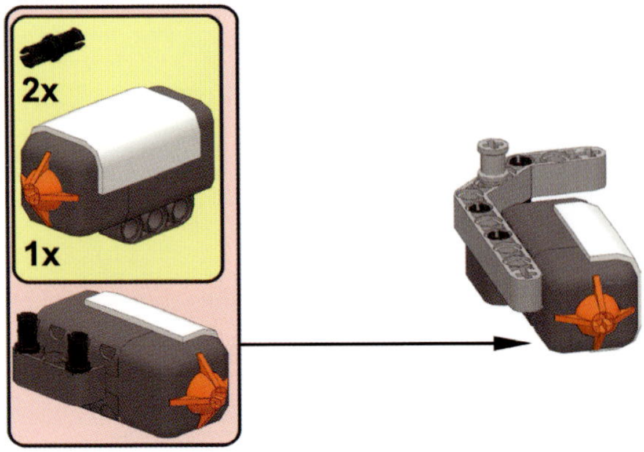

Wir stecken den linken Fühler auf den vorderen Motor auf:

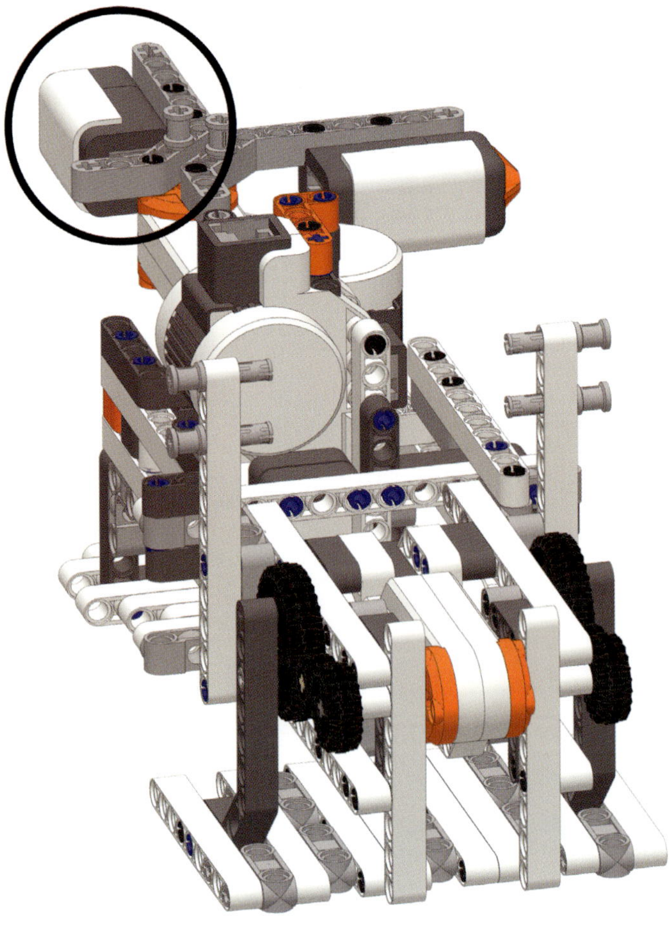

Der NXT-Stein

Zum Schluss bringen wir noch den NXT-Stein über dem Antrieb an:

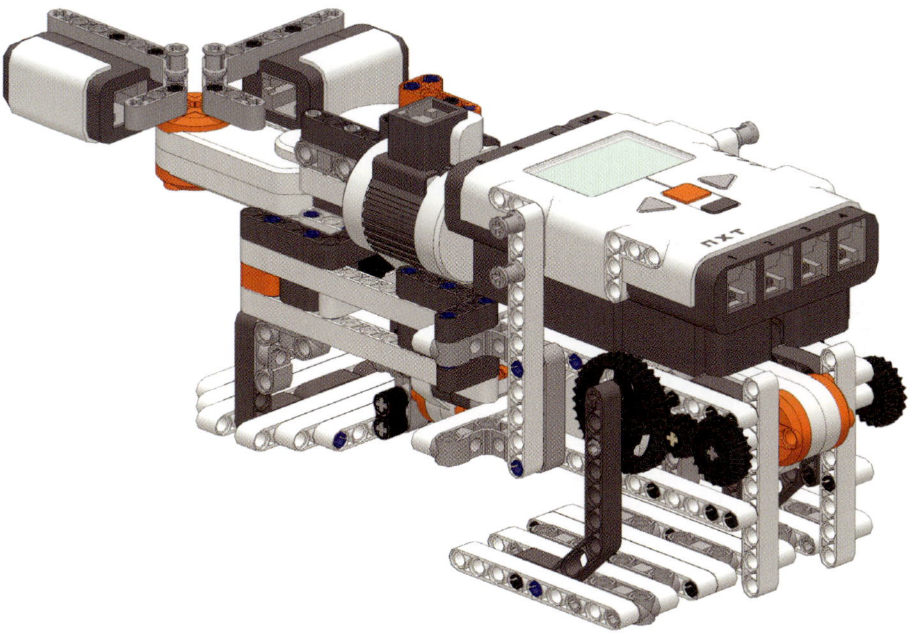

Verkabelung

Wir verbinden

- den Motor des Antriebs mit Ausgang A,
- den Motor des Drehpaddels mit Ausgang B und
- den Motor des Vorderteils mit Ausgang C.

Dabei bietet es sich an, die Kabel soweit möglich innerhalb der Balken und um diese herumgewickelt zu führen.

Nun verbinden wir

- den rechten Berührungssensor mit Eingang 1 und
- den linken Berührungssensor mit Eingang 4.

Damit sich die beiden Fühler ohne Probleme bewegen können, benutzen wir dafür die beiden längsten Kabel im NXT-Set und führen sie vorne durch die Gabelung zwischen den beiden Fühlern.

5.3 Das Programm

5.3.1 Entwurf der allgemeinen Struktur

Wie soll sich der Kriecher verhalten?

Der Kriecher soll zunächst geradeaus vorwärts kriechen und dabei seine beiden Fühler kontinuierlich von rechts nach links bewegen und wieder zurück.

Treffen diese auf ein Hindernis, so soll der Kriecher zunächst anhalten, ein Stück rückwärts kriechen und sich dann ein wenig zur Seite drehen, und zwar entgegengesetzt zu der Richtung, in der sich das Hindernis befindet.

Anschließend soll er wieder sein ursprüngliches Vorwärtskriechen aufnehmen und sich so am Hindernis vorbeibewegen.

Was bedeutet das technisch?

Damit der Kriecher vorwärts kriecht, reicht es aus, den Motor des Antriebs rotieren zu lassen.

Für eine andauernde Bewegung der Fühler lassen wir den Motor, auf dem die Fühler sitzen, abwechselnd um 90° vorwärts und rückwärts rotieren.

Wenn der Kriecher auf ein Hindernis trifft, so wird mindestens einer der beiden Berührungssensoren eingedrückt. Wir müssen also möglichst sofort feststellen, dass ein solcher Fall eingetreten ist, und dann den Kriecher anhalten, also den Motor des Antriebs stoppen. Zum rückwärts kriechen lassen wir ihn anschließend eine Zeit lang rückwärts rotieren.

Um den Kriecher zur Seite zu bewegen, lassen wir den Motor ein wenig laufen, auf dem das Drehpaddel sitzt. Die Richtung ist dabei abhängig davon, welcher der beiden Berührungssensoren gedrückt wurde: ist es der linke, so befindet sich auch das Hindernis etwas links von unserer Schnecke. Wir lassen den Motor dann rückwärts laufen, wodurch sich der Kriecher nach rechts bewegt. Ist das Hindernis hingegen auf der rechten Seite, so muss der Motor in umgekehrter Richtung laufen.

Wir müssen darauf achten, dass das Vorwärts kriechen, die Bewegung der Fühler und die Auswertung des Zustands der beiden Berührungssensoren gleichzeitig erfolgt. Würden wir nämlich die Berührungssensoren nur sequenziell abfragen, also zum Beispiel nur nach jeder Bewegung nach rechts oder nach links, so würden uns Kontakte mit einem Hindernis durch die Lappen gehen, die dazwischen erfolgt sind. Im schlimmsten Fall würde der Kriecher dann an einem Gegenstand festhängen, ohne dass er das mit den Sensoren feststellen könnte.

Allgemeiner Programmablauf

Damit ergibt sich folgender Ablauf des Programms:

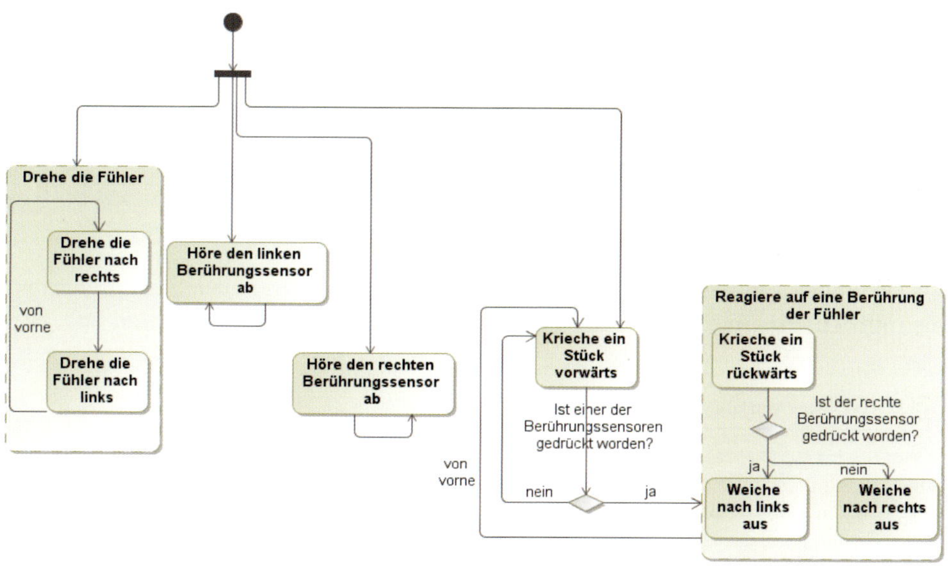

Abb. 5.5: Das Verhalten des Kriechers

5.3.2 Technische Umsetzung als NXT-G-Programm

Initialisierung

Zu Beginn des Programms sind die Fühler nach vorne gerichtet, wir müssen sie also zunächst ganz nach rechts drehen, und zwar, indem wir den zugehörigen Motor um 45° rückwärts laufen lassen. Dazu wählen wir in der Eigenschaft DAUER den Wert GRADZAHL aus und tragen 45 ein:

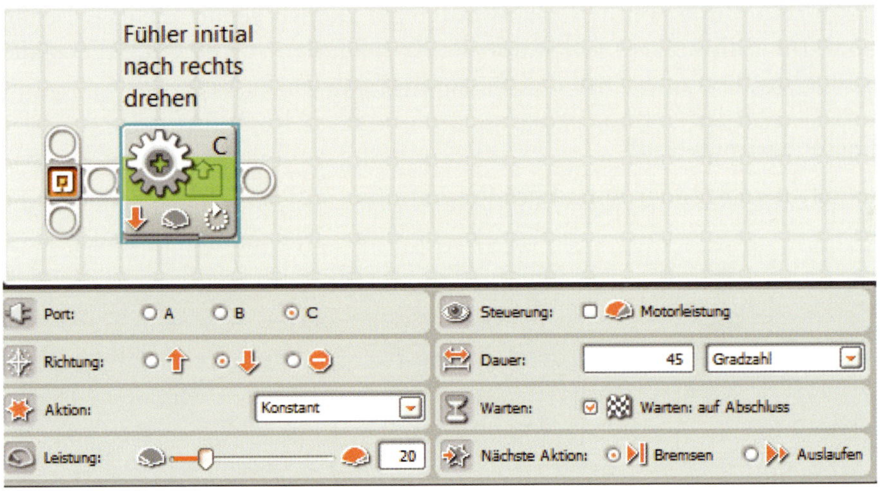

Wir benötigen zwei logische Variablen BERRECHTS und BERLINKS, mit denen wir uns merken, ob einer der beiden Berührungssensoren gedrückt worden ist:

Diese beiden Variablen müssen wir zu Beginn des Programms jeweils mit dem Wert FALSCH initialisieren:

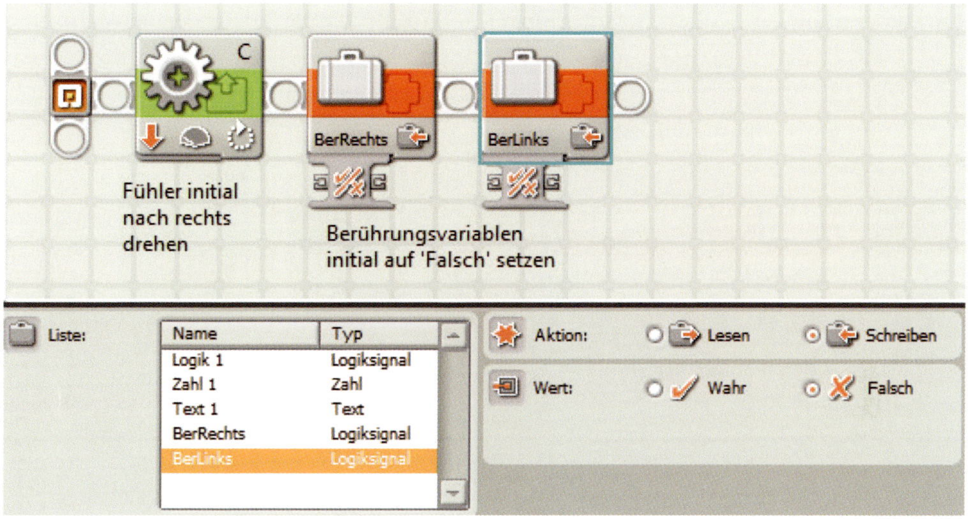

Das Drehen der Fühler

Wir wollen die beiden Fühler, an denen die Berührungssensoren sitzen, kontinuierlich von rechts nach links und wieder zurück drehen lassen. Dafür benutzen wir eine Endlosschleife und fügen zunächst einen Motorblock ein, der die Fühler ganz nach links dreht:

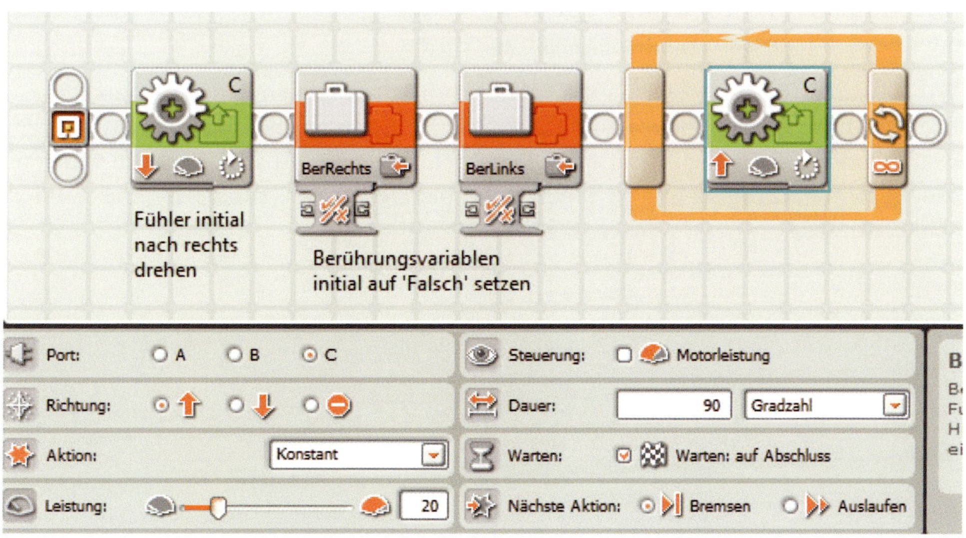

Wir wollen, dass sich die Fühler sehr langsam drehen, und setzen die LEISTUNG daher nur auf 20.

Nachdem wir die Datenknoten der Variablenblöcke wieder eingeklappt haben, drehen wir mit einem weiteren Motorblock die Fühler wieder zurück nach rechts:

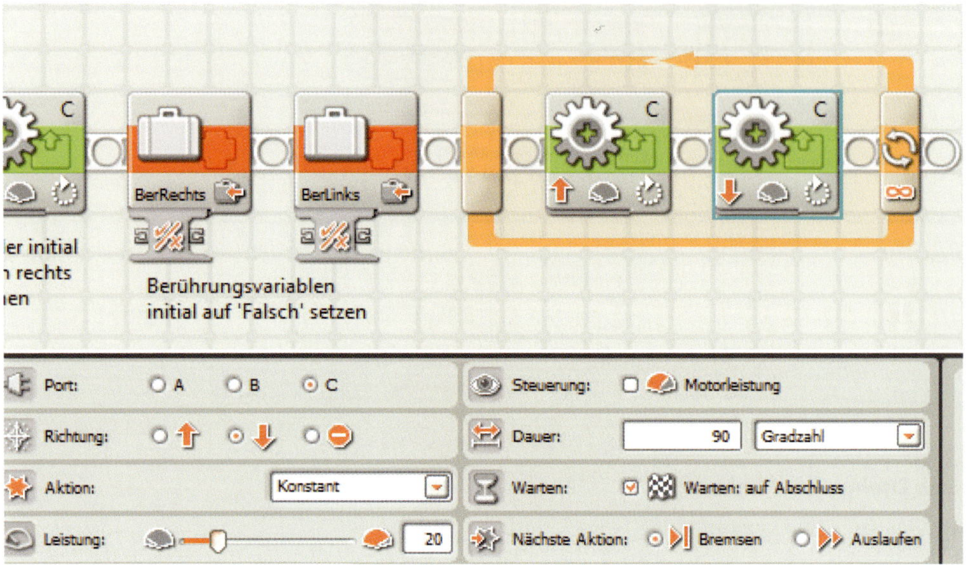

Das Abhören der Berührungssensoren

Wir wollen nun, dass gleichzeitig zur Bewegung der Fühler die beiden Berührungssensoren kontinuierlich abgefragt werden, sodass wir ein Drücken eines oder beider Sensoren möglichst rasch erkennen.

Wir wissen aus dem vorherigen Kapitel schon, dass Gleichzeitigkeit durch parallele Ablaufträger erreicht wird. Wir legen daher einen solchen parallel zum bereits bestehenden an. Da die Abfrage der Sensoren nicht nur einmal, sondern während des gesamten Programms erfolgen soll, platzieren wir zunächst eine Endlosschleife darauf.

In diese fügen wir einen Warteblock aus dem Bereich WARTEN der ALLGEMEIN-Palette ein, der so lange wartet, bis der rechte Berührungssensor gedrückt wurde:

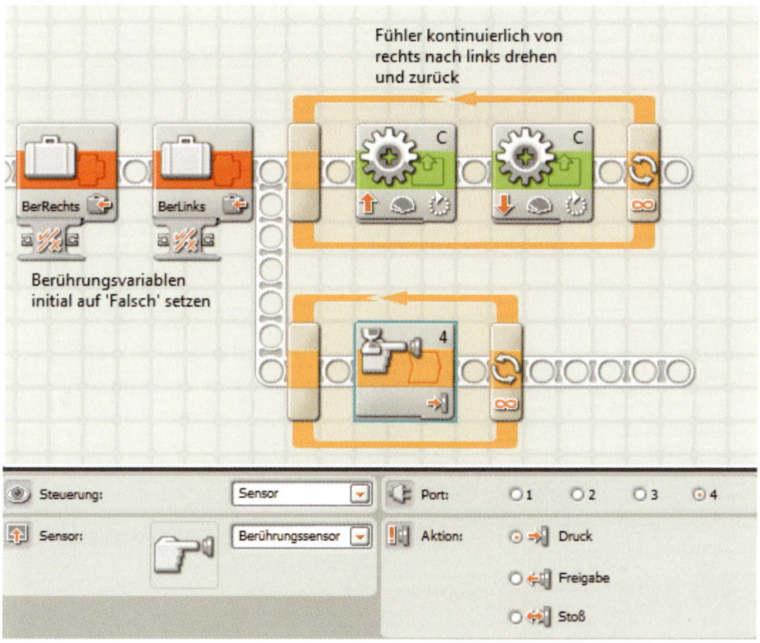

Passiert ein solcher Druck, befindet sich anscheinend ein Gegenstand auf der rechten Seite des Kriechers. Wir setzen daher dann die Variable BERRECHTS auf WAHR, wobei es wiederum am einfachsten ist, den bereits bestehenden Variablenblock zu kopieren und die Eigenschaft WERT anzupassen:

Für den linken Berührungssensor brauchen wir einen entsprechenden Ablaufträger, bei dem wir aber den Wert von PORT auf 1 setzen müssen:

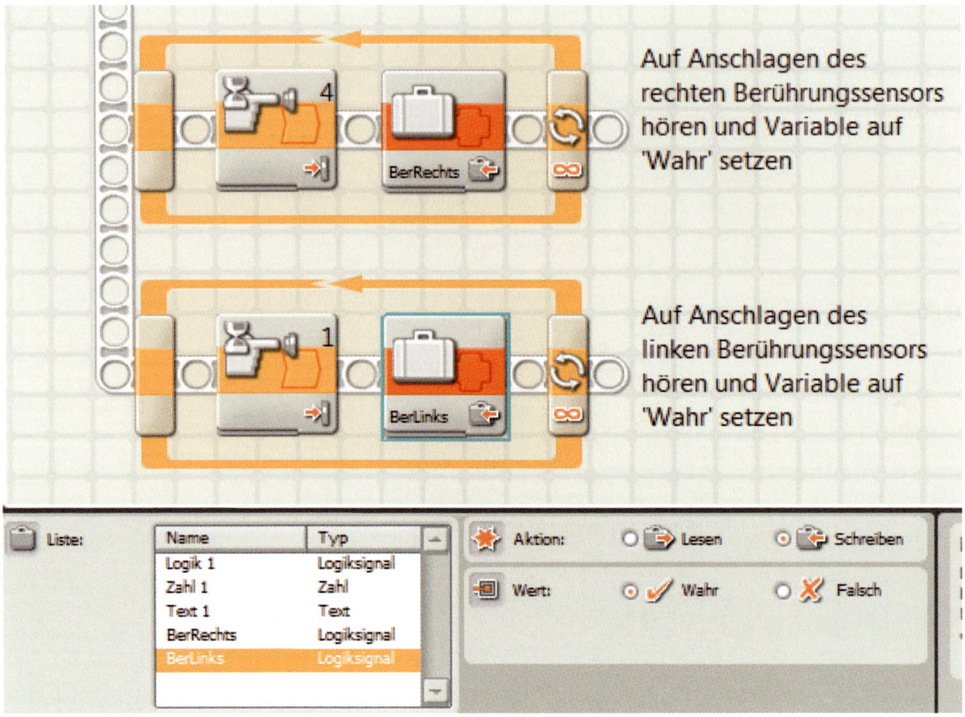

Vorwärts kriechen, bis ein Hindernis entdeckt worden ist

Der Kriecher soll vorwärts kriechen, bis eine bestimmte Bedingung erfüllt ist, nämlich ein Hindernis entdeckt wurde. Dies soll gleichzeitig mit der Bewegung der Fühler und dem Abhören der Berührungssensoren erfolgen. Wir brauchen also einen weiteren parallelen Ablaufträger, auf dem wir eine Schleife platzieren, die an ein logisches Signal gekoppelt ist. Das heißt, wir setzen den Wert dieser Schleife auf LOGIKSIGNAL und konfigurieren die Eigenschaft BIS als WAHR.

Bevor wir nun das Signal auf den richtigen Wert setzen, fügen wir für das Vorwärtskriechen einen entsprechenden Motorblock ein:

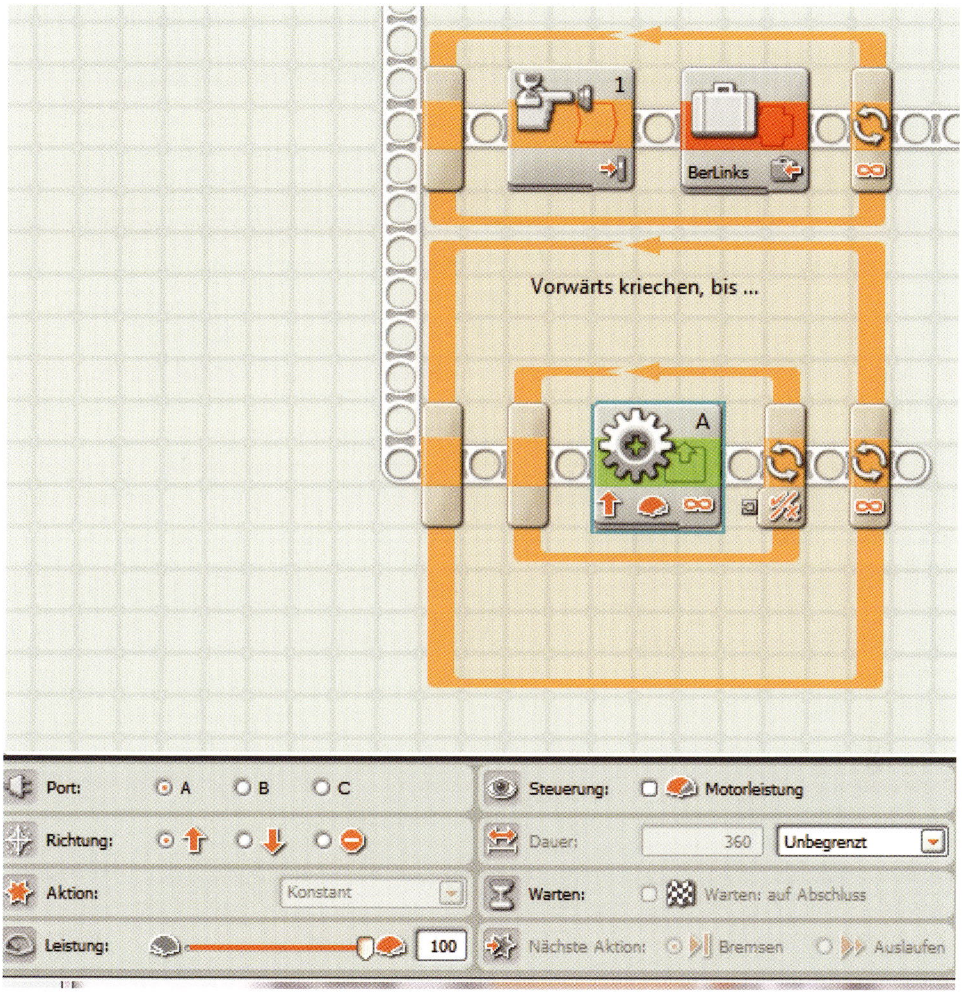

Wir haben noch eine Endlosschleife um die innere Schleife gelegt, damit der Kriecher nach dem ersten Hindernis nicht stehen bleibt, sondern das Kriechen und Ausweichen so lange durchführt, bis wir das Programm abschalten.

Wir besetzen nun die logische Abbruchbedingung der inneren Schleife mit einem Wert: Der Kriecher soll so lange vorwärts kriechen, bis ein Hindernis entdeckt wurde. Das bedeutet aber, dass mindestens einer der beiden Berührungssensoren gedrückt wurde, im Programm also, dass mindestens eine der beiden Variablen

BerRechts oder BerLinks auf Wahr steht. Wir verknüpfen daher die beiden Variablen mit einem Logikblock über eine Oder-Operation und weisen dessen Ergebnis der Schleife zu:

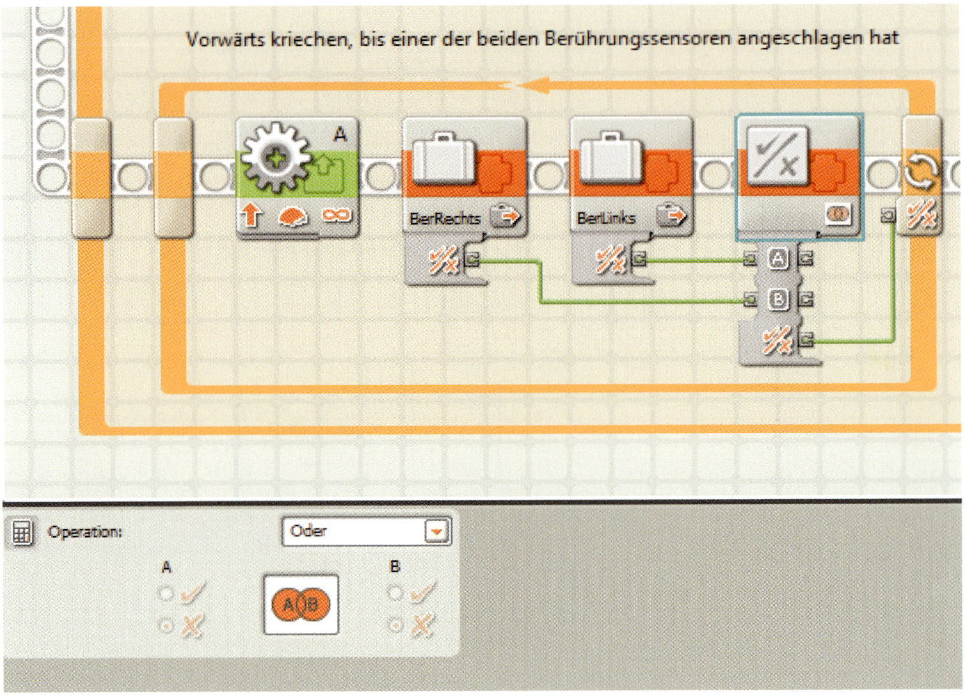

Dabei klappen wir die Datenknoten der drei Blöcke wieder ein, damit die Entwicklungsumgebung die Datenleitungen korrekt formatiert.

Die innere Schleife wird nun so lange laufen, das heißt, der Kriecher wird so lange vorwärts kriechen, bis einer der beiden Berührungssensoren gedrückt wurde. Da wir einen solchen Druck in einer Variablen gespeichert haben, wird der Kriecher selbst dann anhalten, wenn der Sensor durch die Bewegung der Fühler nicht mehr eingedrückt sein sollte!

Die Reaktion auf ein Hindernis

Hat der Kriecher ein Hindernis bemerkt, so soll er zunächst ein Stückchen rückwärts kriechen:

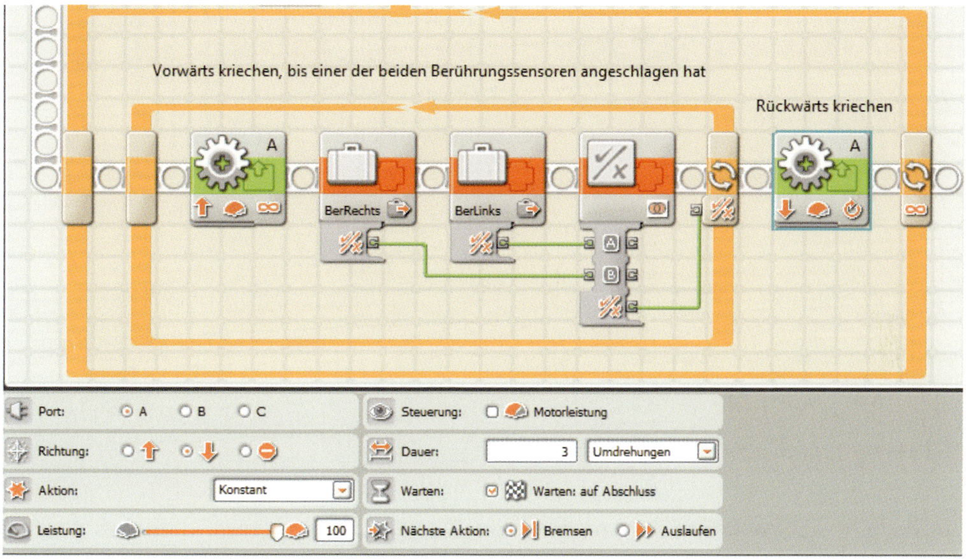

Anschließend müssen wir entscheiden, in welche Richtung wir ausweichen. Das hängt davon ab, in welcher Richtung das Hindernis liegt, welcher der beiden Berührungssensoren gedrückt wurde. Wurden beide gedrückt, so liegt das Hindernis genau vor uns, es ist also egal, in welche Richtung wir uns wenden und wir können diesen Fall genauso behandeln, als wäre nur einer der beiden Sensoren gedrückt worden.

Welcher der beiden Sensoren gedrückt wurde, können wir anhand der Werte der beiden Variablen BERRECHTS und BERLINKS ermitteln. An dieser Stelle des Programms wissen wir, dass mindestens einer der beiden Sensoren gedrückt wurde, also mindestens eine der beiden Variablen den Wert WAHR haben muss. Es reicht also, den Wert von BERRECHTS abzufragen: Ist er FALSCH, so muss BERLINKS den Wert WAHR haben und umgekehrt.

Wir weisen den Wert von BERRECHTS daher einem Schaltblock zu, den wir in der ALLGEMEIN-Palette finden:

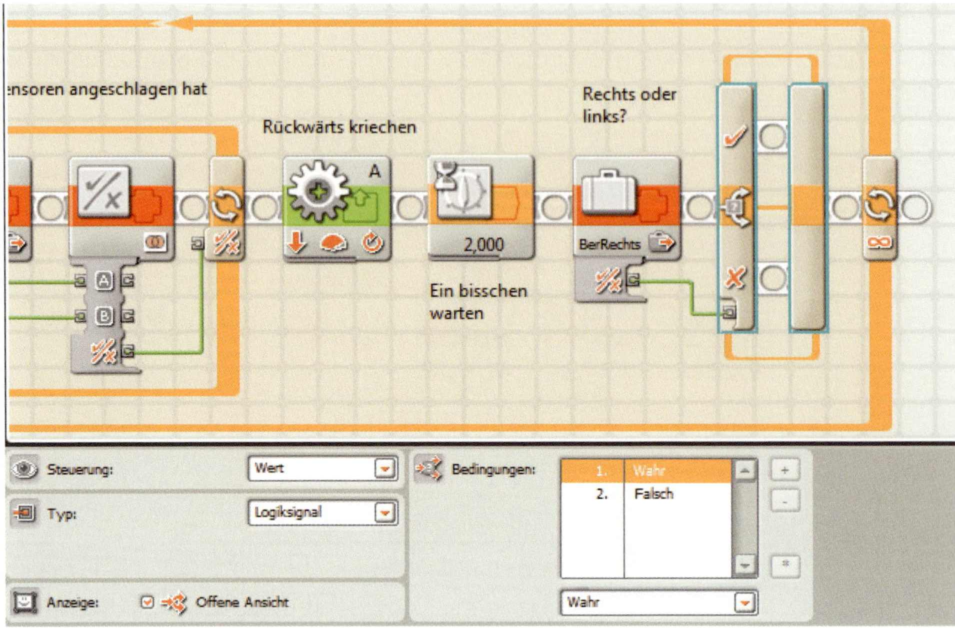

Außerdem haben wir vorher noch einen Warteblock eingefügt, damit es so aussieht, als ob der Kriecher, nachdem er gegen etwas gestoßen ist, zunächst ein bisschen darüber »nachdenken« muss, was er jetzt tun soll.

Jetzt müssen wir nur noch in die richtige Richtung ausweichen: Ist BERRECHTS gleich WAHR, so befindet sich das Hindernis rechts, wir müssen also nach links drehen. Ist der Wert gleich FALSCH, so ist es links und wir müssen nach rechts.

Rechts- bzw. Linksdrehung erfolgt durch Laufenlassen des Motors, auf dem das Drehpaddel sitzt, in Vorwärts- bzw. Rückwärtsrichtung. Wir müssen dabei darauf achten, dass wir immer nur halbe oder volle Umdrehungen machen, damit das Paddel danach wieder parallel zum Boden steht – ansonsten bleibt der Kriecher später beim erneuten Kriechen daran hängen. Im vorliegenden Fall entscheiden wir uns für eine volle Umdrehung. Je höher wir diesen Wert setzen, umso weiter wird sich der Kriecher bei einem Hindernis zur Seite drehen.

Die Motorblöcke in den beiden Ästen des Entscheidungsblocks unterscheiden sich nur in der Richtung der Bewegung:

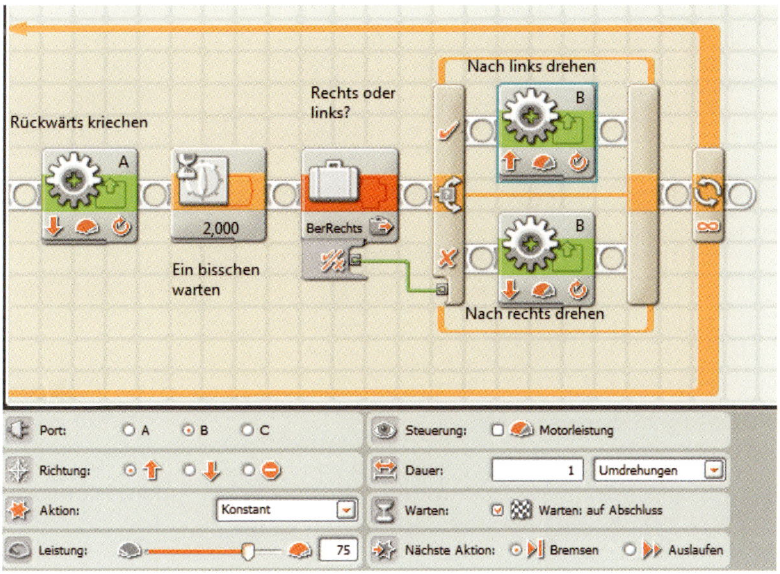

Zum Abschluss müssen wir nur noch die beiden Variablenblöcke auf FALSCH zurücksetzen, nachdem der Kriecher dem Hindernis ausgewichen ist:

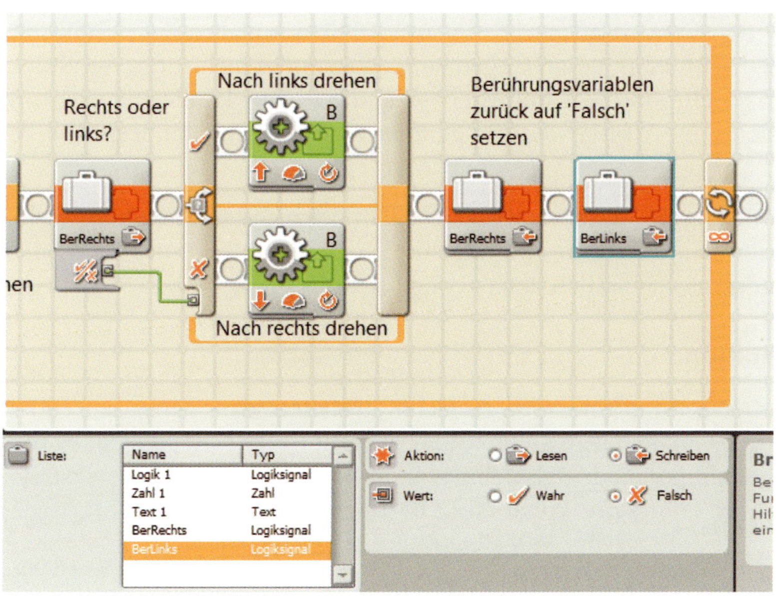

Damit ist das Programm fertig:

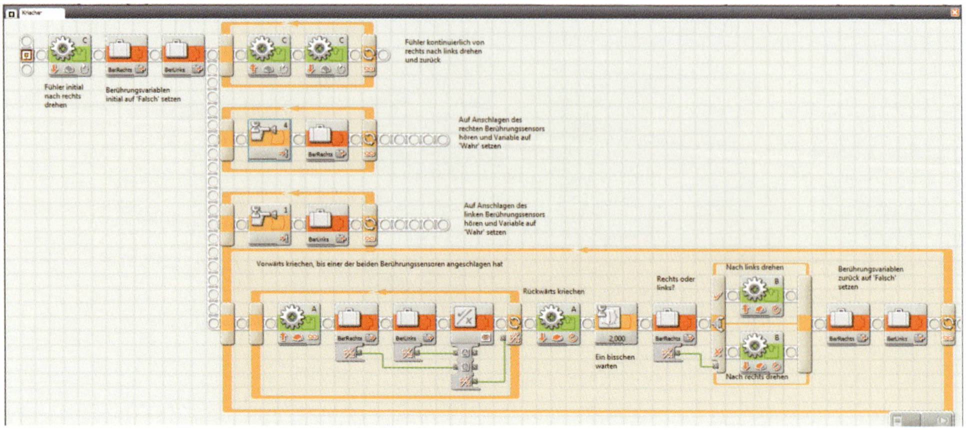

Abb. 5.6: Das komplette Programm des Kriechers

Vor seinem Start müssen wir die Fühler manuell nach vorne ausrichten und darauf achten, dass das Drehpaddel parallel zum Boden steht.

5.4 Das Verhalten des Kriechers

Lassen wir unser Wesen nun im Raum umherkriechen, so bewegt es sich zunächst sehr langsam, aber zielstrebig geradeaus vorwärts, wobei es beständig mit den Fühlern den Bereich erforscht, der unmittelbar vor ihm liegt. Stößt der Kriecher mit einem Fühler an einen Gegenstand, so zieht er sich sofort ein Stückchen zurück, wartet ein bisschen und dreht sich dann vom Hindernis weg, um daraufhin den Weg ohne Umschweife in gerader Richtung am Hindernis vorbei fortzusetzen.

Ist der Gegenstand so groß, dass der Kriecher nicht beim ersten Mal daran vorbei kommt, führt er so lange Anläufe mit anschließender Drehung aus, bis es ihm gelingt, dem Hindernis schließlich doch seitlich auszuweichen.

5.4.1 Interpretation

Einem Beobachter des Kriechers wird zunächst auffallen, dass seine Bewegung zwar sehr langsam, aber auch sehr stetig und bestimmt ist. Es scheint sich bei ihm um ein äußerst geduldiges, aber zielstrebiges Wesen zu handeln, das bei all seiner Gemächlichkeit über eine klare Vorstellung darüber zu verfügen scheint, wo es hin will.

Die eifrige Bewegung der Fühler scheint keinen anderen Schluss zuzulassen, als dass der Kriecher offensichtlich bestrebt ist, Informationen über das zu gewinnen, was vor ihm liegt – er hat also wohl eine Vorstellung davon und die Erwartung, dass es in seiner Umgebung Hindernisse gibt und möglicherweise sogar Gefahren lauern. Dennoch ist er jedoch ganz augenscheinlich nicht in der Lage, solche Hindernisse im Voraus zu erkennen, sondern bemerkt sie erst, wenn er tatsächlich dagegen stößt – er scheint also entweder blind oder doch sehr kurzsichtig zu sein.

Sein blitzartiges Zurückweichen bei einem solchen Kontakt deutet darauf hin, dass er von Objekten in seiner Umgebung Ungemach erwartet. Auch die Regungslosigkeit im Anschluss, während der Kriecher anscheinend nachsinnend zu einer Bewertung der Sachlage zu kommen versucht, lässt auf Vorsicht oder sogar Misstrauen gegenüber seiner Umwelt schließen.

Auf jeden Fall jedoch hat er wenig Interesse daran, mehr über Objekte herauszufinden, mit denen er in Kontakt gekommen ist, egal, um welche Art von Gegenüber es sich handelt. Ganz im Gegenteil scheint es sein Bestreben zu sein, möglichst schnell solch unwillkommenen Bekanntschaften aus dem Weg zu gehen.

Man könnte dem Kriecher also mit gutem Grund Scheu und Vorsicht, vielleicht sogar Misstrauen als hervorstechendste Charaktereigenschaften zuschreiben.

5.5 Zusammenfassung

In diesem Kapitel haben wir eine ganz neue Art kennengelernt, wie sich ein mobiler Roboter fortbewegen kann und unseren ersten Laufroboter gebaut.

Wir haben gesehen, wie man die beiden Berührungssensoren verwenden kann, die im NXT-Set enthalten sind, um Objekte durch direkten Kontakt wahrzunehmen, und wie man sie in einem NXT-G-Programm verwendet.

Außerdem haben wir Programmiertechniken kennengelernt, um den Roboter Aktivitäten durchführen zu lassen, während gleichzeitig Sensorwerte ermittelt werden.

Im nächsten Kapitel werden wir uns mit einem lenkbaren vierrädrigen Roboter befassen und mit dem Ultraschallsensor eine Möglichkeit untersuchen, Objekte bereits aus der Entfernung wahrzunehmen.

5.6 Anregungen

1. Warum ist es besser, nicht einfach direkt den Status der Sensoren in der Schleife abzufragen, die das Vorwärtskriechen enthält, sondern stattdessen Variablen zu benutzen, die sich das Drücken der Berührungssensoren mer-

ken? Wie würde das Programm im ersteren Fall aussehen? Welche Fehlerquelle im Verhalten des Kriechers würde sich dadurch eröffnen?

2. Falls wir über mehr als ein NXT-2-Set verfügen, ersetzen wir das Drehpaddel durch eine zweite, quergestellte Kriechsohle.
3. Wir erweitern den Kriecher so, dass er auf seinem Rücken kleinere Lasten transportieren kann, und richten im Raum eine Route ein, entlang der er Gegenstände von einem Punkt zu einem anderen liefert.
4. Wie können wir das Verhalten unseres Wesens mittels Warteblöcken und veränderten Motorleistungen so gestalten, dass es tatsächlich dem einer Schnecke ähnelt, die auf ein Hindernis stößt?
5. Wie können wir das Programm so verändern, dass der Kriecher versucht, in einem Bogen um das Hindernis herum zu kriechen?
6. Wie können wir das Programm so ändern, dass der Kriecher Interesse an Gegenständen zeigt, auf die er trifft, indem er sie um sie herum wandernd erforscht?

Der Sucher: Neugier und Vorsicht

Neues in diesem Kapitel

- Bau eines vierrädrigen mobilen Roboters
- Steuerung mittels lenkbarer Vorderräder
- Verwendung des Ultraschallsensors
- Bau und Programmierung einer von der Roboterausrichtung unabhängigen Sensorik
- Design und Implementierung eines fortgeschrittenen Programms
- Strukturierung eines großen Programms durch Unterprogramme
- Erzeugung und Verwendung von Eigenen Blöcken
- Umsetzung komplexer logischer und mathematischer Operationen

Auch wenn unsere bisherigen Wesen bereits über einfache Fähigkeiten verfügen, bestimmte Aspekte ihrer Umgebung wahrzunehmen, so fehlt ihnen doch eine grundlegende Eigenschaft, die man im Allgemeinen mobilen Robotern zuzuschreiben geneigt ist: die Fähigkeit nämlich, Objekte bereits aus einem gewissen Abstand heraus zu erkennen und entsprechend auf sie zu reagieren.

Üblicherweise erwartet man, dass ein solcher beweglicher Roboter in der Lage ist, Hindernissen auszuweichen, bereits bevor er an sie stößt. Unser Kriecher aus dem vorangegangen Kapitel konnte das noch nicht. In diesem Kapitel werden wir daher ein solches Wesen bauen. Wir gehen sogar noch einen Schritt weiter und werden unser Wesen dahin gehend erweitern, dass es mittels Ultraschall Gegenstände in seinem Umfeld nicht nur wahrnehmen kann, sondern sich sogar gezielt darauf zuzubewegen vermag. Es wird ein Verhalten zeigen, bei dem wir uns vielleicht an ein kleines Lebewesen erinnert fühlen, das aktiv seine Umgebung erforscht und nach Dingen sucht. Wir wollen das neue Wesen daher den *Sucher* nennen:

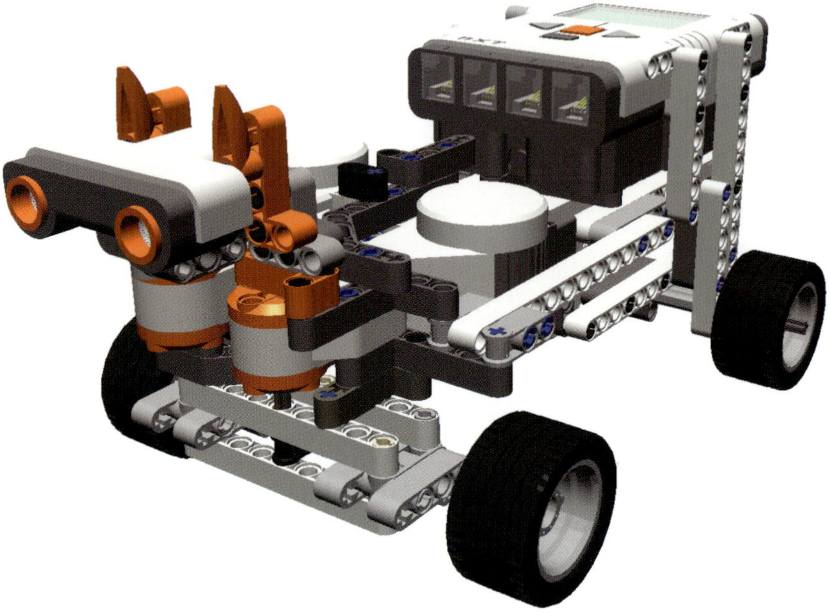

Abb. 6.1: Der Sucher

Anhand des Suchers werden wir in diesem Kapitel verschiedene neue Dinge im Umgang mit LEGO MINDSTORMS NXT lernen: das Steuern eines radgetriebenen Roboters mithilfe lenkbarer Vorderräder, das Trennen von Sensorik und Ausrichten des Körpers und den Umgang mit dem Ultraschallsensor. Im Bereich der Programmierung werden wir erstmals mit einem wirklich komplexen Programm arbeiten, das bereits schon eine Menge an fortgeschrittenen Features von NXT-G nutzt. Wir werden dabei auch eines der wichtigsten Hilfsmittel bei der Strukturierung großer Programme kennenlernen: das Auslagern einzelner Programmteile in Unterprogramme.

6.1 Mechanische Komponenten

Der Sucher weist zwei mechanische Besonderheiten auf: einen beweglichen »Kopf« und lenkbare Vorderräder.

6.1.1 Der bewegliche Kopf

Um Objekte in seiner Umgebung zu entdecken, ohne den ganzen Körper drehen zu müssen, ist der Kopf des Suchers drehbar gelagert: Mittels eines eigenen Motors kann er nach links oder rechts gedreht werden. So ist es möglich, dass sich der Sucher gleichzeitig geradeaus bewegt und mit dem im Kopf eingebauten Ultraschallsensor seine Umgebung absucht:

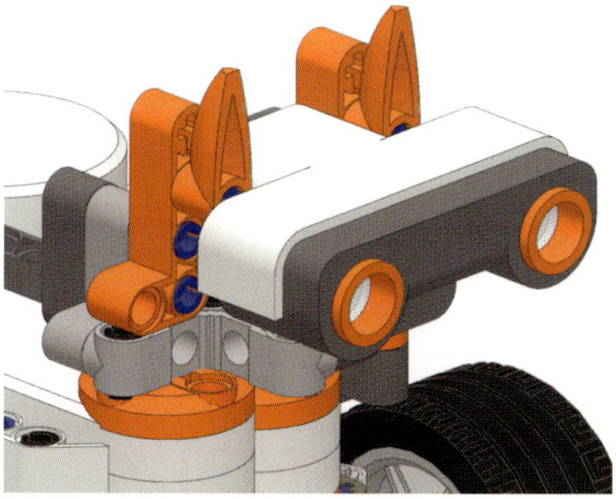

Abb. 6.2: Der Kopf des Suchers

Dabei funktioniert der Sensor wie das Echolot einer Fledermaus: Für das menschliche Ohr unhörbar hohe Töne werden über das eine »Auge«, den Sender, ausgesandt. Werden diese Signale von einem Gegenstand reflektiert, so kann der im anderen »Auge« untergebrachte Empfänger dieses Echo empfangen und aus der Laufzeit der Signale sogar den ungefähren Abstand berechnen.

6.1.2 Die lenkbaren Vorderräder

Während der Zyklop noch ein dreirädriges Gefährt war und wir dort eine Lenkrolle zur Steuerung benutzt haben, ähnelt der Sucher eher einem klassischen Auto: Es verfügt über vier Räder und wird über lenkbare Vorderräder gesteuert. Dabei werden die Hinterräder von einem gemeinsamen Motor angetrieben. Ein zweiter Motor über der Vorderachse sorgt für die Drehung der Vorderräder:

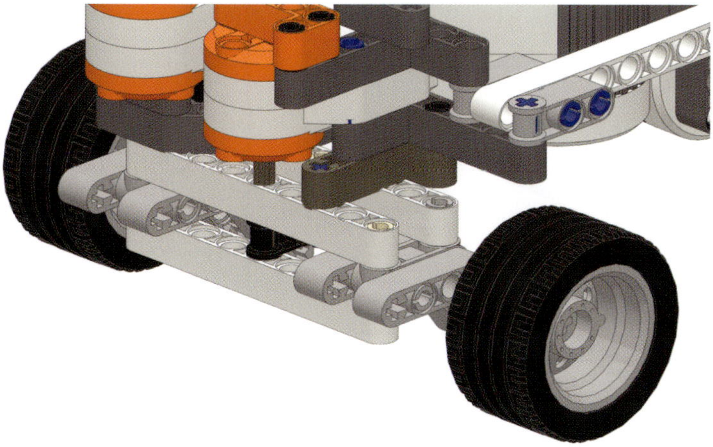

Abb. 6.3: Die lenkbaren Vorderräder

Der Sucher wird dadurch zwar deutlich größer als der Zyklop und hat einen wesentlich größeren Wendekreis, weswegen eine Drehung auf der Stelle mit einem solchen Antrieb nicht möglich ist. Er lässt sich aber auch bei hohen Geschwindigkeiten zuverlässig steuern und kann viel besser kleinere Hindernisse überwinden, zum Beispiel Teppichkanten.

6.2 Die Bauanleitung

6.2.1 Benötigte Teile

Für den Bau des Suchers benötigen wir folgende Teile des NXT-Sets:

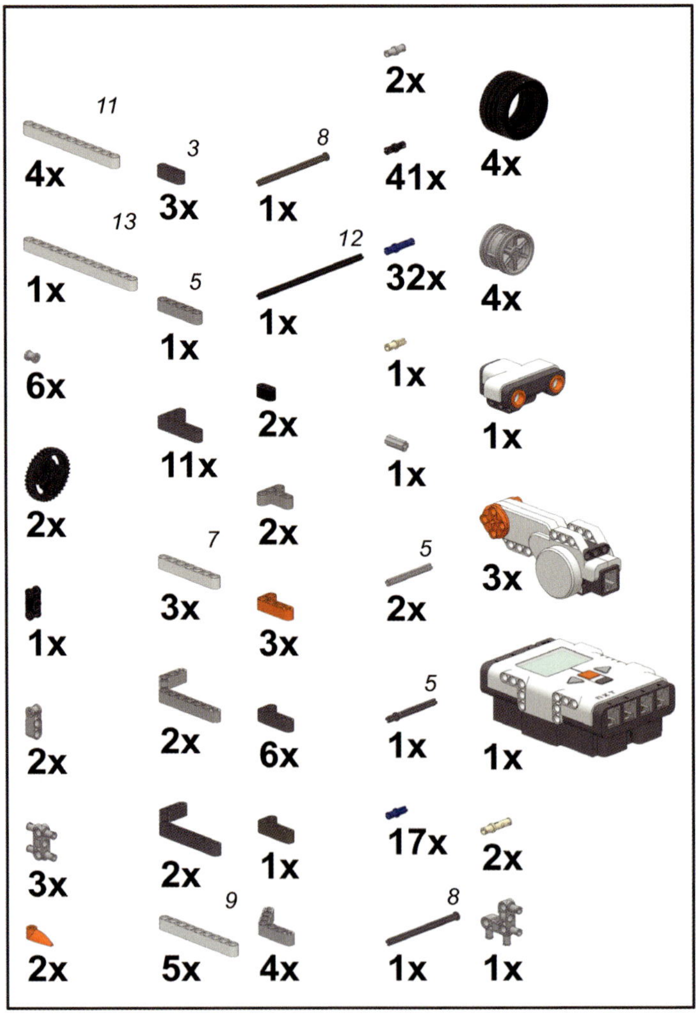

6.2.2 Schritt für Schritt

Der Antrieb

1

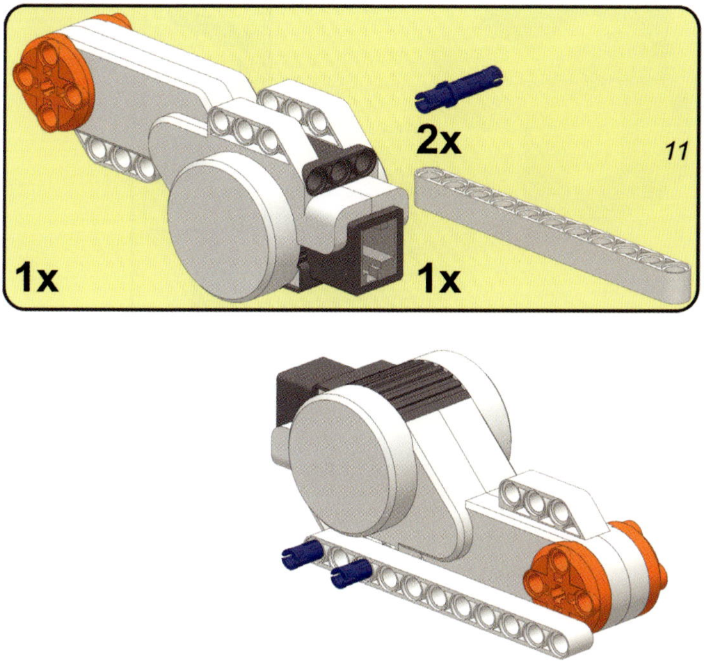

2

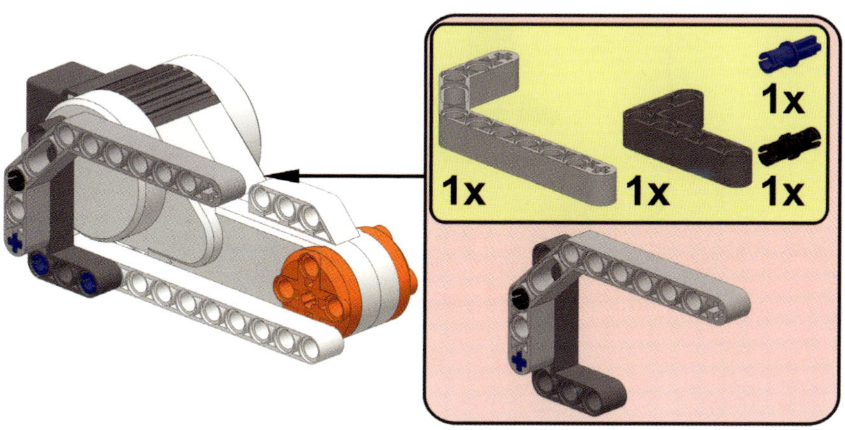

Wollen wir den Sucher mit der Education-Edition bauen, so ersetzen wir hier den 3x5-Winkelbalken durch einen 2x4-Winkelbalken und versetzen den langen blauen Stecker aus dem vorherigen Schritt um ein Loch nach hinten.

3

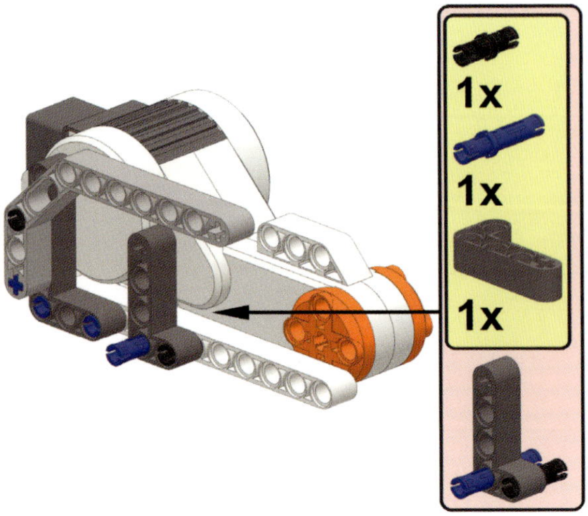

4

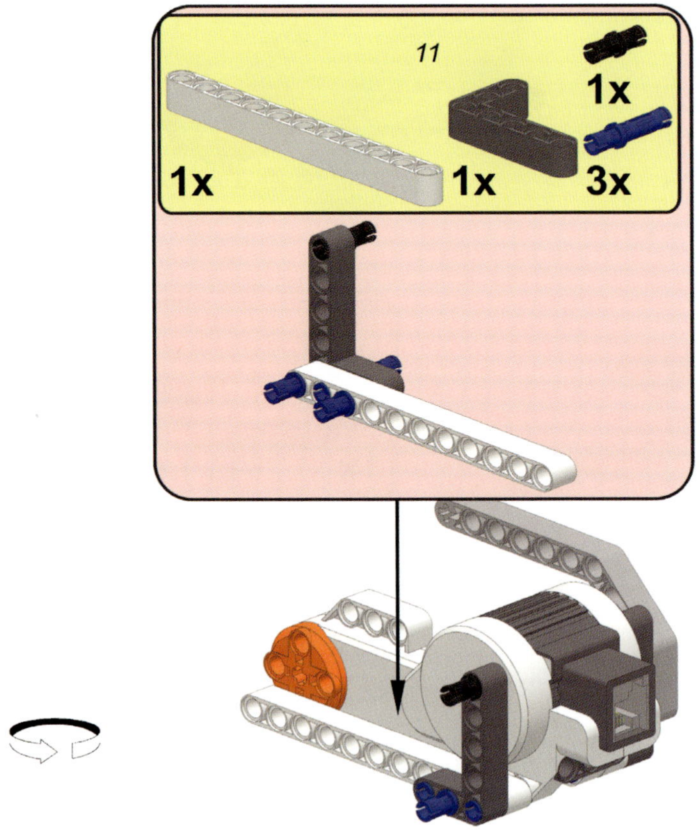

5

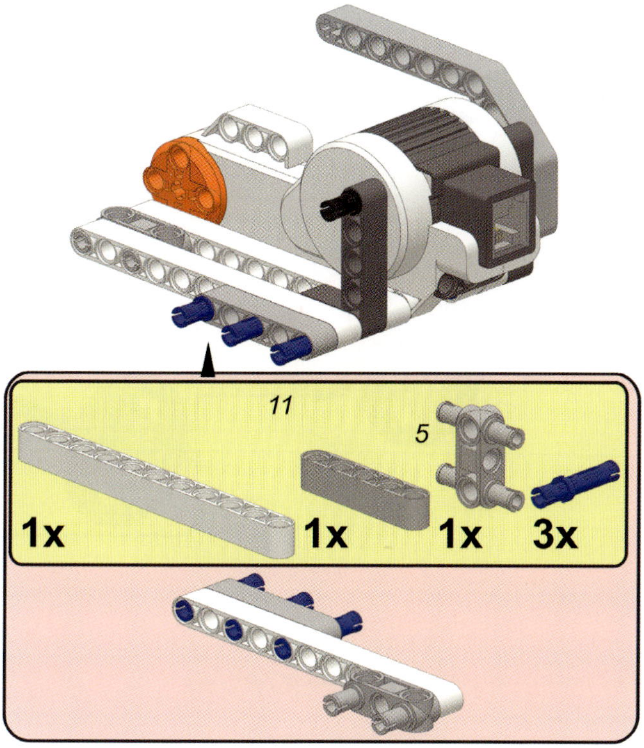

6

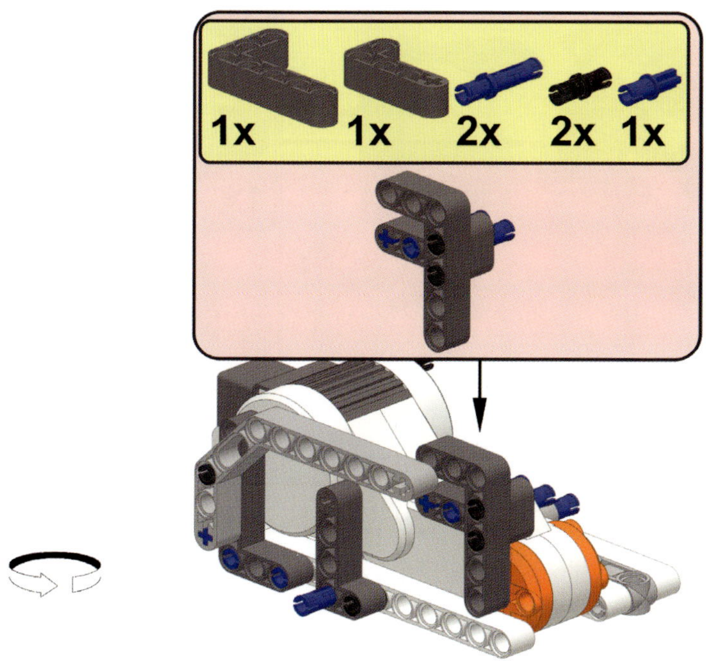

7

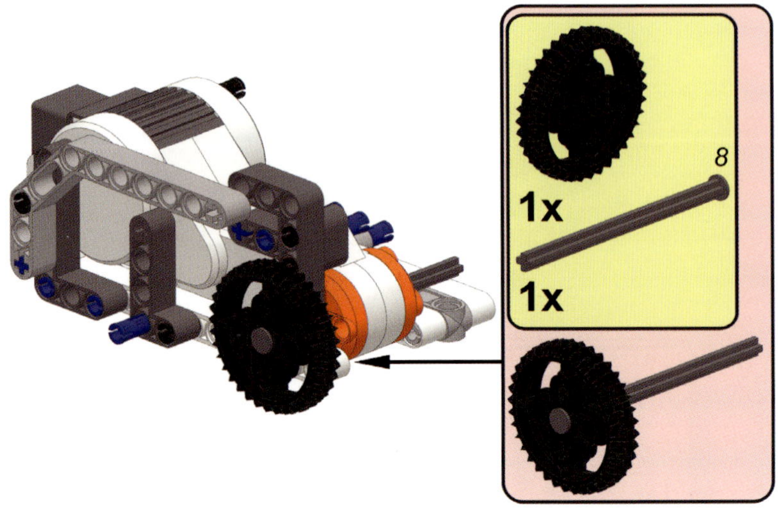

Wollen wir den Sucher mit der Education-Edition bauen, so ersetzen wir hier die 8M-Achse mit Stopper durch eine normale 8M-Achse.

8

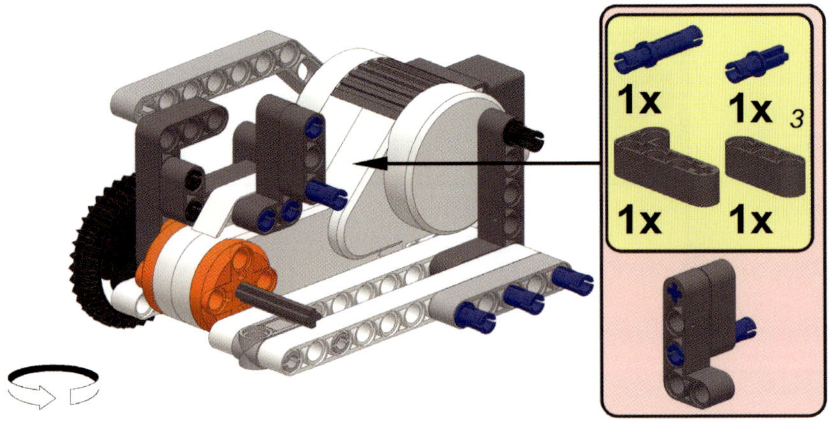

9

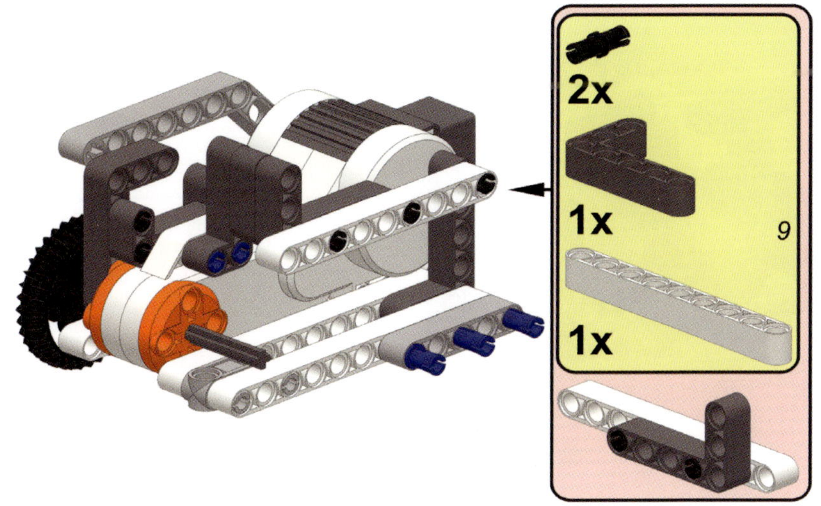

10

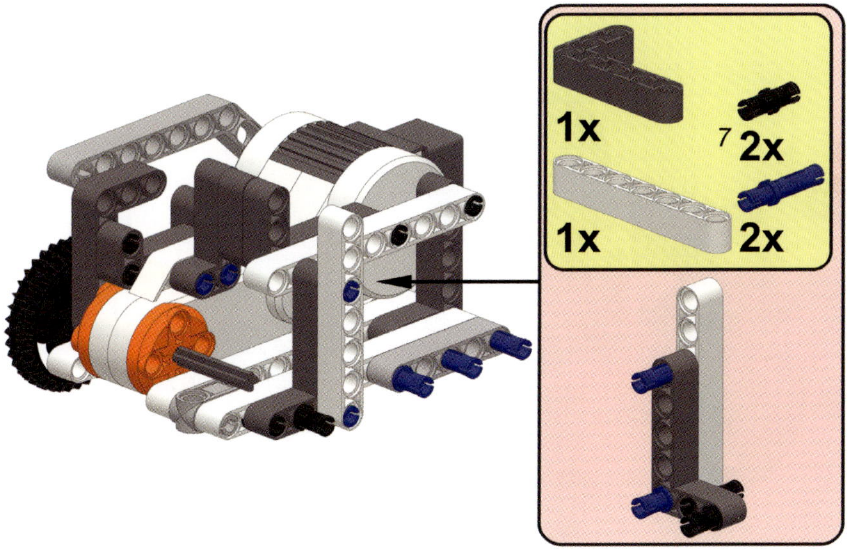

11

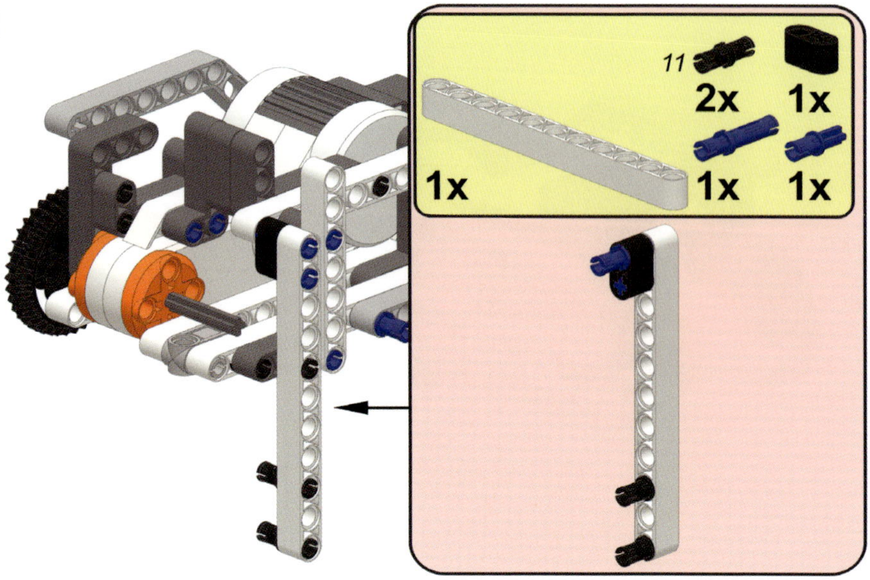

12

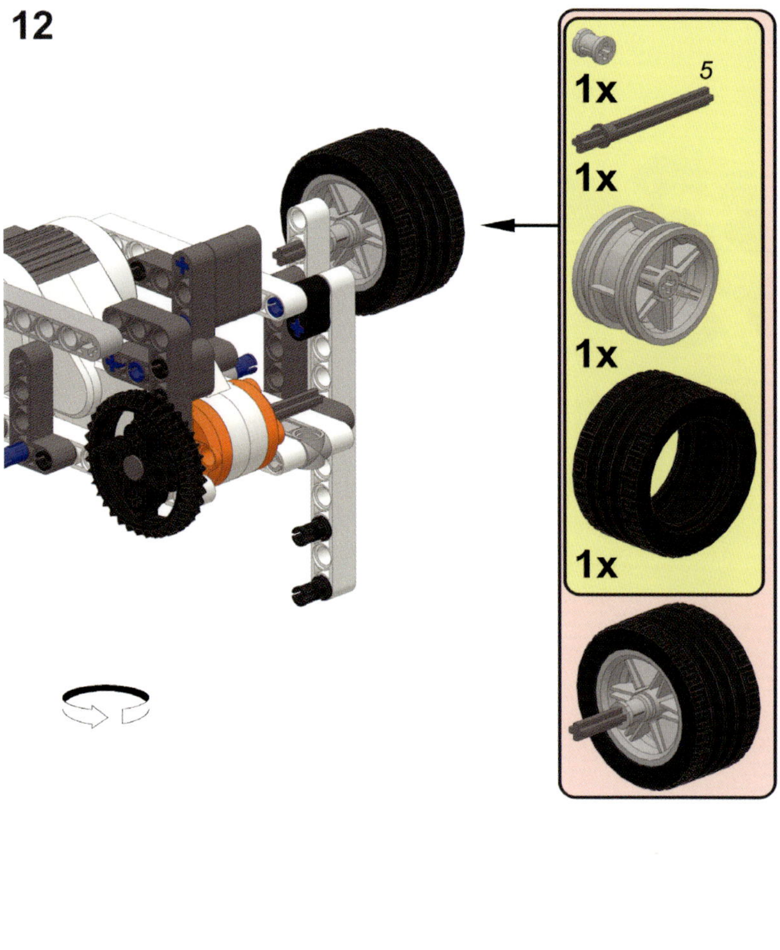

13

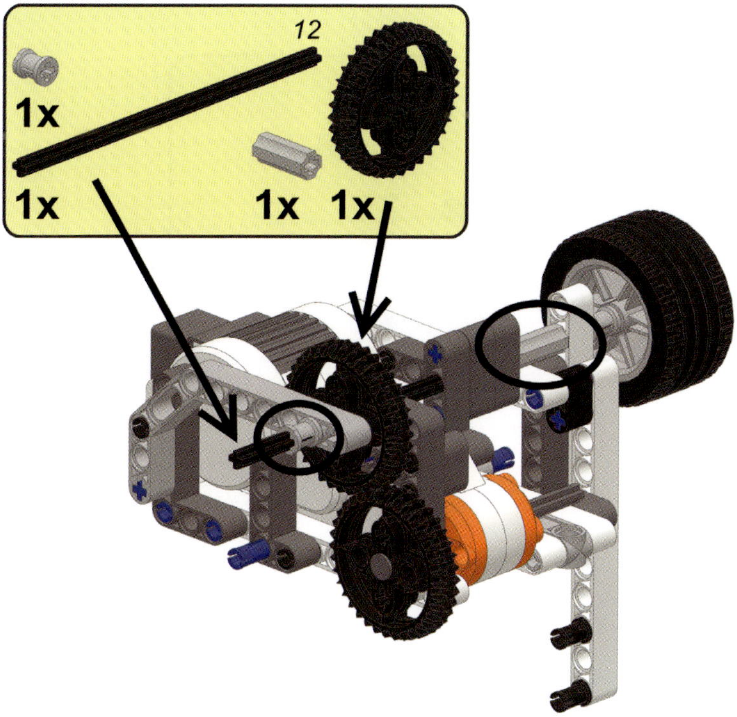

14

Das Vorderteil

1

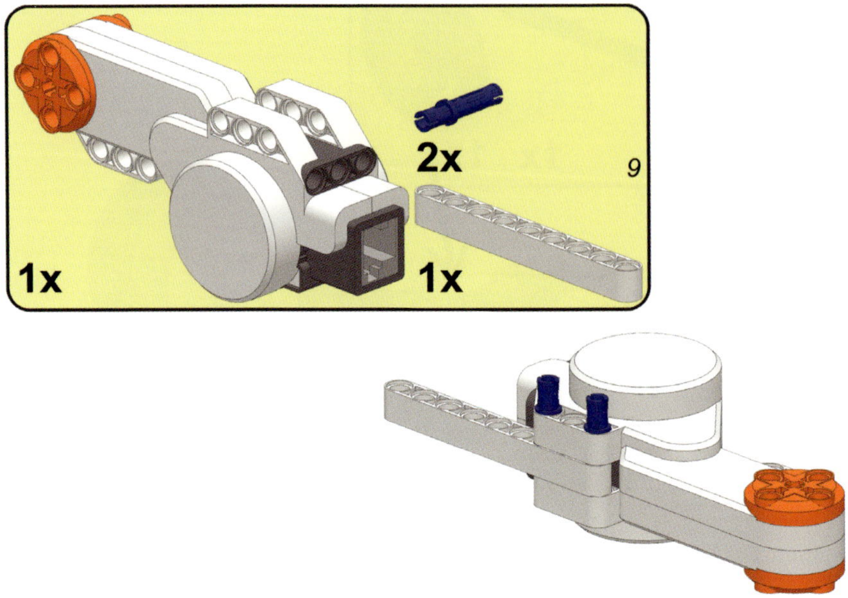

2

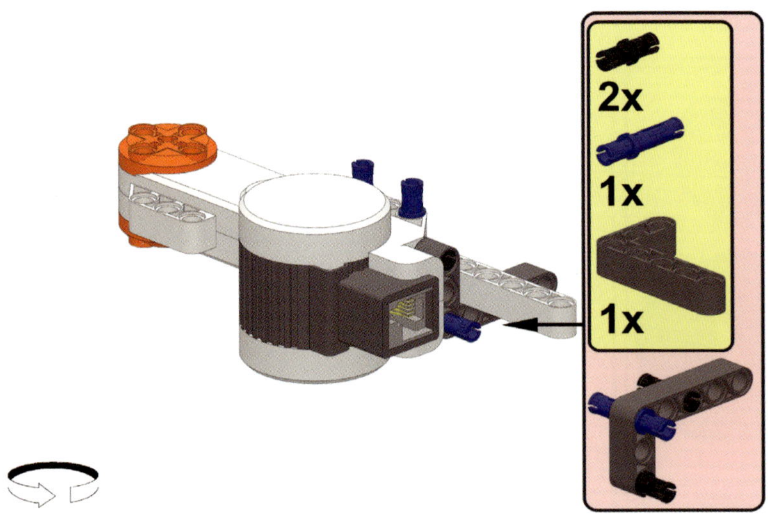

3

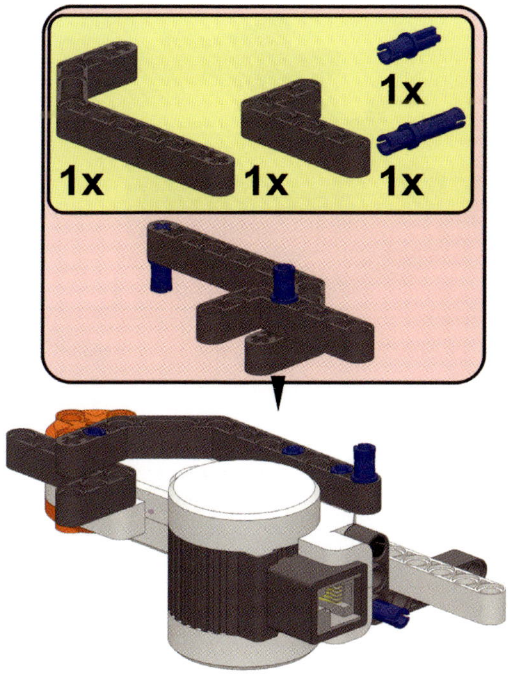

4

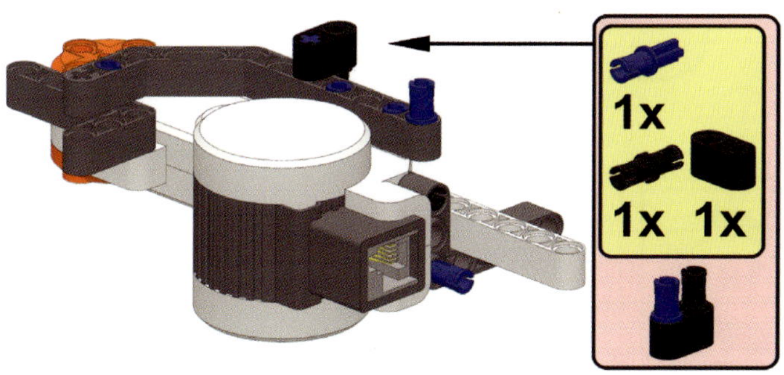

Wollen wir den Sucher mit der Education-Edition bauen, so ersetzen wir hier den 2M-Balken durch einen 3M-Balken und den blauen Kreuzstecker durch einen einfachen schwarzen Stecker.

5

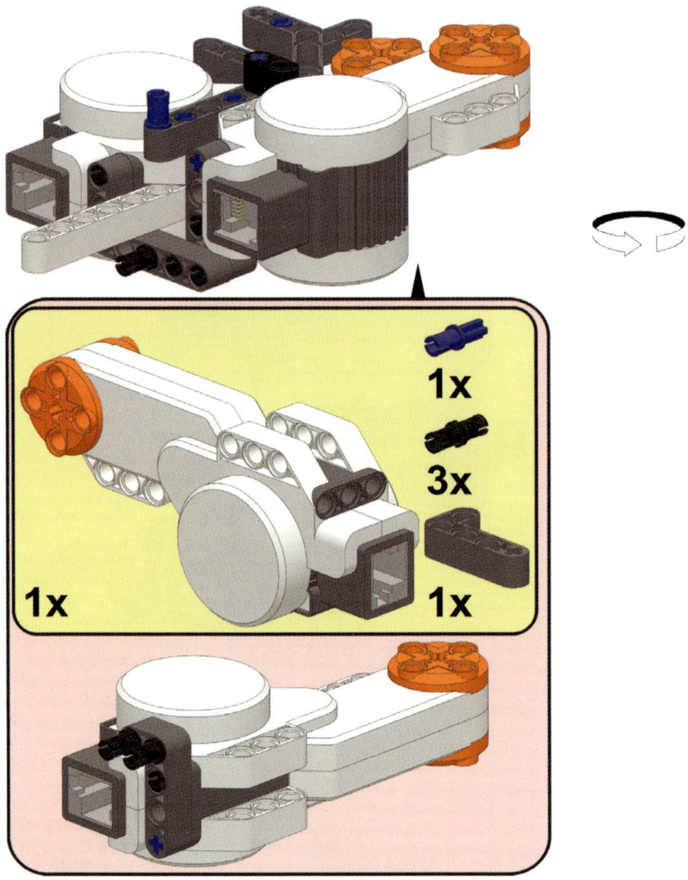

6

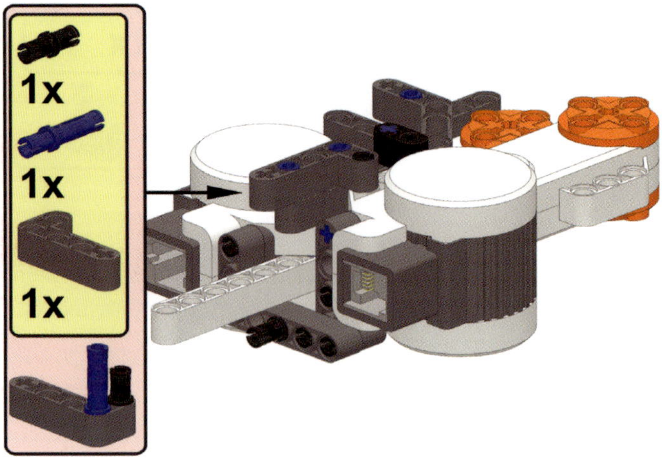

7

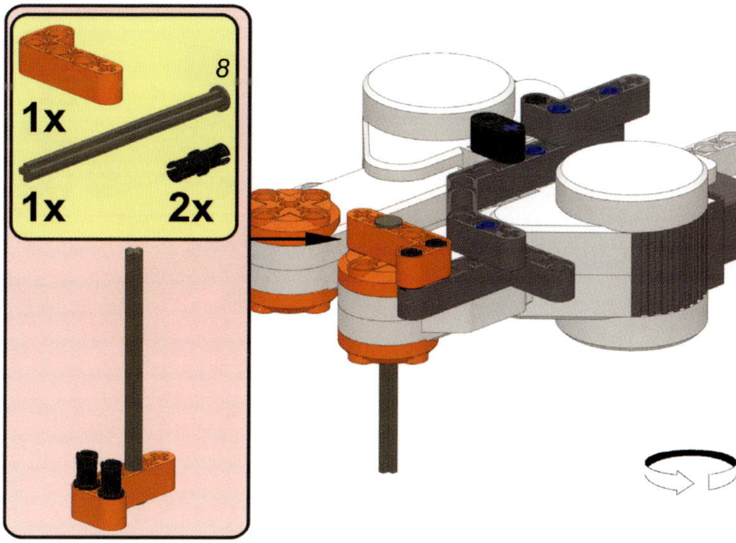

Bei Nutzung mit der Education-Edition ersetzen wir hier die 8M-Achse mit Stopper durch eine normale 8M-Achse.

8

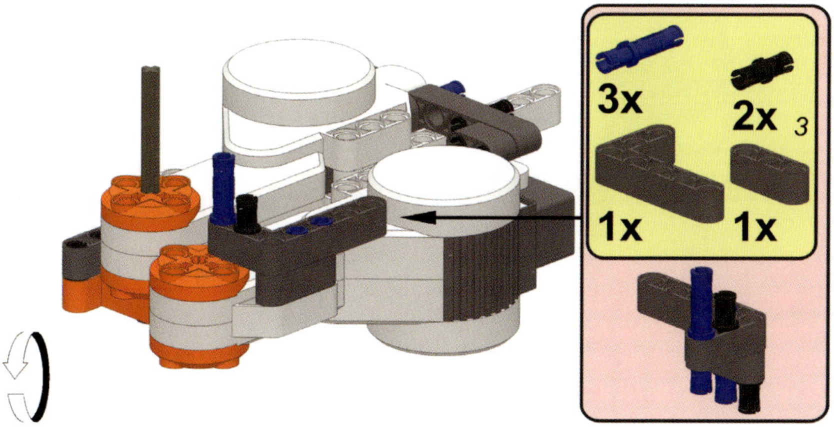

9

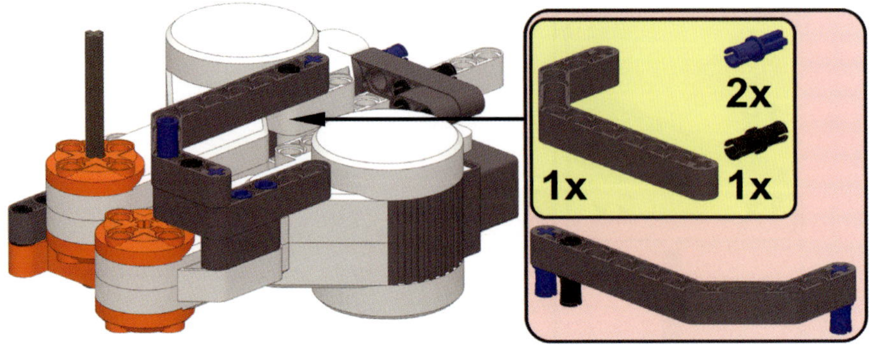

10

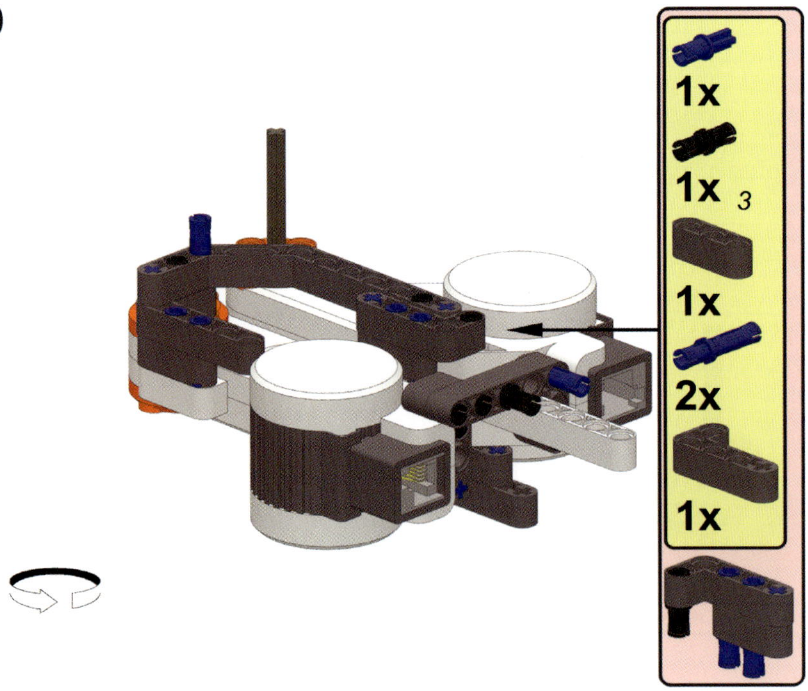

11

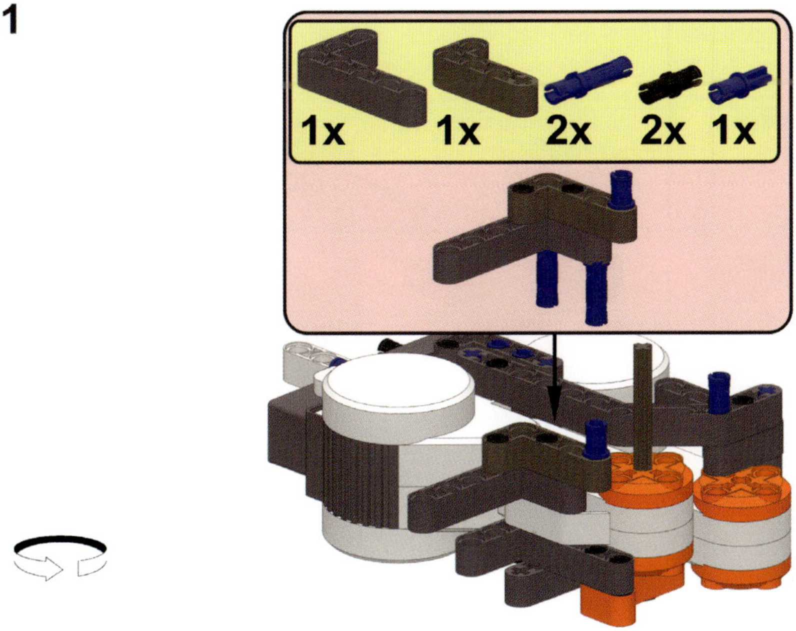

12

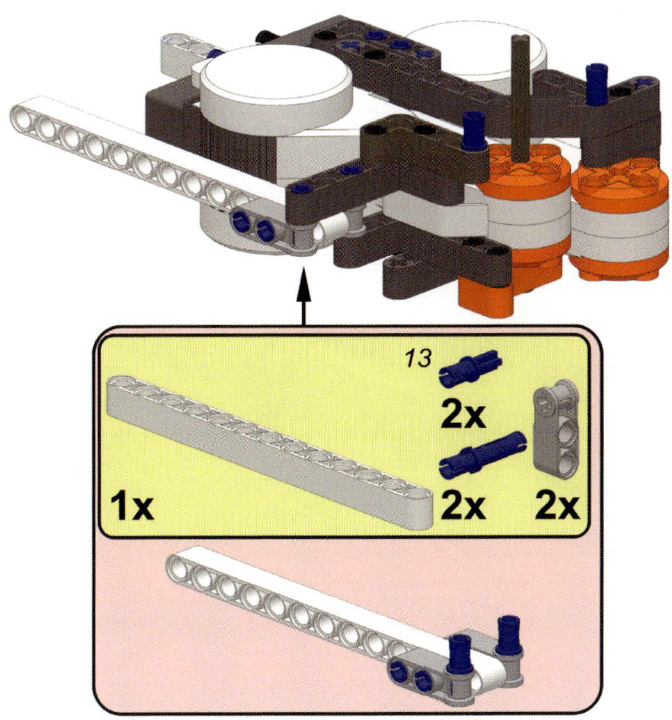

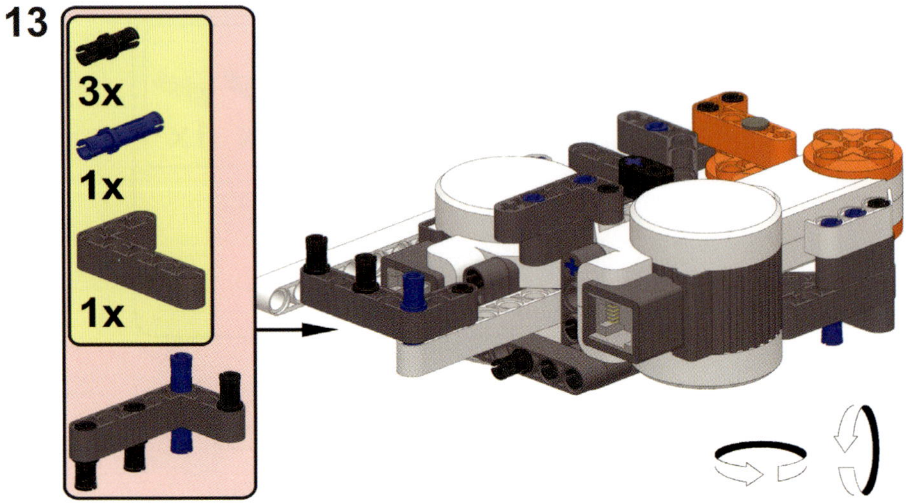

Wir stecken zwei mittellange Kabel jetzt schon in die beiden Motoren ein und verbinden dann das Vorderteil mit dem Antrieb:

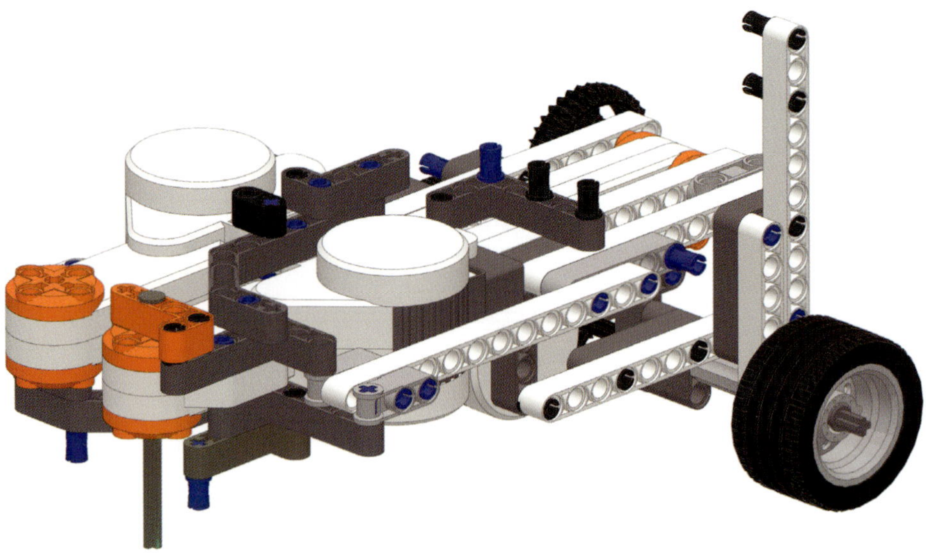

Der NXT-Stein

1

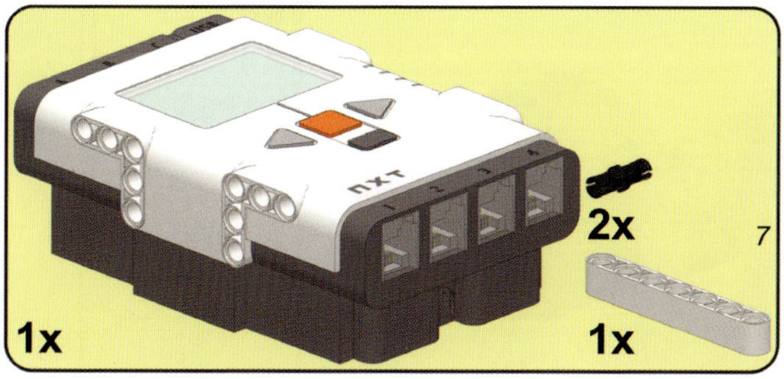

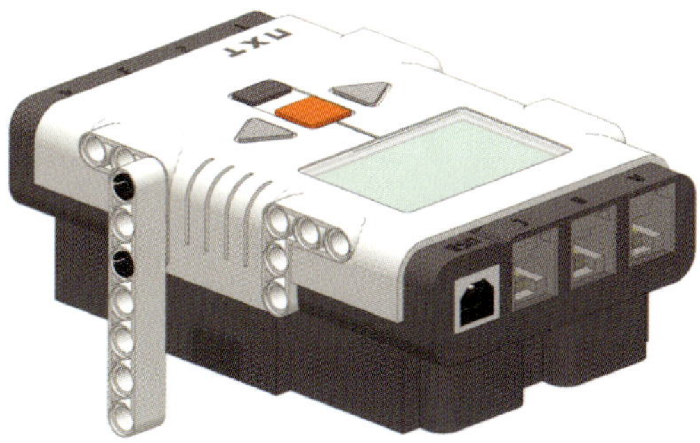

2

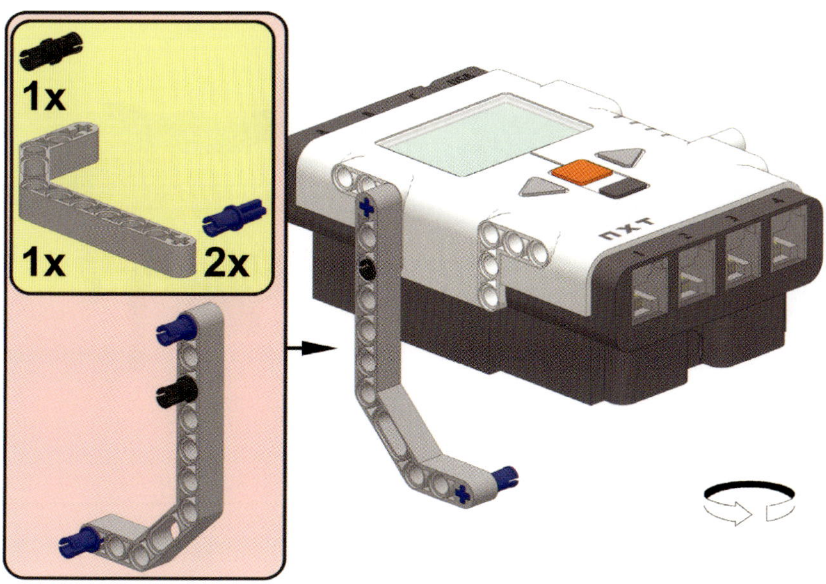

3

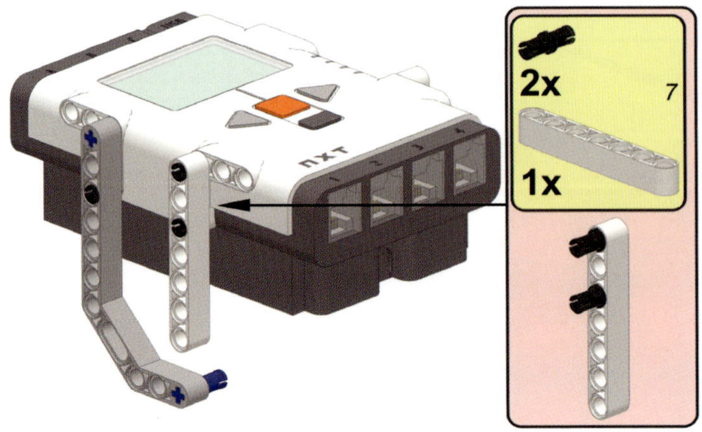

Wir stecken den NXT-Stein auf den Antrieb auf:

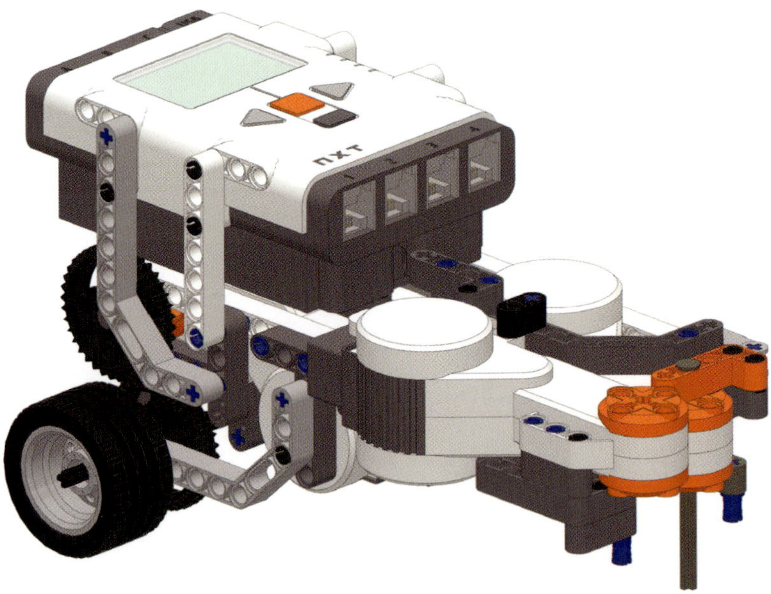

Die Vorderachse

1

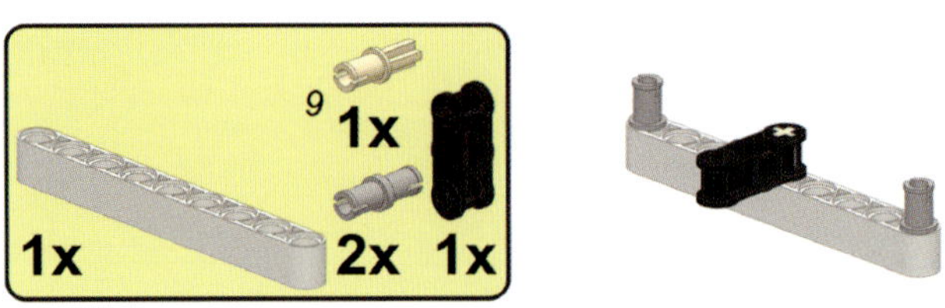

2

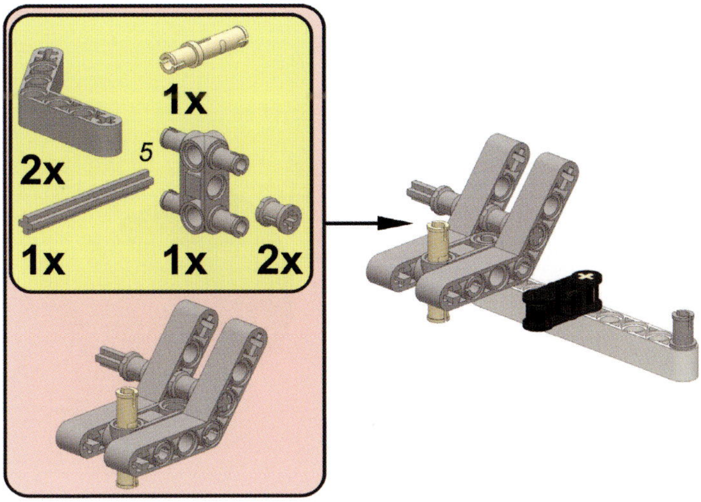

3

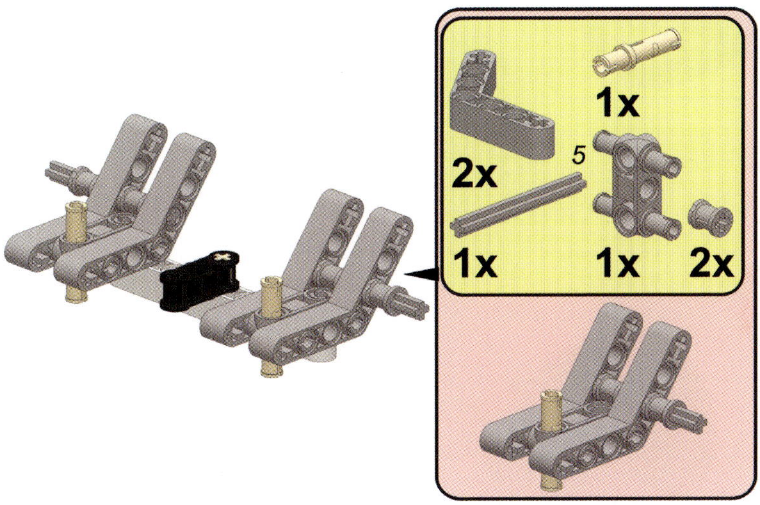

4

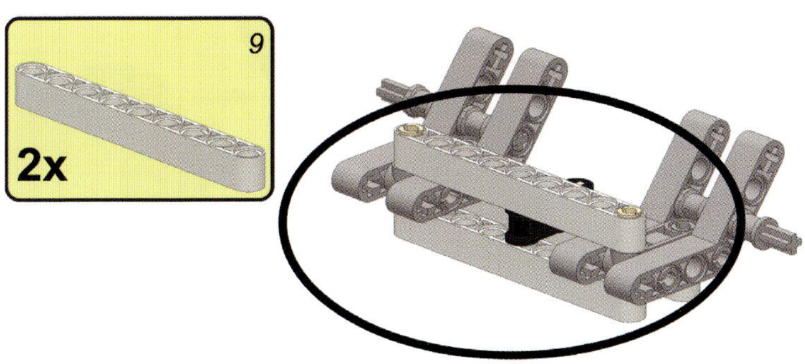

5

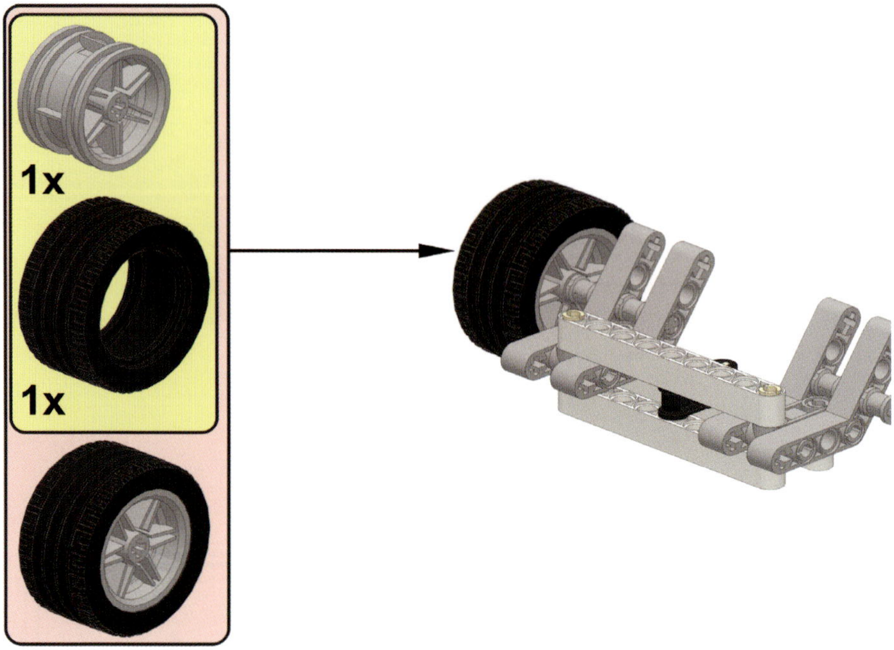

6

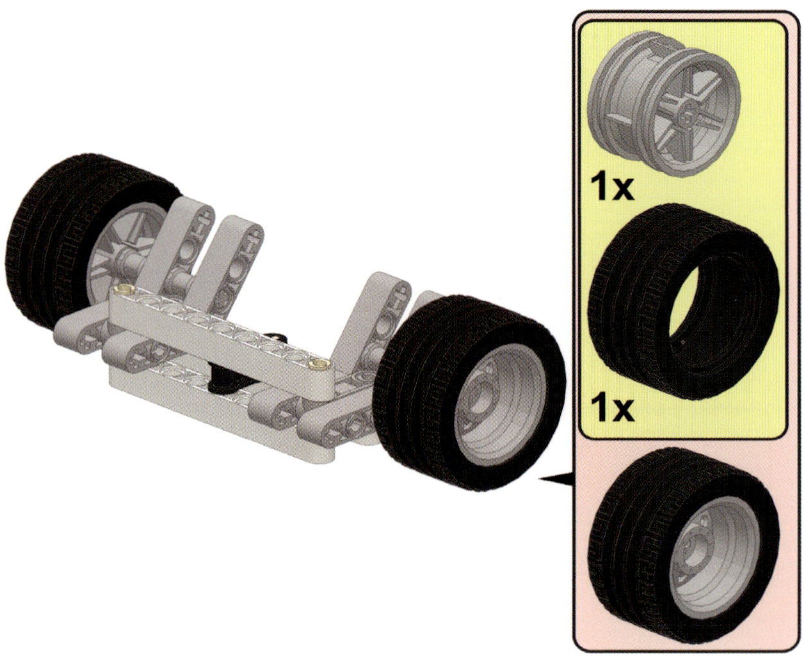

Die Vorderachse wird von unten auf die Achse am Vorderteil aufgesteckt:

Der Kopf

1

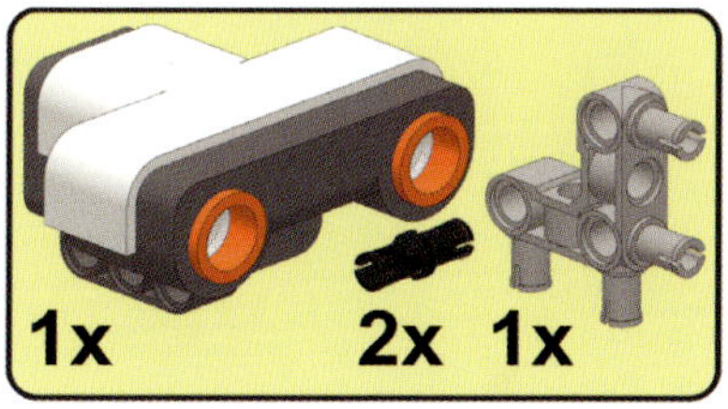

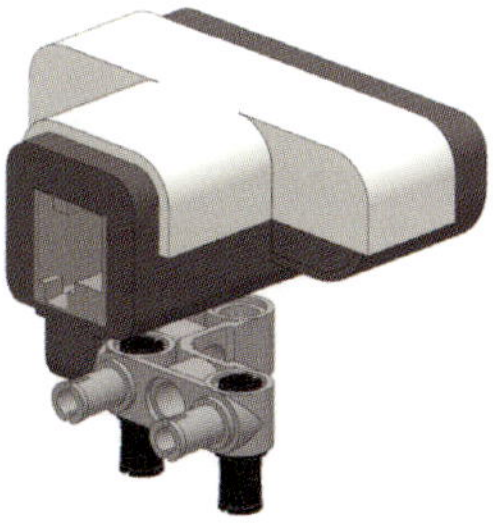

Bei Verwendung der Education-Edition lassen wir die übrigen Schritte für den Kopf weg und stecken ihn in der jetzigen Form so auf den Motor auf, wie es unten beschrieben wird.

2

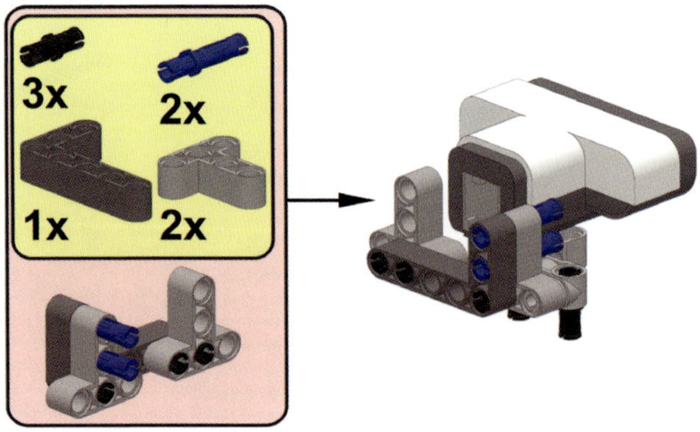

3

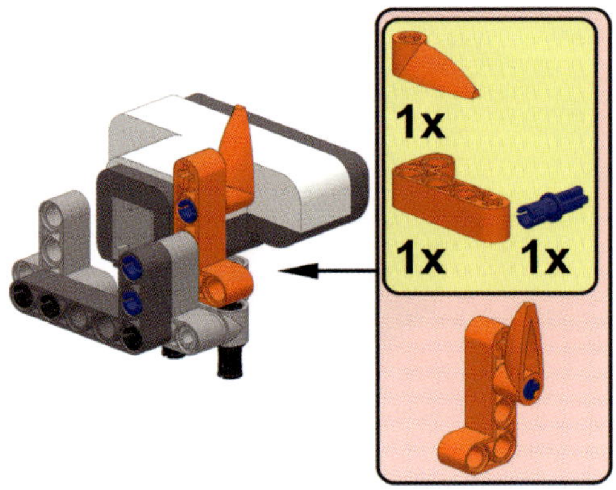

4

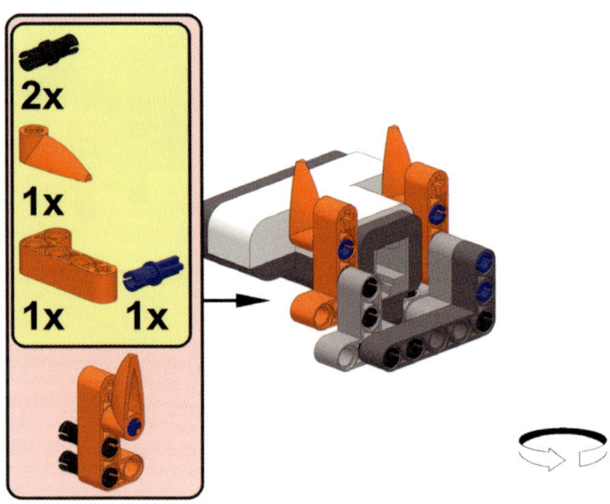

Abschließend wird der Kopf auf den von vorne gesehen linken Motor aufgesteckt:

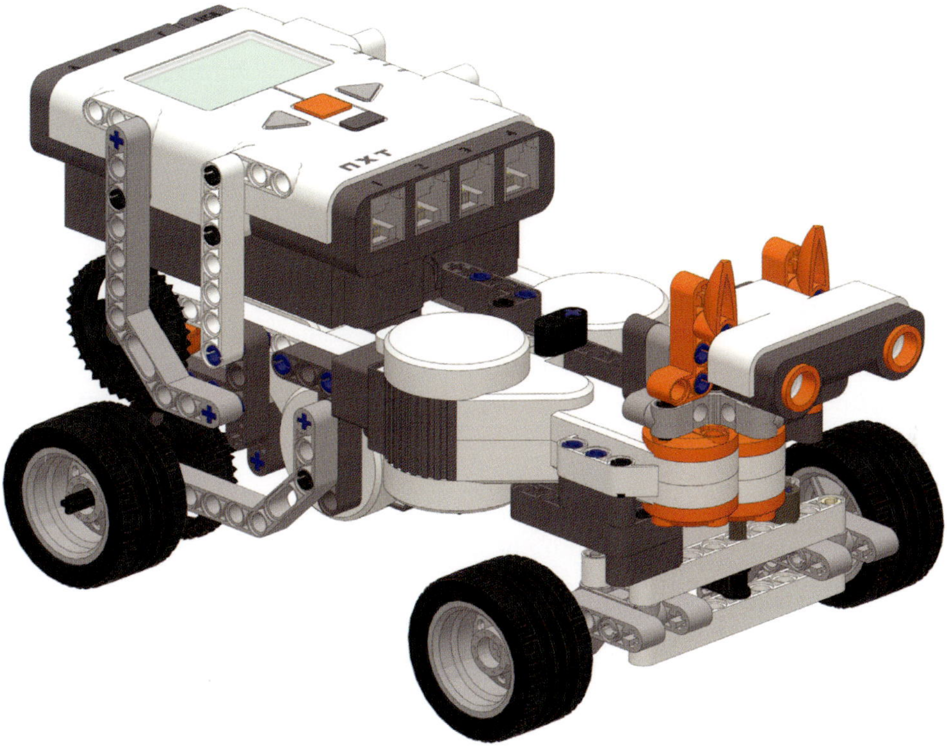

Verkabelung

Wir verbinden

1. den Ultraschallsensor im Kopf mit dem Sensoreingang 4 und verwenden dazu ein mittellanges Kabel, damit sich der Kopf frei drehen kann,
2. den von vorne gesehen linken Motor mit Motorausgang A,
3. den von vorne gesehen rechten Motor mit Motorausgang B und
4. den unteren Motor mit Motorausgang C.
5. Dabei versuchen wir wieder, die Kabel der Motoren so unter dem NXT-Stein durchzuführen, dass sie möglichst verborgen sind, andererseits aber auch die Bewegungen des Suchers nicht behindern.

6.3 Das Programm

6.3.1 Entwurf der allgemeinen Struktur

Wie soll sich der Sucher verhalten?

Unser Sucher soll zwei hauptsächliche Verhaltensmerkmale aufweisen: Zunächst einmal soll er Dinge bemerken können, die sich in seiner unmittelbaren Umgebung befinden, und er soll sich ihnen nähern. Zum Zweiten soll er nicht mit diesen Dingen zusammenstoßen.

Dazu soll sich der Sucher so lange geradeaus bewegen und seinen Kopf kontinuierlich nach rechts und links drehen, bis er mit seinem Ultraschallsensor ein Objekt in seiner Nähe findet. In einem solchen Fall soll er sich in diese Richtung drehen und darauf zufahren. Er darf aber nicht in das Objekt hineinfahren.

Was bedeutet das technisch?

Die Bewegung in gerader Richtung erreichen wir dadurch, dass wir den Motor laufen lassen, der die Hinterräder antreibt.

Um währenddessen den Kopf hin und her zu drehen, lassen wir den Motor, auf dem der Kopf sitzt, abwechselnd so lange vorwärts beziehungsweise rückwärts laufen, bis der Kopf ganz nach links beziehungsweise nach rechts zeigt. Dabei messen wir regelmäßig, ob der Ultraschallsensor ein Echosignal auffängt. In diesem Fall halten wir die Bewegung des Kopfes an und merken uns die Richtung, in die dieser gerade zeigt.

Um anschließend den ganzen Sucher in diese Richtung zu bewegen, drehen wir zunächst die Vorderachse entsprechend, das heißt, wir lassen den Motor, an dem sie sitzt, um eine entsprechende Gradzahl rotieren. Dann fahren wir etwas rückwärts, um den Sucher in die korrekte Richtung zu drehen – eine Rückwärtsbewegung ist hier besser als eine Vorwärtskurve, da wir so verhindern, dass der Sucher möglicherweise mit dem Hindernis zusammenstößt.

Jetzt können wir das Programm wieder von vorne laufen lassen, da uns die Vorwärtsbewegung wie gewünscht auf das entdeckte Objekt zu trägt. Sogar kleinere oder größere anfängliche Abweichungen vom korrekten Kurs werden durch wiederholte Anwendung dieses Ablaufs immer zielgenauer korrigiert. Befindet sich der Gegenstand schließlich genau vor dem Sucher, so verhindert das Zurücksetzen eine Kollision.

Allgemeiner Programmablauf

Damit ergibt sich folgender Ablauf des Programms:

1. Zunächst drehen wir den Kopf ganz nach rechts.

2. Anschließend wird der Kopf gedreht, bis er ganz links ist oder ein Objekt entdeckt wurde. Dabei werden regelmäßig Ultraschall-Signale ausgesandt und nach einem Echo gesucht.
3. Wurde ein Hindernis entdeckt, wird der ganze Sucher in die Richtung gedreht, in der das Objekt entdeckt wurde.
4. Der Sucher bewegt sich nun ein kleines Stück vorwärts.
5. Der Kopf wird wieder ganz nach rechts zurückgedreht.
6. Es geht wieder bei 2. weiter.

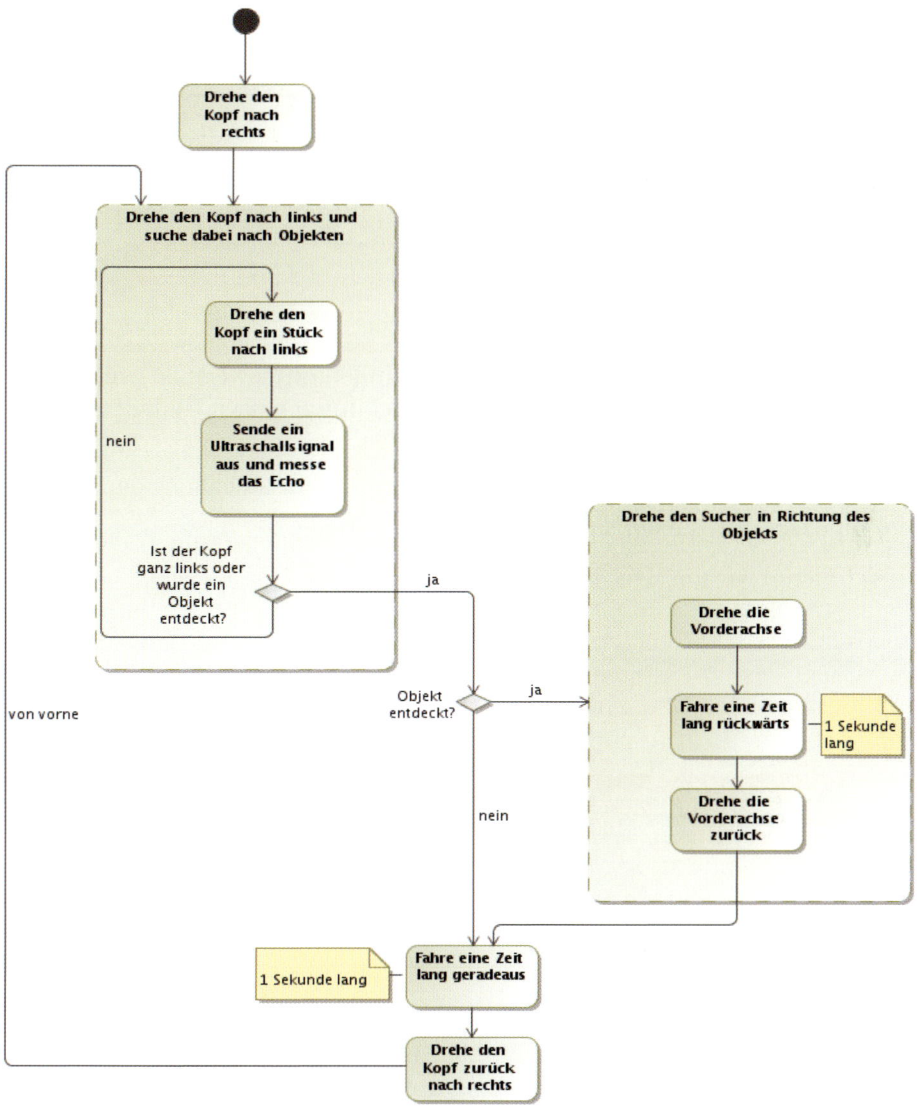

Abb. 6.4: Das Verhalten des Suchers

6.3.2 Technische Umsetzung als NXT-G-Programm

Am Anfang zeigt der Kopf des Suchers nach vorne, wir müssen ihn also durch eine 90°-Rotation des zugehörigen Motors zunächst ganz nach rechts drehen, indem wir einen Motorblock für Ausgang A mit LEISTUNG 50 benutzen und die Eigenschaft DAUER auf 90 GRADZAHL stellen:

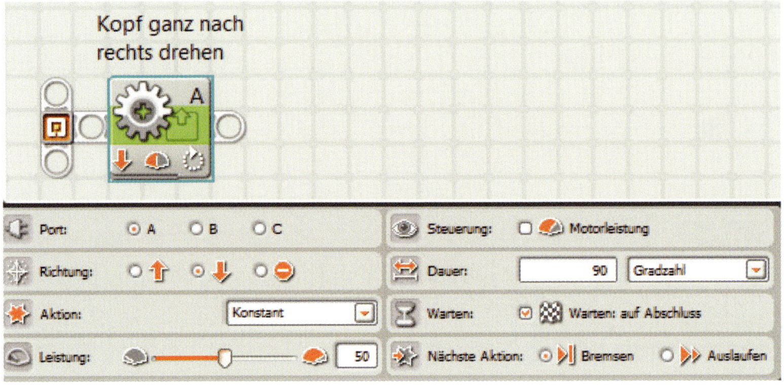

Wir müssen uns im Folgenden drei Werte merken:

1. in welcher Position sich der Kopf gerade befindet, um jeweils zu prüfen, ob er schon ganz links ist, und um uns bei Entdeckung eines Objekts dessen Richtung zu merken,
2. ob wir bei der Drehung des Kopfes ein Hindernis entdeckt haben oder nicht und
3. die Gradzahl, um die wir den Sucher drehen müssen.

Dazu definieren wir uns drei Variablen über den zugehörigen Dialog:

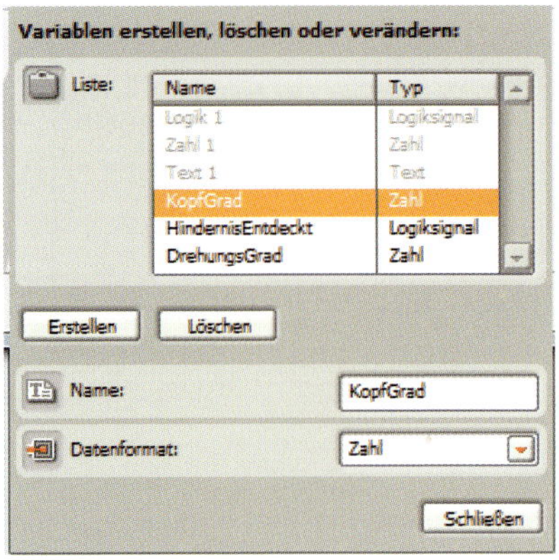

Nachdem wir den Kopf auf diese Weise anfänglich ganz nach rechts gedreht haben, beginnt der Teil des Programms, der so lange wiederholt werden soll, bis wir das Programm manuell über den grauen Knopf beenden.

Drehung des Kopfes

Wir fügen zunächst wieder eine Endlosschleife ein und speichern innerhalb der Schleife den anfänglichen Drehgrad des Kopfes in der zugehörigen Variablen KOPFGRAD. Dabei soll »0°« die Ausrichtung nach vorne bedeuten. Da der Motorblock Gradwerte bei der Drehung unabhängig von der Richtung einfach aufsummiert, muss der anfängliche Wert -90° sein:

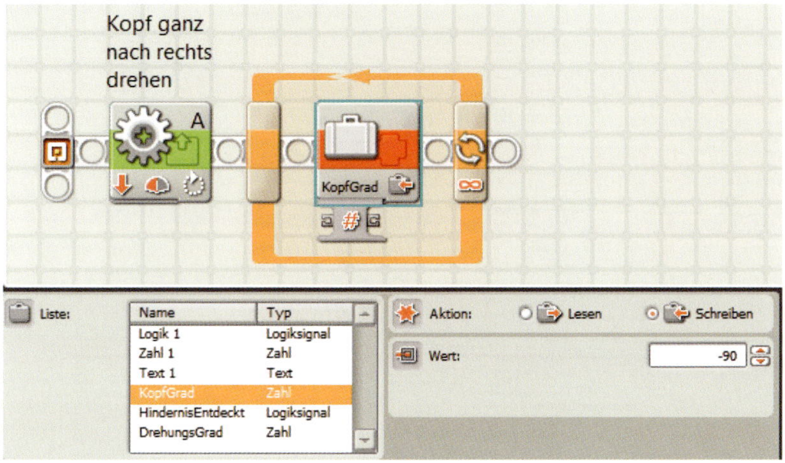

Als Nächstes wollen wir den Kopf so lange drehen, bis er ganz links ist oder ein Objekt entdeckt. Dazu brauchen wir wieder eine Schleife, deren Abbruchbedingung ein Logiksignal ist. Dieses werden wir später mit einem Eingabewert über eine Datenleitung verbinden:

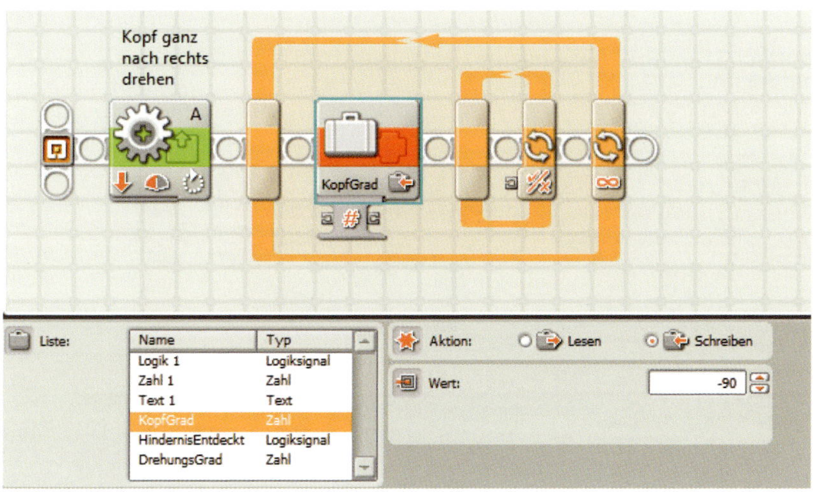

Die Idee ist nun, den Kopf immer ein kleines Stückchen weiter zu drehen, nämlich um 30°. Anschließend machen wir jeweils eine Ultraschallmessung.

Dazu ziehen wir zunächst wieder einen Motorblock für Ausgang A in die innere Schleife und setzen seine RICHTUNG auf VORWÄRTS, die LEISTUNG auf 50 und die DAUER auf 30 GRADZAHL:

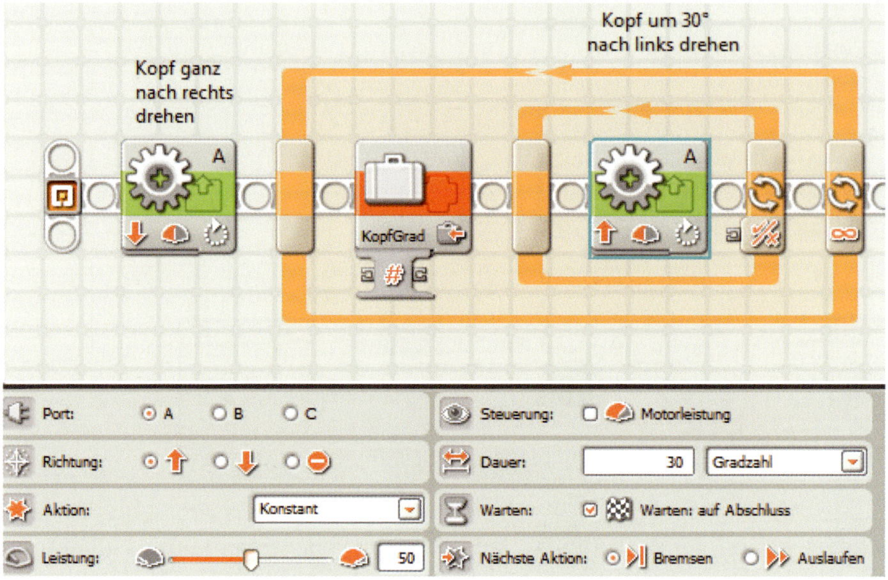

Nach jeder Drehung zählen wir den Inhalt von KOPFGRAD mittels eines Matheblocks um 30 hoch, den wir im Abschnitt DATEN der VOLLSTÄNDIG-Palette finden:

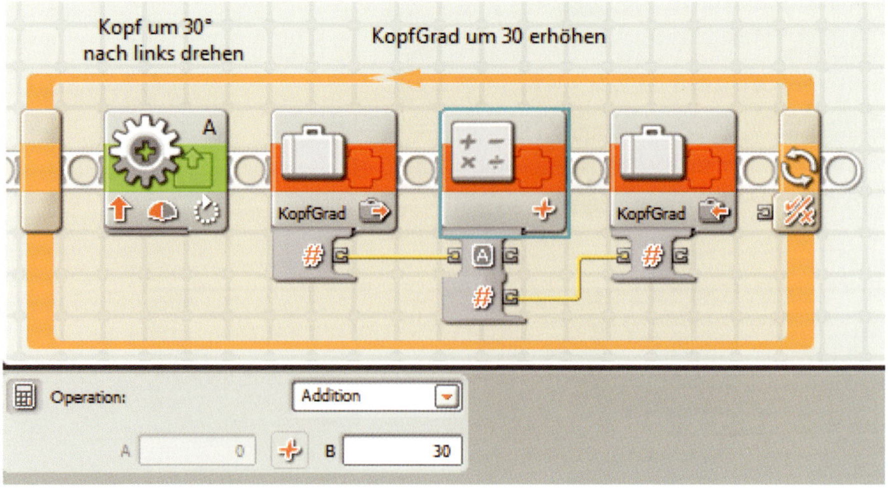

Nun machen wir eine Messung mit dem Ultraschallsensor und weisen das Ergebnis, nämlich ob etwas in einem Abstand kleiner als 30 cm entdeckt wurde, über eine Datenleitung der Variablen HINDERNISENTDECKT zu. Dazu fahren wir den Datenknoten wieder über einen Klick auf den unteren linken Rand des Blocks aus:

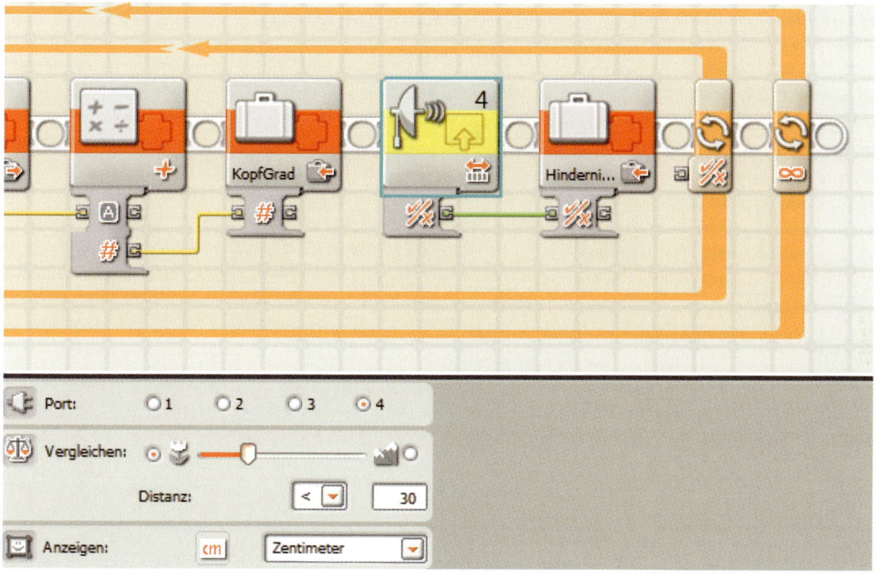

Nun müssen wir überprüfen, ob der Kopf schon ganz links ist, weil wir dann nicht weiterdrehen dürfen. »Ganz links« bedeutet, dass KOPFGRAD mindestens gleich 90 ist. Wir leiten den aktuellen Wert dieser Variablen also in einen Vergleichsblock:

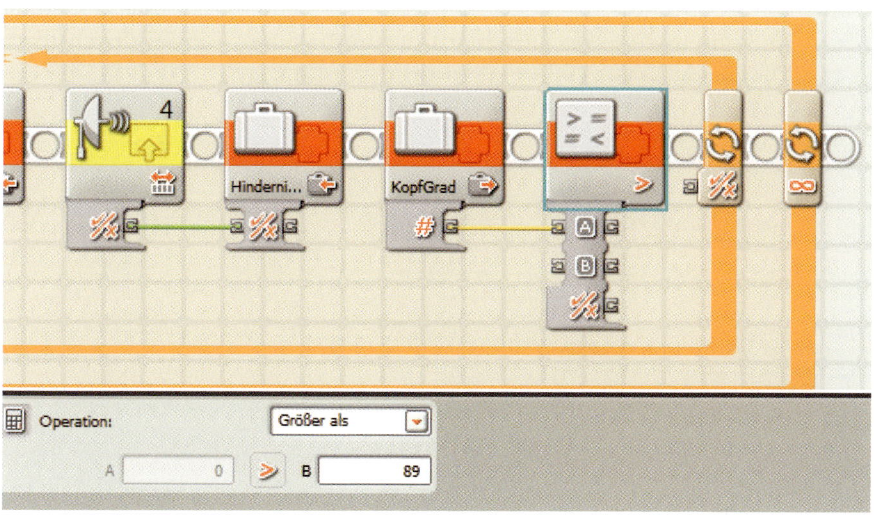

Außerdem müssen wir überprüfen, ob ein Objekt entdeckt wurde, also der Wert in HINDERNISENTDECKT auf WAHR steht. Auch dann dürfen wir nicht weiterdrehen. Wir verbinden die beiden Bedingungen mit ODER in einem Logikblock:

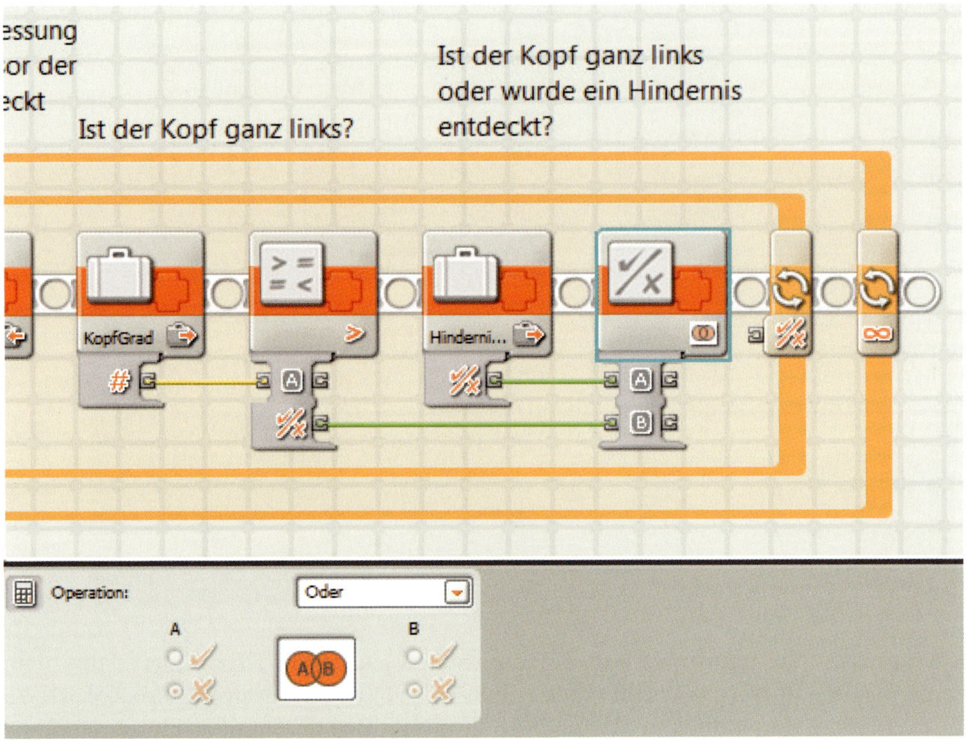

Das Ergebnis weisen wir der Logikbedingung in der Schleife zu. Das bedeutet, dass die Schleife keinen weiteren Durchlauf der enthaltenen Blöcke durchführt, wenn der Logikblock ein WAHR liefert, also wenn der Kopf ganz links ist oder ein Objekt entdeckt wurde – genau das, was wir erreichen wollen:

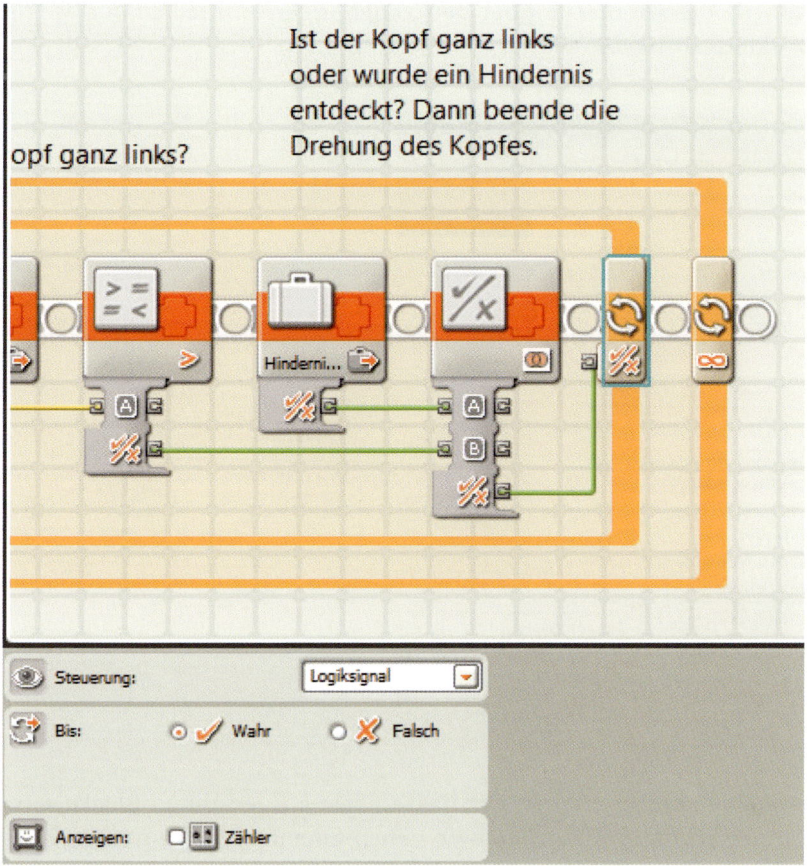

Ablegen der Kopfdrehung in einem eigenen Unterprogramm

Wir können jetzt schon absehen, dass unser Programm wohl etwas größer und komplexer werden wird. Es ist daher zwecks Übersichtlichkeit angeraten, logisch zusammengehörende Teile in ein *Unterprogramm* auszulagern. Ein guter Kandidat dafür ist die Drehung des Kopfes.

Unterprogramme werden in NXT-G ebenfalls als Blöcke definiert, die dann im Reiter EIGENE BLÖCKE verfügbar sind und wie jeder andere Block in das Programm gezogen werden können.

Um die Drehung des Kopfes nun in einen solchen Eigenen Block auszulagern, markieren wir zunächst die Blöcke im Programm, die in den Eigenen Block wandern sollen. Wir halten dazu die ⇧ gedrückt und klicken den KOPFGRAD-Variablenblock und die Schleife an, die die Drehung des Kopfes enthält. Dann öffnen wir den Assistenten für Eigene Blöcke über den zugehörigen Eintrag in der Menüleiste der Entwicklungsumgebung:

Im Dialog, der sich jetzt öffnet, sehen wir, dass unsere ausgewählten Blöcke samt Inhalt übernommen wurden. Wir geben dem neuen Eigenen Block einen aussagekräftigen Namen, in unserem Fall zum Beispiel KOPFDREHUNG. Es empfiehlt sich, auch eine vernünftige Beschreibung im Feld darunter anzugeben, damit wir und andere auch später noch wissen, was der Block eigentlich tut:

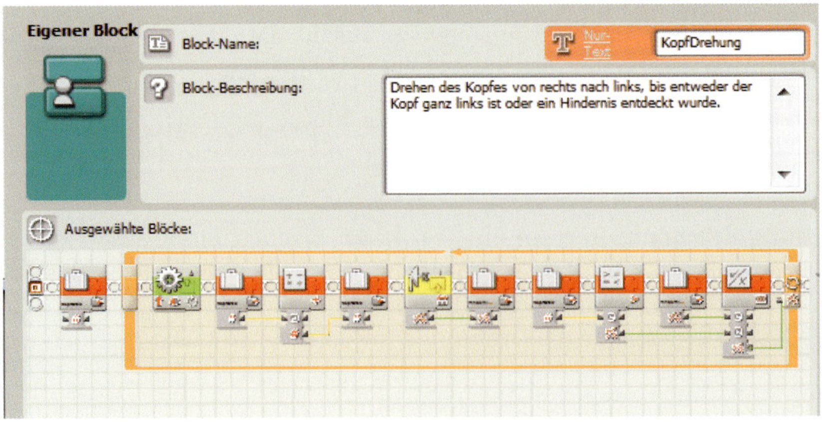

Drücken wir nun WEITER, können wir noch ein aussagekräftiges Bild für den Eigenen Block angeben, indem wir eines oder mehrere Icons aus der Tabelle in das obere leere Bildfeld ziehen. Mit diesem Icon wird der Block später im Programm und in der Leiste der EIGENEN BLÖCKE angezeigt. Es empfiehlt sich auch hier, ein aussagekräftiges Icon zusammenzustellen, sodass man diesen Block leicht von den anderen unterscheiden kann:

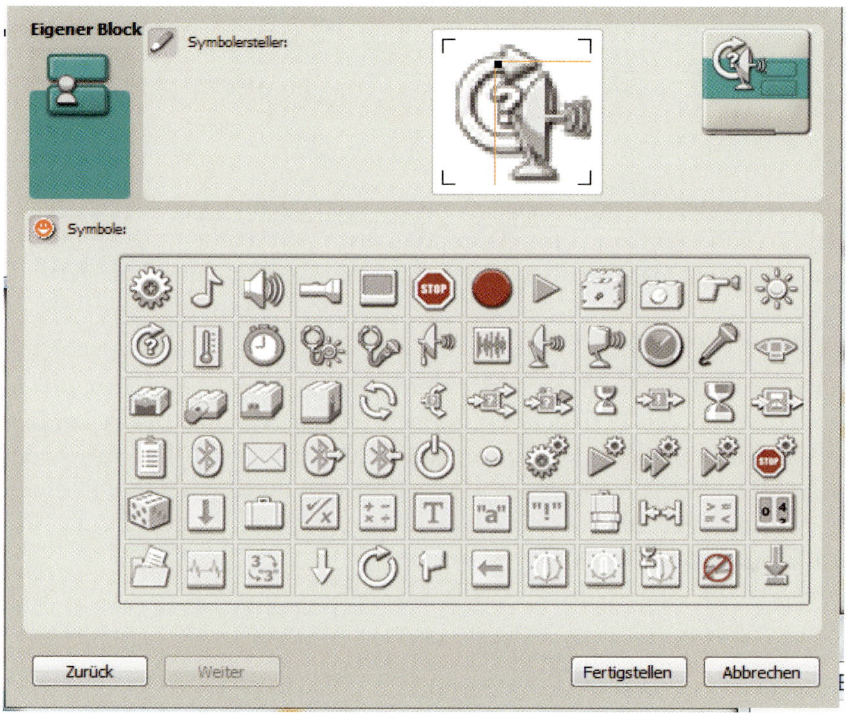

Klicken wir nun auf FERTIGSTELLEN, so wird der neue Block angelegt und der zugehörige Teil in unserem Hauptprogramm durch den Block ersetzt:

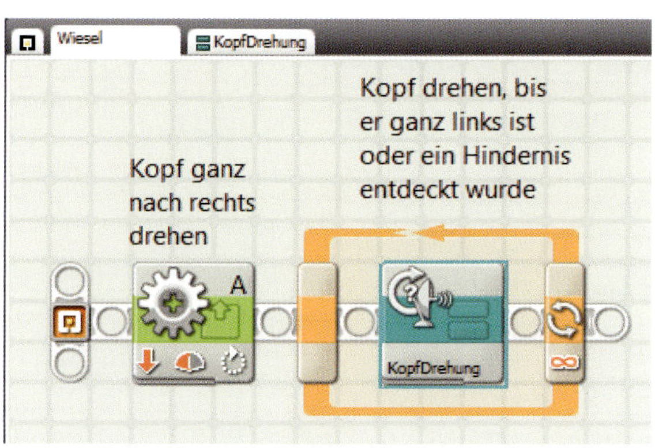

Wir sehen, dass das Programm dadurch bereits wesentlich übersichtlicher wird.

Wir können uns den Inhalt jedes Eigenen Blocks anschauen, indem wir einfach auf ihn doppelklicken. Dann öffnet sich nämlich ein eigener Reiter in der Entwicklungsumgebung, der die Inhalte des Blocks anzeigt:

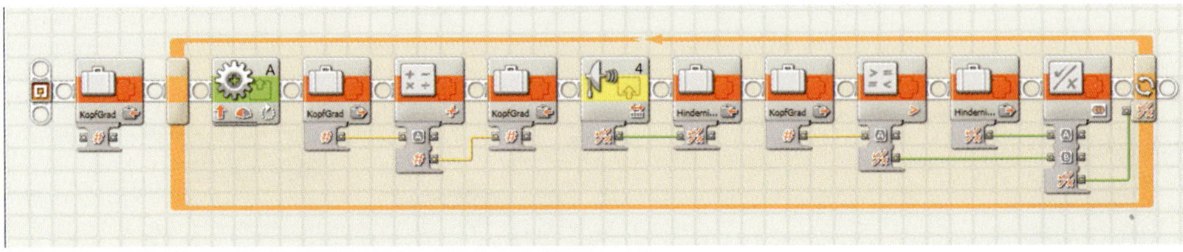

Wir können diesen Inhalt übrigens jederzeit auch noch nachträglich ändern. Nach dem Abspeichern wird dann auch im Hauptprogramm bei Abarbeitung des Blocks der nun geänderte Inhalt übernommen und zur Laufzeit des Programms ausgeführt.

Drehung des Suchers auf ein Objekt zu

Nachdem die Drehung des Kopfes beendet wurde, müssen wir überprüfen, ob ein Objekt entdeckt wurde. Dazu ziehen wir zunächst einen Variablenblock auf den Ablaufträger hinter dem Unterprogramm und besetzen ihn mit dem Lesen der logischen Variablen HINDERNISENTDECKT. Anschließend fügen wir dahinter einen Schaltblock ein und verbinden den Variablenblock über eine Datenleitung mit dem Eingang dieses Schaltblocks:

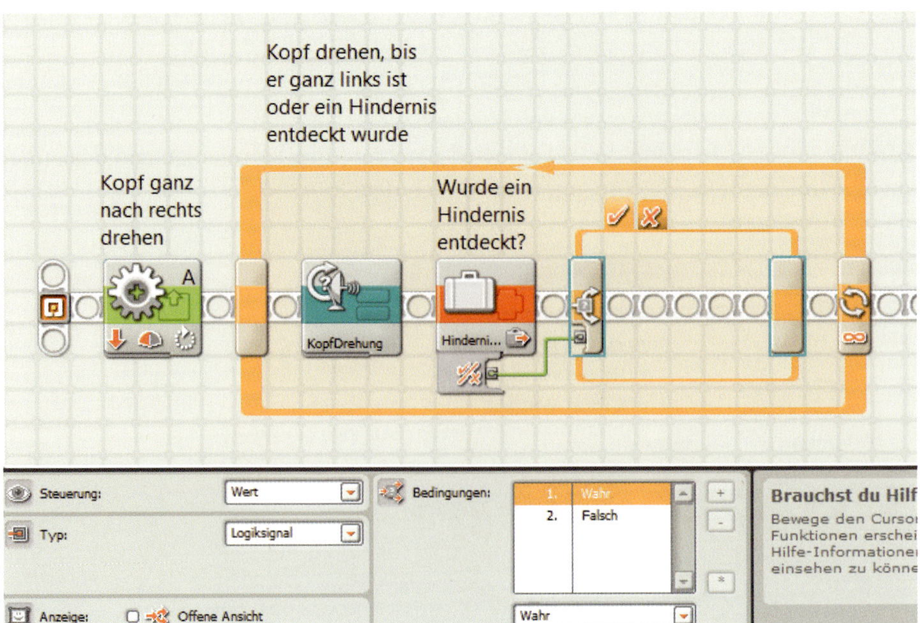

Ist der Wert von HINDERNISENTDECKT gleich FALSCH, so müssen wir zunächst nichts weiter tun. Es ist daher nicht notwendig, dass wir den leeren unteren Teil des Schaltblocks sehen, und wir können ihn zugunsten einer besseren Übersichtlichkeit des Programms ausblenden. Dazu entfernen wir, wie oben zu sehen ist, das Häkchen bei OFFENE ANSICHT.

Ist der Wert von HINDERNISENTDECKT aber WAHR, so drehen wir den Sucher nun in Richtung des entdeckten Objekts, indem wir eine kurze Kurve rückwärtsfahren.

Dazu müssen wir zunächst die Vorderachse entsprechend drehen. Wir können als Drehwinkel jedoch nicht einfach, wie man zunächst vermuten würde, den aktuellen Drehungsgrad des Kopfes verwenden, auch wenn der in Richtung des Objekts zeigt: Sollte der Kopf fast ganz zur Seite gedreht sein, kann die Vorderachse nämlich nicht ganz nach links oder ganz nach rechts gedreht werden, ohne dass die Räder blockieren.

Wir könnten, um diese Herausforderung zu meistern, jetzt überprüfen, ob der Kopf sehr weit zur Seite gedreht ist und nur in diesem Fall einen Betrag davon abziehen. Es ist aber einfacher, den Drehwinkel dadurch zu reduzieren, dass wir ihn mit 2/3 multiplizieren. Da für kleinere Drehwinkel diese Reduzierung nicht sehr ins Gewicht fällt, erhalten wir so immer noch eine ausreichende Näherung an die tatsächliche Richtung des Objekts.

Das Resultat speichern wir zunächst in der Variablen DREHUNGSGRAD:

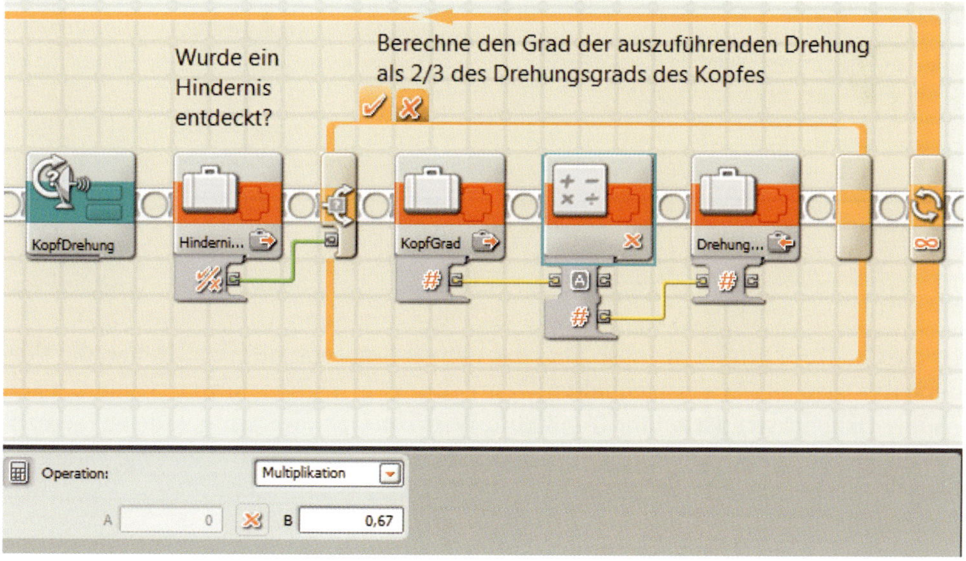

Ist der Kopf des Suchers dabei nach rechts gedreht, wird der Wert von DREHUNGSGRAD kleiner als 0 sein, da wir anfänglich 0° für die Ausrichtung nach vorne gewählt haben.

Leider kann NXT-G, anders als andere Programmiersprachen, jedoch nicht mit negativen Drehwinkeln für Motoren umgehen. Wir müssen daher noch unterscheiden, ob die Drehung nach links oder rechts stattzufinden hat, um einen negativen Wert bei Bedarf zu einem positiven zu machen.

Zunächst verbinden wir also für die Unterscheidung danach, ob der Wert größer oder kleiner als 0 ist, die Variable DREHUNGSGRAD mit einem Vergleichsblock und weisen das Ergebnis einem Schaltblock zu:

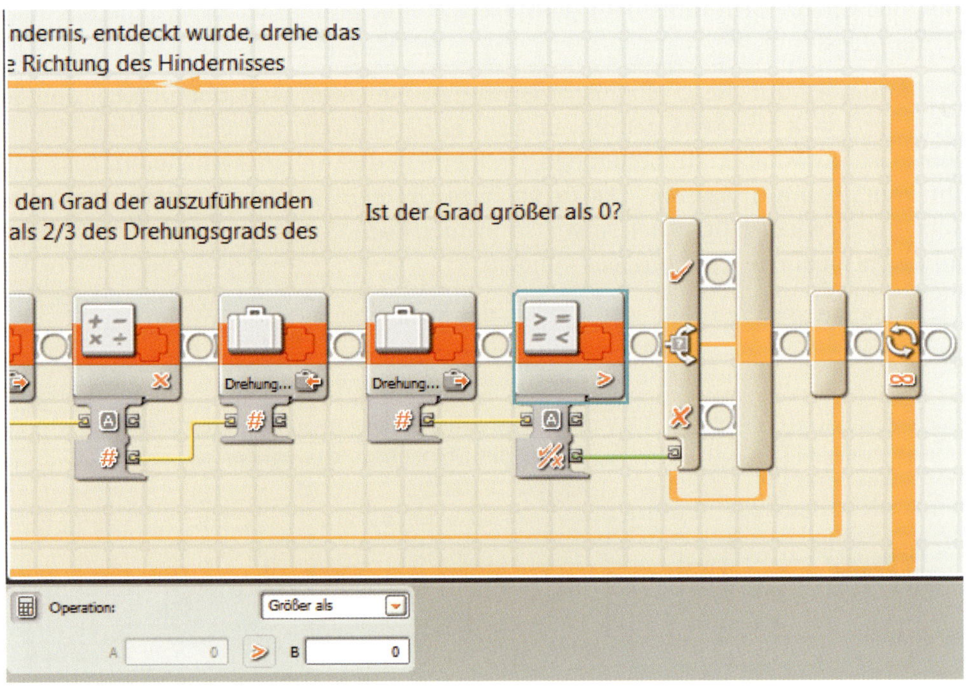

Ist die Gradzahl größer als 0, so liegt das Objekt links von uns, wir drehen die Vorderachse also, da wir anschließend eine Rückwärtskurve fahren wollen, nach rechts. Dazu lassen wir Motor B mit dem Wert rotieren, den wir gerade ausgerechnet haben, das heißt, wir klappen den Datenknoten auf und nutzen eine Datenleitung:

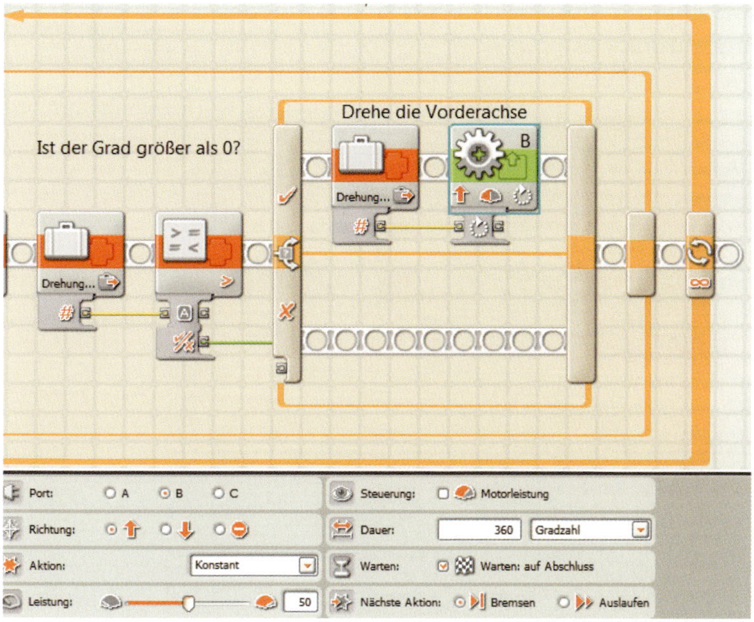

Anschließend fahren wir mittels eines Motorblocks für Ausgang C eine Sekunde lang eine Rückwärtskurve, sodass sich der Sucher in Richtung des entdeckten Objekts ausrichtet:

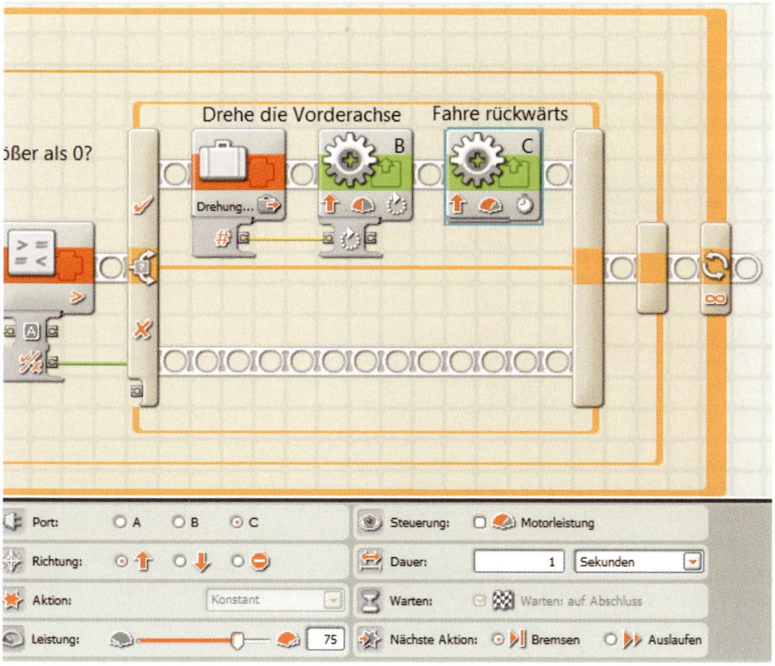

Jetzt drehen wir über einen Motorblock an Ausgang B die Vorderachse wieder in die Ausgangsstellung zurück:

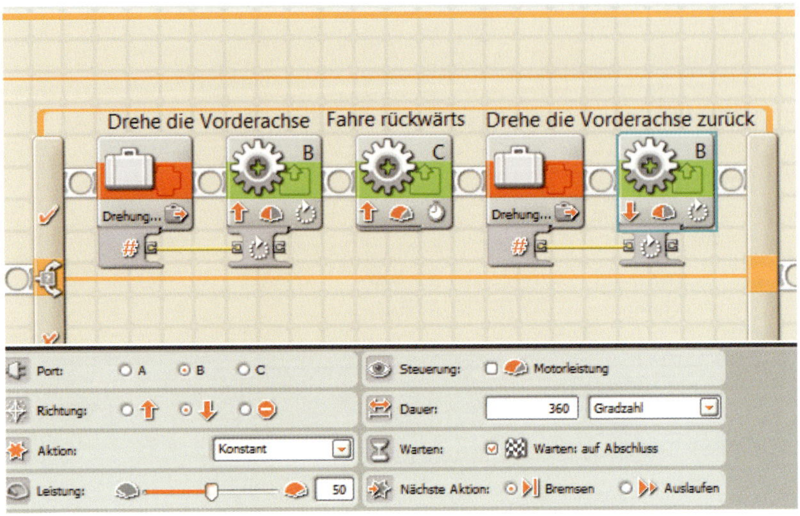

Ist der Drehwinkel negativ, so geht es innerhalb des Schaltblocks auf dem unteren Ast weiter. In diesem Fall befindet sich das Objekt rechts vom Sucher. Wir müssen den Wert von DREHUNGSGRAD hier zunächst in einen positiven umwandeln, indem wir ihn durch einen Matheblock schicken. Wir setzen dazu seine Eigenschaft OPERATION auf ABSOLUT-WERT:

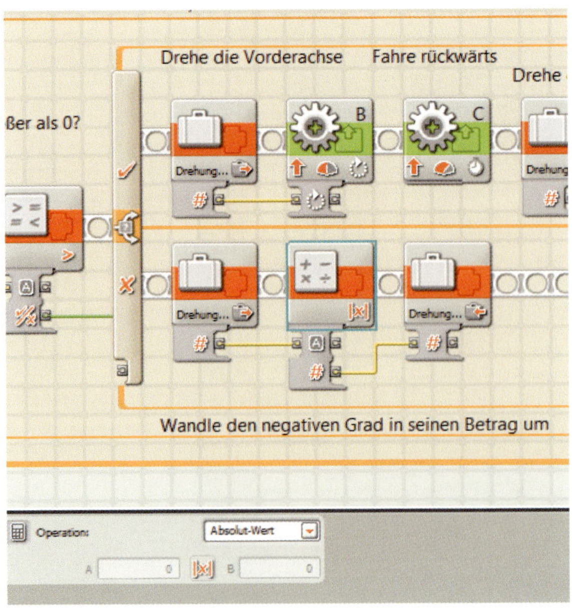

Anschließend drehen wir wie oben die Vorderachse, allerdings in die entgegengesetzte Richtung, fahren wieder rückwärts und drehen anschließend die Vorderachse zurück:

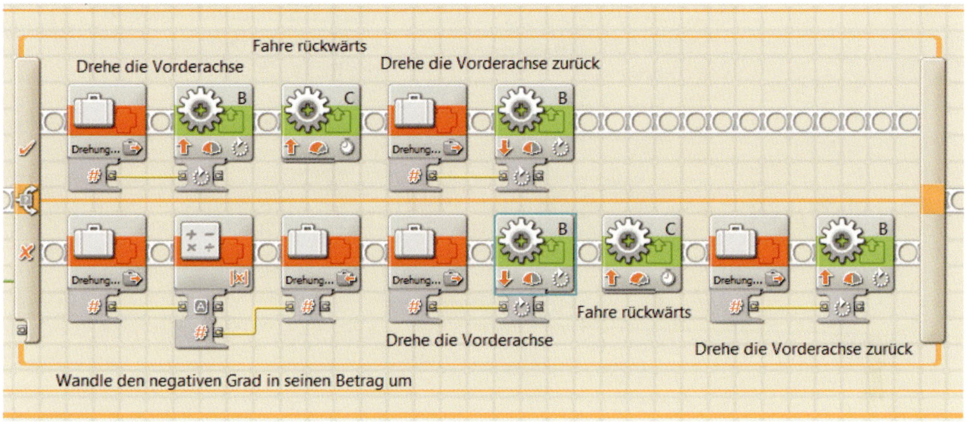

Wieder ist das Programm etwas unübersichtlich geworden, wir lagern daher die Drehung des Suchers ebenfalls in einen EIGENEN BLOCK aus:

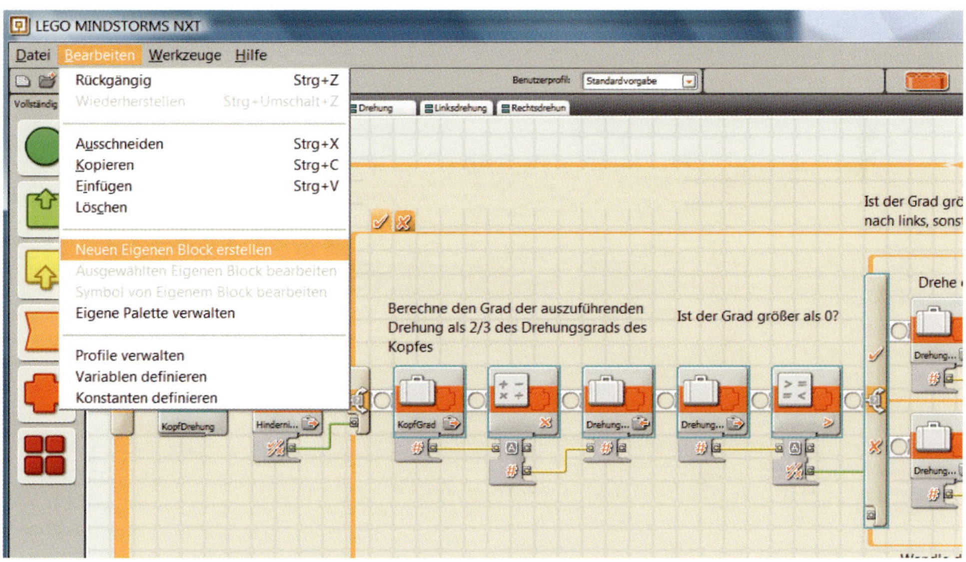

Das Hauptprogramm sieht mit dem neuen Block SUCHERDREHUNG dann so aus:

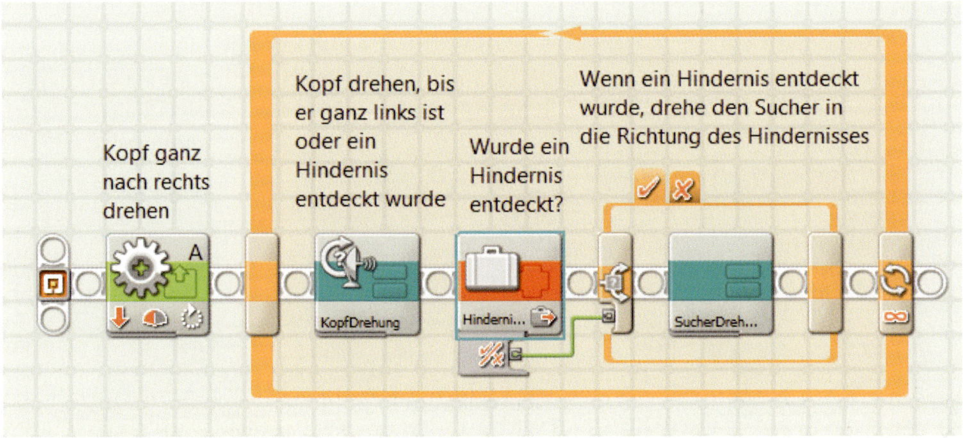

Bewegung nach vorne

Nachdem unser Sucher nun entweder in Richtung des entdeckten Objekts gedreht ist oder, falls es kein solches gibt, weiter in die Ursprungsrichtung zeigt, fahren wir mit einem Motorblock am Ausgang C ein Stückchen geradeaus:

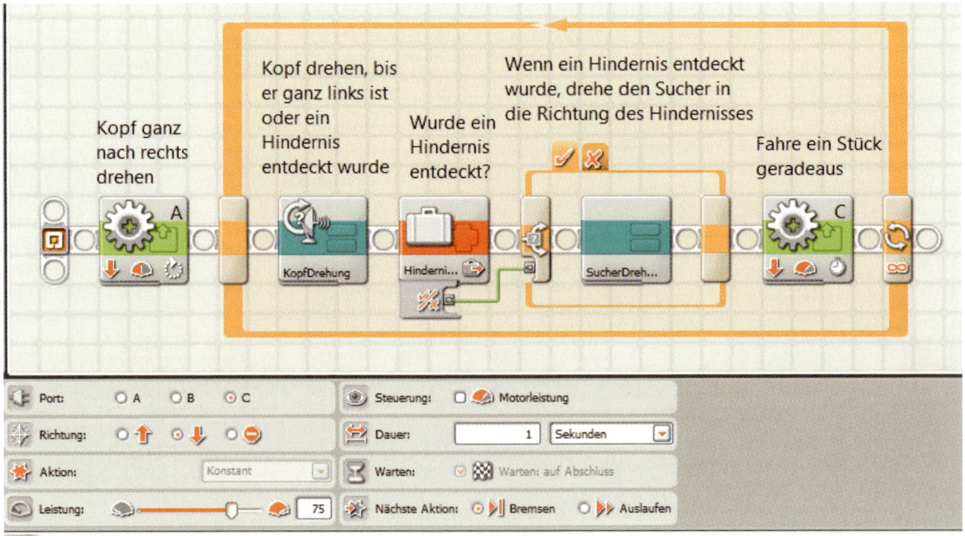

Wir drehen den Kopf wieder ganz zurück. Dazu addieren wir zunächst 90° zu KOPFGRAD hinzu, da wir ihn nicht nach vorne, also nach 0°, sondern ganz nach rechts drehen wollen:

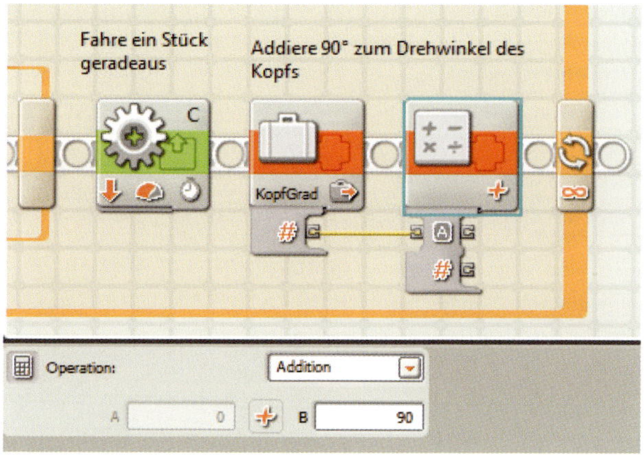

Anschließend lassen wir den Motor, auf dem der Kopf sitzt, über den Motorblock an Ausgang A mit dem Wert von KOPFGRAD rotieren. Während es sich bei kürzeren Drehungen wie denen um 30°, die wir beim Suchen durchgeführt haben, aus Gründen der Präzision empfiehlt, den Motor mit reduzierter Kraft laufen zu lassen, können wir hier die Eigenschaft LEISTUNG auf 75 lassen:

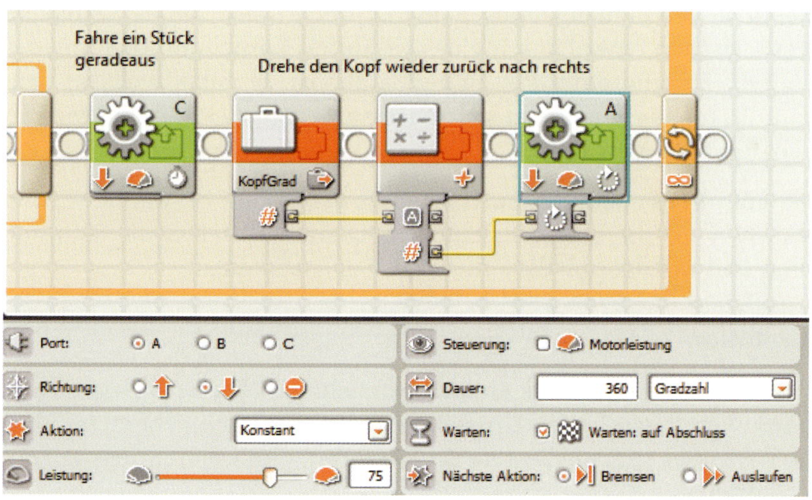

Das komplette Programm

Damit ist das Programm komplett, da nun der Such- und Fahrzyklus erneut beginnt. Fährt der Sucher dabei bereits auf ein entdecktes Objekt zu, wird es dieses bei ungefähr nach vorne ausgerichtetem Kopf wieder entdecken und seinen Kurs nur noch wenig korrigieren müssen – außer natürlich, wenn er auf dem Weg zum Objekt plötzlich ein anderes findet.

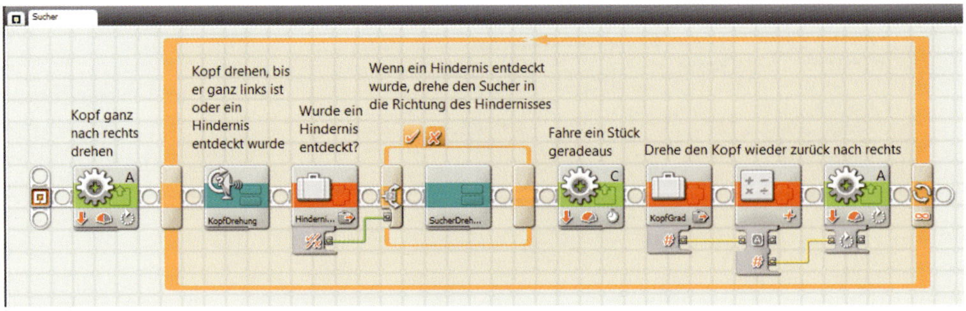

Abb. 6.5: Das komplette Programm für den Sucher

Vor dem Start des Programms ist es wichtig, den Kopf des Suchers manuell immer gerade nach vorne auszurichten!

6.4 Das Verhalten des Suchers

Lassen wir der Sucher laufen, so wird sein Verhalten zunächst geprägt sein von abwechselndem Umschauen und einem Stück Geradeausfahren. Sobald er jedoch einen Gegenstand in seiner Umgebung bemerkt, ändert sich dieses Verhalten: Jetzt wechselt er zwischen einer Drehung des gesamten Körpers in Richtung des neu entdeckten Objekts und einer Bewegung darauf zu. Je näher er dabei dem Gegenstand kommt, umso eher wird er sich genauso weit zurückbewegen wie vorwärts, also in dessen Nähe verharren.

Hin und wieder kommt es allerdings auch vor, dass der Sucher bei der Bewegung auf ein entdecktes Objekt hin ein neues entdeckt. Dann wechselt er die Richtung seiner Bewegung und wendet sich diesem neuen Gegenstand zu.

6.4.1 Interpretation

Unser Sucher ist auf den ersten Blick ein sehr vorsichtiges Wesen: Er legt augenscheinlich großen Wert darauf, seine Umgebung möglichst durchgehend im Blick zu behalten. So bewegt es sich nie längere Strecken fort, ohne sich in sehr kurzen Abständen umzuschauen.

Er ist aber anscheinend mindestens genauso neugierig wie vorsichtig: Hat er etwas in seiner Nähe entdeckt, zögert er nicht, sich ihm schnurstracks zu nähern und es zu erforschen. Allerdings lässt er auch hier Vorsicht walten: Er bewegt sich im Zweifelsfall lieber erst mal ein bisschen rückwärts, bevor es sich dem Gegenstand seines Interesses weiter nähert, so, als ob er sich erst vergewissern müsste, dass davon keine Gefahr ausgeht. Im Allgemeinen wird der Sucher sich einem solchen Objekt auch nicht so weit nähern, dass er tatsächlich in körperlichen Kontakt mit ihm kommt.

Ein Beobachter würde daraus wohl schließen können, dass unser Sucher über Instinkte oder Erfahrungen verfügt, die ihm ein großes Maß an Misstrauen gegenüber den Dingen seiner Umgebung eingeflößt haben. Diese Vorsicht scheint in ständigem Streit mit seiner Neugier zu liegen, die der Sucher anscheinend ausnahmslos allen Dingen seiner näheren Umgebung entgegenbringt.

Dabei hat er offensichtlich keine besonderen Vorlieben oder auch nur eine gewisse Beständigkeit: Wird er auf dem Weg zu einer Entdeckung von einem neuen Objekt abgelenkt, so findet dieses sofort seine neue, ungeteilte Aufmerksamkeit.

6.5 Zusammenfassung

In diesem Kapitel haben wir uns mit einer Reihe neuer, wichtiger Themen beim Bau von Robotern mit LEGO MINDSTORMS NXT befasst:

- dem Bau eines stabilen Auto-ähnlichen Wagens und dessen Steuerung mit lenkbaren Vorderrädern,
- dem von der Ausrichtung des Roboters unabhängigen Messen von Sensorwerten und
- dem Arbeiten mit dem Ultraschallsensor.

Auf der Programmseite haben wir

- einen umfangreichen Ablauf implementiert,
- Teile desselben in Unterprogramme ausgelagert und
- dabei auch fortgeschrittene logische und mathematische Operationen mit NXT-G umgesetzt.

Im nächsten Kapitel werden wir eine komplett andere Art der Fortbewegung kennenlernen und alle uns nun vertrauten Sensoren aus dem NXT-Set zu einem neuen Verhalten kombinieren.

6.6 Anregungen

1. Wie gut funktioniert der Ultraschallsensor bei verschiedenen Arten von Gegenständen im Raum? Welche Objekte entdeckt der Sucher gut, welche nicht? Woran könnte das liegen?
2. Wie muss man das Programm ändern, um nicht irgendeinen Gegenstand in der Umgebung, sondern den zu finden, der sich am nächsten befindet?

3. Wie verändert sich das Verhalten des Suchers, wenn wir etwas kürzer rückwärts fahren oder etwas länger? Bewegt er sich immer noch auf das entdeckte Objekt zu?
4. Was passiert, wenn wir die Abstandsschwelle in der Konfiguration des Ultraschallsensors vergrößern?
5. Wie können wir das Verhalten so ändern, dass sich der Sucher nicht auf entdeckte Objekte zubewegt, sondern von ihnen weg? Wie würde ein Beobachter ein solches Verhalten interpretieren?
6. Man kann in Unterprogrammen wieder Unterprogramme, also EIGENE BLÖCKE verwenden. Wir ändern den Block SUCHERDREHUNG so, dass die beiden Zweige des Entscheidungsblocks wieder in zwei EIGENE BLÖCKE namens LINKSDREHUNG und RECHTSDREHUNG ausgelagert werden.
7. Wie können wir das Programm so ändern, dass der Kopf sich nicht ruckartig, sondern gleichmäßig bewegt, der Sucher sich aber trotzdem auf entdeckte Objekte zubewegt?

Kapitel 7

Der Krabbler: Das Gehen auf Beinen

Neues in diesem Kapitel

- Die Theorie der Fortbewegung auf sechs Beinen
- Bau und Programmierung eines sechsbeinigen Laufroboters
- Nutzung von Berührungssensoren zur programmatischen Synchronisation
- Mehrmalige Durchführung von Programmteilen

In den bisherigen Kapiteln haben wir uns bereits mit verschiedenen Arten beschäftigt, wie sich ein Roboter fortbewegen kann: mit Ketten, Rädern und einer Art Kriechsohle.

Wenn wir jedoch an Wesen aus unserem täglichen Umfeld denken, so fällt uns sofort auf, dass dabei eine Art der Fortbewegung noch fehlt, die uns ganz besonders vertraut ist: das Gehen auf Beinen.

Wir wollen unser nächstes Wesen daher diesem Thema widmen.

Für uns als zweibeinige Wesen ist das Gehen so sehr Bestandteil des täglichen Lebens und über unser zentrales Nervensystem so vollständig automatisiert, dass es im Allgemeinen überhaupt nicht in unser Bewusstsein dringt. Dabei ist das Gehen ein ziemlich komplexer Vorgang. Insbesondere beim *aufrechten* Gang auf zwei Beinen vollbringen der gesamte Körper und das Gehirn eine äußerst aufwendige Steuerungsleistung, bei der viele verschiedene Aufgaben in feiner Abstimmung gleichzeitig erledigt werden müssen.

Eine besondere Herausforderung ist dabei, das Gleichgewicht zu halten, da ein Körper erst dann stabil steht, wenn er auf mindestens drei Punkten ruht. Das zweibeinige Gehen lässt sich daher eher als »kontrolliertes Fallen« betrachten.

Einfacher wird die ganze Sache, sobald sogar mehr als drei Beine beteiligt sind, da dann die für das Stehen nicht notwendigen Beine angehoben werden können, ohne dass das Wesen fällt.

Im Laufe der Evolution haben sich neben dem zweibeinigen Gehen Beinzahlen zwischen vier und zehn als optimal herausgestellt, wobei durch die symmetrische Bauweise der meisten Lebewesen ungerade Beinzahlen praktisch nicht vorkommen.

Bei einem Vierbeiner kann eine hohe Laufgeschwindigkeit allerdings nur erreicht werden, wenn mehr als ein Bein gleichzeitig in der Luft ist. Dann befindet sich der Läufer aber die meiste Zeit in einem instabilen Zustand, und eine derartige Laufmaschine zu bauen ist schwierig.

Wir werden uns in diesem Kapitel daher auf ein Wesen mit sechs Beinen konzentrieren, einen sogenannten *Hexapoden*. Sein Körperbau gleicht dem einer Spinne. Da Spinnentiere aber immer über mindestens acht Beine verfügen, wollen wir es lieber als *Krabbler* bezeichnen:

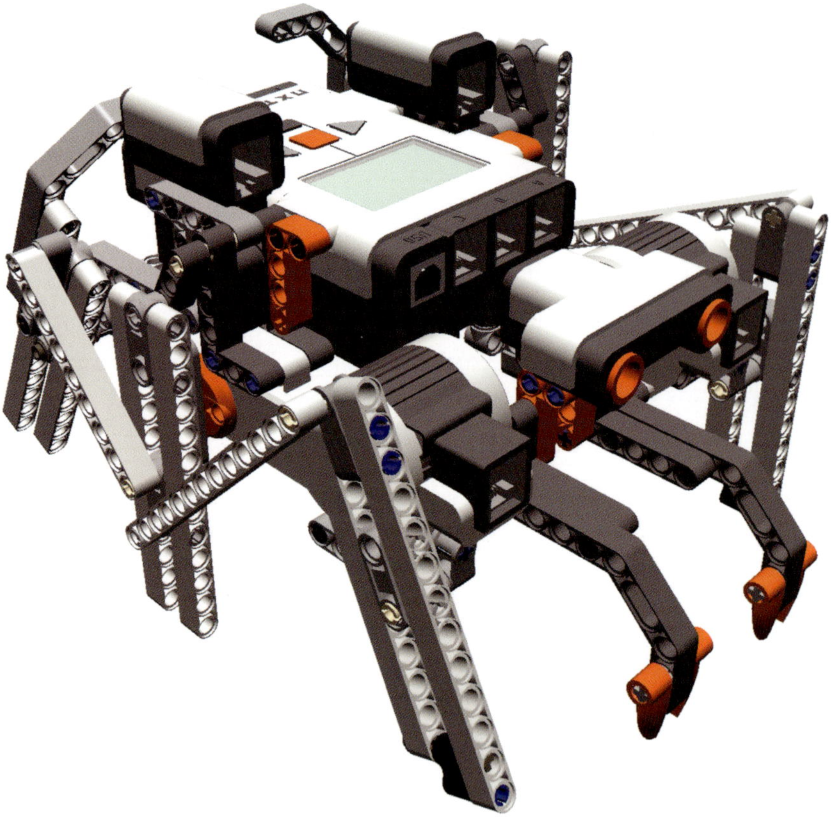

Abb. 7.1: Der Krabbler

7.1 Mechanische Komponenten

Sechs Beine stellen eine gute Grundlage für Laufmaschinen dar, weil man mit ihnen eine sehr stabile Laufweise bewirken kann: Sind immer mindestens drei Beine zugleich am Boden, kann das Wesen praktisch nicht umfallen. Gleichzeitig sind so auch höhere Geschwindigkeiten möglich.

7.1.1 Antrieb

Unser Krabbler soll, wie auch viele Insekten, in der sogenannten *Tripod*-Laufweise laufen, bei der immer genau drei Beine zugleich am Boden, die anderen drei Beine zugleich in der Luft sind. Dabei bewegen sich auf jeder Seite das vordere und das hintere Bein gleichartig, während das mittlere Bein eine gegenläufige Bewegung vollzieht. Das heißt zum Beispiel, dass auf einer Seite das mittlere Bein am Boden steht, während die beiden anderen Beine in der Luft sind:

Abb. 7.2: Die Beine des Krabblers auf einer Seite

Aus Mangel an Zahnrädern im NXT-Set müssen wir diese Koppelung der drei Beine durch eine Anordnung von drehbar gelagerten Querbalken erreichen.

Um Richtungsänderungen zu ermöglichen, treiben wir die drei Beine jeder Seite jeweils durch einen gemeinsamen Motor an, sodass wir jede Seite getrennt und bei Bedarf auch in entgegengesetzte Richtungen bewegen können, also die eine Seite vorwärts und die andere rückwärts – dadurch dreht sich der Krabbler.

7.1.2 Synchronisation

Damit der Krabbler stabil bleibt, müssen immer drei Beine gleichzeitig am Boden sein. Das bedeutet, dass wir die beiden Seiten versetzt gegeneinander synchronisieren müssen: Ist auf der einen Seite das mittlere Bein am Boden, so müssen auf der anderen Seite das vordere und das hintere Bein ebenfalls am Boden sein – und umgekehrt.

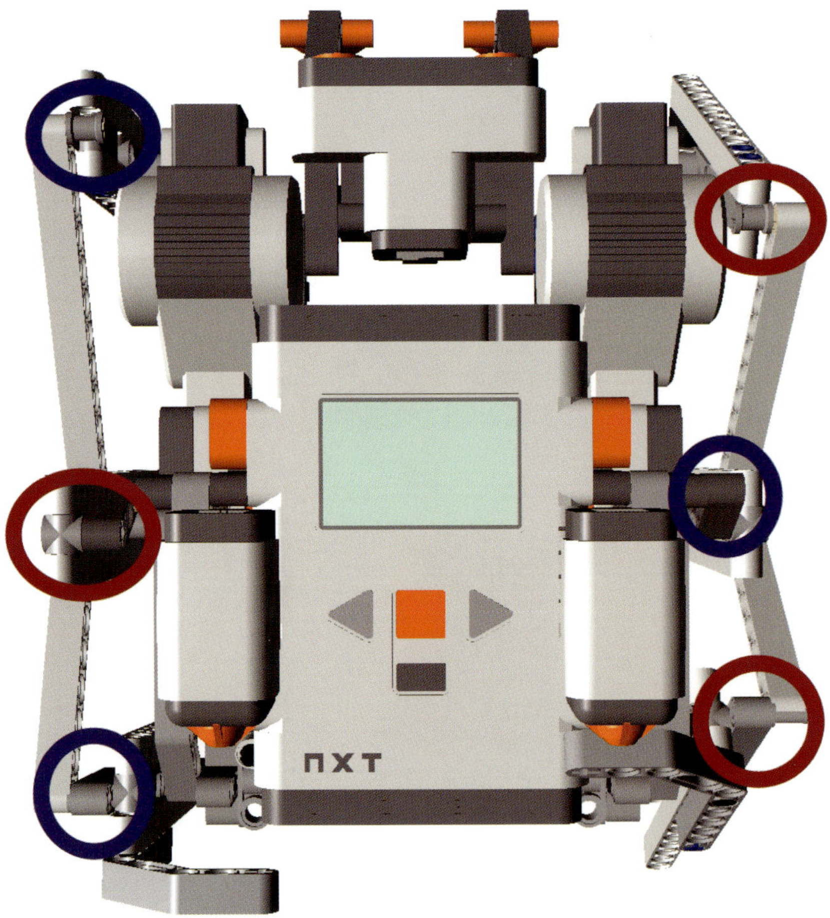

Abb. 7.3: Die Beine des Krabblers, die jeweils gleichzeitig am Boden sind.

Wir könnten diese Synchronisation der beiden Seiten durch eine Verbindung der jeweils gegenüberliegenden Beine erreichen, das heißt in unserem Fall: durch eine starre mechanische Koppelung der beiden Motoren, also zum Beispiel durch eine gemeinsame Achse. Dann aber könnte sich der Krabbler nicht mehr drehen, sondern nur noch geradeaus vorwärts oder rückwärts laufen. Wir verbinden daher beide Motoren nicht mechanisch.

Lassen wir den Krabbler nun aber ohne eine derartige Verbindung laufen, merken wir nach einiger Zeit, dass sich die beiden Seiten nicht mehr synchron bewegen. Das liegt daran, dass die beiden ungekoppelten Motoren aus Reibungs- und anderen Gründen niemals exakt gleich schnell laufen. Der Krabbler fängt dann an zu taumeln und gerät schließlich aus dem Takt und Gleichgewicht.

Eine Lösung dafür ist es, die Synchronisation *über programmatische Mittel* zu erreichen. Das heißt, wir entwerfen das Programm so, dass die beiden Seiten in kurzen Abständen immer wieder in Gleichtakt gebracht werden. Dazu muss das Programm allerdings wissen, in welcher Position sich die Beine einer Seite jeweils gerade befinden. Wir könnten dazu den Drehwinkel des betreffenden Motors abfragen. Zuverlässiger ist es jedoch, zwei Berührungssensoren zu verwenden, die jeweils melden, wenn sich das hintere Bein in der Luft befindet:

Abb. 7.4: Die beiden Berührungssensoren an den Hinterbeinen

Diese Signale nutzen wir dann, um die Beine der beiden Seiten regelmäßig in die korrekte Position zueinander zu bringen.

7.2 Die Bauanleitung

7.2.1 Benötigte Teile

Für den Bau des Krabblers benötigen wir folgende Teile des NXT-Sets:

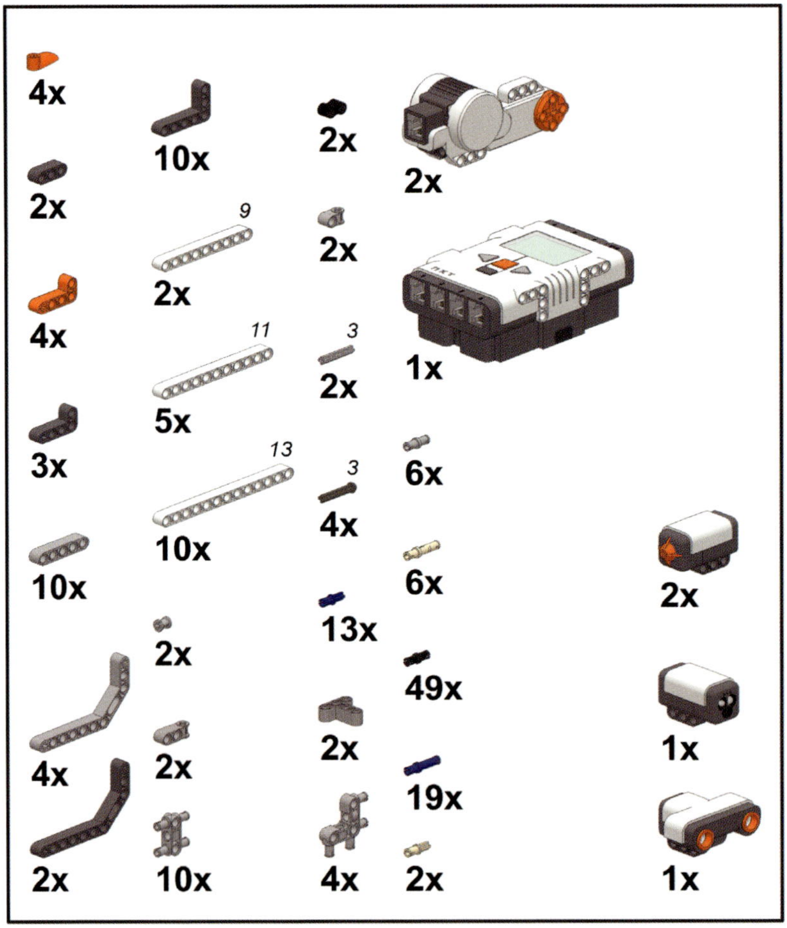

7.2.2 Schritt für Schritt

Der Körper

1

2

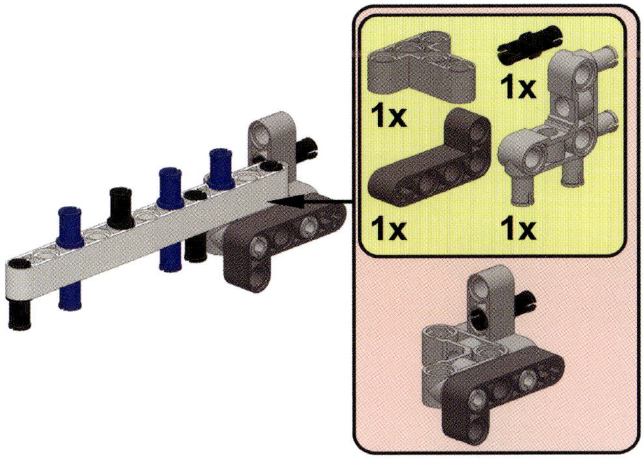

Bei Verwendung der Education-Edition lassen wir den 2x4-Winkelbalken weg und ersetzen den T-förmigen Balken durch zwei der flachen dunkelgrauen T-förmigen Dreiecke aus dem Education Resource Set, die wir hintereinander anbringen.

3

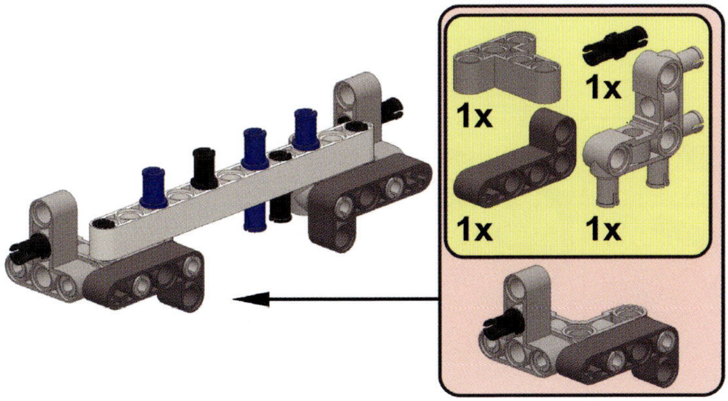

Bei Verwendung der Education-Edition lassen wir auch hier den 2x4-Winkelbalken weg und ersetzen den T-förmigen Balken wieder durch zwei der flachen dunkelgrauen T-förmigen Dreiecke aus dem Education Resource Set.

4

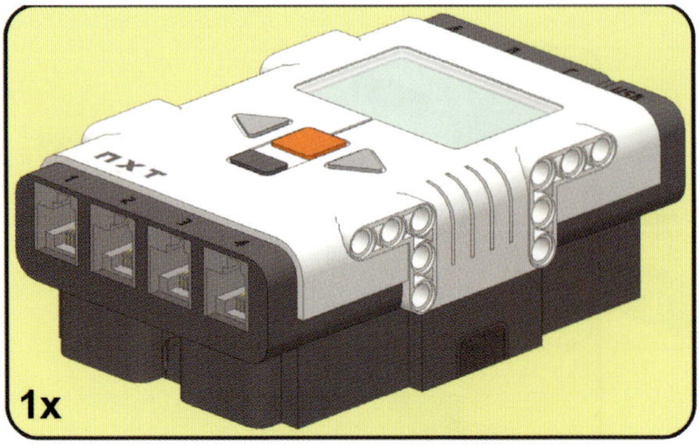

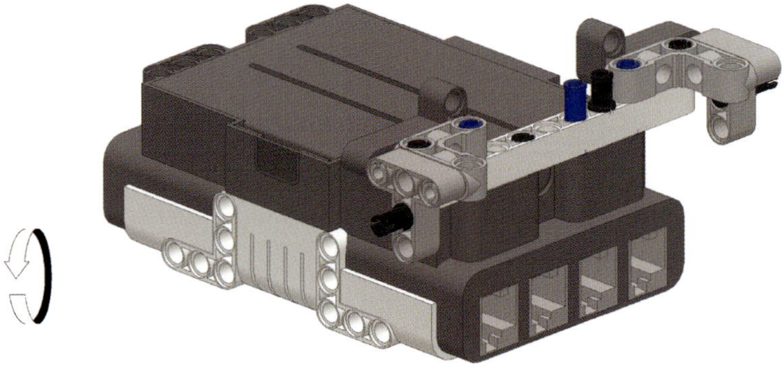

5

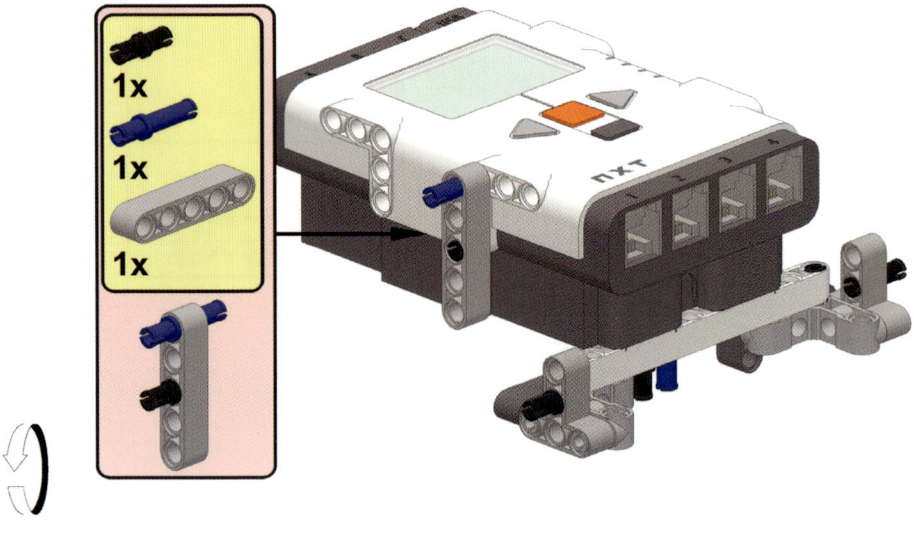

6

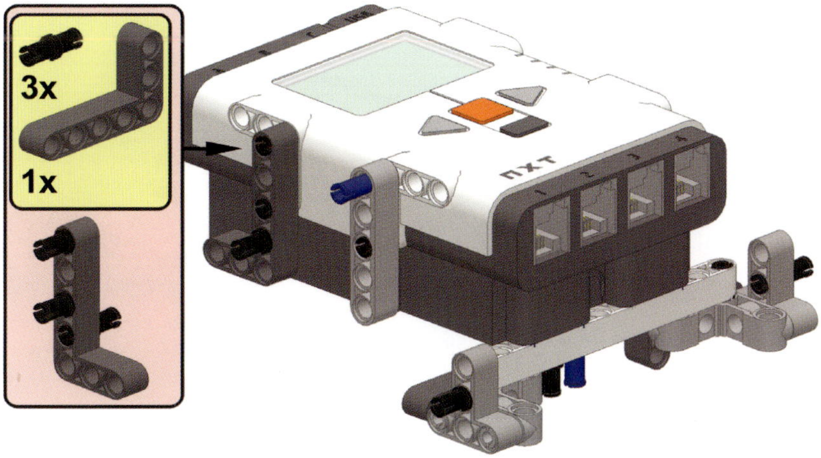

7

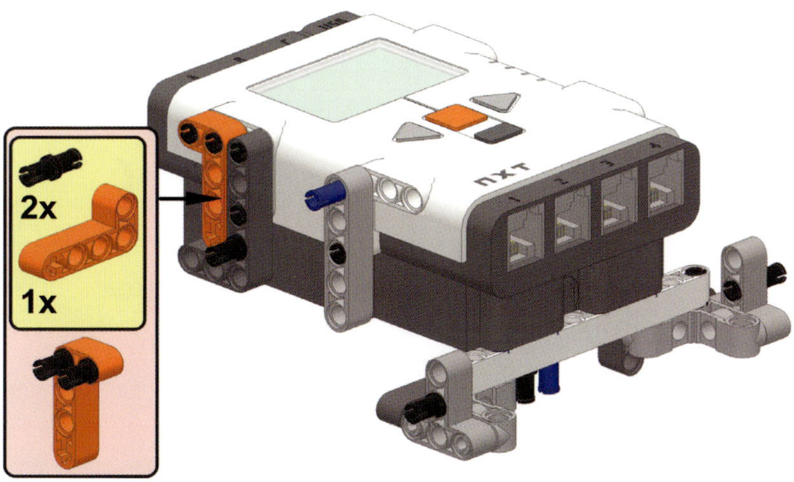

8

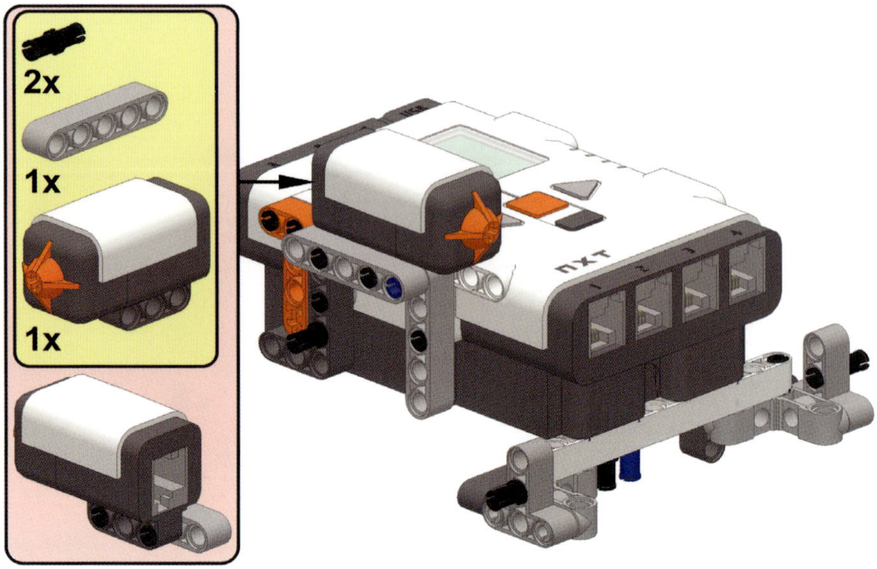

9

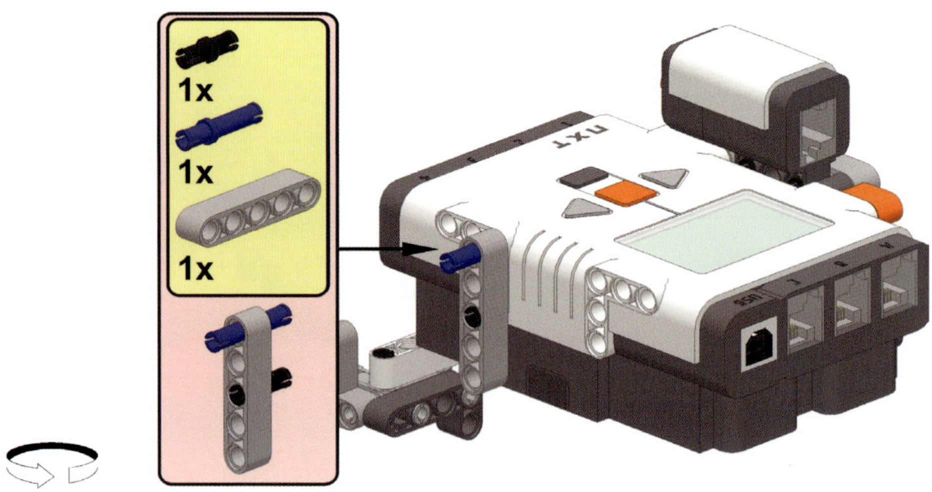

10

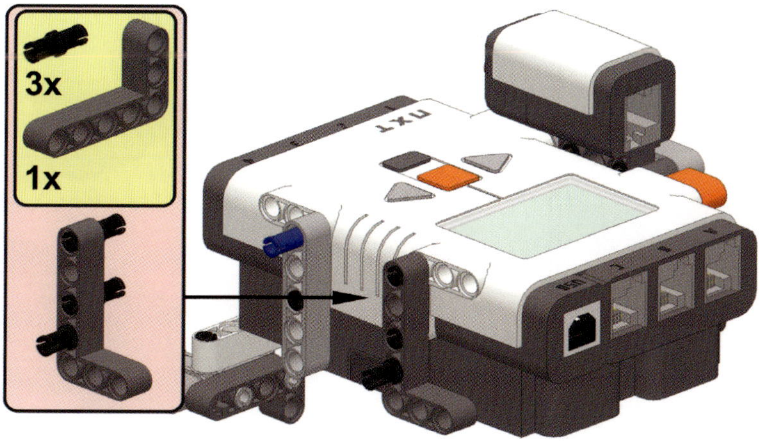

11

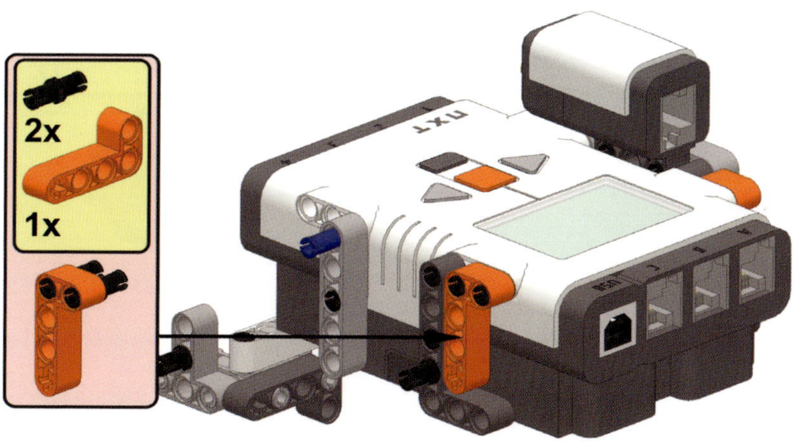

12

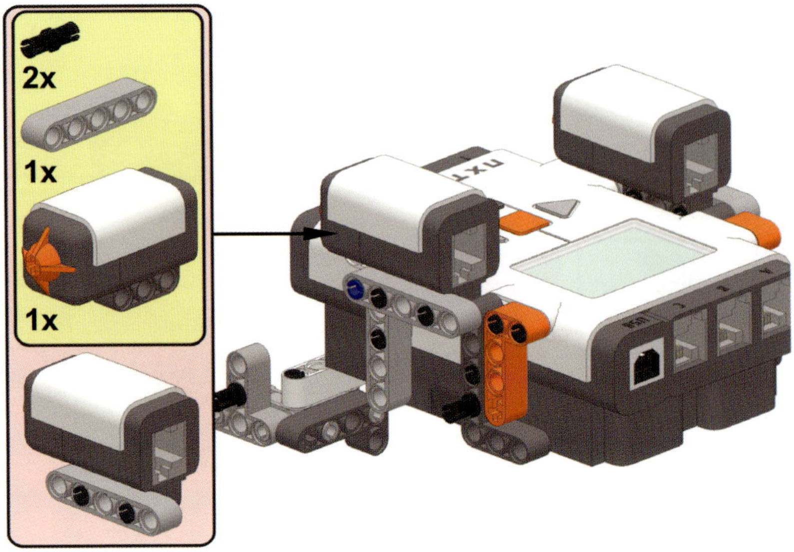

13

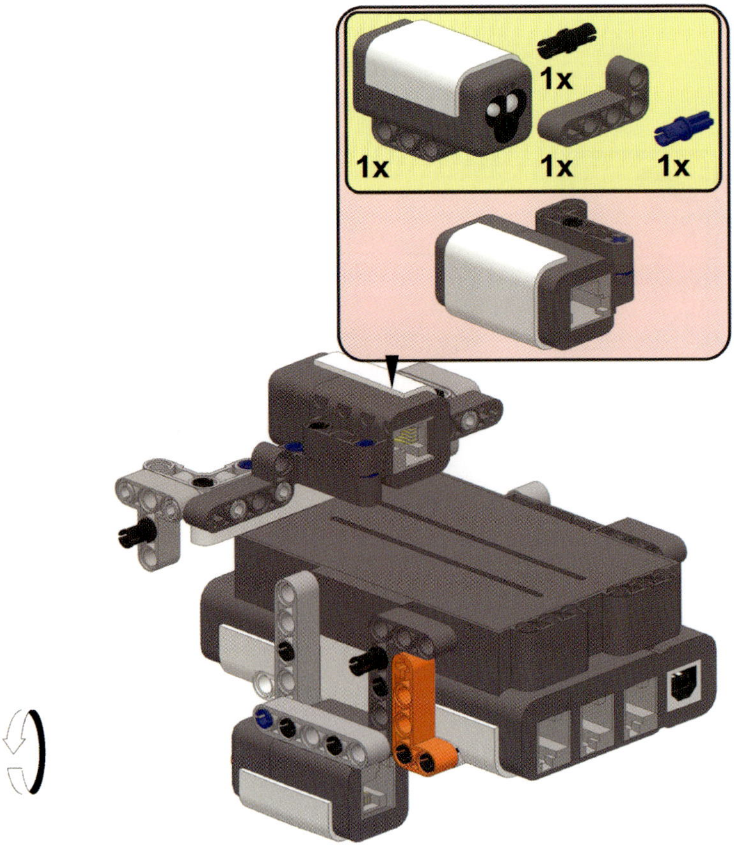

Wollen wir den Krabbler mit der Education-Edition bauen, so ersetzen wir hier den Farbsensor durch den Lichtsensor.

Die linke Kopfhälfte

1

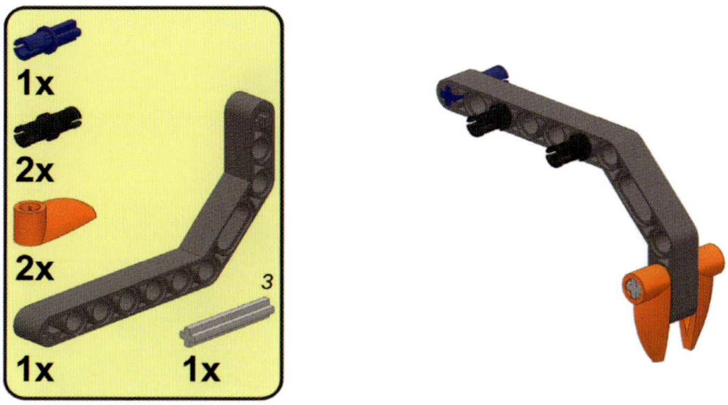

2

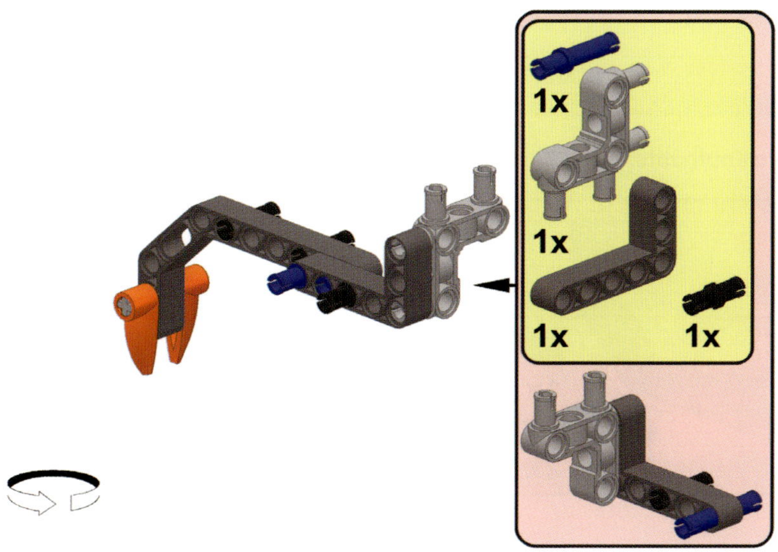

Bei Verwendung der Education-Edition ersetzen wir den 3x5-Winkelbalken durch einen 2x4-Winkelbalken.

Wir bringen die linke Kopfhälfte am Körper an:

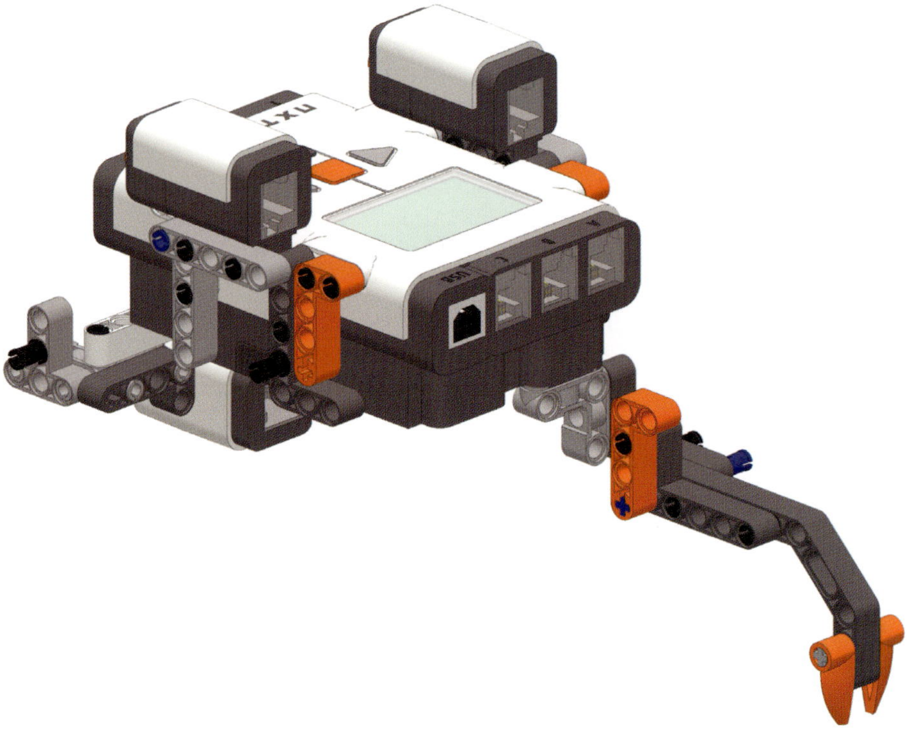

Die rechte Kopfhälfte

1

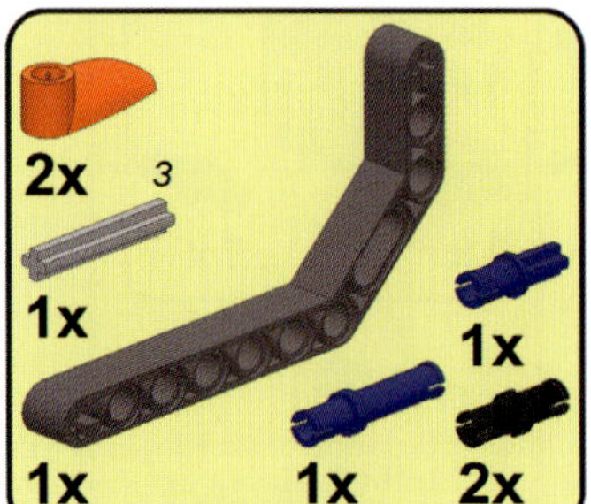

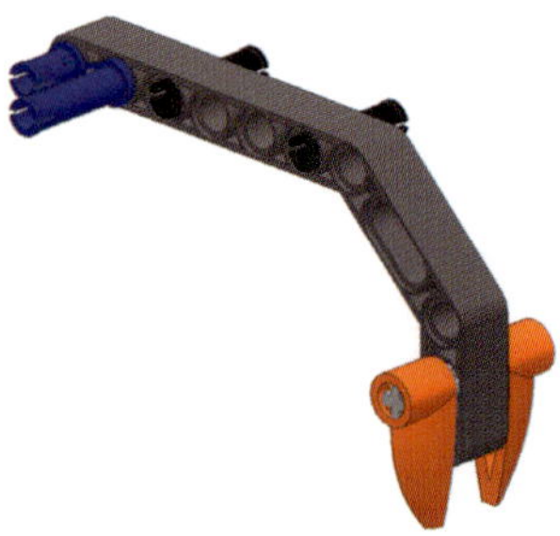

2

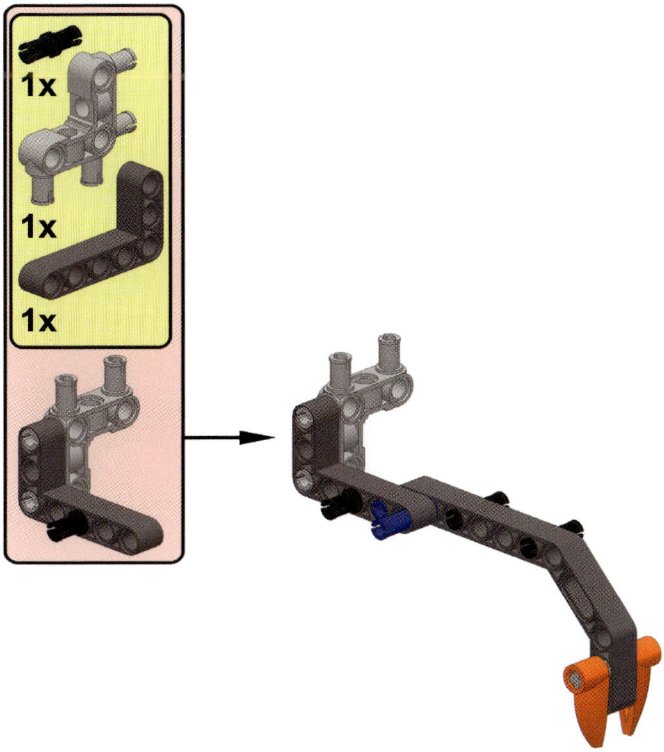

3

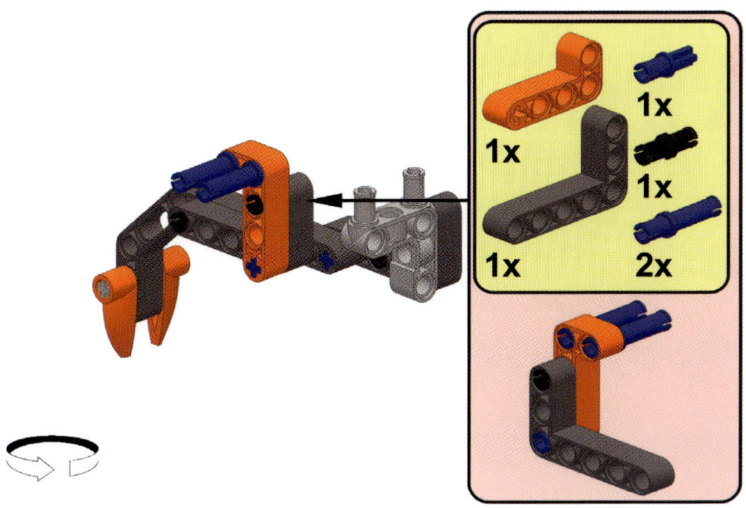

Bei Verwendung der Education-Edition ersetzen wir auch hier wieder den 3x5-Winkelbalken durch einen 2x4-Winkelbalken.

4

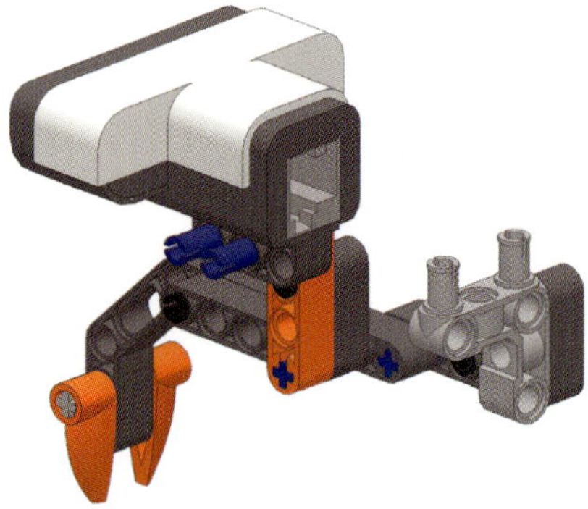

Wir bringen die rechte Kopfhälfte am Körper an und verbinden sie dabei mit der linken Kopfhälfte:

Die linke Beinreihe

1

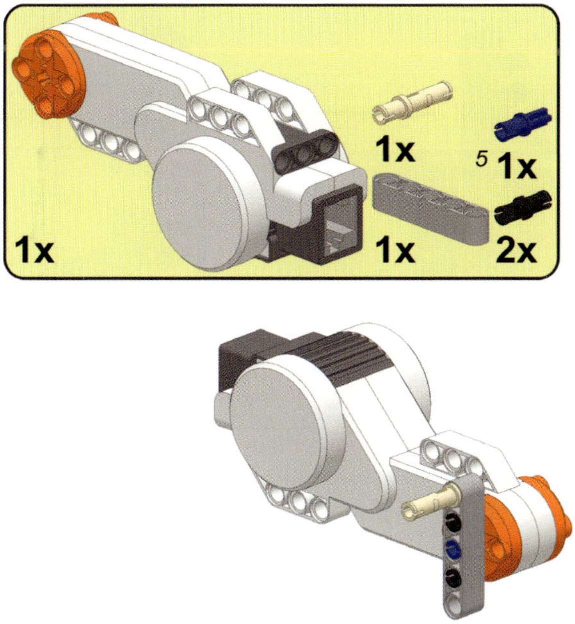

2

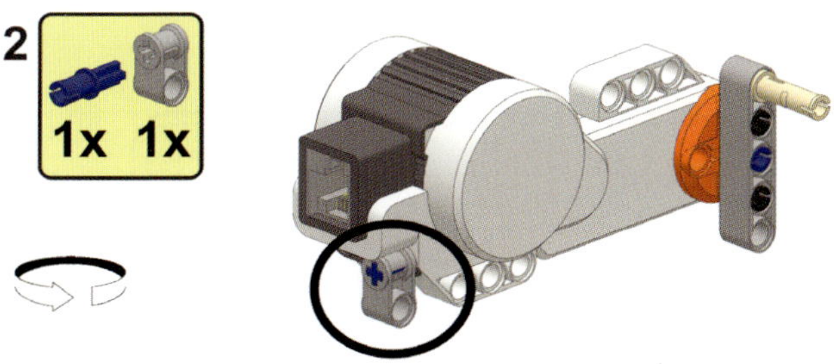

3

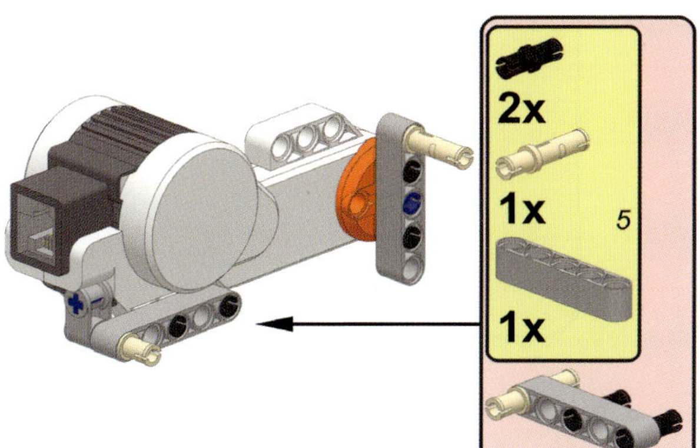

4

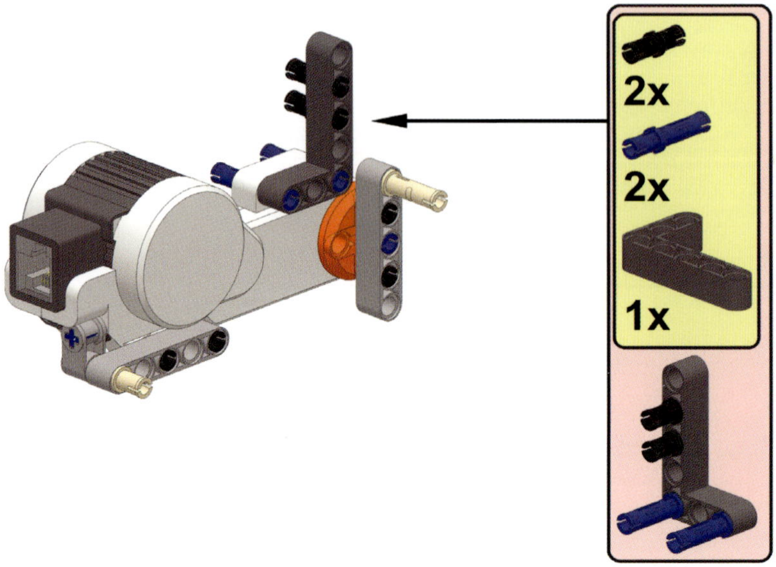

5

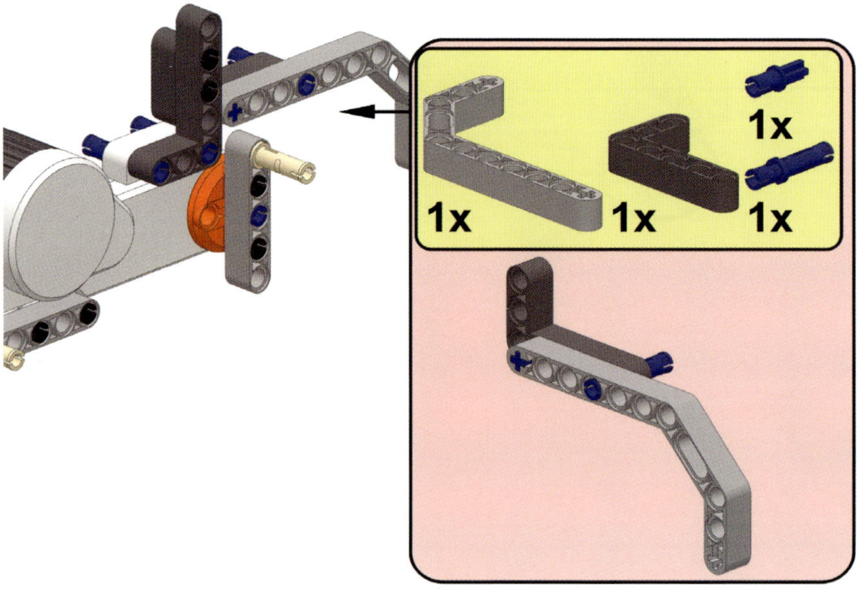

Das mittlere Bein

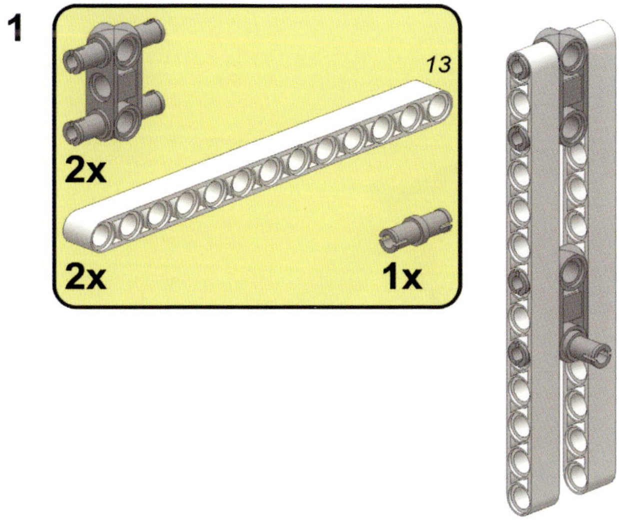

Bei Verwendung der Education-Edition ersetzen wir die beiden 13M-Balken durch zwei 15M-Balken und zwar so, dass sie jeweils zwei Löcher über das obere graue Mittelstück hinausragen.

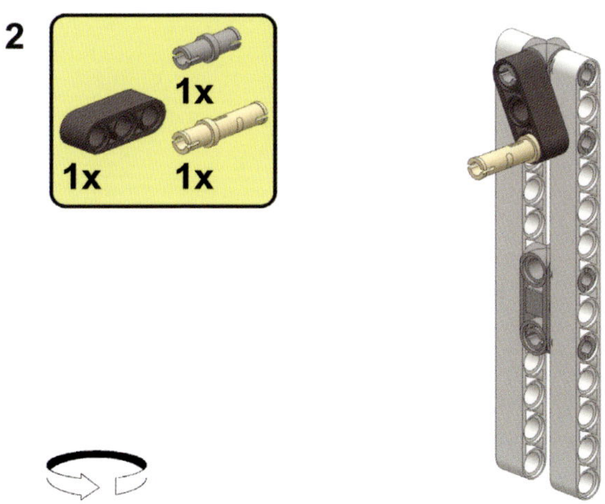

Wir bringen das mittlere Bein am Motor an:

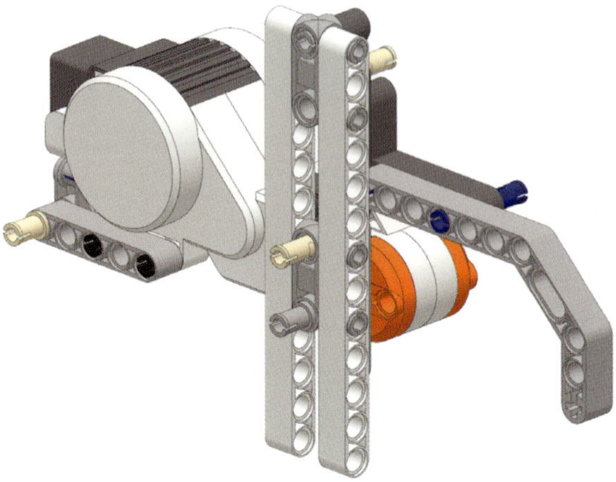

Das vordere Bein

1

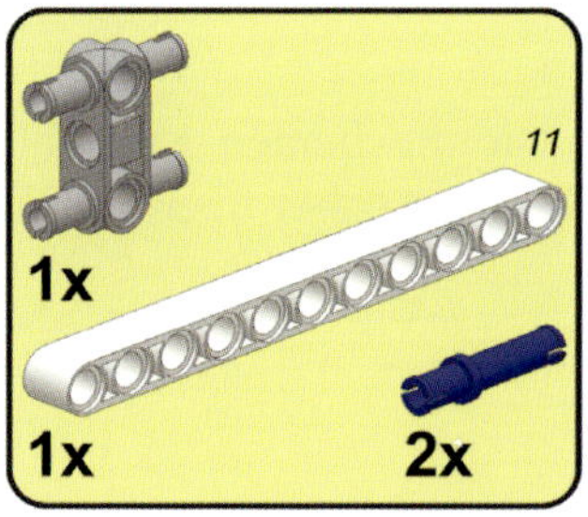

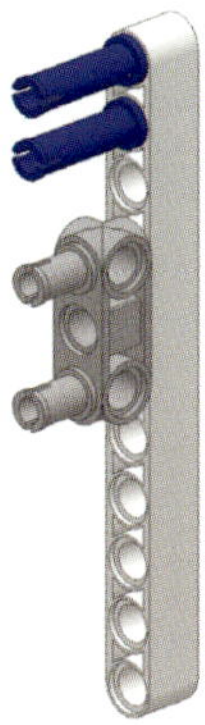

2

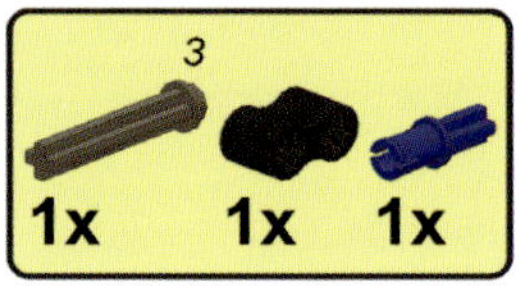

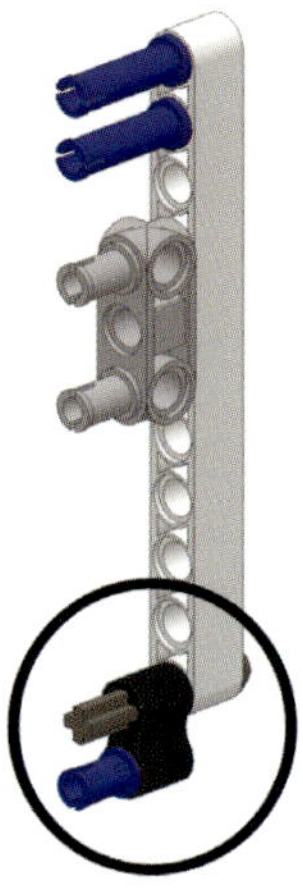

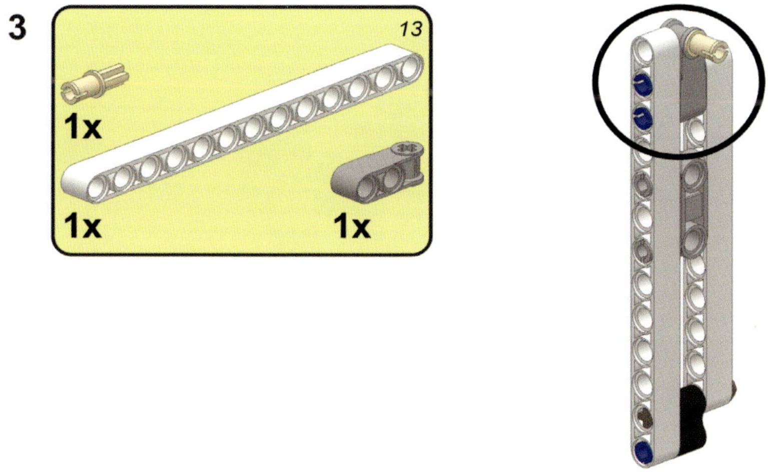

Bei Verwendung der Education-Edition ersetzen wir den 13M-Balken durch einen 15M-Balken und zwar so, dass er zwei Löcher über das obere graue Mittelstück hinausragt.

Wir bringen das vordere Bein ebenfalls am Motor an:

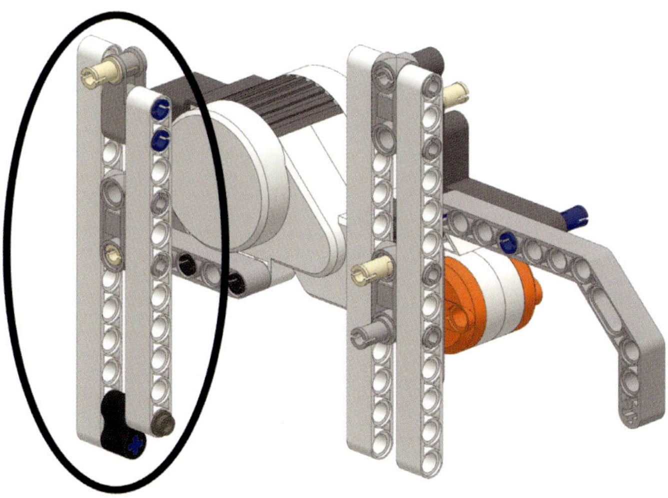

Das hintere Bein

1

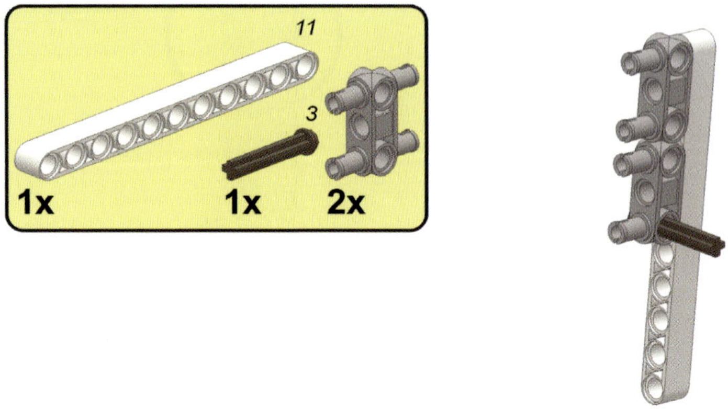

2

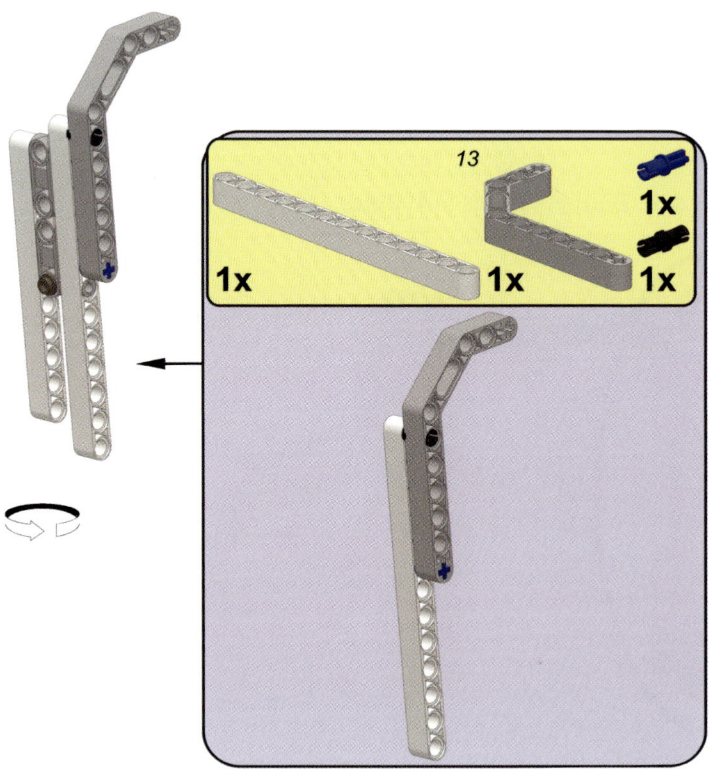

Bei Verwendung der Education-Edition ersetzen wir wieder den 13M-Balken durch einen 15M-Balken und zwar diesmal so, dass er drei Löcher über das obere graue Mittelstück hinausragt.

3

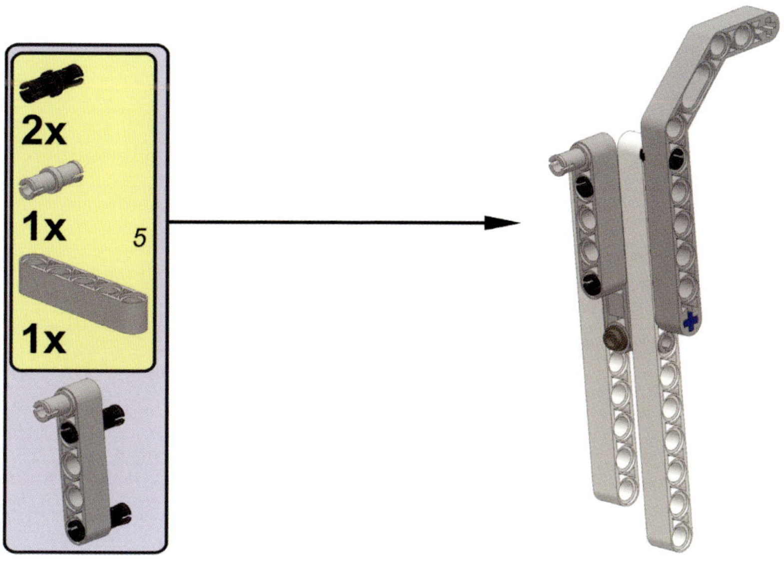

Wir setzen das hintere Bein am Motor an:

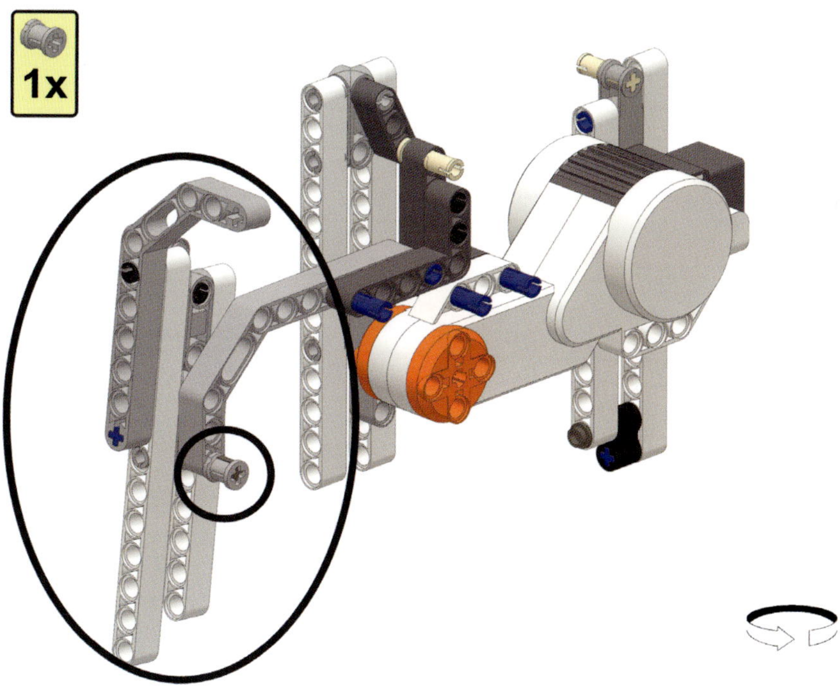

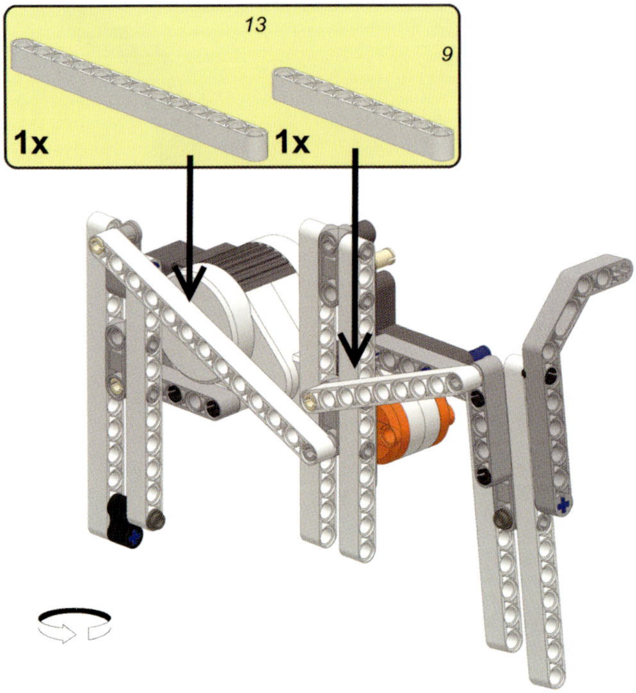

Damit ist die linke Beinreihe fertig und wir können sie am Körper anbringen:

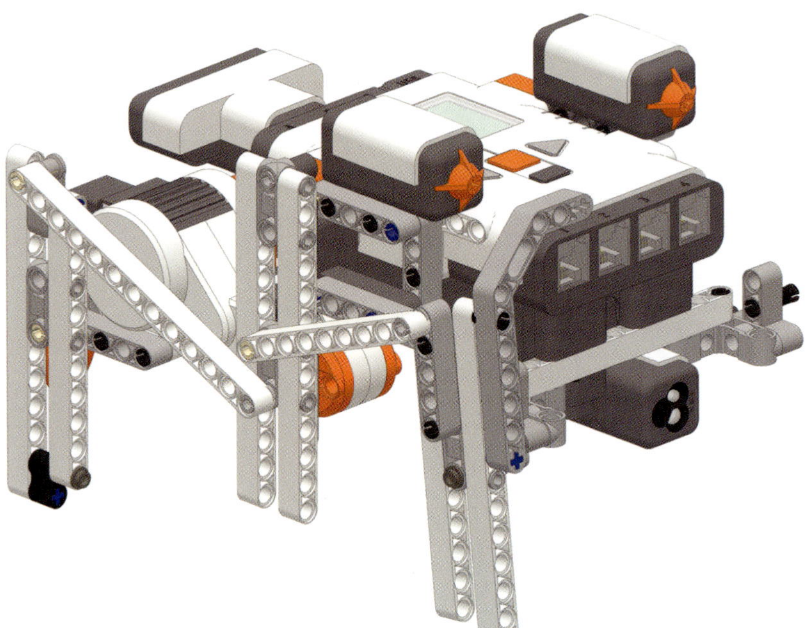

Die rechte Beinseite

1

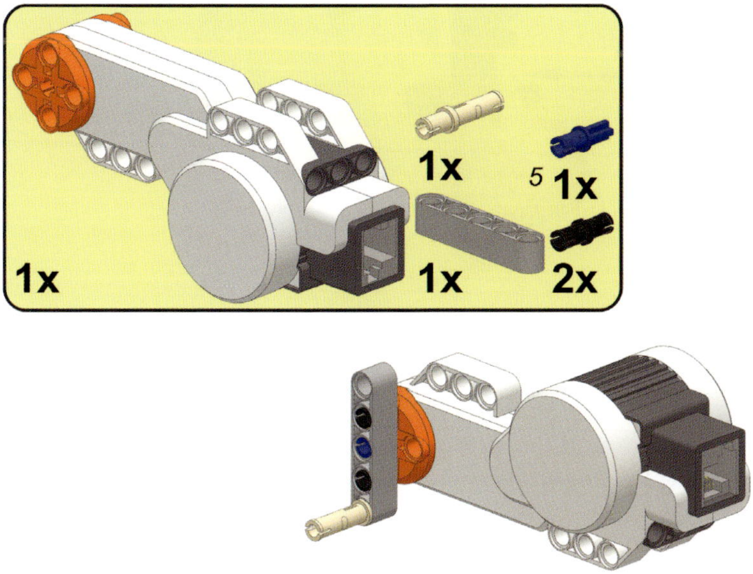

2

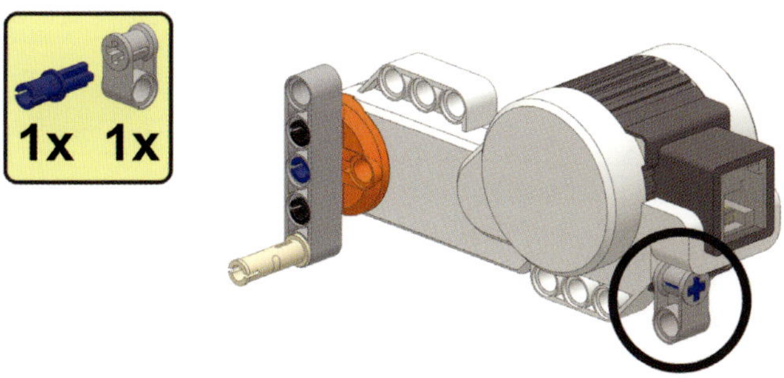

3

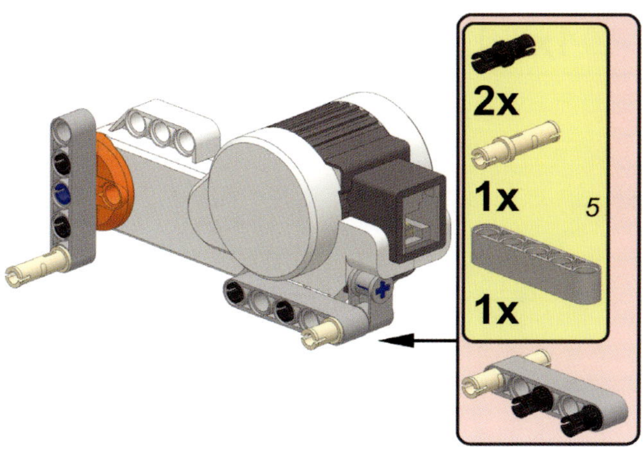

4

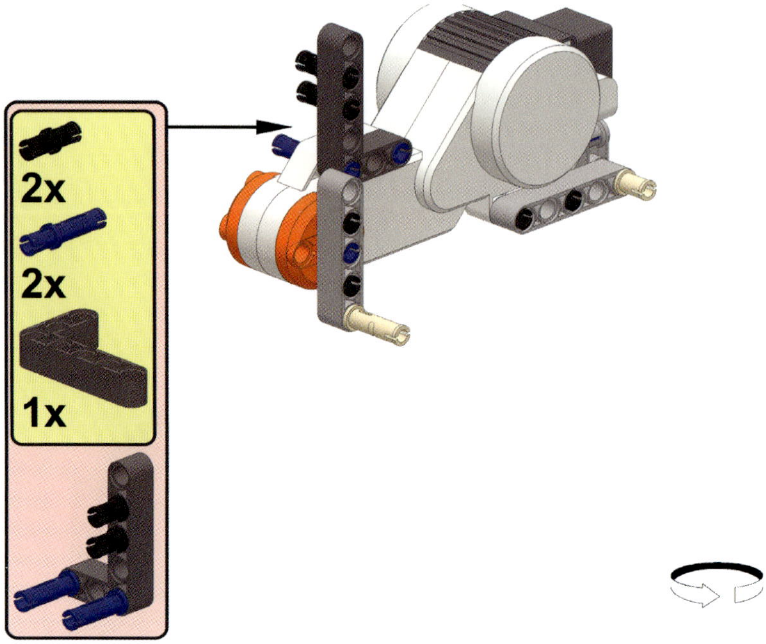

5

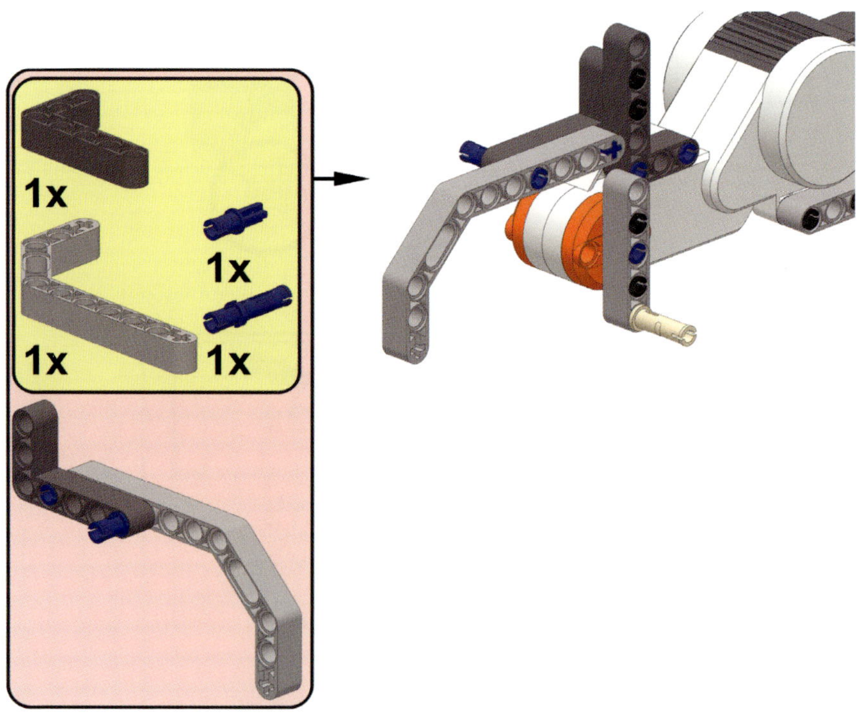

Das mittlere Bein

1

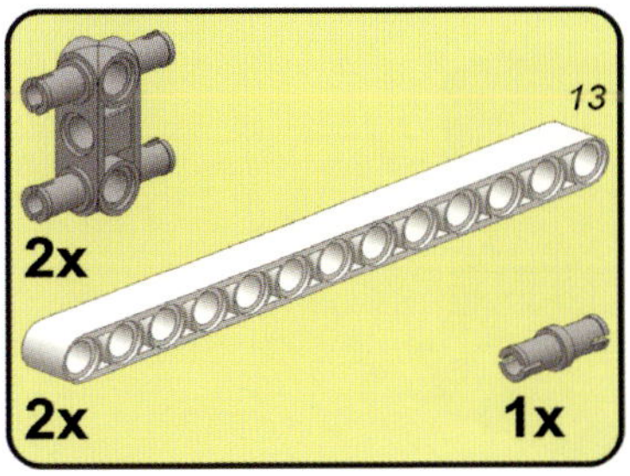

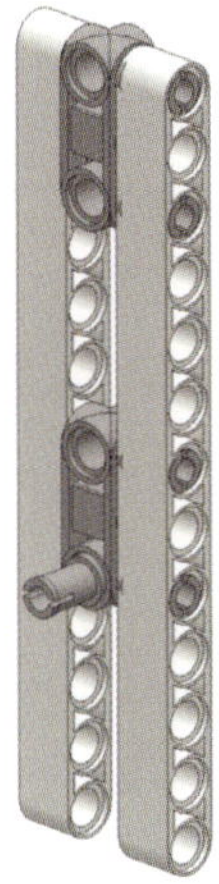

Bei Verwendung der Education-Edition ersetzen wir auch diese beiden 13M-Balken durch zwei 15M-Balken und zwar wieder so, dass sie jeweils zwei Löcher über das obere graue Mittelstück hinausragen.

2

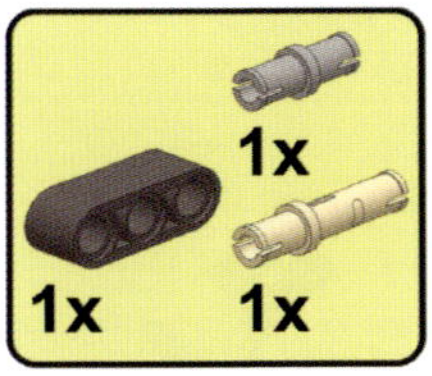

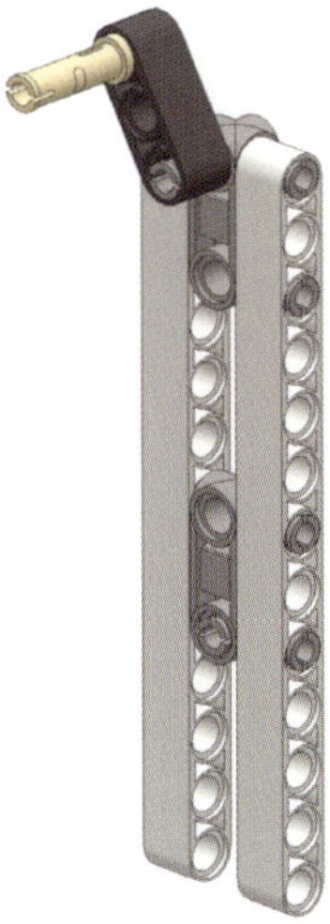

Wir verbinden das mittlere Bein mit dem Motor:

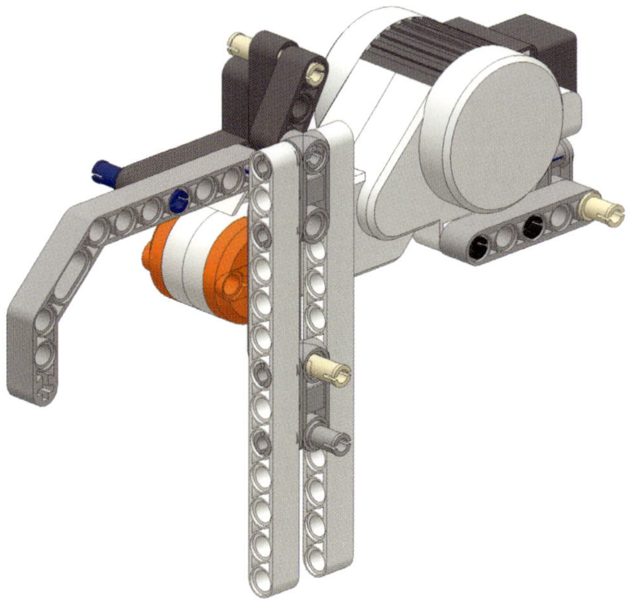

Das vordere Bein

1

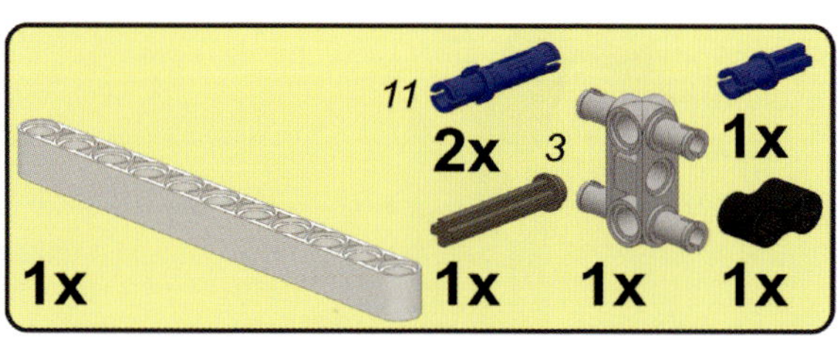

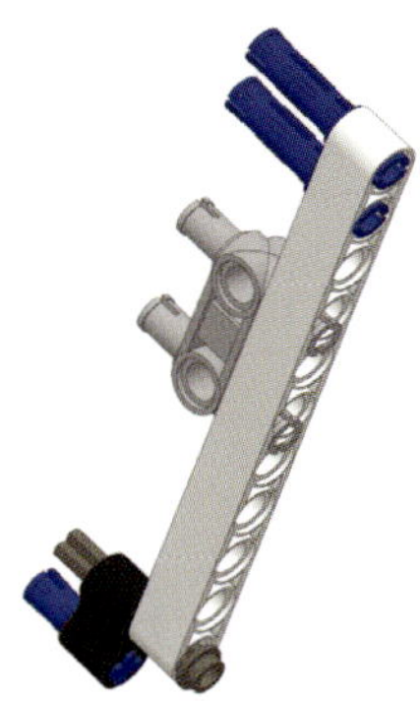

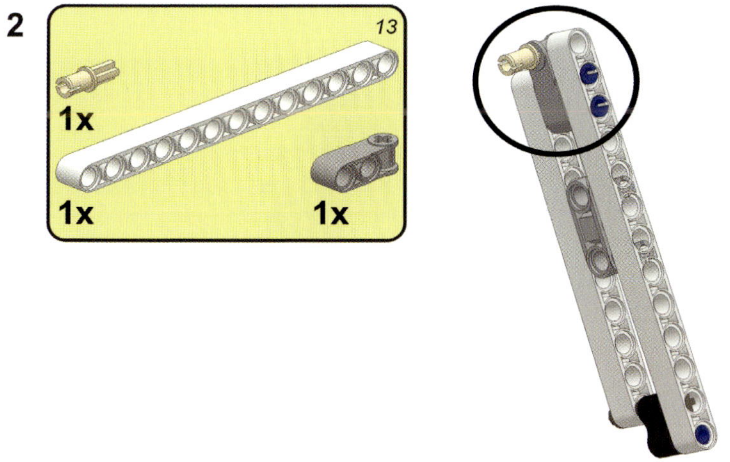

Bei Verwendung der Education-Edition ersetzen wir den 13M-Balken durch einen 15M-Balken und zwar so, dass er zwei Löcher über das obere graue Mittelstück hinausragt.

Wir verbinden das vordere Bein mit dem Motor:

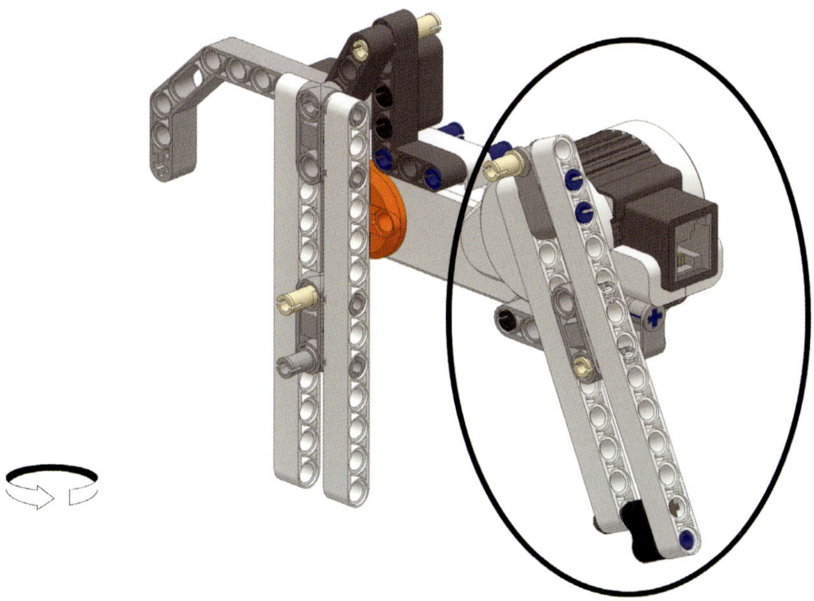

Das hintere Bein

1

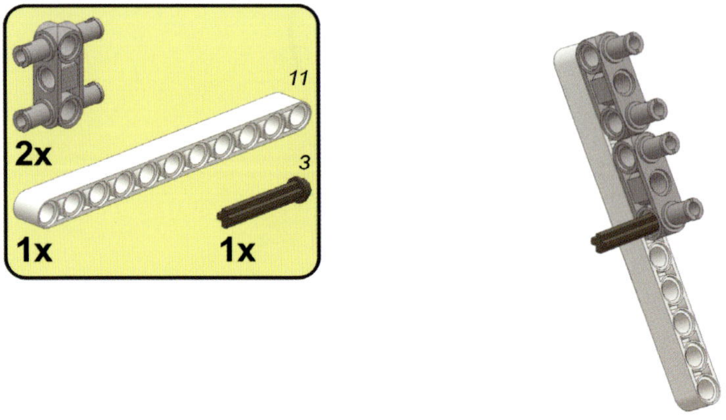

2

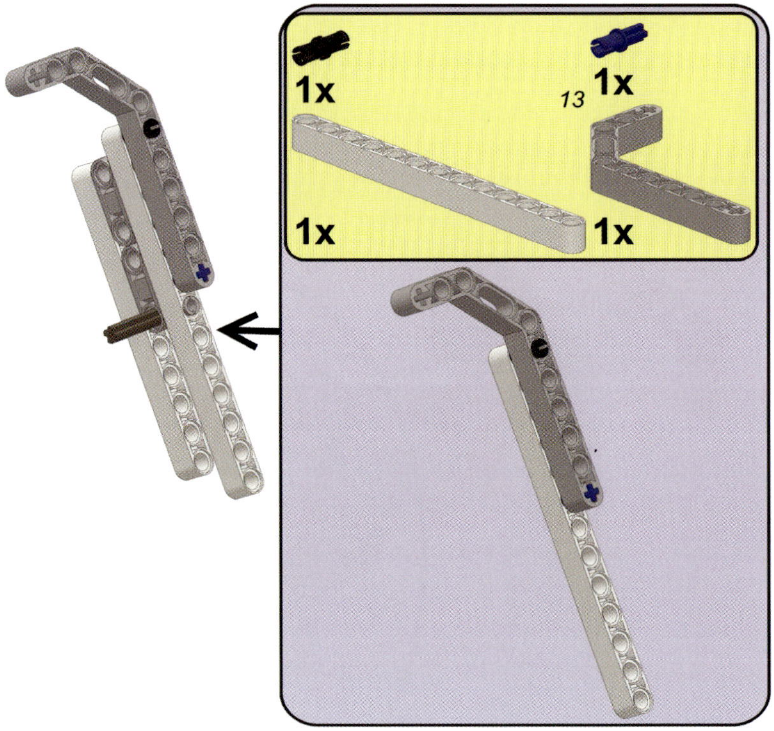

Bei Verwendung der Education-Edition ersetzen wir erneut den 13M-Balken durch einen 15M-Balken und zwar diesmal wiederum so, dass er drei Löcher über das obere graue Mittelstück hinausragt.

3

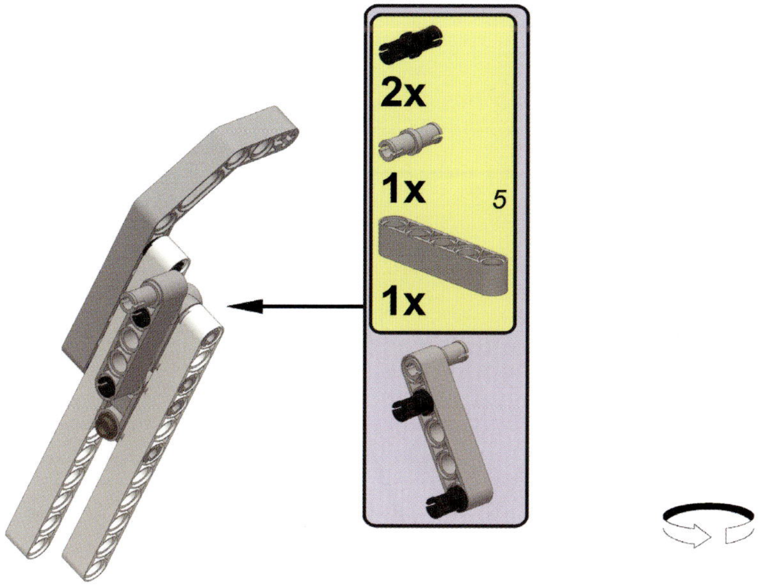

Wir setzen das hintere Bein an den Motor an:

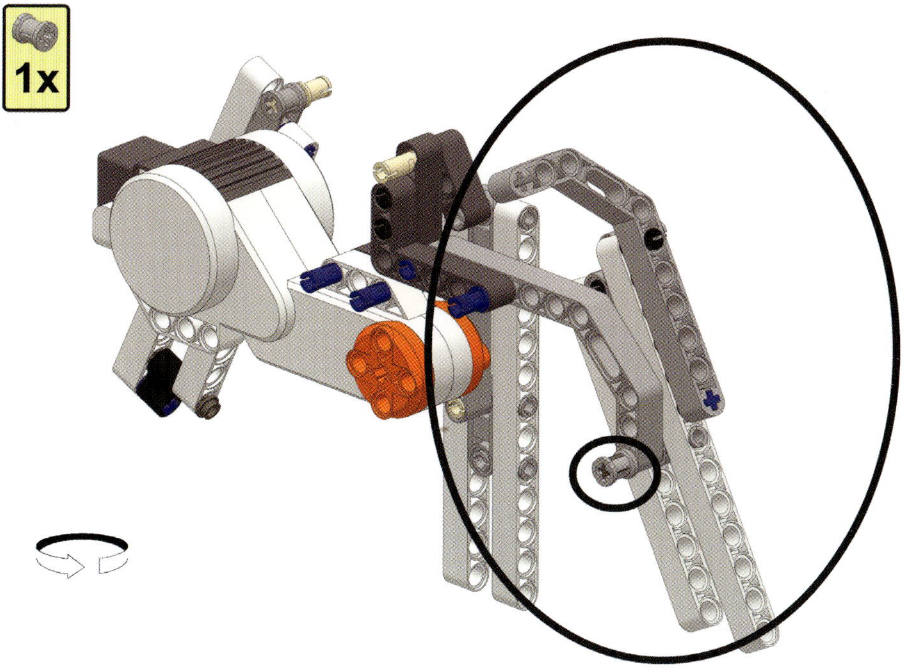

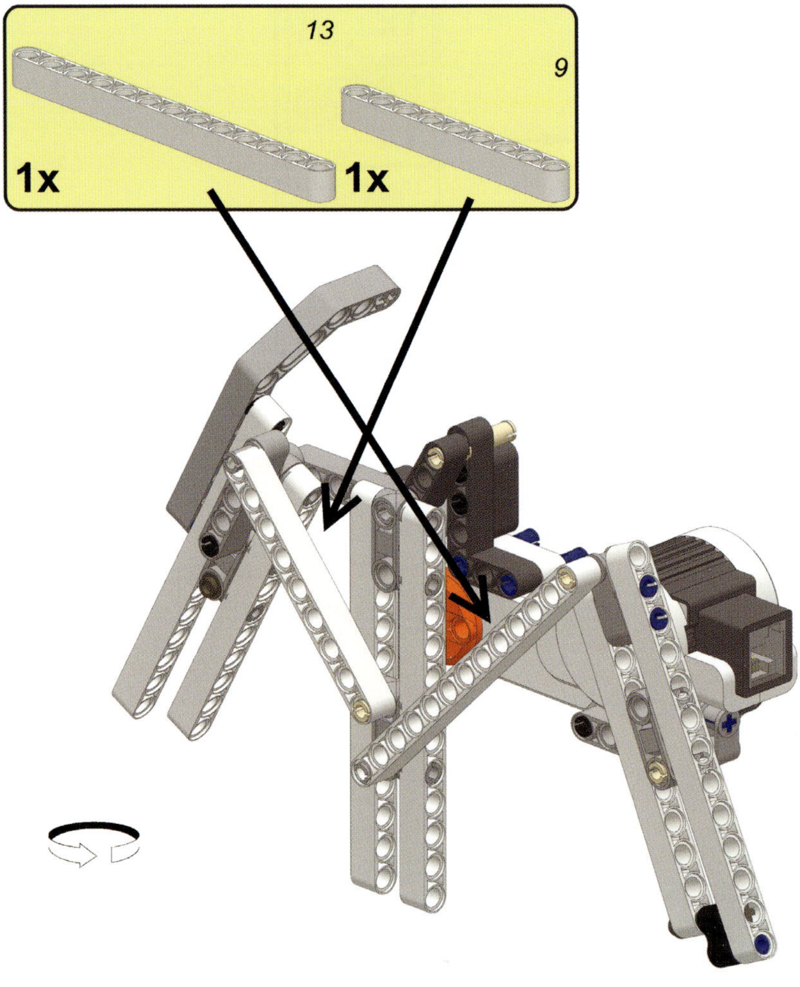
13
9
1x
1x

Damit ist auch die rechte Beinreihe fertig und wir können sie an den Körper ansetzen:

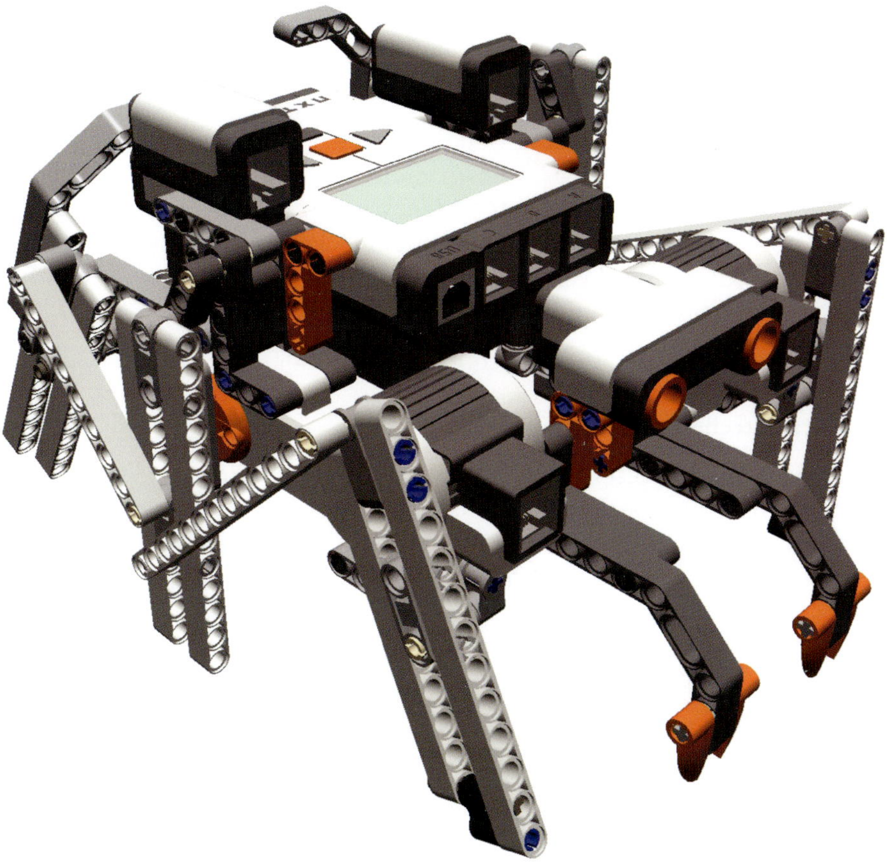

Verkabelung

Wir verbinden

- den von hinten gesehen linken Motor mit Ausgang A,
- den von hinten gesehen rechten Motor mit Ausgang B,
- den von hinten gesehen linken Berührungssensor mit Eingang 1,
- den von hinten gesehen rechten Berührungssensor mit Eingang 4,
- den Farbsensor mit Eingang 2 und
- den Ultraschallsensor mit Eingang 3.

Dabei ist es zweckmäßig, die Kabel zu den Motoren um den Sockel des Ultraschallsensors zu wickeln.

7.3 Das Programm

7.3.1 Entwurf der allgemeinen Struktur

Wie soll sich der Krabbler verhalten?

Da wir uns in diesem Kapitel eher auf den Aspekt der Fortbewegung auf Beinen konzentrieren wollen, führen wir kein grundlegend neues Verhalten für den Krabbler ein: Er soll so lange geradeaus laufen, bis er mit dem an der Vorderseite angebrachten Ultraschallsensor ein Hindernis entdeckt. Sobald das geschieht, soll er anhalten, kurz abwarten und sich dann zur Seite drehen, um in die neue Richtung weiterzulaufen und somit dem Hindernis auszuweichen.

Dieses Verhalten kennen wir ähnlich schon vom Kriecher.

Was bedeutet das technisch?

Der für uns neue Teil an diesem Programm ist das Gehen: Wir müssen die beiden Beinseiten durch Laufenlassen der jeweiligen Motoren vorwärts bewegen. Dabei müssen wir darauf achten, dass die beiden Seiten synchronisiert werden, also sich nach jedem Schritt die eingangs beschriebenen zwei Gruppen aus jeweils drei Beinen in der gleichen Position befinden. Das heißt: Zwei Beine auf einer Seite und das dritte auf der anderen sollen sich entweder gleichzeitig am Boden oder gleichzeitig in der Luft befinden.

Gemäß unserer einleitenden Erwägungen zum Tripod-Gang heißt das: Die Beine der rechten Seite bewegen sich so weit, bis das mittlere rechte Bein wieder am Boden ist und die Beine der linken Seite so weit, bis das linke Vorderbein und das linke Hinterbein beide am Boden sind.

Um das zu erreichen, nutzen wir die beiden Berührungssensoren. Schlägt der rechte an, so wissen wir aufgrund der Konstruktion der Beine, dass das mittlere rechte Bein am Boden sein muss. Ebenso ist das linke mittlere Bein am Boden, sobald der linke Berührungssensor anschlägt, und wir müssen dann den linken Motor nur noch eine weitere halbe Umdrehung machen lassen, um wie gewünscht sicherzustellen, dass auch das linke Vorder- und das linke Hinterbein passend zum rechten mittleren Bein am Boden sind.

Für die Drehung können wir praktisch den gleichen Mechanismus verwenden. Damit aber der Krabbler dabei nicht vorwärts läuft, sondern sich dreht, müssen sich die Beine genau einer der beiden Seiten rückwärts bewegen. Technisch bedeutet das, dass der zugehörige Motor rückwärts läuft.

Allgemeiner Programmablauf

Damit ergibt sich folgender Ablauf des Programms:

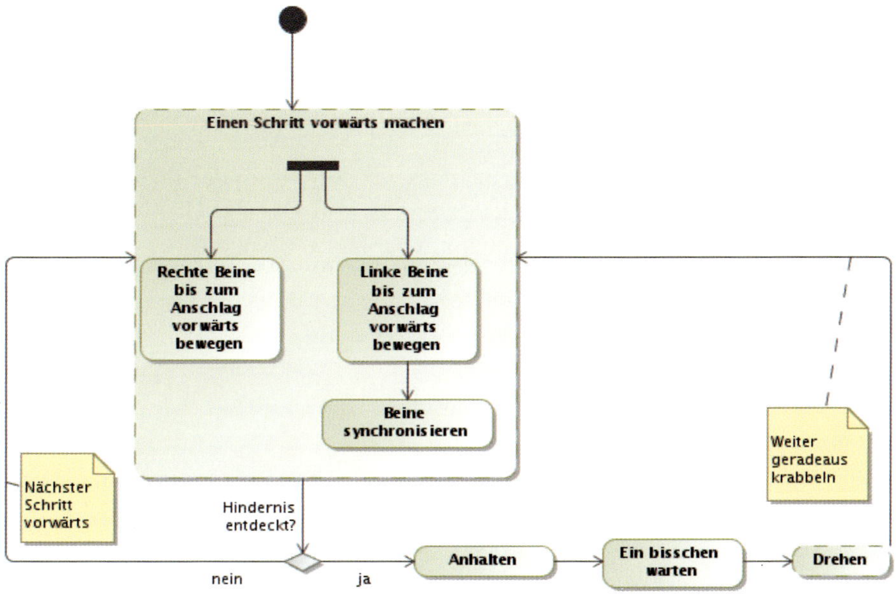

Abb. 7.5: Das Verhalten des Krabblers

7.3.2 Technische Umsetzung als NXT-G-Programm

Vorwärts laufen bis zu einem Hindernis

Das ganze Programm soll wieder so lange laufen, bis wir es ausschalten. Wir fügen daher als Erstes die altbekannte Endlosschleife ein, die alle Programmschritte in sich aufnehmen wird.

Der Krabbler soll so lange vorwärts laufen, bis der Ultraschallsensor ein Hindernis meldet. Wir benötigen daher eine Schleife, die abbricht, sobald der Sensor etwas in weniger als 20 Zentimeter Entfernung entdeckt:

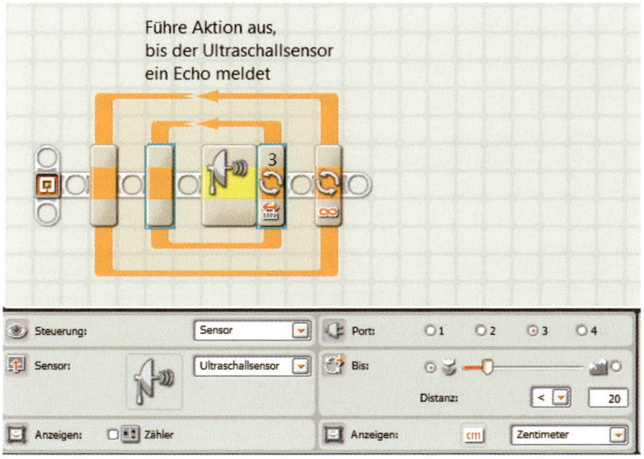

Ein Schritt vorwärts

Bei jedem Durchlauf der Schleife soll der Krabbler einen Schritt machen. Ein solcher Schritt besteht darin, die Beine jeder Seite synchronisiert einmal so nach vorne zu bewegen, wie wir es oben beschrieben haben.

Für die rechte Seite bedeutet das zunächst, dass wir den Motor der rechten Seite so lange mit LEISTUNG: 100, RICHTUNG: RÜCKWÄRTS und DAUER: UNBEGRENZT laufen lassen, bis der rechte Berührungssensor anschlägt:

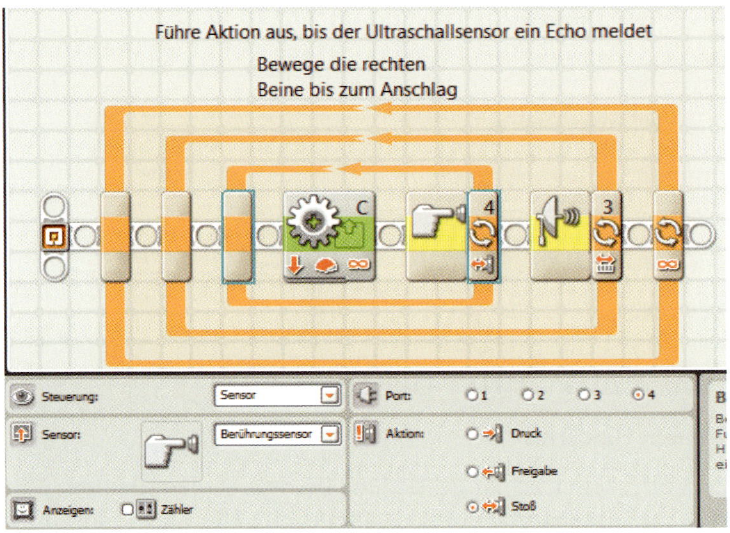

Anschließend stoppen wir den Motor, da sich jetzt aufgrund der Konstruktion der Beine das mittlere rechte Bein am Boden befindet:

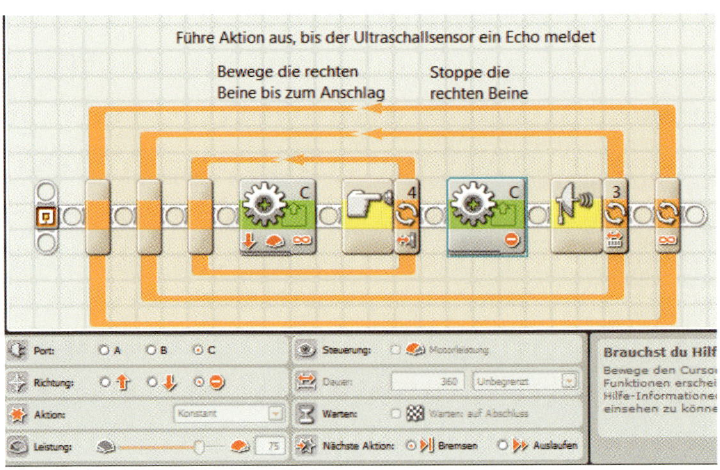

Jetzt zu den Beinen auf der linken Seite: Wieder lassen wir den zugehörigen Motor mit LEISTUNG: 100, RICHTUNG: RÜCKWÄRTS und DAUER: UNBEGRENZT laufen, bis der Berührungssensor anspringt, diesmal natürlich der linke.

Da wir die Beine der beiden Seiten gleichzeitig bewegen wollen, führen wir diese Schleife auf einem zur Bewegung der rechten Beine parallelen Ablaufträger aus:

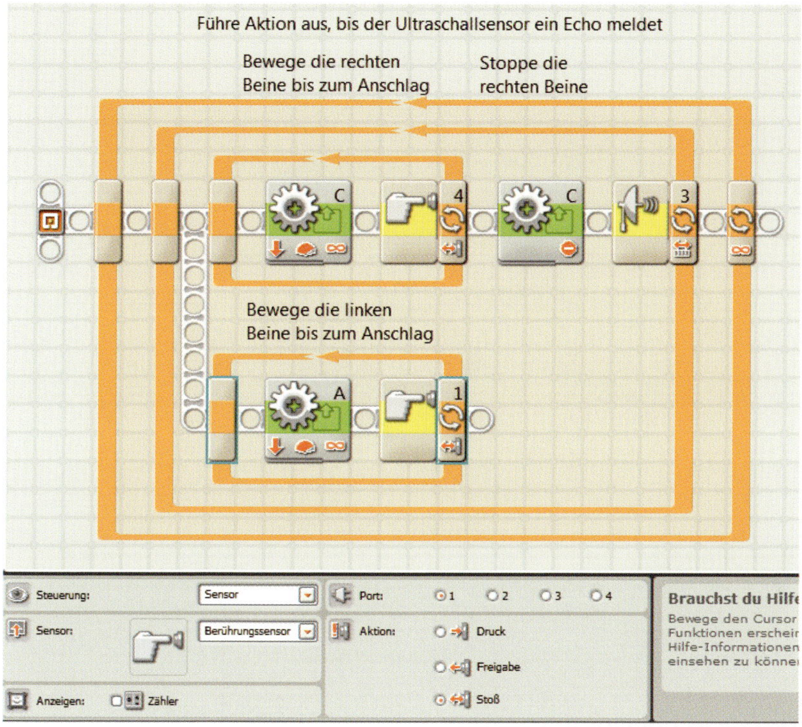

An dieser Stelle ist das linke mittlere Bein allerdings am Boden und die beiden anderen linken Beine in der Luft. Damit das wie gewünscht genau umgekehrt ist, müssen wir den linken Motor noch eine halbe Umdrehung weiterlaufen lassen:

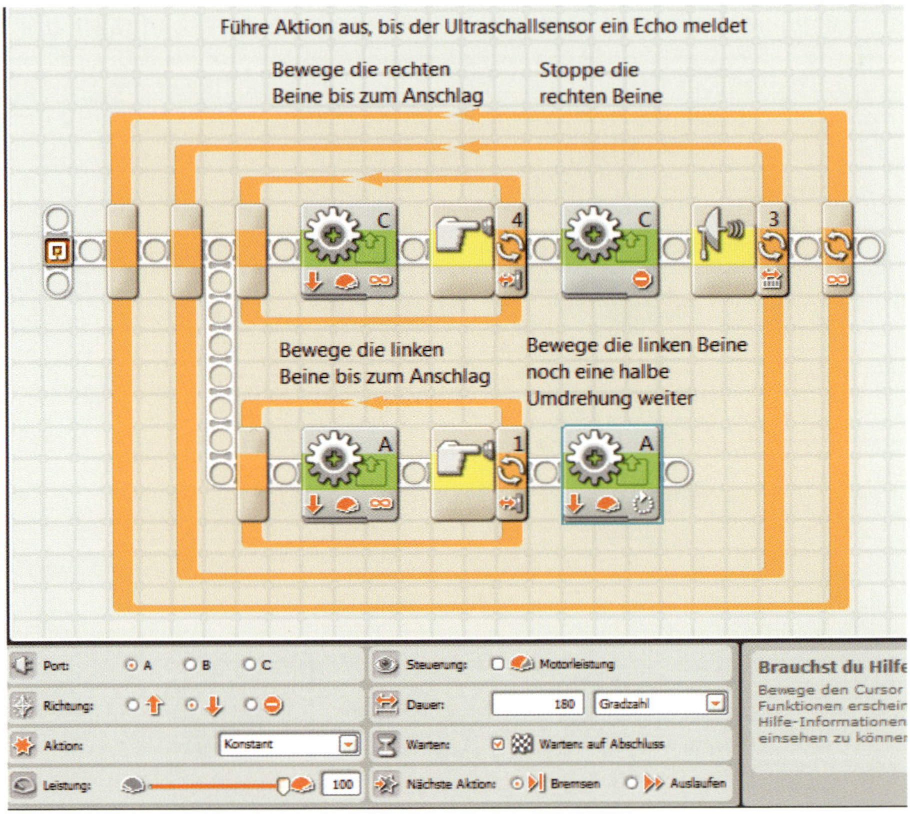

Da NXT-G bei der Abarbeitung von parallelen Ablaufträgern sicherstellt, dass es erst weitergeht, wenn beide Ablaufträger abgearbeitet sind, können wir sicher sein, dass sich die beiden Beinseiten in der eingangs erläuterten synchronen Position zueinander befinden. Somit ist der Krabbler nach jedem vollen Schritt wieder in einer stabilen Lage.

Damit das Programm wieder übersichtlicher wird, lagern wir den Schritt in einen Eigenen Block aus: Wir ziehen um alles, was sich innerhalb der zweitäußersten Schleife befindet, mit gedrückter Maustaste einen Rahmen und rufen dann NEUEN EIGENEN BLOCK ERSTELLEN im Menü BEARBEITEN der Werkzeugleiste auf. Nachdem wir den Namen KRABBLERSCHRITT für den neuen Eigenen Block eingetragen, eine Beschreibung eingegeben und ein neues Icon zusammengestellt haben, wird im Programm der neue Eigene Block eingefügt:

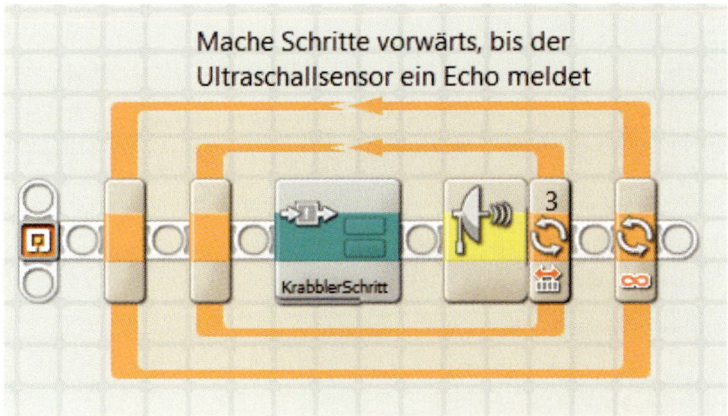

Wenn wir auf den Eigenen Block KRABBLERSCHRITT klicken, sieht sein Inhalt so aus:

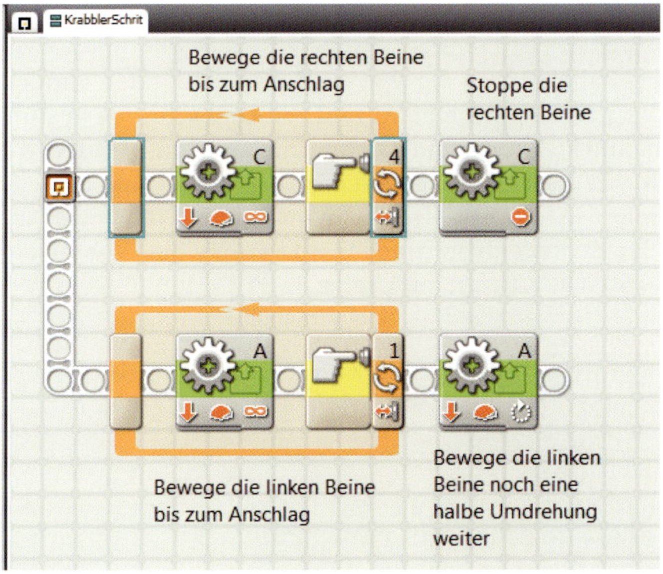

Abwarten

Nachdem ein Hindernis entdeckt wurde, soll der Krabbler anhalten und ein bisschen abwarten. Die beiden Motoren sind am Ende des Schritts schon angehalten worden, wir brauchen also nur einen Warteblock einzufügen. Wir konfigurieren ihn mit 3 Sekunden Wartezeit:

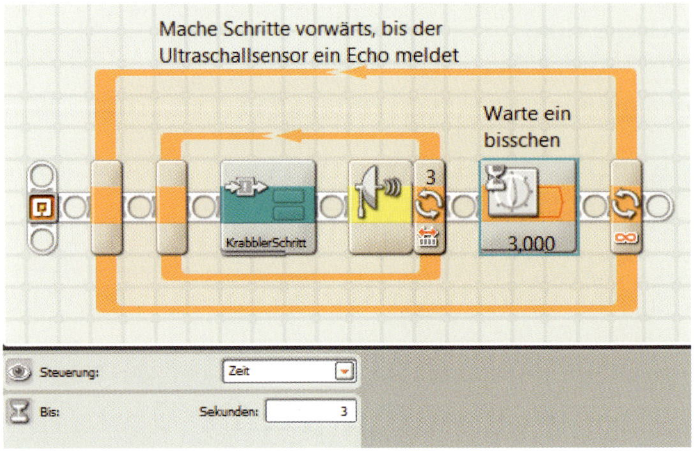

Die Drehung

Wir möchten, dass sich der Krabbler nach der Wartezeit vom entdeckten Hindernis wegdreht. Dazu reicht es aus, dass wir eine Anzahl von Drehschritten ausführen, in unserem Fall fünf Stück. Wie so ein Drehschritt aussieht, werden wir gleich anschließend sehen. An dieser Stelle fügen wir vorerst nur eine Schleife ein, die fünf Mal durchlaufen wird. Dies erreicht man dadurch, dass man die Eigenschaft STEUERUNG des Schleifenblocks auf ZÄHLER und die Anzahl der Durchläufe mittels der Eigenschaft ZÄHLEN auf 5 setzt:

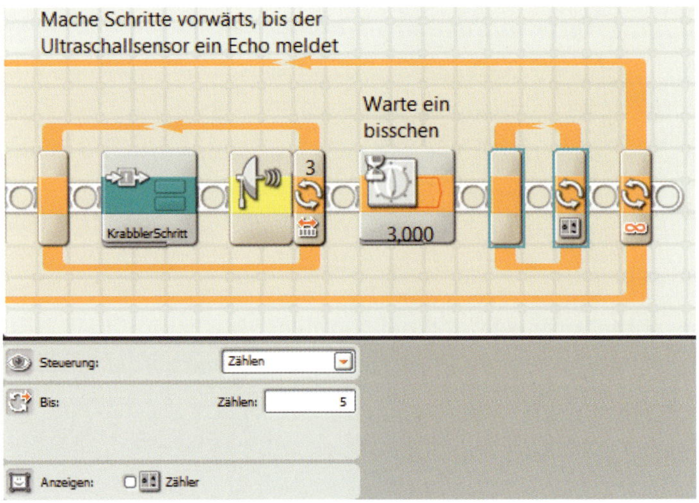

In diese Schleife fügen wir jetzt den Drehschritt ein. Im Prinzip ist er ein Schritt, wie wir ihn oben bereits programmiert haben – mit dem einzigen Unterschied, dass der Motor der rechten Beinseite jetzt rückwärts läuft. Dadurch bewegen sich die rechten Beine rückwärts, die linken weiterhin vorwärts, wodurch sich der Krabbler nach rechts dreht. Am einfachsten kopieren wir dazu die Inhalte von KRABBLERSCHRITT, fügen sie in die Schleife ein und ändern die Eigenschaft RICHTUNG des oberen Motorblocks auf VORWÄRTS:

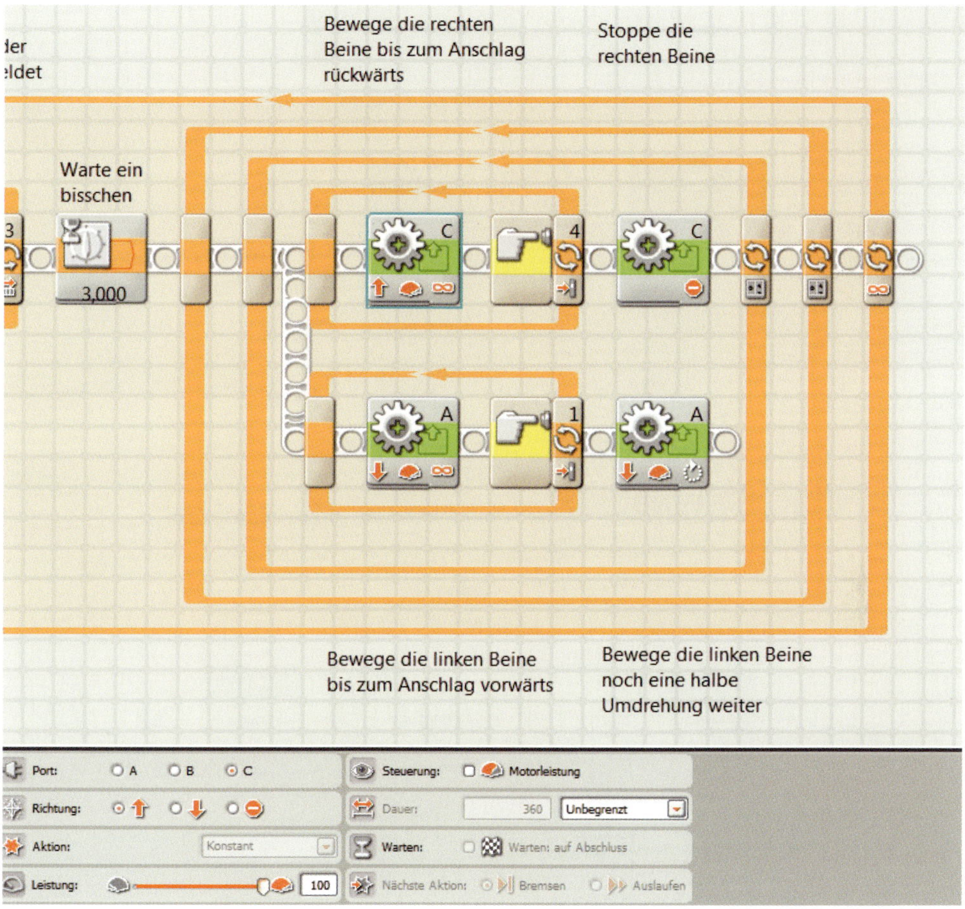

Wegen der besseren Übersichtlichkeit lagern wir auch die gesamte Drehung in einen weiteren Eigenen Block namens KRABBLERDREHUNG aus:

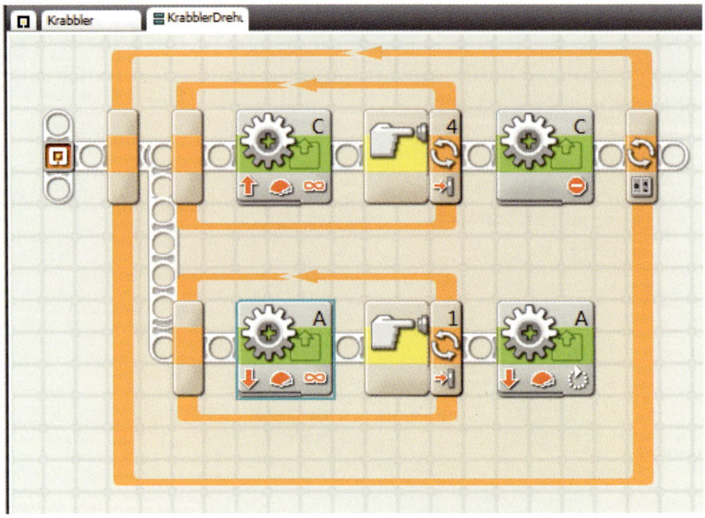

Das komplette Programm für den Krabbler sieht dann so aus:

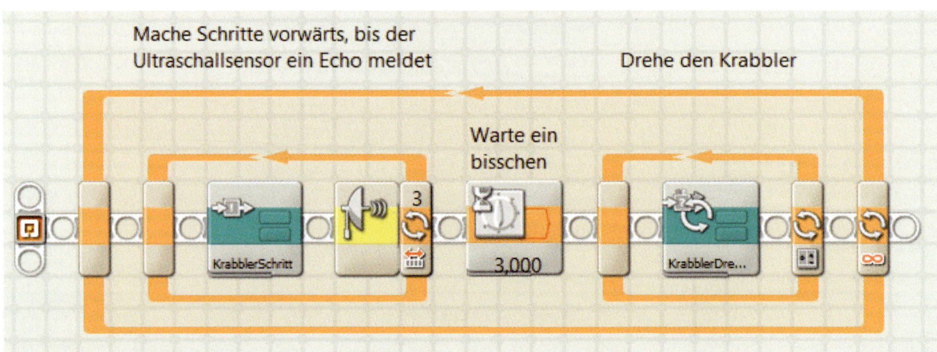

Abb. 7.6: Das Programm für den Krabbler

7.4 Das Verhalten des Krabblers

Da wir uns in diesem Kapitel vor allem auf den Aspekt der Fortbewegung auf Beinen konzentriert haben, bietet der Krabbler kein grundsätzlich neues Verhalten, sondern es ähnelt dem des Kriechers: Wie dieser bewegt sich auch unser Krabbler zunächst so lange vorwärts, bis er auf ein Hindernis trifft. Dabei ist er durch die Nutzung des Ultraschallsensors allerdings anders als der Kriecher in der Lage, solche Hindernisse bereits einige Zeit im Voraus zu erkennen, also *bevor* er an sie stößt. Er hält dann an, wartet ein wenig ab und weicht dem Objekt durch eine große Drehung nach rechts aus, um anschließend wieder seinen Weg geradeaus fortzusetzen.

7.4.1 Interpretation

Ein Beobachter des Krabblers wird dieses Verhalten vermutlich ähnlich wie beim Kriecher interpretieren: Der Krabbler ist zwar anscheinend von irgendeiner Art Plan erfüllt, der ihn dazu antreibt, eifrig durch die Gegend zu wandern. Dingen in seiner Umgebung jedoch scheint er mit Misstrauen oder gar Abneigung, zumindest jedoch mit Vorsicht zu begegnen, die immerhin so groß ist, dass er ihnen schon im Voraus ausweicht. Anders als der Kriecher verfügt er also wohl über die Fähigkeit, Dinge auch bereits aus einer gewissen Entfernung wahrzunehmen.

Die regungslose Wartezeit, die in einem solchen Fall bei ihm festzustellen ist, mag beim Beobachter die Vermutung wecken, dass der Krabbler in dieser Zeit das Wahrgenommene genauer abwartend beobachtet oder vielleicht sogar darüber nachsinnt. Jedenfalls scheint er dann doch immer zu dem gleichen Schluss zu kommen, dass es nämlich angeraten ist, dem Objekt lieber auszuweichen.

Der Krabbler ist also wohl eher ein friedfertiges und zurückhaltendes, sogar kontaktscheues Wesen: Aggressive Verhaltensmuster lassen sich bei ihm nicht feststellen.

7.5 Zusammenfassung

In diesem Kapitel lag der Schwerpunkt auf der Fortbewegung auf Beinen.

Wir haben ein Prinzip für das sechsbeinige Gehen kennengelernt, wie es auch in der Natur bei Insekten vorkommt, und gesehen, wie man einen solchen Laufmechanismus auch schon mit den eingeschränkten Mitteln des NXT-Sets technisch umsetzen kann. Insbesondere haben wir eine Strategie kennengelernt, die Beine auf den beiden Seiten des Laufroboters so zu synchronisieren, dass der Roboter immer eine stabile Position behält und nicht umfällt oder umhertaumelt.

Auf der Seite der Programmierung haben wir diese Strategie mithilfe von parallelen Ablaufträgern umgesetzt, die durch unterschiedliche Abbruchbedingungen beendet werden. Wir haben außerdem gelernt, wie man eine Aktion genau eine vorgegebene Anzahl von Wiederholungen durchführen kann.

Nachdem wir somit Prinzip und Umsetzung von mehrbeinigem Gehen untersucht und bewerkstelligt haben, werden wir im nächsten Kapitel ein Wesen kennenlernen, das in der Lage ist, auf nur zwei Beinen zu gehen.

7.6 Anregungen

1. Wie müssen wir das Programm ändern, damit sich der Krabbler nicht nach rechts dreht, sondern nach links?
2. Wie müssen wir das Programm ändern, damit sich der Krabbler nicht nach rechts dreht, sondern sich umdreht und wieder in die Richtung zurückläuft, aus der er gekommen ist?
3. Wie müssen wir das Programm ändern, damit der Krabbler rückwärts läuft, wenn er ein Hindernis entdeckt?
4. Wie müssen wir das Programm ändern, damit der Krabbler um ein Hindernis herum krabbelt, anstatt einfach zur Seite wegzulaufen?
5. Wie können wir die Beine synchronisieren, ohne die Berührungssensoren zu nutzen, wobei wir trotzdem wollen, dass sich der Krabbler noch drehen kann? Wie zuverlässig ist diese Art der Synchronisation, das heißt, wie stabil läuft er damit?
6. Zu Testzwecken synchronisieren wir die beiden Beinseiten einmal mechanisch, indem wir die beiden Motoren durch eine gemeinsame Achse koppeln. Warum kann sich der Krabbler dann nicht mehr drehen? Wie müssen wir das Programm vereinfachen, damit er dann zumindest geradeaus vorwärts und rückwärts laufen kann? Brauchen wir die Berührungssensoren noch? Wie zuverlässig ist diese mechanische Synchronisation?
7. Wir haben in unserem Programm den Farbsensor an der Unterseite des Krabblers noch nicht verwendet. Wir schreiben daher ein zweites Programm, das ihn dazu bringt, zum nächsten Hindernis zu fliehen, wenn man das Licht im Raum anschaltet. Wie können wir erreichen, dass er sich am nächsten dunklen Ort versteckt? Wie würde ein Beobachter dieses Verhaltensmuster interpretieren?

Kapitel 8

Der Wächter: Zweibeinigkeit

Neues in diesem Kapitel

- Die Theorie des zweibeinigen Gehens
- Bau und Programmierung eines zweibeinigen Laufroboters
- Bau und Programmierung eines automatischen Zamor-Werfers
- Nutzung des Farbsensors als Lampe
- Trennung von Roboter und NXT-Stein
- Abspielen von Klängen und Worten

Im vorangegangenen Kapitel haben wir uns bereits mit dem Laufen auf sechs Beinen beschäftigt. Jetzt wollen wir uns der Hohen Schule zuwenden: dem Gehen auf zwei Beinen.

Wir haben bereits anklingen lassen, dass die zweibeinige Fortbewegung ein komplexer und anspruchsvoller Vorgang ist, der eine hohe Steuerungsleistung durch das Nervensystem und den Bewegungsapparat erfordert. Dies liegt im Wesentlichen daran, dass beim Gehen regelmäßig mindestens ein Bein in der Luft ist, der gesamte Körper eines Zweibeiners dann also auf einer einzigen Stütze, nämlich dem anderen Bein ruht.

Was passiert mit dem Gleichgewicht zu diesem Zeitpunkt?

8.1 Etwas Schwerpunkt-Theorie

Ohne zu tief in die physikalische Theorie einzudringen, können wir sagen, dass die Schwerkraft, die die Erde auf einen Körper ausübt, versucht, die Masse des Körpers nach unten, in Richtung des Erdmittelpunkts zu ziehen – deswegen fallen Dinge in unserer täglichen Erfahrung nach unten.

In einem vereinfachten physikalischen Modell, das für unsere Zwecke völlig ausreicht, können wir uns dabei vorstellen, dass die gesamte Schwerkraft an einem einzigen gedachten Punkt angreift, dem sogenannten *Schwerpunkt*. Für unsere Anwendungen können wir Schwerkrafteinflüsse anderer Körper als der Erde, wie etwa die des Mondes, vernachlässigen, und davon ausgehen, dass auf unseren Körper allein ein unveränderliches und homogenes Schwerkraftfeld wirkt.

In einem solchen Fall entspricht der Schwerpunkt dem gedachten *Massenmittelpunkt* des Körpers, also dem gewichteten Mittel aller Massenpunkte. Klingt kompliziert, ist aber anschaulich recht klar, weil es unserer täglichen Erfahrung entspricht: Ist ein Körper zum Beispiel auf einer Seite deutlich dicker und massereicher als auf einer anderen, so wird der Massenmittelpunkt und damit auch der Schwerpunkt in Richtung dieser Seite verschoben sein:

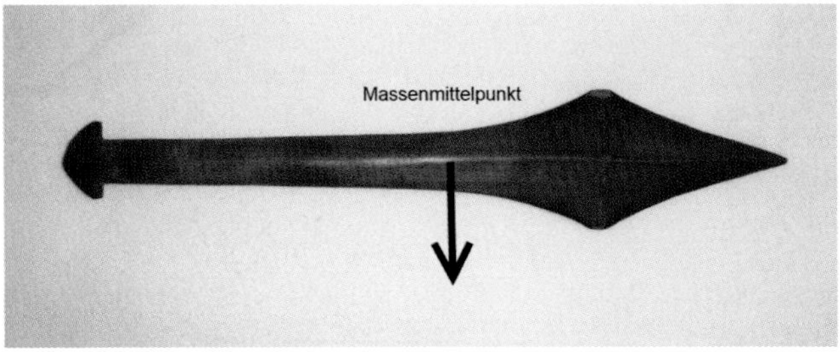

Abb. 8.1: Der Schwerpunkt eines ungleichmäßigen Körpers

Der entscheidende Punkt für uns ist nun, dass sich *ein Körper dann im Gleichgewicht befindet, wenn sich sein Schwerpunkt über der Fläche befindet, der innerhalb der Punkte liegt, an denen er auf der Erde aufliegt, der sogenannten Standfläche.*

Auch das kennen wir aus unserem täglichen Lebensumfeld: Ein Tisch fällt so lange nicht um, solange sein Schwerpunkt zwischen den Tischbeinen liegt. Setzen wir uns jedoch auf den Rand eines nicht allzu großen Tisches, so wandert der Massenmittelpunkt unseres gemeinsamen Mensch-Tisch-Systems möglicherweise aus dem Bereich der Tischbeine hinaus und der Tisch stürzt um.

Genauso fallen wir um, wenn wir uns beim Stehen zu sehr aus dem Bereich zwischen unseren Beinen beugen, etwa zu stark nach vorne oder zur Seite.

Zurück nun zu unserem Zweibeiner, der beim Gehen gerade ein Bein in der Luft hat: Zu diesem Zeitpunkt besteht seine Standfläche nur aus dem Fuß des anderen Beins. Das heißt: *Ein Zweibeiner ist beim Gehen so lange im Gleichgewicht, fällt also nicht um, solange sein Schwerpunkt sich über dem Fuß befindet, der gerade am Boden aufliegt.*

Bei unseren täglichen Spaziergängen machen wir das automatisch, ohne dass uns das bewusst ist: Das Gehirn pendelt den Körper andauernd so aus, dass der Schwerpunkt über dem Fuß liegt, der sich am Boden befindet.

Wir können daher festhalten: Damit ein zweibeiniger Schreitroboter beim Gehen nicht stürzt, müssen wir seinen Schwerpunkt wie beschrieben *über dem Fuß* am Boden ausrichten.

Wie können wir das nun erreichen?

Prinzipiell gibt es dazu zwei Möglichkeiten:

1. Bei jedem Schritt verschieben wir den Schwerpunkt über den Fuß, der am Boden ist.
2. Oder wir machen die Füße so groß und bringen sie so unter dem Körper an, dass der Schwerpunkt immer über dem Fuß am Boden ist.

Die erste Möglichkeit, die man auch als *Schwerpunktverschiebung* bezeichnet, ist die, die wir bei unserem eigenen Gehen verwenden. Da sie auch bei dem im NXT-Set enthaltenen Beispielprojekt, dem Schreitroboter *Alpha Rex* zum Einsatz kommt und dort ausgiebig studiert werden kann, wollen wir unseren Zweibeiner in diesem Kapitel nach der zweiten Methode entwerfen.

Ein Schreitroboter der ersten Kategorie ist außerdem sehr empfindlich gegenüber Gleichgewichtsstörungen durch weitere Komponenten auf seinem Körper. Wir wollen jedoch unseren Zweibeiner um ein interessantes Gerät erweitern, das im NXT-Set enthalten ist: den *Zamor-Werfer*, eine Vorrichtung, um automatisiert kleine Kugeln zu verschießen.

Fügen wir außerdem noch einen Ultraschallsensor hinzu und nutzen den Farbsensor als Lampe, so lässt sich unser neuer Roboter als zweibeiniger Wachroboter einsetzen. Wir wollen ihn daher *Wächter* nennen:

Abb. 8.2: Der Wächter

Ein entscheidender Nachteil von zweibeinigen Robotern ist der, dass alleine der Vorgang des Gehens bereits eine sehr aufwendige Mechanik und Steuerung erfordert, ohne dass praktische Vorteile gegenüber den einfacher zu realisierenden Laufmaschinen mit vier oder sechs Beinen gegeben sind. Grundlegende Aufgaben, die von Robotern mit anderem Bewegungsapparat ohne Probleme bewältigt werden, wie etwa Richtungsänderungen, eine präzise Navigation oder das Überwinden kleinerer Hindernisse stellen für zweibeinige Roboter bereits eine gewaltige Herausforderung dar. Es ist auch schwierig, zusätzliche Vorrichtungen an ihrem Körper anzubringen, ohne dass dadurch das empfindliche Gleichgewicht entscheidend gestört wird. Derartige Laufmaschinen spielen daher – anders als im Film – in der industriellen Robotik noch eine sehr untergeordnete Rolle.

Sie sind aber gut geeignet, um bestimmte Konzepte zu erforschen und besser zu verstehen: Wer einmal einen zweibeinigen Roboter gebaut hat, wird umso größere Hochachtung vor den scheinbar ganz alltäglichen Leistungen des Bewegungsapparats empfinden, die unsere biologische Evolution hervorgebracht hat!

Es ist also verständlich, dass sich bei der Umsetzung mit dem für solche Aufgaben eher eingeschränkten NXT-Set nur recht primitive zweibeinige Schreiter realisieren lassen.

So ist es etwa ziemlich schwierig, mit nur einem Set einen zweibeinigen Roboter zu bauen, der auch die Richtung ändern kann. Wir umgehen diese Beschränkung bei unserem Wächter zumindest teilweise mit einem Trick: Wir bringen den NXT-Stein nämlich diesmal nicht auf dem Roboter selbst an, sondern stationieren ihn extern und verbinden den Wächter nur über die Kabel mit ihm. Dadurch entlasten wir den Bewegungsapparat des Roboters nicht nur von übermäßigem Gewicht, sondern erreichen auch, dass der Wächter immer im Kreis geht – für einen einfachen mechanischen Wächter ein durchaus erwünschtes Verhalten!

8.2 Mechanische Komponenten

8.2.1 Der externe NXT-Stein

Der NXT-Stein ist nicht am oder auf dem Wächter angebracht, sondern extern. Der Wächter trägt ihn also, anders als bei den anderen Modellen in diesem Buch, nicht mit sich, sondern läuft im Kreis um ihn herum, während der NXT-Stein selbst an Ort und Stelle verbleibt.

Damit das auch funktioniert, ohne dass sich die Kabel verdrehen, lagern wir den NXT-Stein drehbar auf einem kleinen Podest:

Abb. 8.3: Der drehbar gelagerte NXT-Stein

8.2.2 Der zweibeinige Bewegungsapparat

Damit der Körper des Wächters auch während des Gehens möglichst parallel zum Boden bleibt, verwenden wir bei jedem der beiden Beine jeweils ein »Knie«, sodass sich das Bein geeignet beugen kann.

Vorgeschlagen wurde diese Art der Bein-Konfiguration für Zweibeiner von Christian Siagian im englischsprachigen Buch *Building Robots with LEGO MINDSTORMS NXT* (erschienen 2007 im Syngress Verlag).

Um sicherzustellen, dass der Schwerpunkt sich immer über der Standfläche befindet, verwenden wir beim Wächter die Strategie, diese Standfläche ausreichend groß zu machen. Dazu bringen wir an den Enden jedes Fußes Querstreben an:

Abb. 8.4: Ein Bein des Wächters

8.2.3 Die Werfer-Vorrichtung

Um den Zamor-Werfer zu betätigen, benötigen wir einen Motor, der die Achse antreibt, mit der die Kugel aus der Halterung des Werfers hinausgeschleudert wird. Zur Umsetzung der Kreisbewegung des Motors in eine Vorwärtsbewegung der Achse verwenden wir eine einfache Pleuelstange aus zwei 2x4-Winkelbalken:

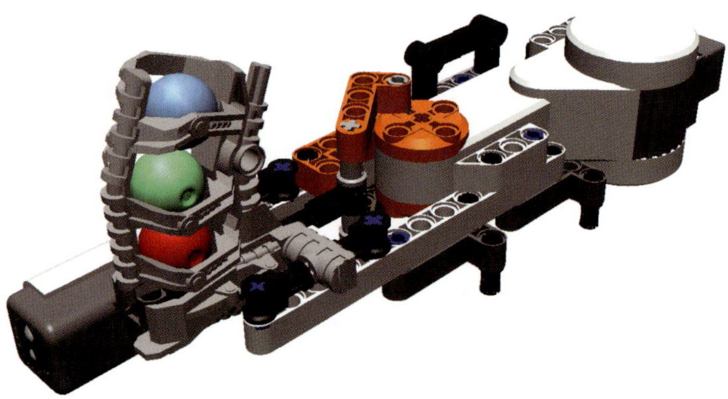

Der Werfer besitzt ein Magazin, sodass der Wächter mehrere Kugeln hintereinander verschießen kann.

Wir verwenden den Werfer außerdem, um die Lampe daran anzubringen.

Wenn wir den Wächter mit der Education-Edition bauen wollen, müssen wir leider auf den Zamor-Werfer verzichten, da dieser weder im Basis Set der Education-Edition noch im zugehörigen Resource Set enthalten ist. Man kann den Wächter dann zwar immer noch betreiben, allerdings ohne die Möglichkeit, Schüsse abzufeuern.

8.3 Die Bauanleitung

8.3.1 Benötigte Teile

Für den Bau des Wächters benötigen wir folgende Teile des NXT-Sets:

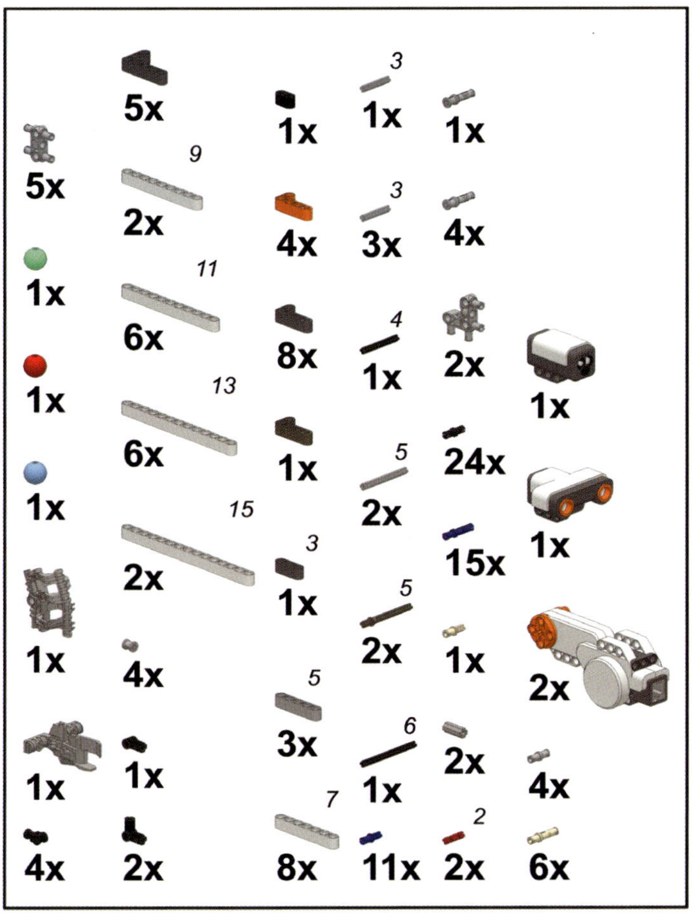

Der drehbar gelagerte NXT-Stein erfordert folgende Teile:

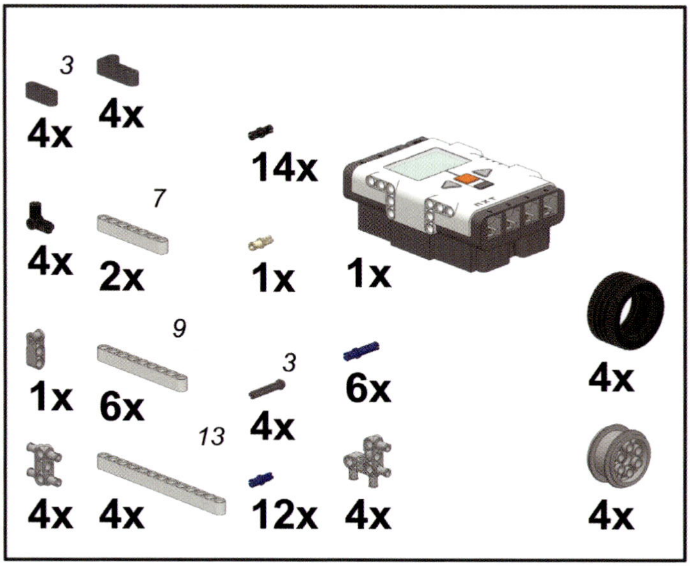

8.3.2 Schritt für Schritt

Die Basis des Wächters

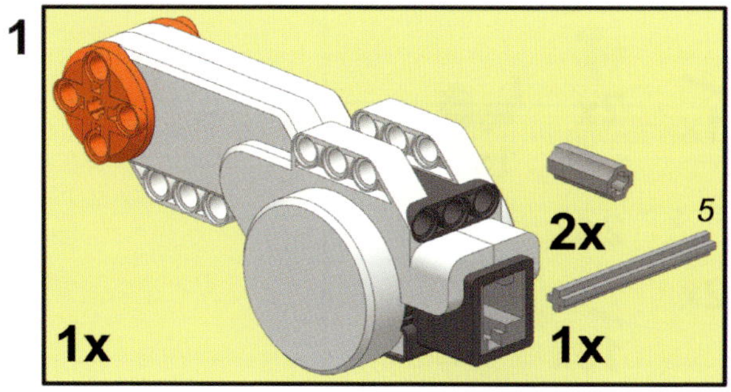

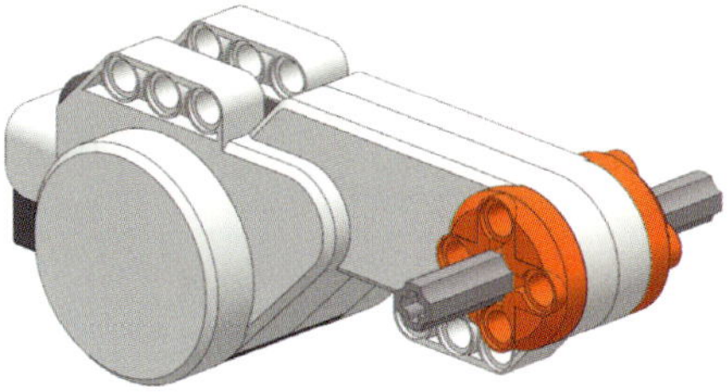

2

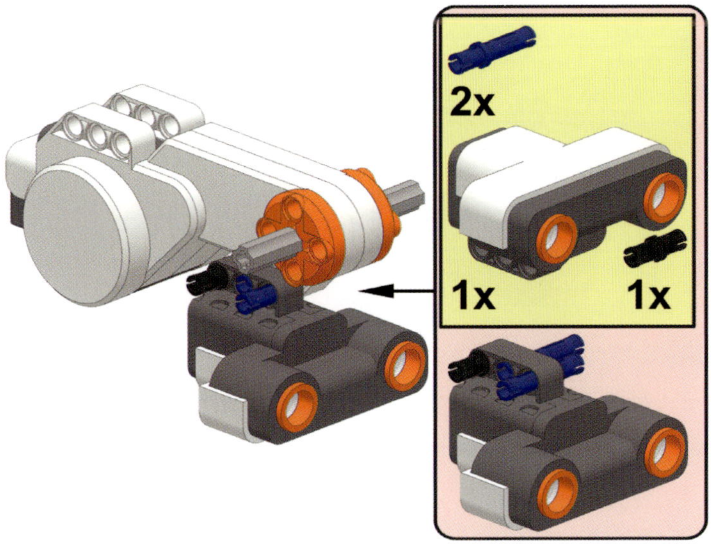

3

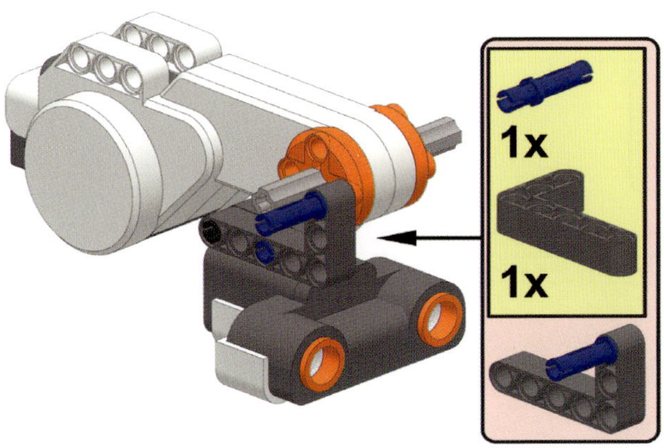

4

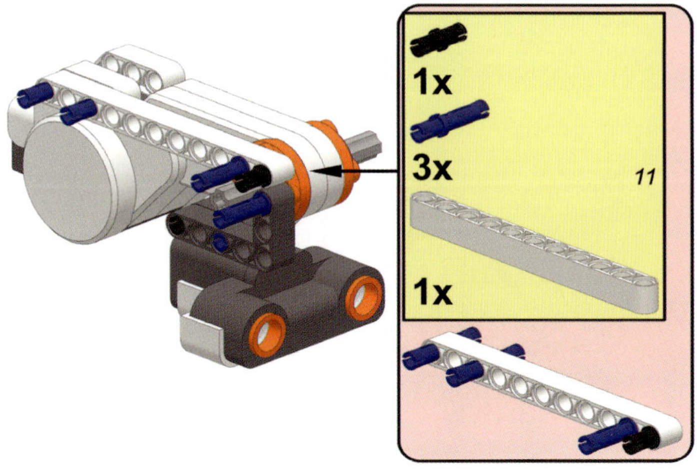

5

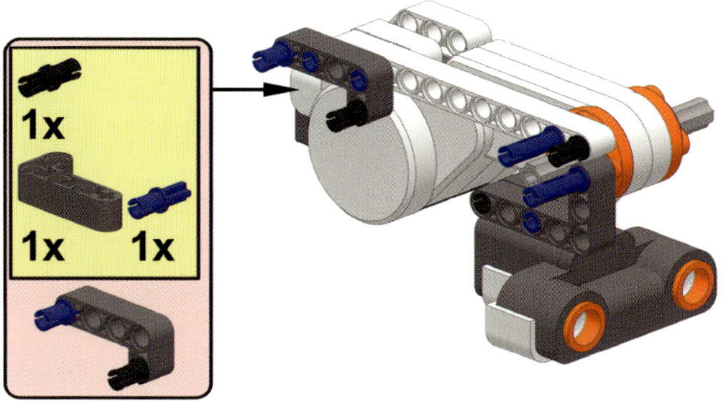

6

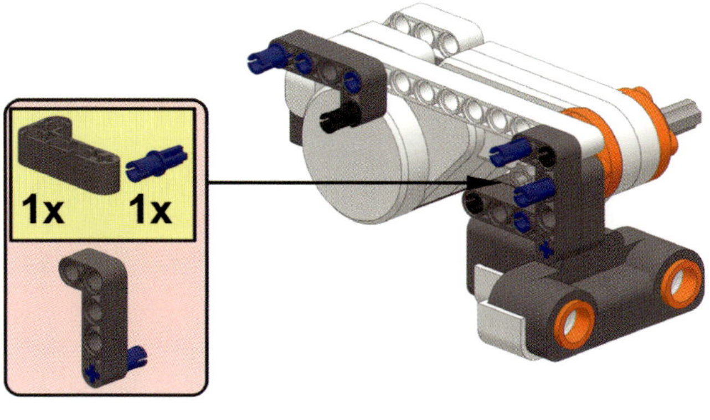

7

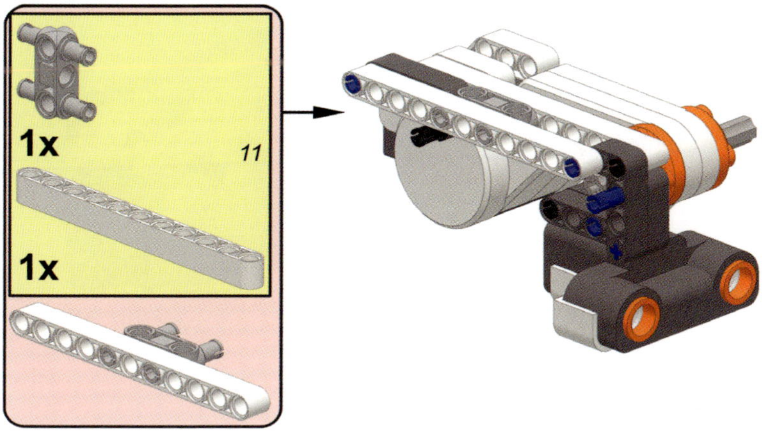

8

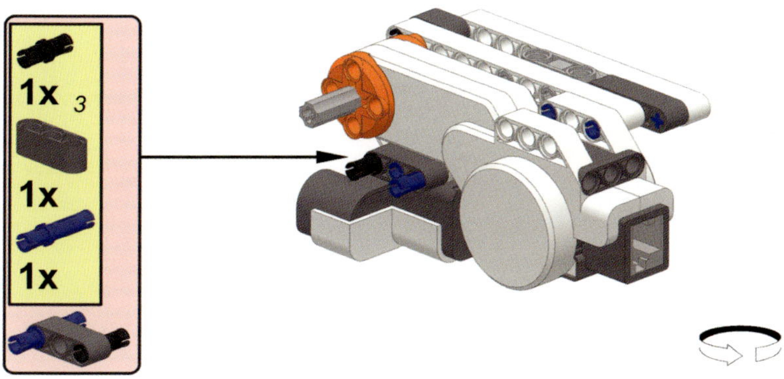

9

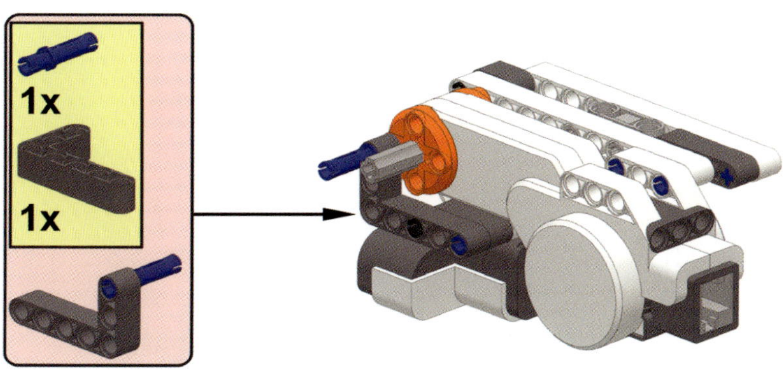

10

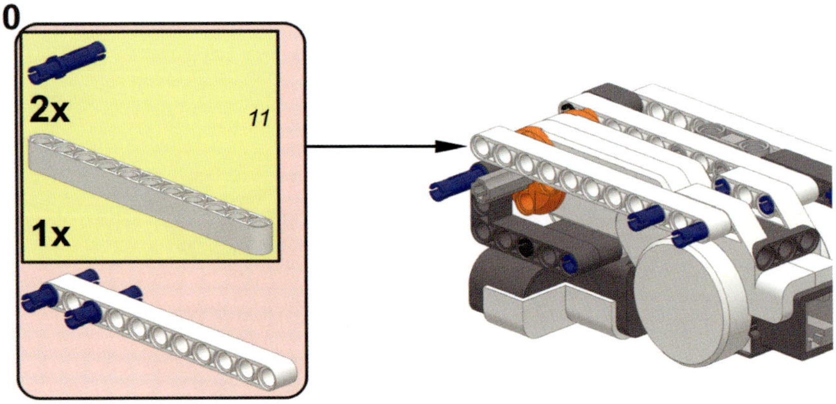

11

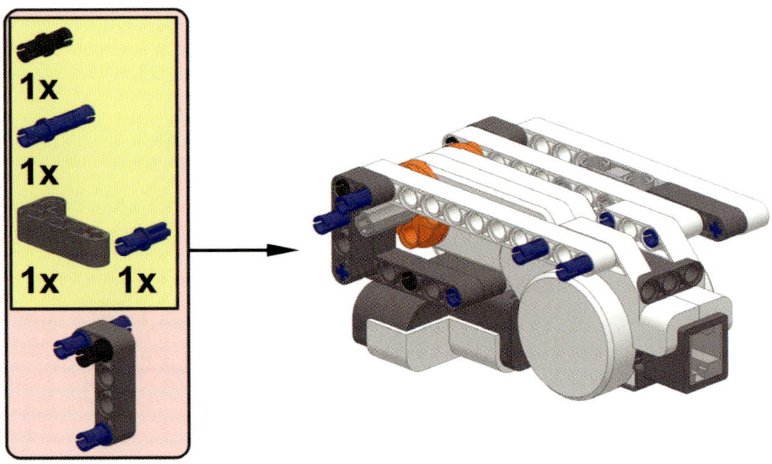

12

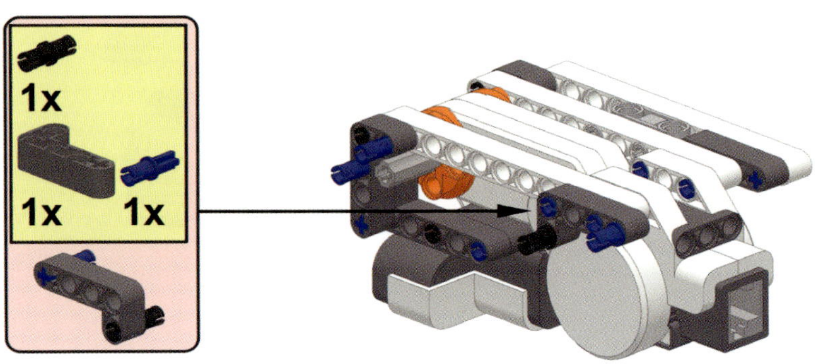

13

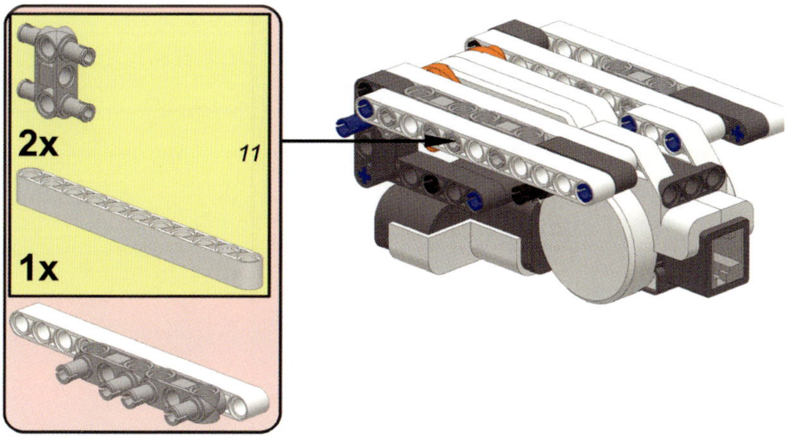

Das rechte Bein

1

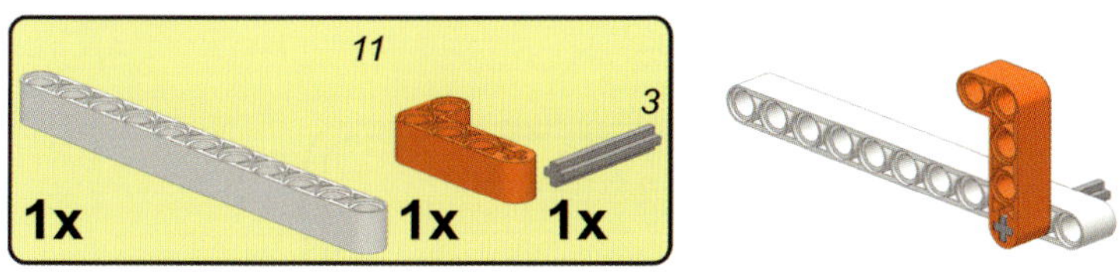

2

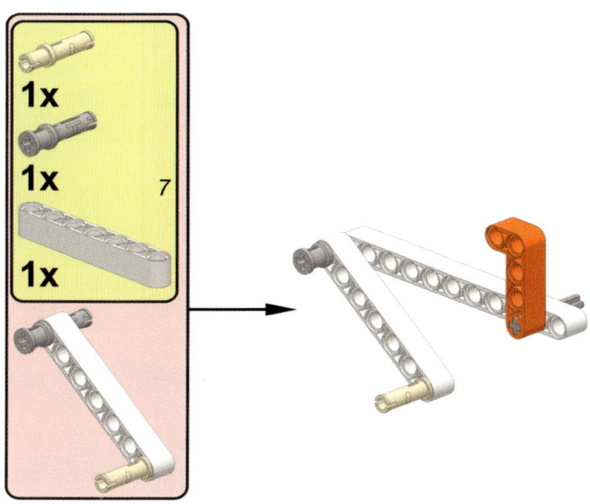

3

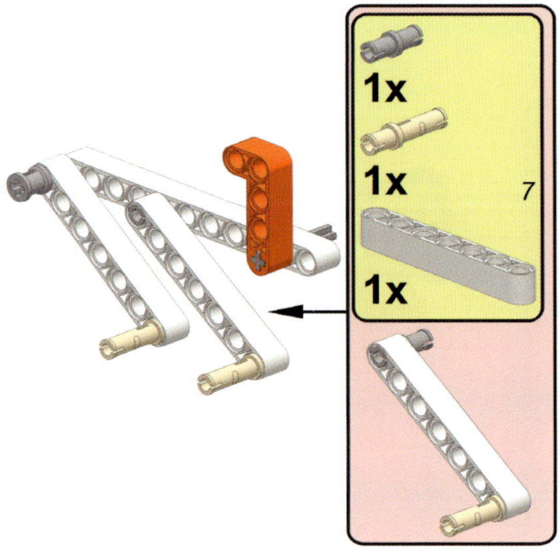

4

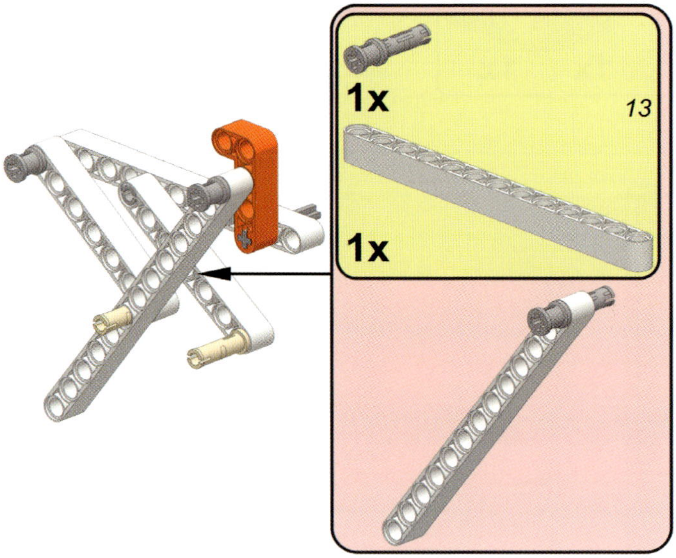

5

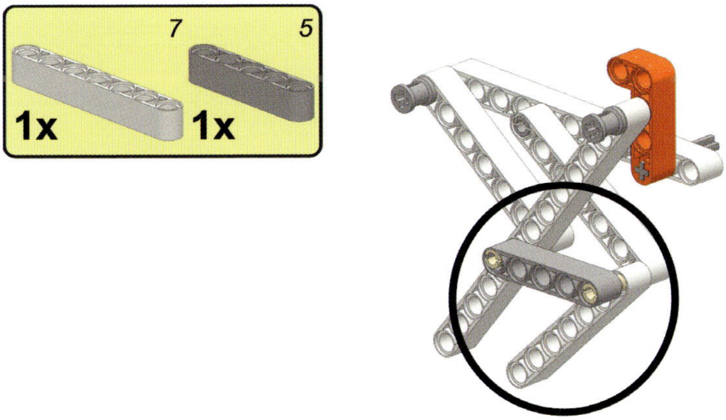

6

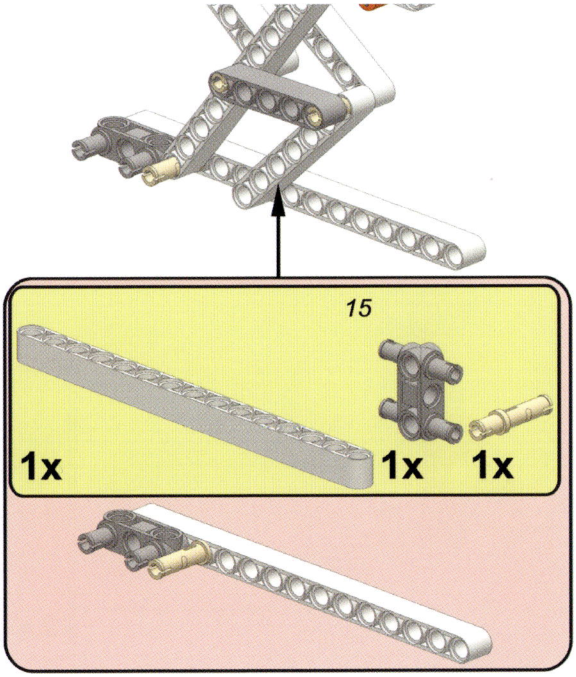

7

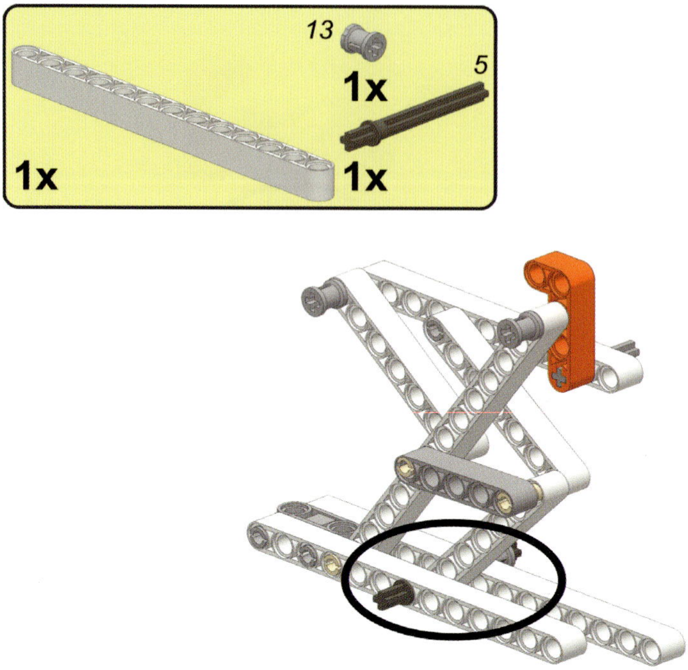

Bei Verwendung der Education-Edition ersetzen wir den 13M-Balken durch einen 15M-Balken.

8

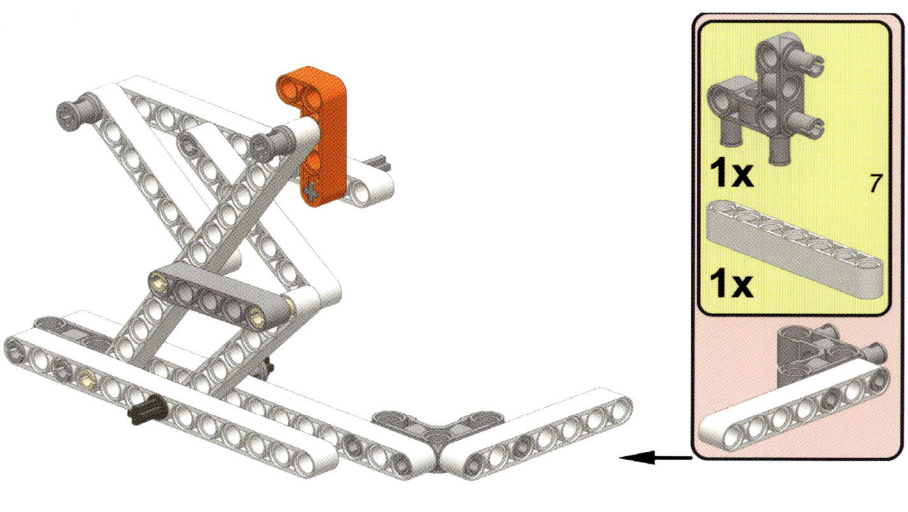

9

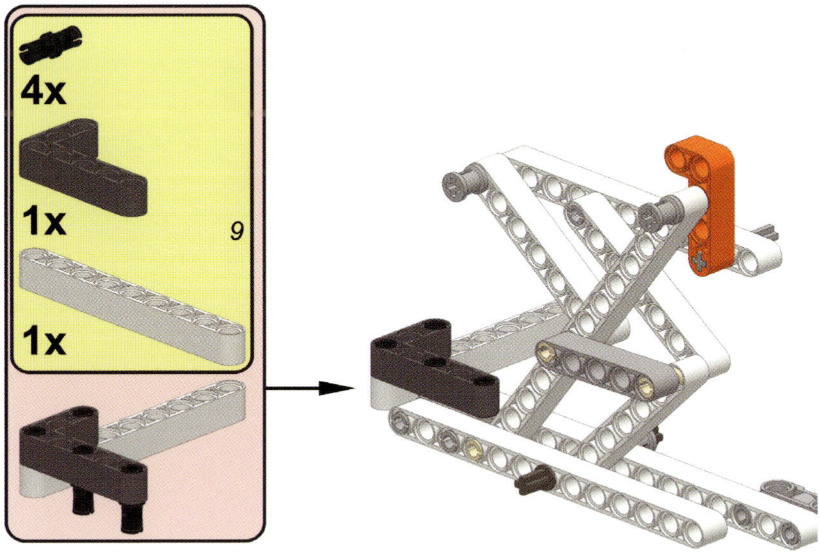

Wir setzen das rechte Bein an die Basis an und zwar so, dass die Achse im orangefarbenen 2x4-Winkelbalken im Verbindungsstück steckt, das auf der Achse im Motor sitzt:

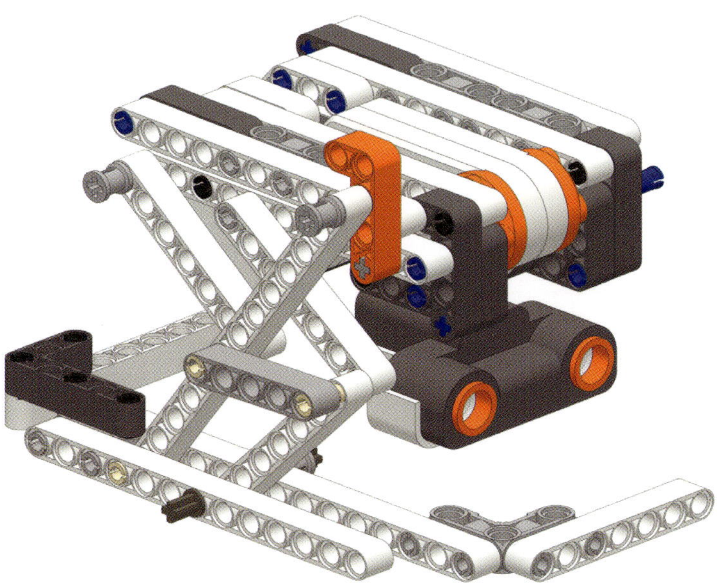

Das linke Bein

1

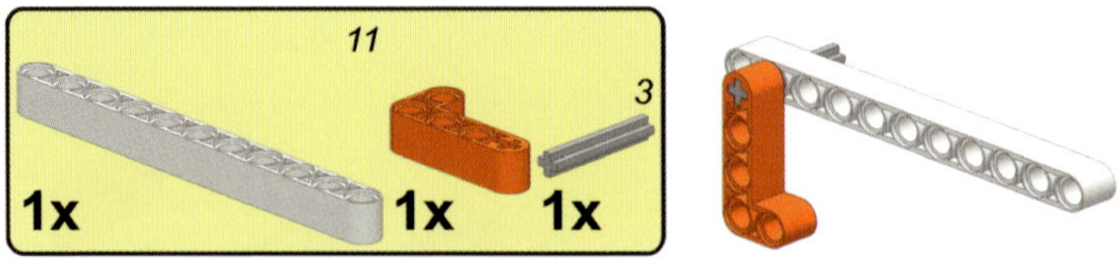

2

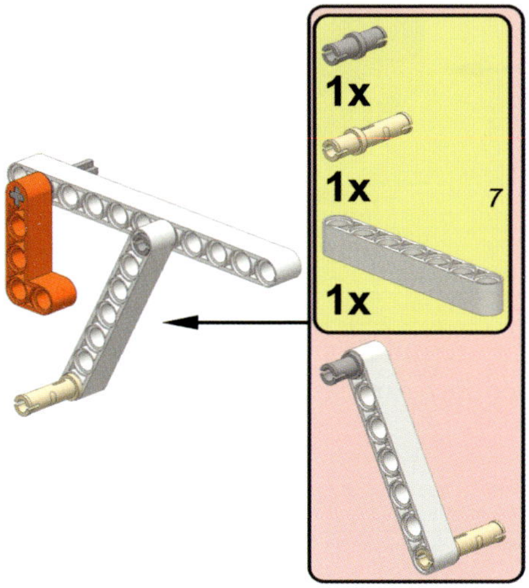

3

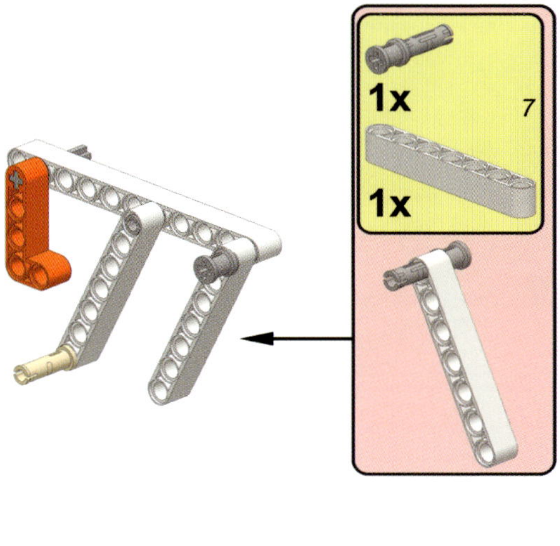

4

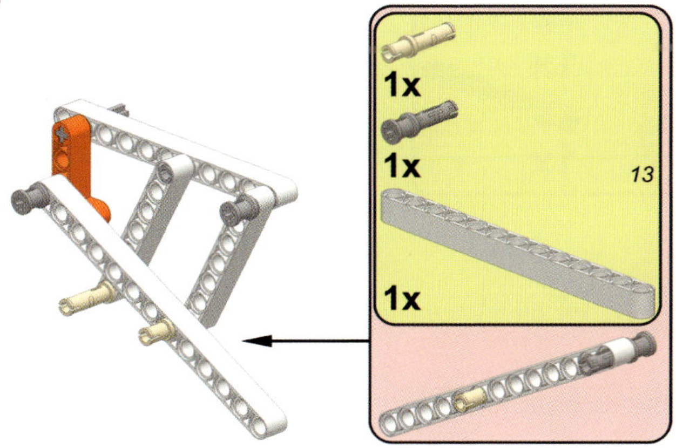

5

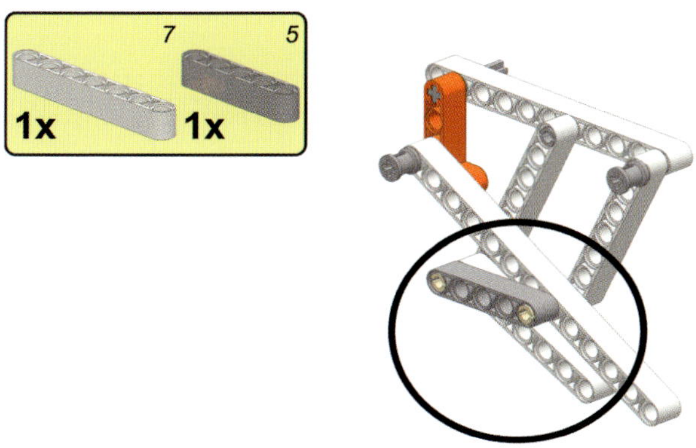

6

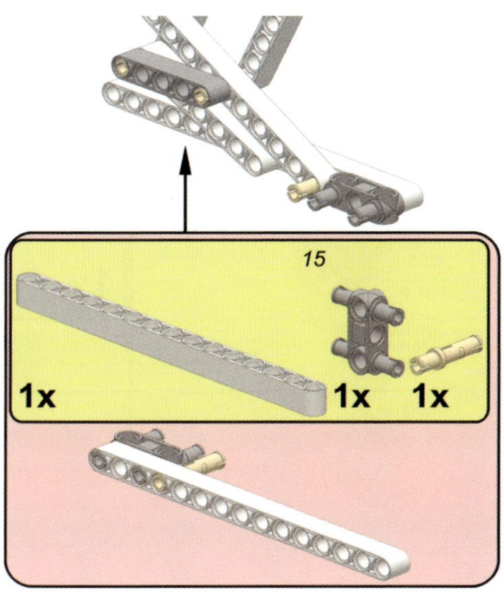

7

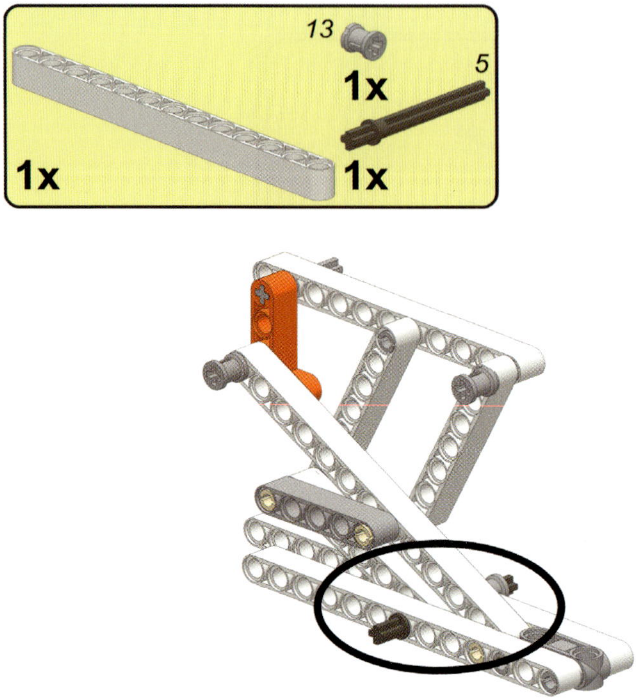

Bei Verwendung der Education-Edition ersetzen wir den 13M-Balken durch einen 15M-Balken.

8

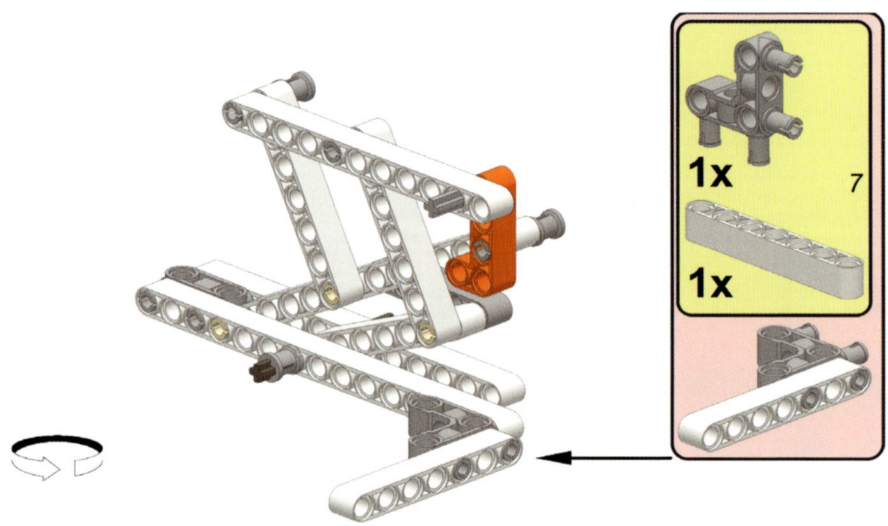

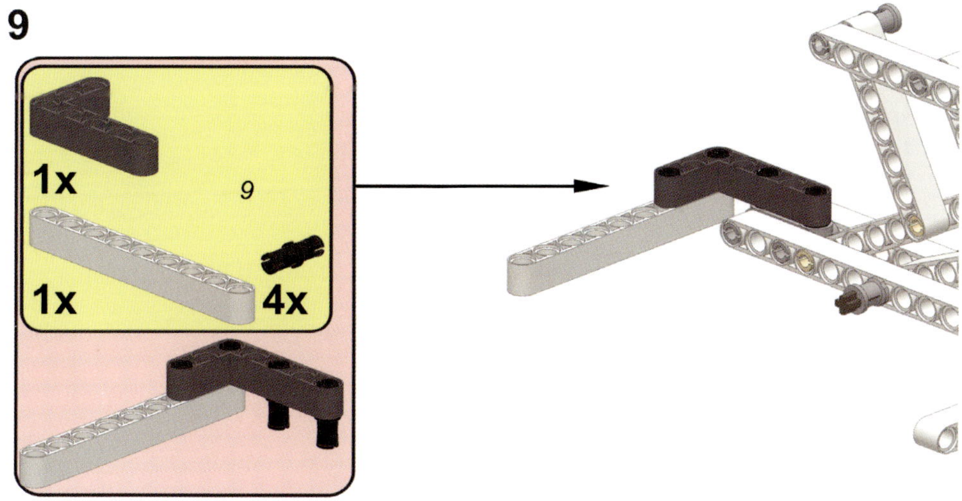

Wir setzen das linke Bein an der noch freien Seite der Basis an und zwar wieder so, dass die Achse im orangefarbenen 2x4-Winkelbalken im Verbindungsstück steckt, das auf der Achse im Motor sitzt:

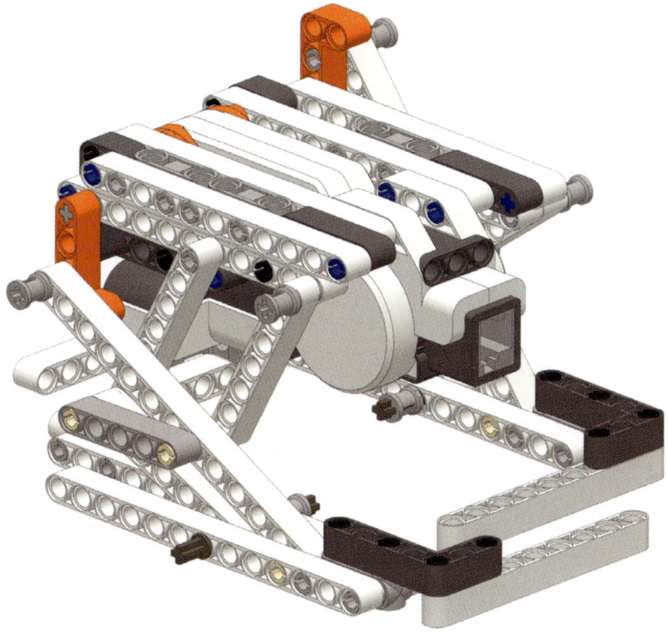

Der Werfer

1

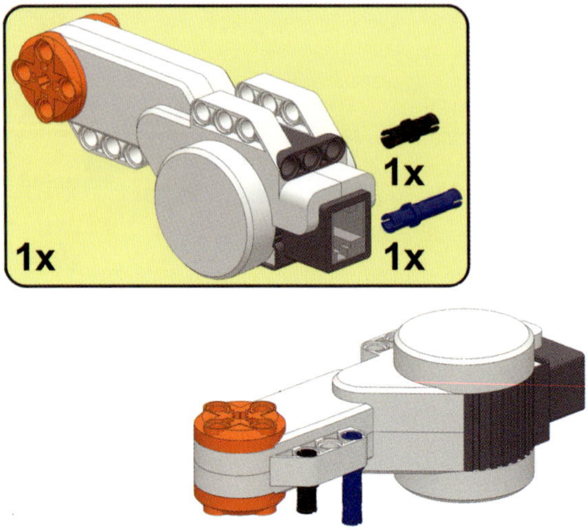

2

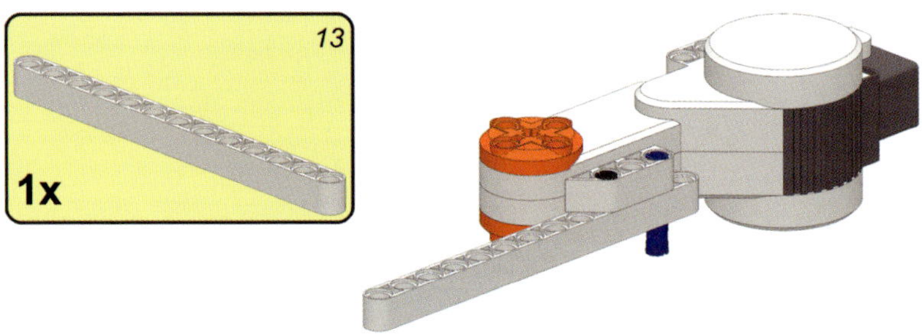

3

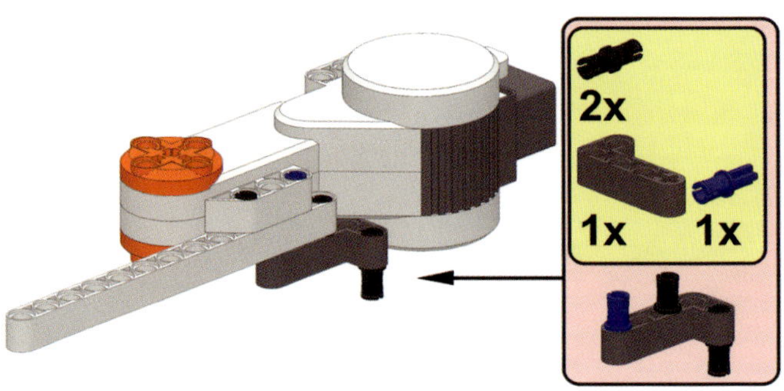

4

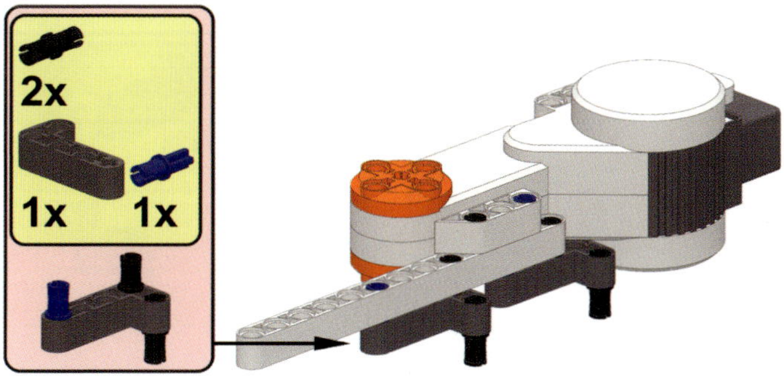

Bei Verwendung der Education-Edition lassen wir die Schritte 5 bis 9 aus.

5

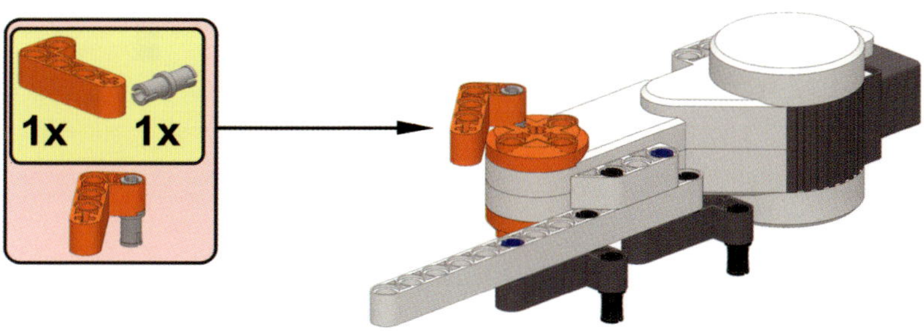

6

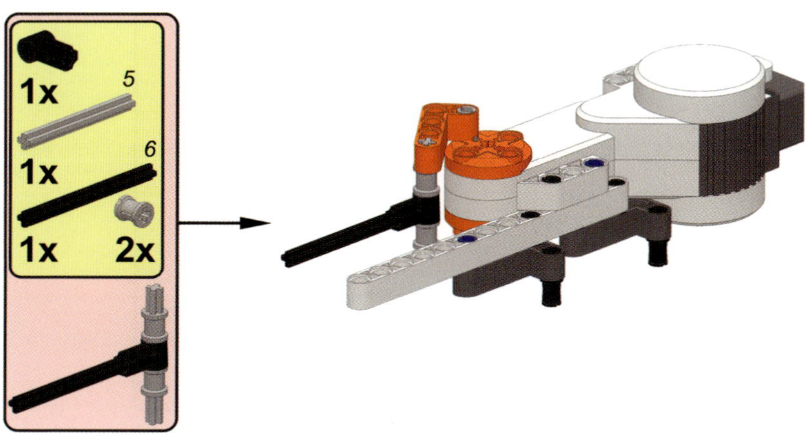

7

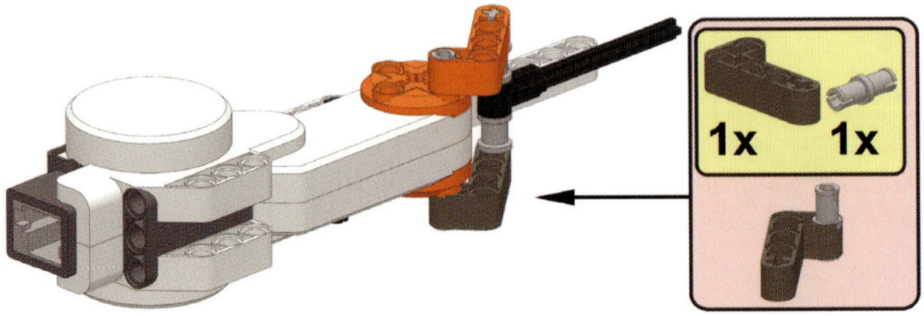

8

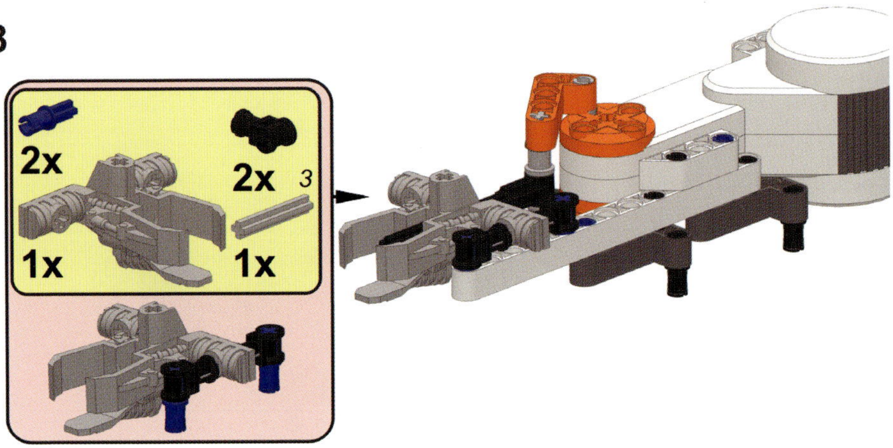

9

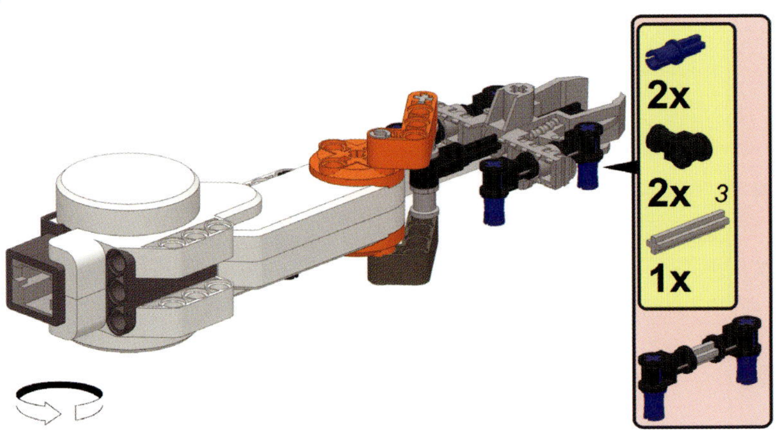

10

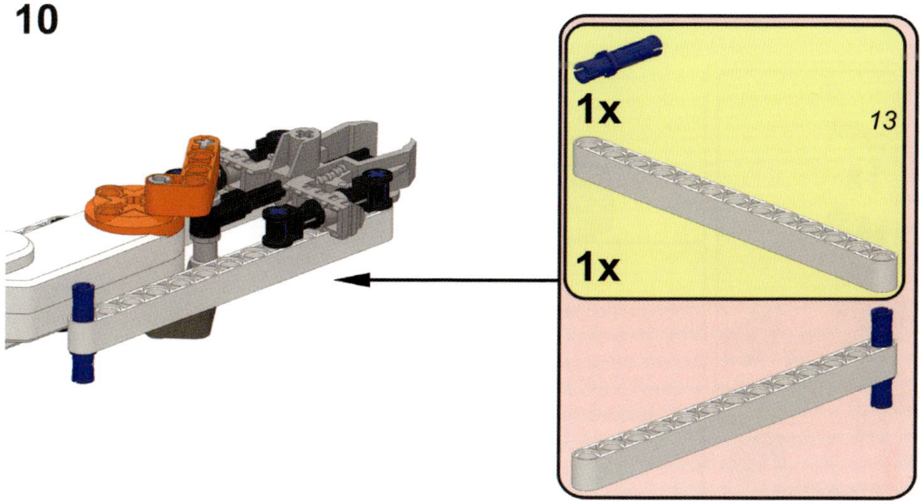

Bei Verwendung der Education-Edition verbinden wir die Balken nicht mit dem Zamor-Werfer, sondern mit einem horizontalen 3x5-Winkelbalken.

11

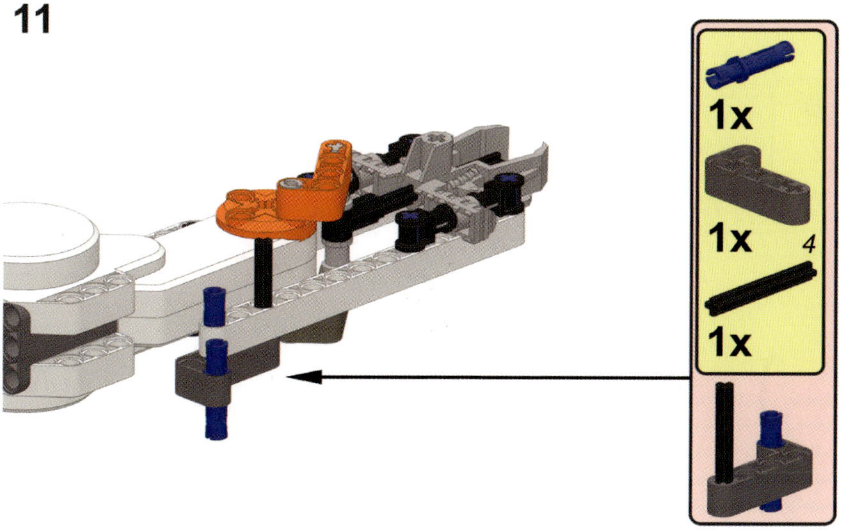

12

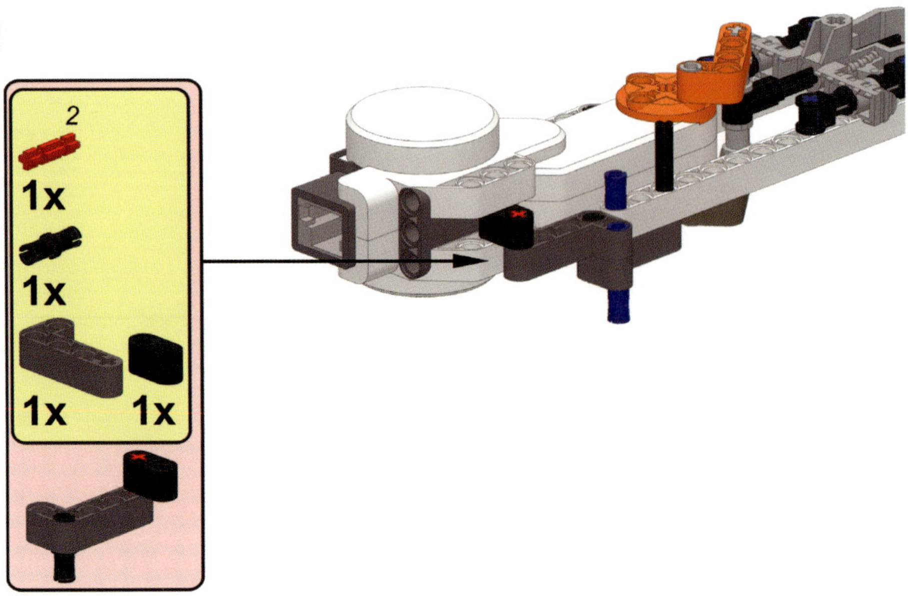

Bei Verwendung der Education-Edition ersetzen wir den 2M-Balken durch einen 3M-Balken und die rote 2M-Achse durch einen blauen Kreuzstecker.

13

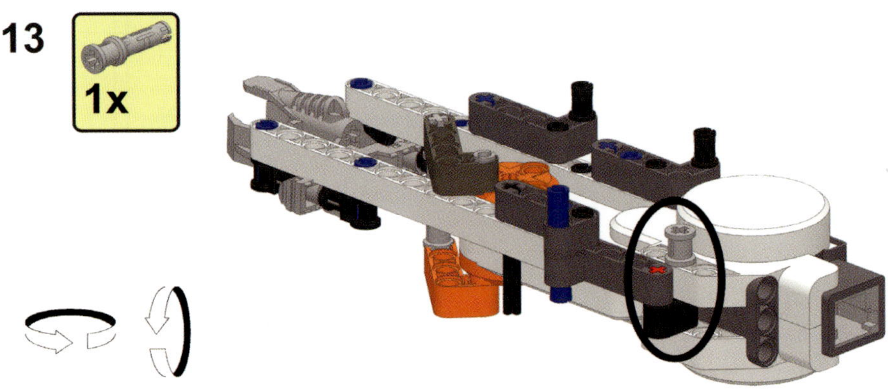

14

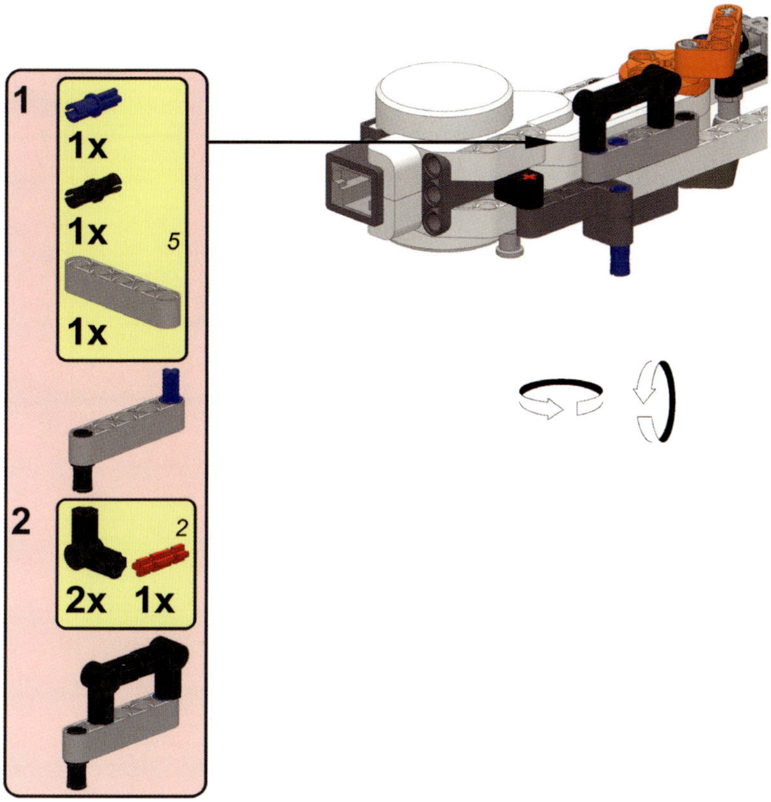

Bei Verwendung der Education-Edition lassen wir Schritt 15 aus:

15

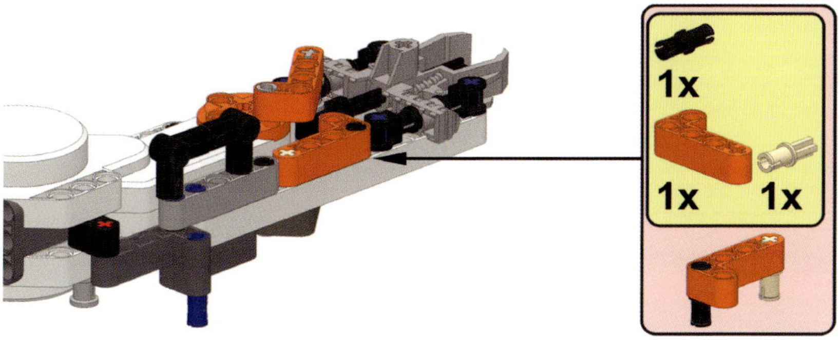

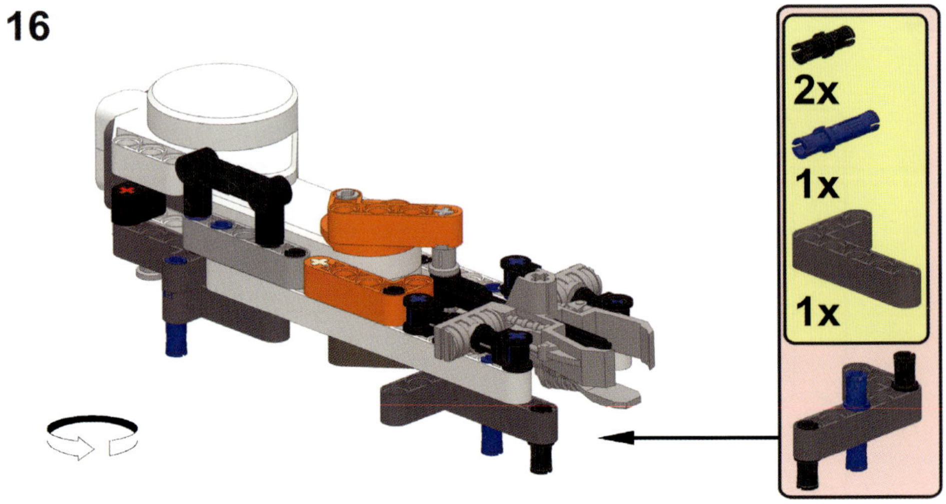

Bei Verwendung der Education-Edition lassen wir auch Schritt 17 aus:

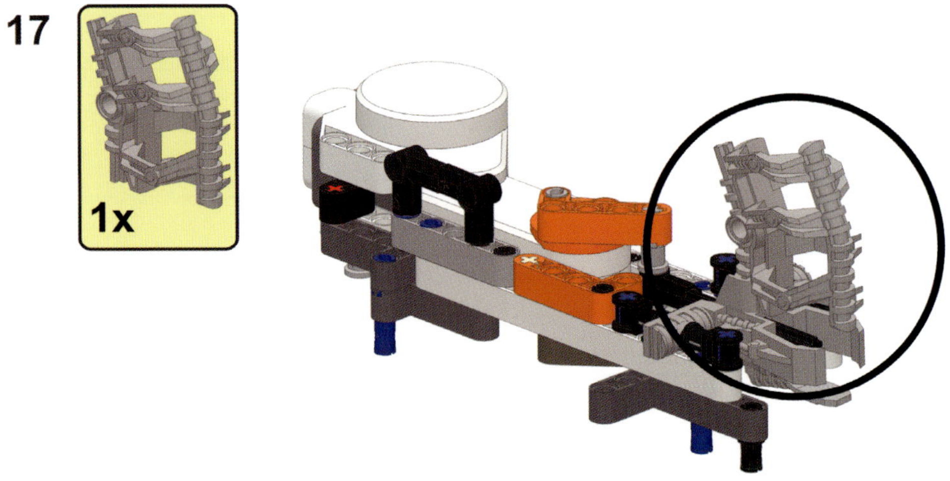

18

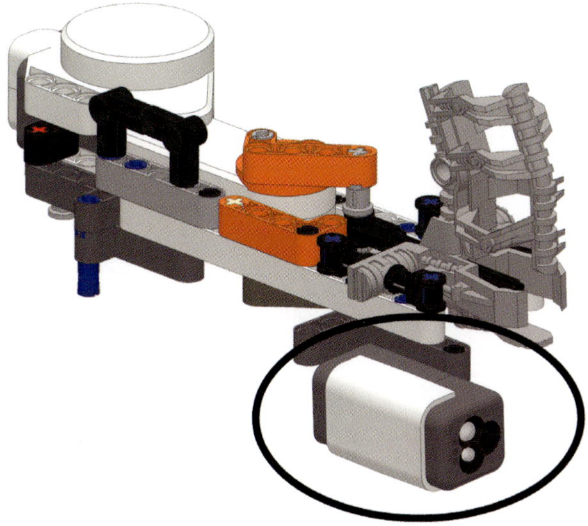

Bei Verwendung der Education-Edition ersetzen wir den Farbsensor durch einen Lichtsensor. Außerdem lassen wir dann den nächsten Schritt wieder aus:

19

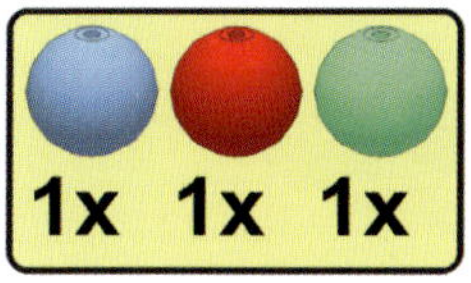

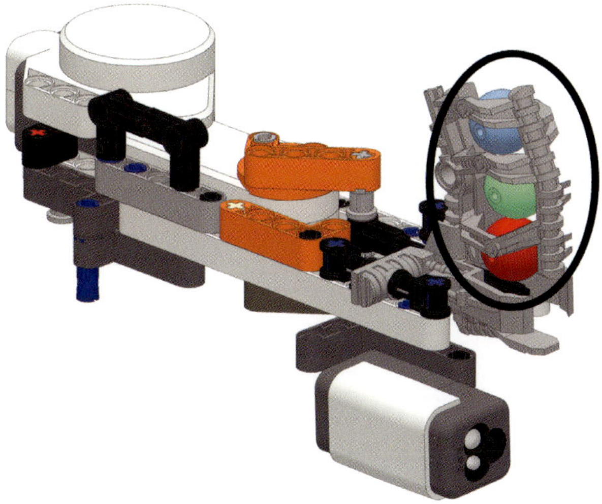

Wir stecken den Werfer auf die Basis auf und der Wächter ist fertig:

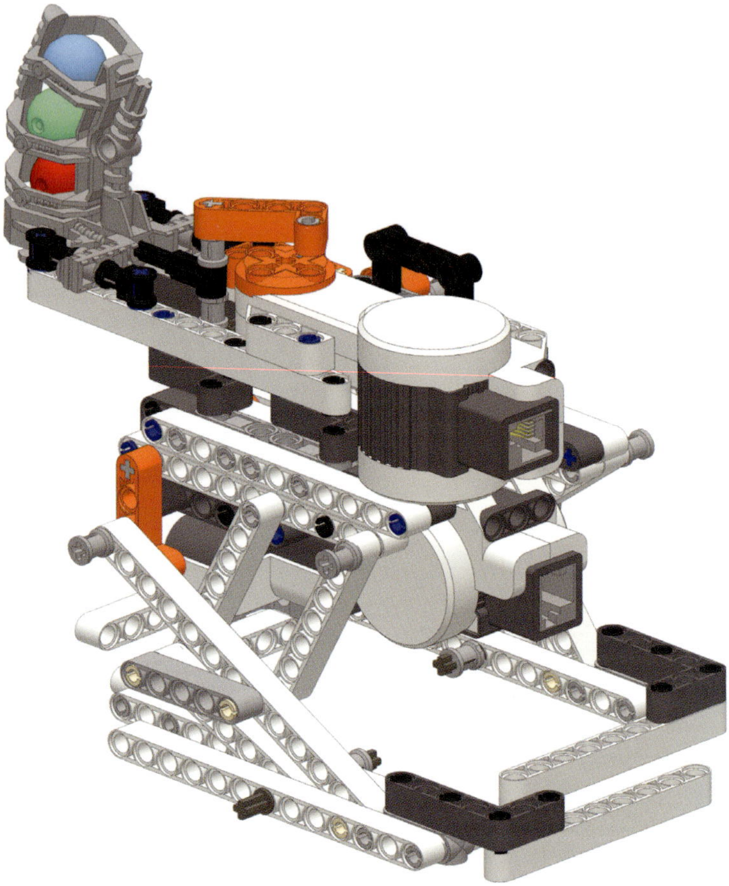

Das Podest des NXT-Steins

1

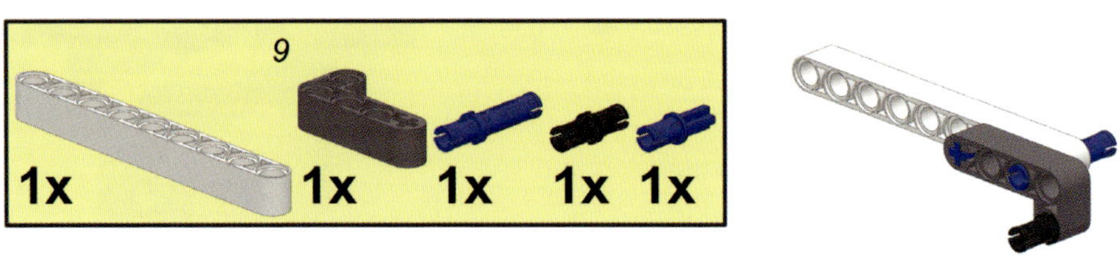

2

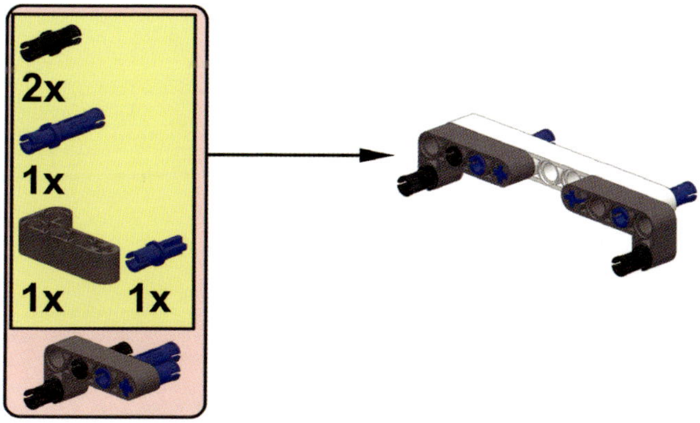

3

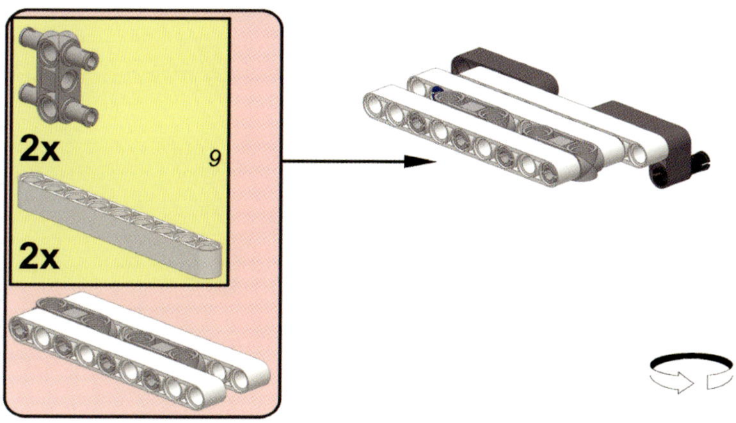

4

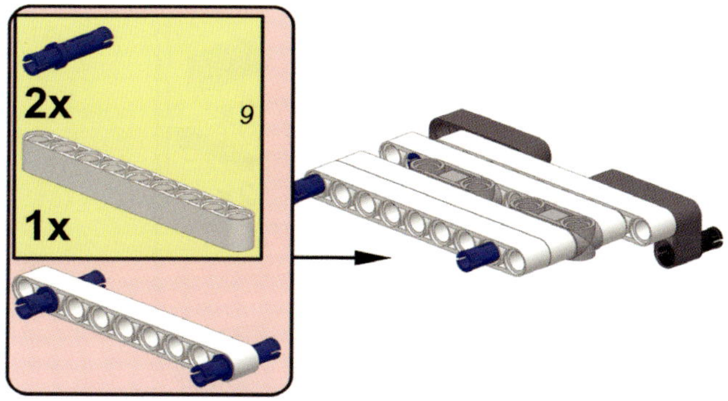

5

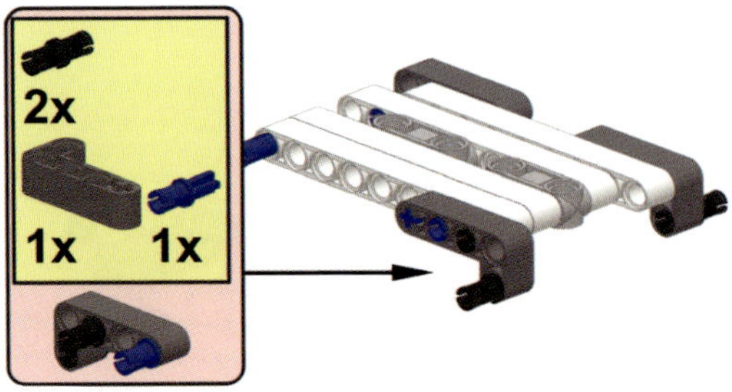

6

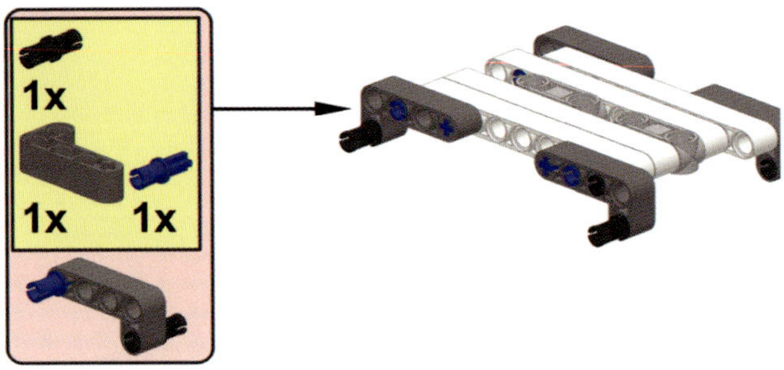

7

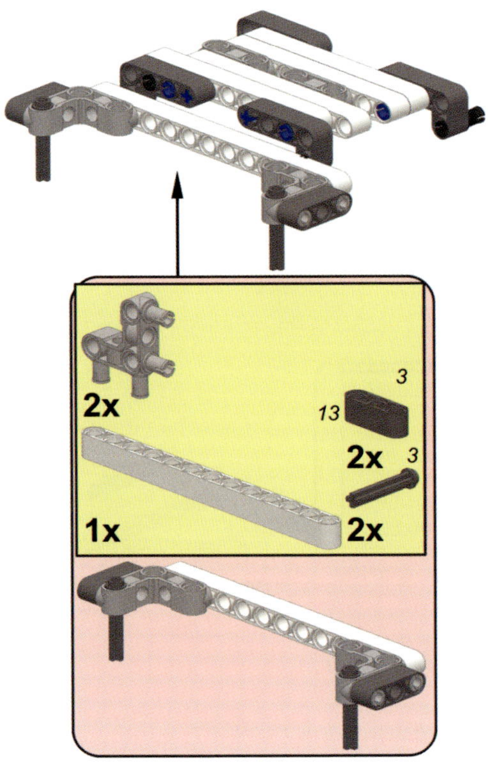

8

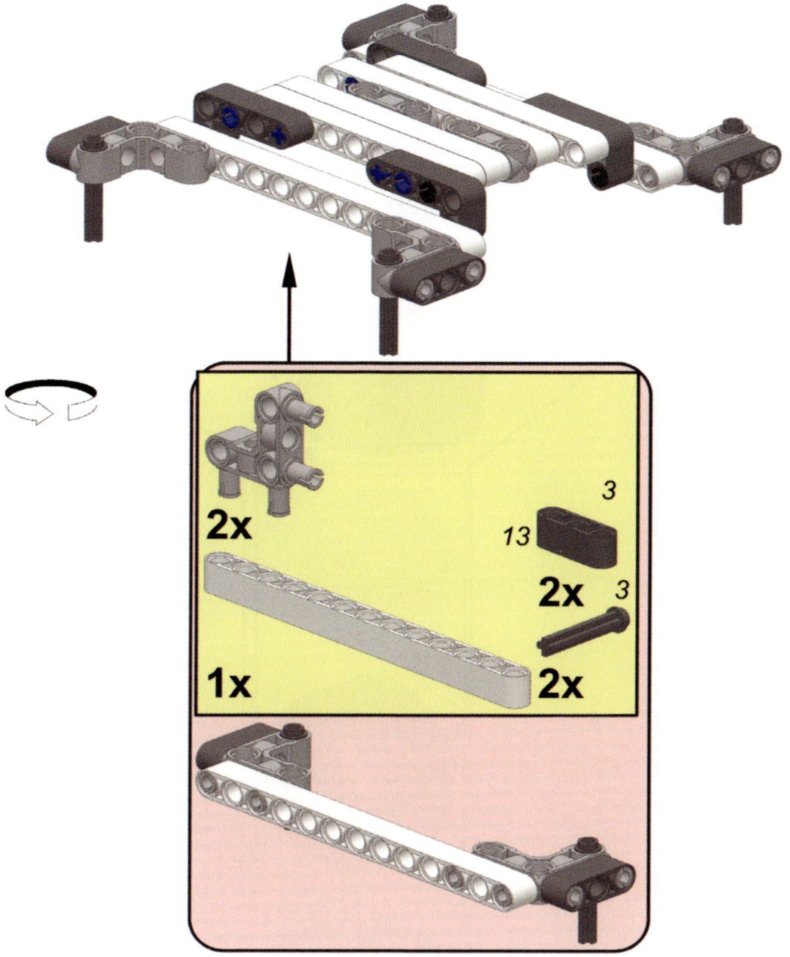

9

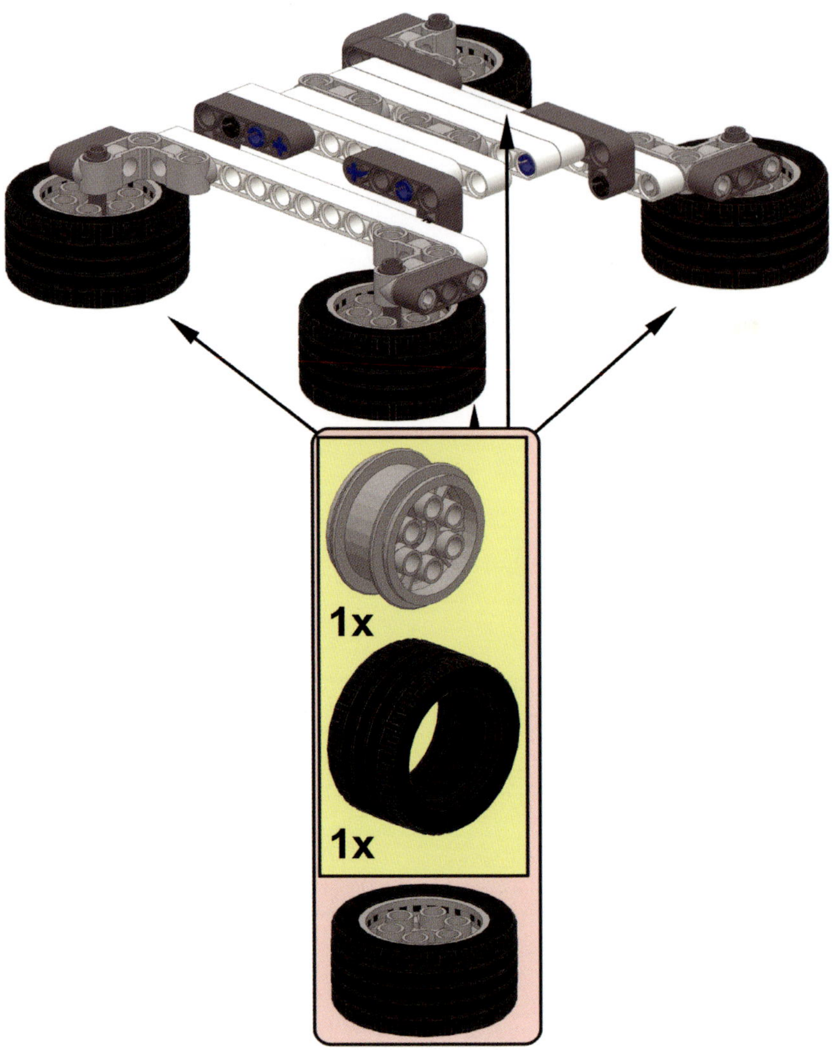

Der drehbar gelagerte NXT-Stein

1

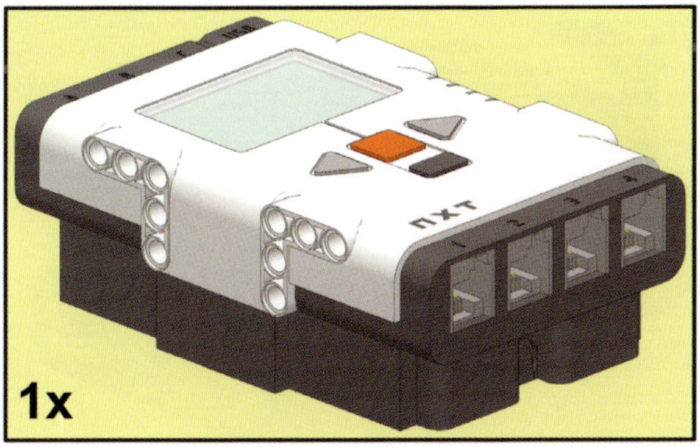

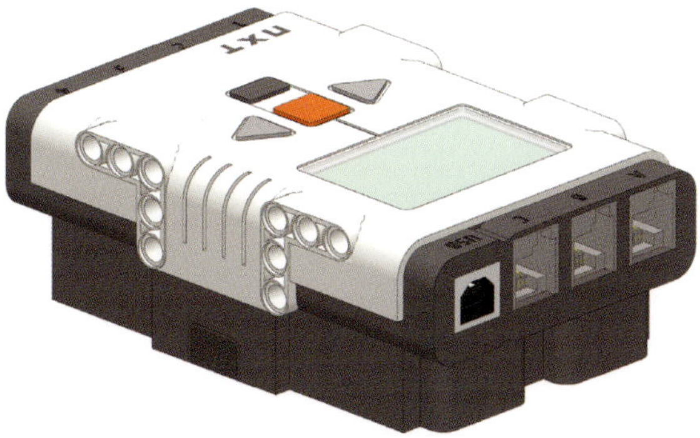

2

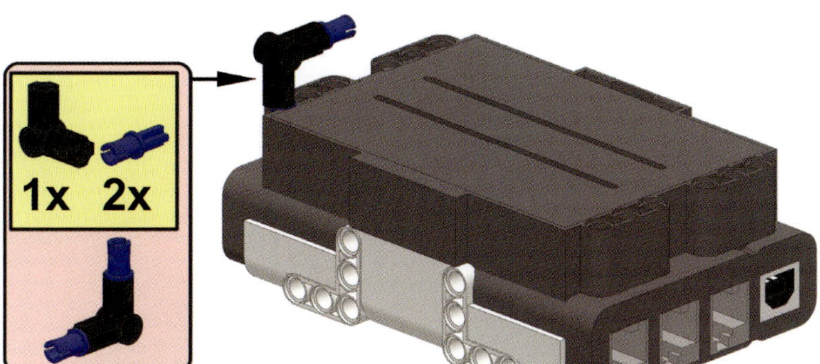

3

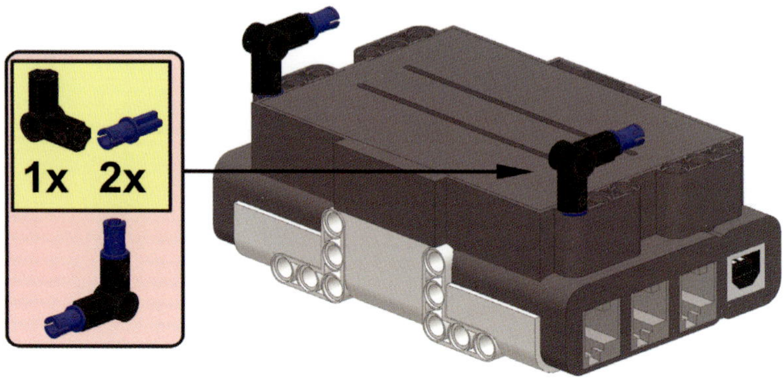

4

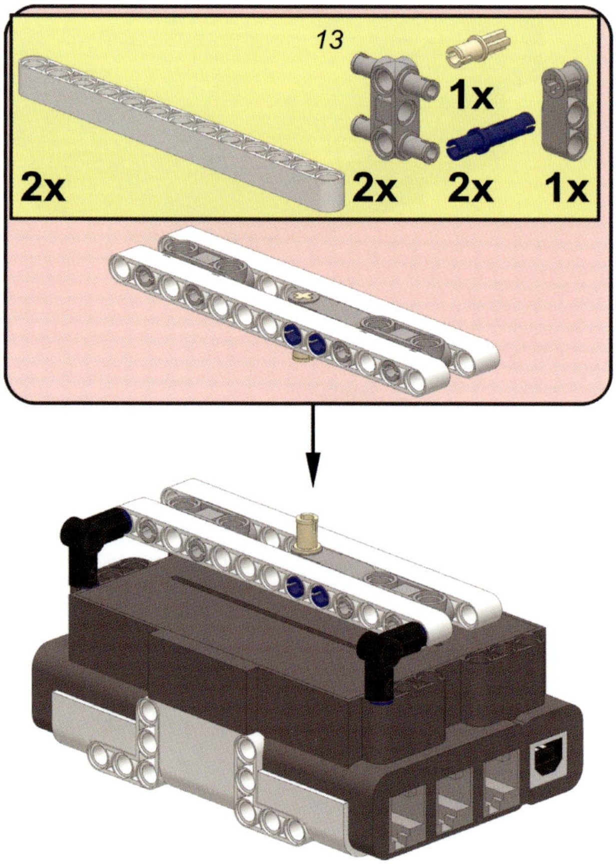

5

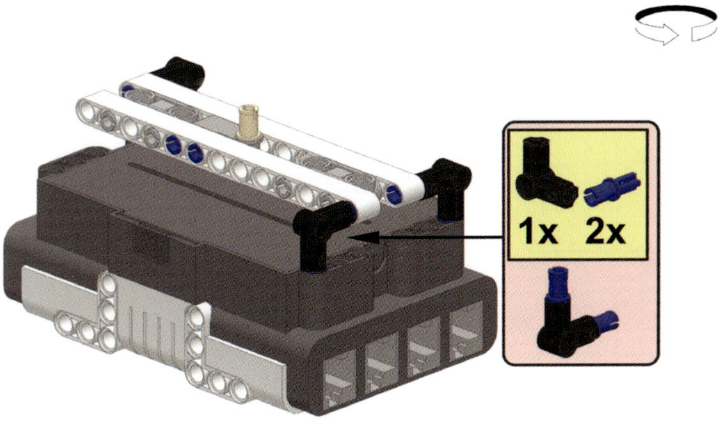

6

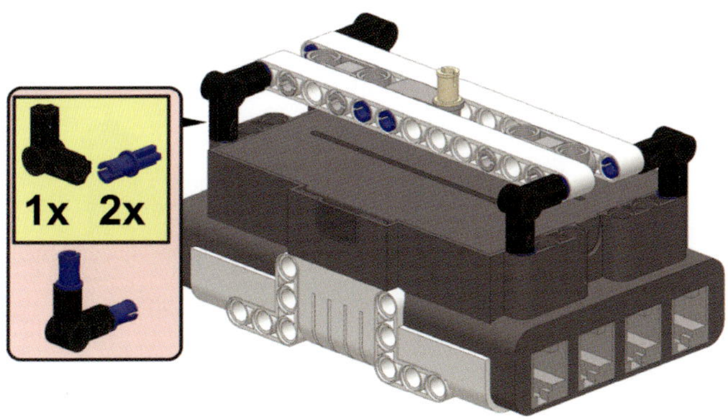

7

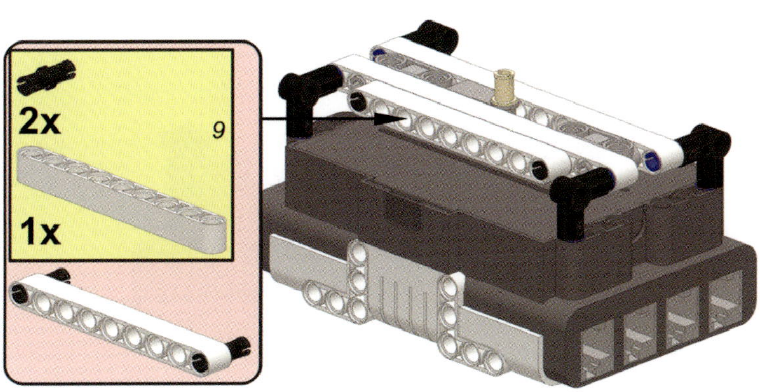

8

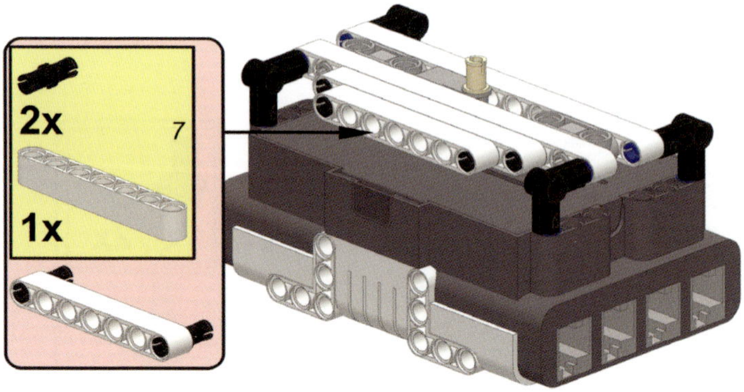

9

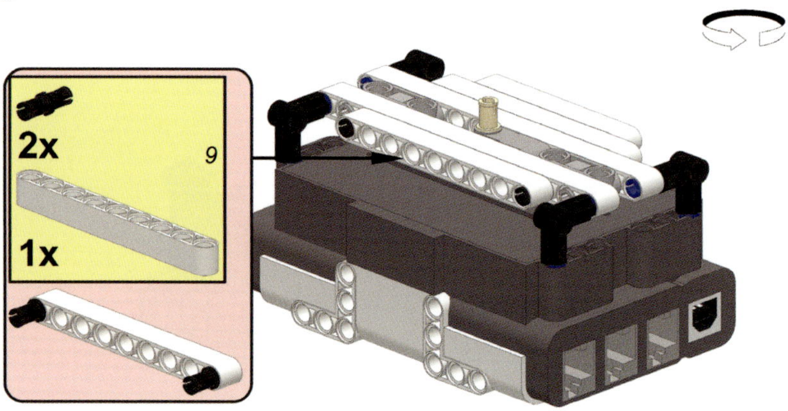

10

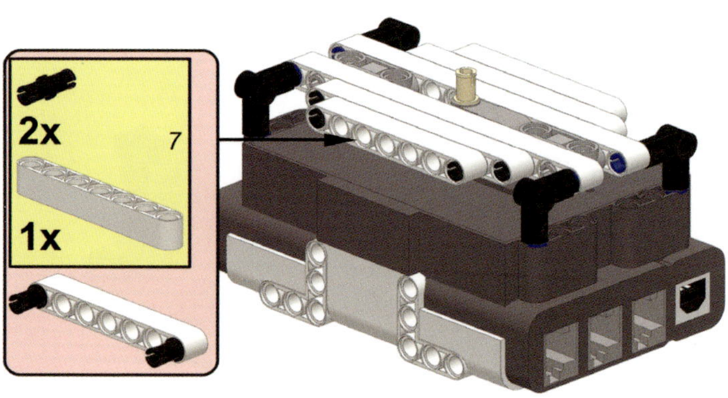

Wir stecken den NXT-Stein auf das Podest auf:

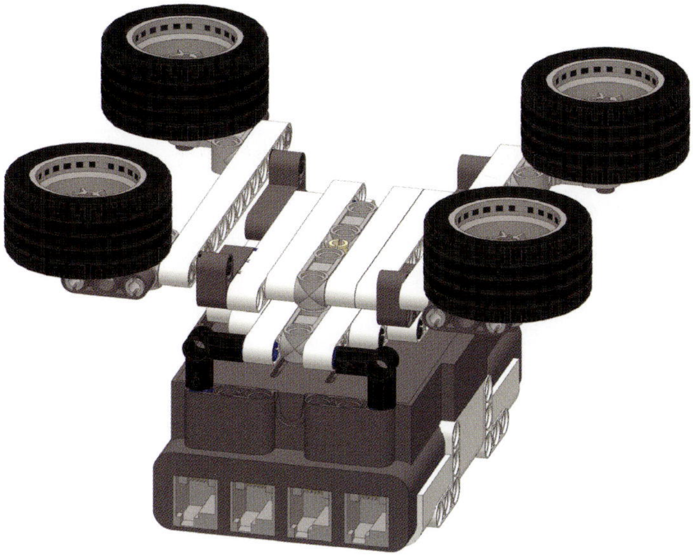

Verkabelung

Die korrekte Länge der Kabel und deren Führung sind für den Wächter besonders wichtig, da sie, richtig angebracht, den Roboter kreisförmig um den zentralen stationären NXT-Stein herum laufen lassen.

Farbsensor

Wir verbinden den Farbsensor mittels des 50 cm langen Kabels mit Eingang 4. Dabei achten wir darauf, dass das Kabel nach von hinten gesehen rechts geführt wird und am Farbsensor innerhalb des 3-x-5-Balkens verläuft, die Bewegung des Beins also nicht behindert:

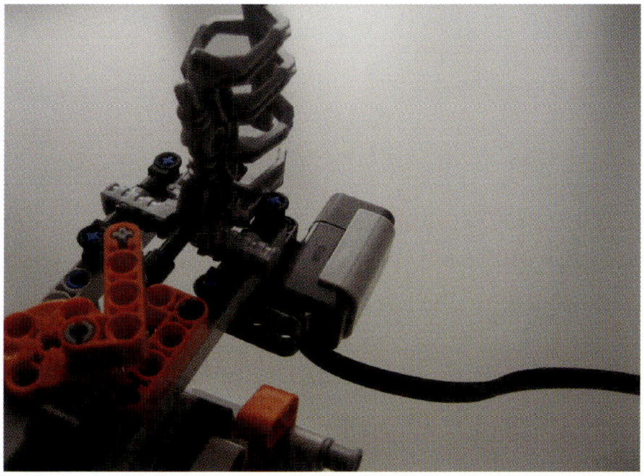

Ultraschallsensor

Der Ultraschallsensor wird über ein 50 cm langes Kabel mit Eingang 3 verbunden. Dabei führen wir das Kabel durch das von hinten gesehen rechte Bein hindurch:

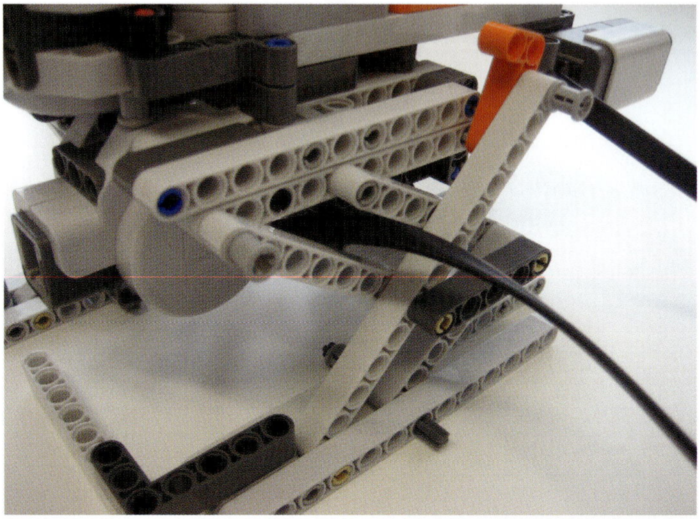

Werfer

Wir verbinden den Motor, der den Werfer antreibt, mittels eines 37 cm langen Kabels mit Ausgang B. Dabei führen wir das Kabel durch die Kabelhalterung auf der rechten Oberseite des Werfers hindurch, die von den beiden schwarzen Verbindungsstücken gebildet wird:

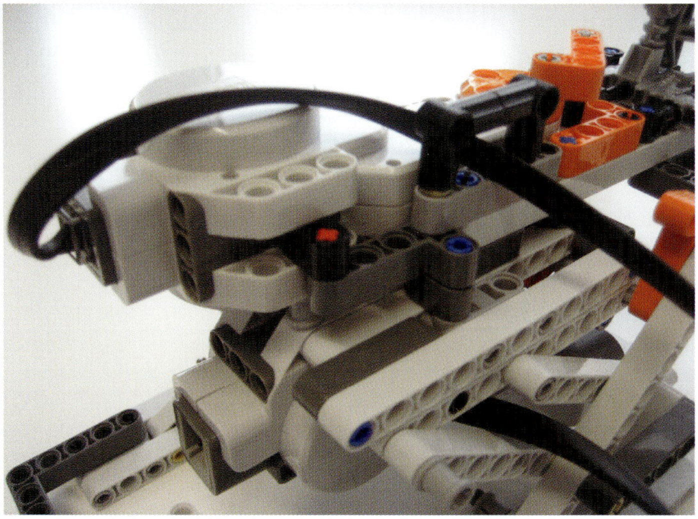

Bewegungsapparat

Auch der Bewegungsapparat wird über ein 37 cm langes Kabel verbunden, diesmal mit Ausgang C. Dieses Kabel muss ebenfalls durch die Kabelhalterung geführt werden:

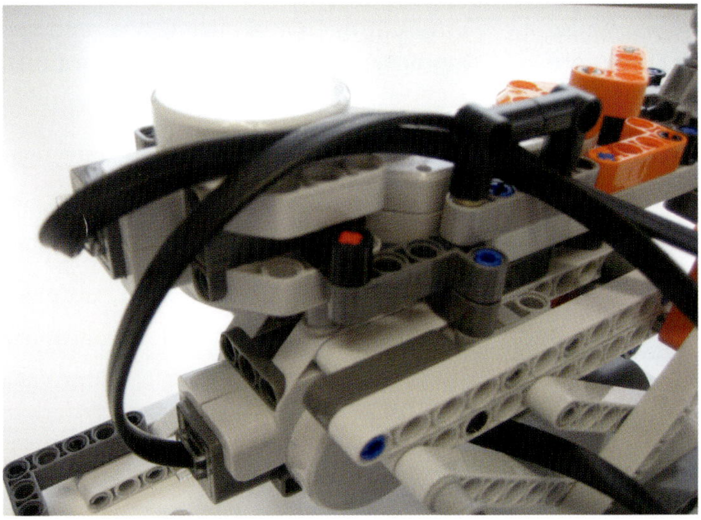

Wir müssen bei der Anbringung aller vier Kabel unbedingt darauf achten, dass sie jeweils auf die von hinten gesehen rechte Seite weisen und nicht untereinander verflochten sind.

8.4 Das Programm

8.4.1 Entwurf der allgemeinen Struktur

Wie soll sich der Wächter verhalten?

Von einem Wächterroboter erwarten wir, dass er etwas bewacht. Zu diesem Zweck soll er im Kreis herum gehen und die Gegend mit einer Lampe und mit einem Ultraschallsensor überwachen. Entdeckt er dabei etwas Verdächtiges, so soll er Alarm geben und das Objekt mit dem Zamor-Werfer unter Beschuss nehmen.

Was bedeutet das technisch?

Damit der Wächter im Kreis um den zentralen NXT-Stein herum geht, müssen wir lediglich den Motor, der die Beine bewegt, vorwärts laufen lassen. Durch die Anbindung an den drehbar gelagerten NXT-Stein mittels der Kabel wird er sich auf einer Kreisbahn um diesen herum bewegen.

Wir verwenden den Farbsensor im Lichtsensormodus und benutzen ihn diesmal nicht zur Wahrnehmung, sondern lediglich dazu, Licht einer bestimmten Farbe auszusenden. Alarm wird der Wächter geben, indem wir diese Farbe auf Rot umstellen und einen geeigneten Klang abspielen.

Um schließlich mit dem Zamor-Werfer eine Kugel abzuschießen, lassen wir den an den Werfer angeschlossenen Motor zwei Umdrehungen ausführen. Während des Schusses wollen wir über den internen Lautsprecher ein passendes Geräusch simulieren.

Allgemeiner Programmablauf

Damit ergibt sich folgender Ablauf des Programms:

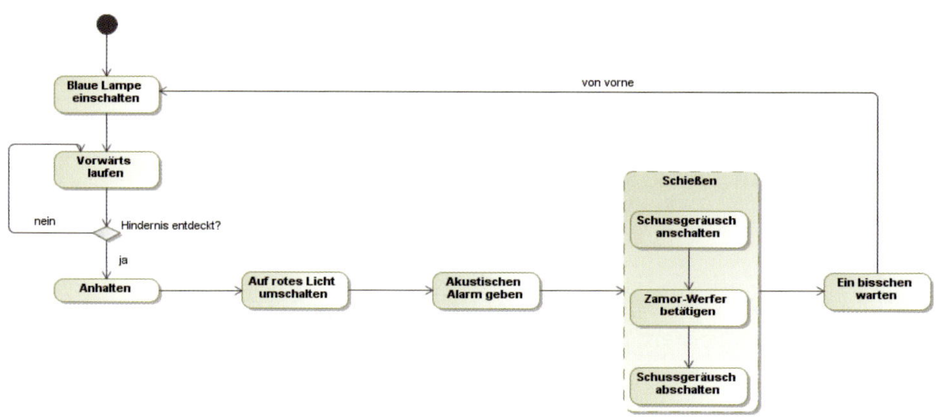

Abb. 8.5: Das Verhalten des Wächters

8.4.2 Technische Umsetzung als NXT-G-Programm

Nachdem wir wieder mit einer Endlosschleife begonnen haben, um das Programm so lange laufen zu lassen, bis wir es über den grauen Knopf beenden, schalten wir zunächst die Lampe ein. Das heißt, wir betreiben den Farbsensor am Eingang 4 im Lichtsensormodus und schalten das blaue Licht an. Dazu setzen wir in einem Farbsensorblock die Eigenschaft AKTION auf LICHTSENSOR, das Häkchen bei FUNKTION: LICHT und wählen die Farbe Blau aus:

Der Wächter soll nun so lange vorwärts laufen, bis er mithilfe des Ultraschallsensors ein Objekt entdeckt. Dazu benutzen wir eine Schleife, deren Abbruchbedingung über den Ultraschallsensor am Eingang 3 konfiguriert ist: Er soll anschlagen, wenn die DISTANZ zu einem entdeckten Objekt kleiner als 40 ZENTIMETER ist.

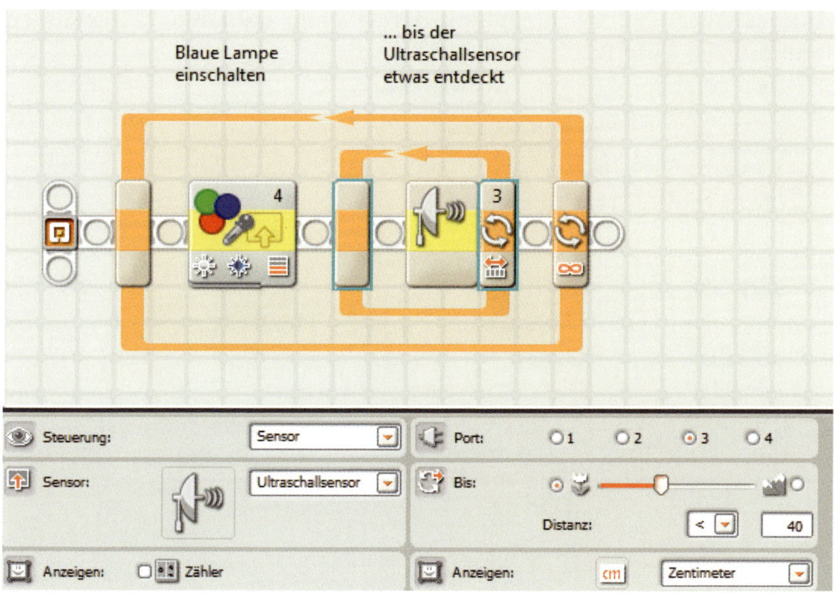

Um innerhalb dieser Schleife vorwärts zu laufen, muss der Motor am Ausgang B, der die Beine bewegt, vorwärts rotieren. Wir setzen die Eigenschaft LEISTUNG dabei auf 50:

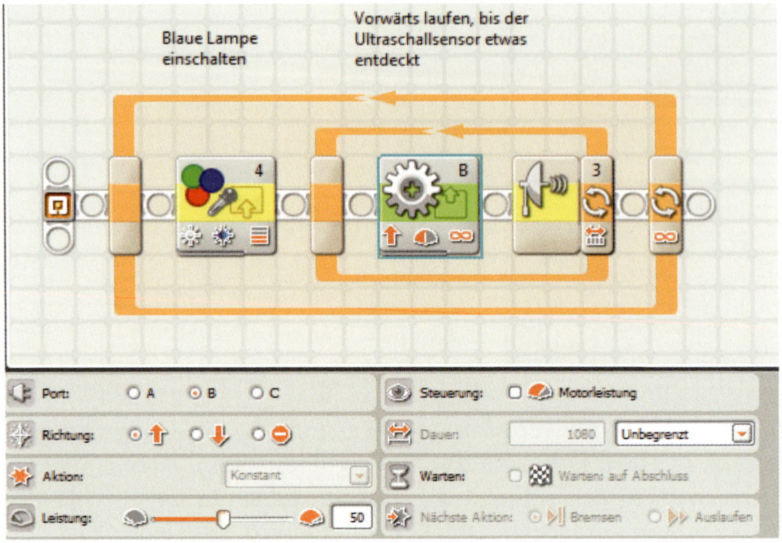

Sobald der Ultraschallsensor anschlägt, soll der Wächter anhalten. Wir stoppen dann den Motor am Ausgang B:

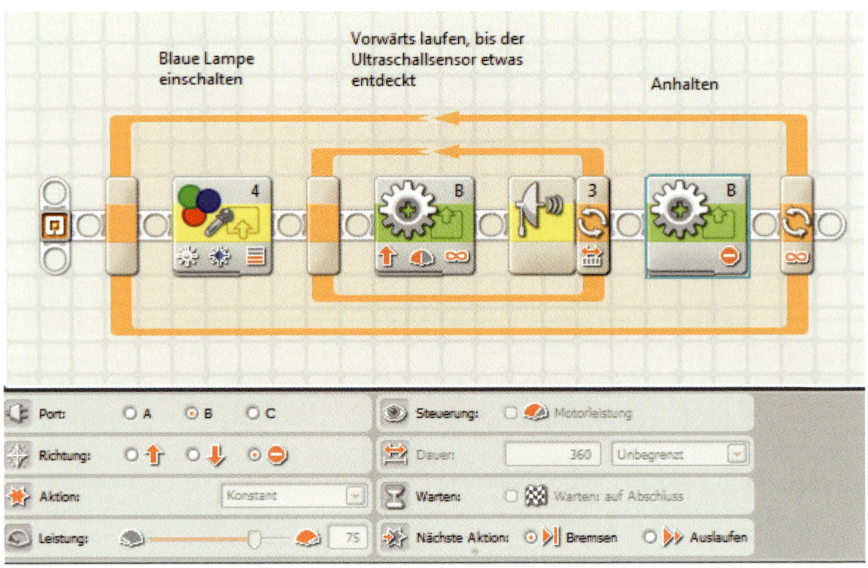

Wir wechseln auf das Aussenden der roten Farbe, indem wir bei der FUNKTION LICHT des Farbsensorblocks diese Farbe auswählen:

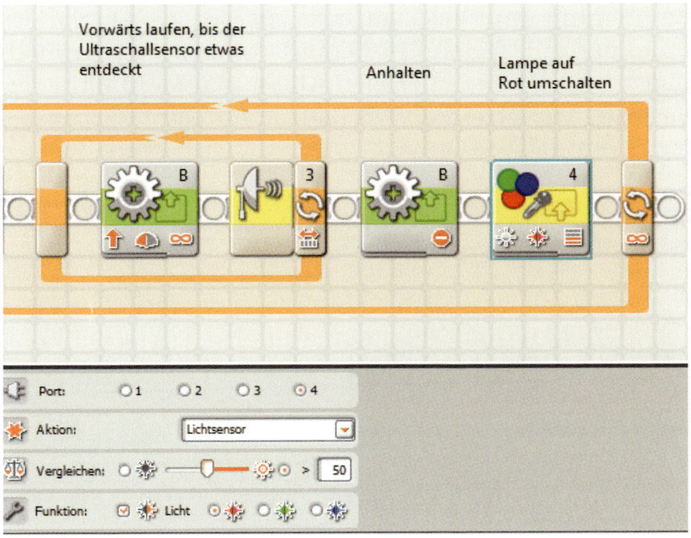

Für den akustischen Alarm spielen wir eine Klangdatei ab. Dazu benutzen wir einen Klangblock und setzen dessen AKTION auf KLANGDATEI, das VOLUMEN auf 100 und wählen als abzuspielende Datei ALARM aus. Außerdem achten wir darauf, dass das Häkchen bei WARTEN: AUF ABSCHLUSS gesetzt ist. Damit wird erreicht, dass das Programm erst dann weiterläuft, wenn die Datei vollständig abgespielt worden ist.

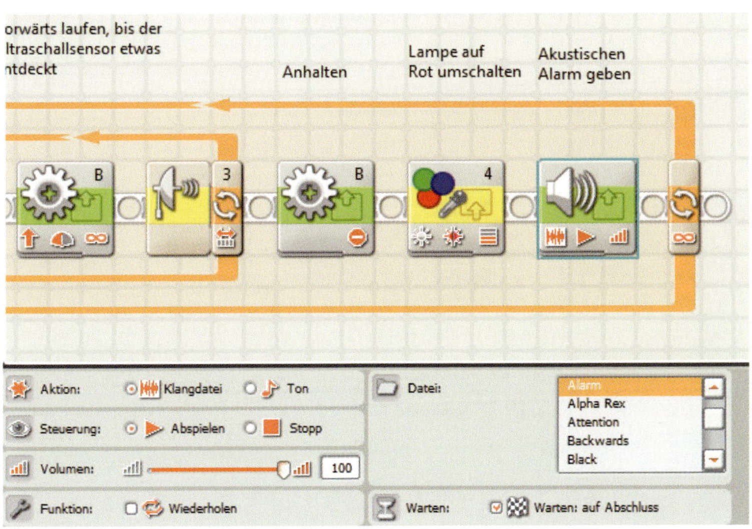

Um während des nun folgenden Schusses ein geeignetes Geräusch zu simulieren, verwenden wir wieder den Klangblock, diesmal mit der Datei ! LASER. Da wir jetzt den Klang *während* des Schusses abspielen wollen, entfernen wir das Häkchen bei WARTEN: AUF ABSCHLUSS. Dadurch wird die Klangdatei abgespielt, während das weitere Programm schon weiterläuft. Damit das ziemlich kurze Schussgeräusch während des ganzen Schusses zu hören ist, spielen wir es außerdem nicht nur einmal ab, sondern mehrmals. Das erreichen wir, indem wir das Häkchen bei FUNKTION auf WIEDERHOLEN setzen:

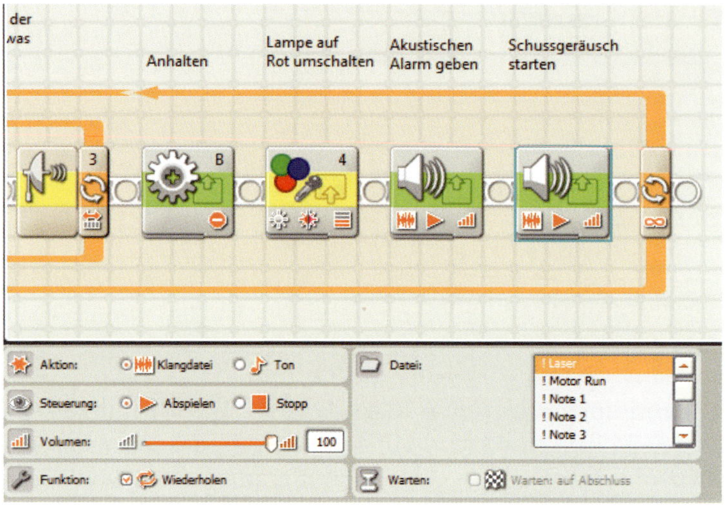

Um nun einen Schuss mit dem Zamor-Werfer abzufeuern, lassen wir den Motor C, der den Schussmechanismus betätigt, zwei Umdrehungen mit voller LEISTUNG ausführen:

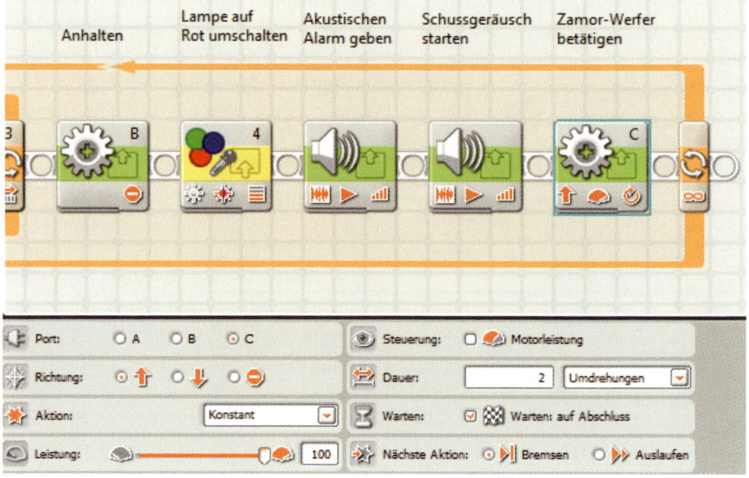

Diesmal läuft der Klangblock im Wiederholungsmodus, hört also nicht von selbst auf. Wir müssen ihn daher nach dem Schuss wieder explizit abschalten. Dies geschieht, indem wir die Eigenschaft STEUERUNG des Blocks auf STOPP setzen:

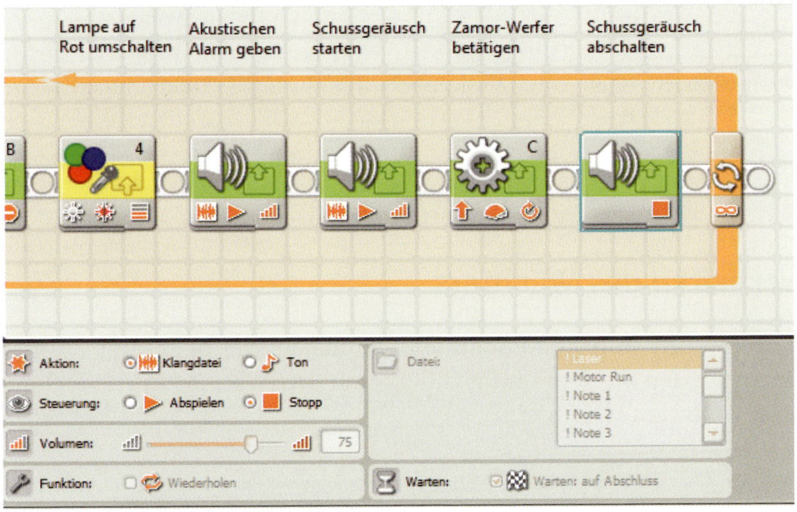

Bevor es nun wieder von vorne mit dem nächsten Durchlauf der äußeren Schleife weitergeht und der Wächter seinen Kontrollgang fortsetzt, warten wir noch eine kurze Zeit, zum Beispiel zwei Sekunden:

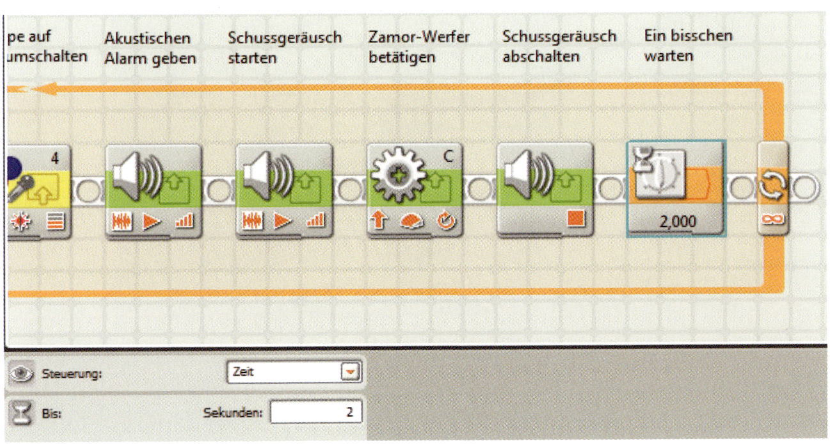

Damit ist das Programm komplett:

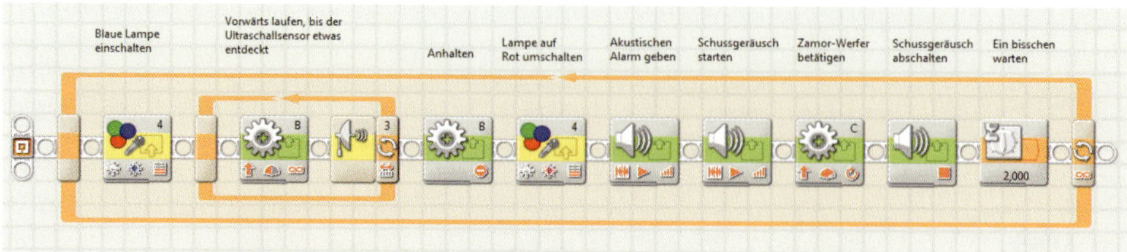

Abb. 8.6: Das komplette Programm des Wächters

8.5 Das Verhalten des Wächters

Bevor wir das Programm nun starten, füllen wir noch zwei oder drei Zamor-Kugeln in das Magazin des Werfers und positionieren den Wächter in ausreichendem Abstand vom zentralen NXT-Stein:

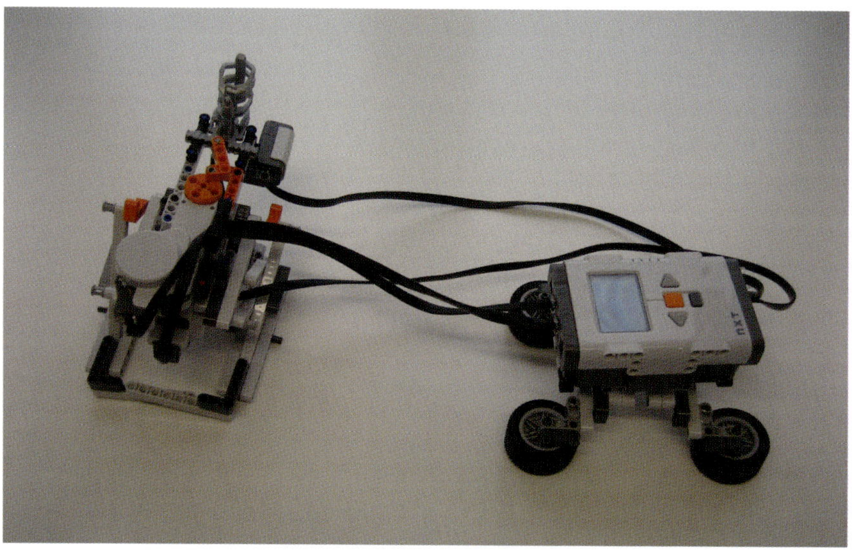

Sobald das Programm läuft, wird der Wächter beginnen, um den zentralen NXT-Stein im Kreis herum zu stapfen. Entdeckt der Ultraschallsensor dabei ein Objekt, so hält der Wächter an, schaltet die Lampe auf rotes Licht um und ruft »Alarm!«. Anschließend feuert er eine Kugel mit dem Werfer ab. Nachdem er ein bisschen abgewartet hat, nimmt er seine Bewegung wieder auf und schaltet zurück auf blaues Licht. Befindet sich das entdeckte Objekt dann jedoch immer noch in Reichweite des Ultraschallsensors, so wird er erneut anhalten, Alarm schlagen und einen weiteren Schuss abfeuern.

8.5.1 Interpretation

Das Verhalten des Wächters ist, wie das für Wachposten generell der Fall ist, nicht besonders komplex.

Einem Beobachter werden zunächst wohl das Pflichtbewusstsein und die Unermüdlichkeit auffallen, mit der er seine Runden dreht und seine Aufgabe erfüllt. Vielleicht wird er auch die Unerbittlichkeit bemerken, mit der der Wächter Objekte behandelt, die er in den von ihm bewachten Bereich erwischt: Sie werden ohne Gnade bekämpft. Anders als angeblich so manchem menschlichen Wachtposten sind ihm dabei Mitleid oder Nachsichtigkeit offensichtlich fremd und er ist anscheinend auch weder gutem Zureden noch Bestechungsversuchen seitens seiner Opfer zugänglich.

Andererseits scheint diese Sturheit mit einem gewissen Mangel an Intelligenz gepaart zu sein: Freund und Feind kann er offensichtlich nicht unterscheiden, sondern es wird ausnahmslos jeder niedergeschossen, der sich in seinem Wahrnehmungsbereich befindet. Dabei bemerkt er jedoch Eindringlinge nicht, die er nicht sehen kann, weil sie sich zum Beispiel in seinem Rücken befinden, selbst wenn sie sehr groß sind oder starken Lärm machen. Außerdem versucht er, auf entdeckte Objekte auch dann noch zu schießen, wenn ihm bereits längst die Munition ausgegangen ist.

8.6 Zusammenfassung

In diesem Kapitel haben wir uns hauptsächlich mit Theorie und Praxis des zweibeinigen Gehens beschäftigt. Wir haben untersucht, wann und warum ein Zweibeiner beim Gehen in einem stabilen Gleichgewicht bleibt und gesehen, wie man einen passenden Bewegungsapparat dafür konstruiert.

Außerdem haben wir das erste Mal den im NXT-Set enthaltenen Zamor-Werfer verwendet und wissen nun, wie man ihn in einer automatisierten Vorrichtung einsetzen kann.

Wir haben zudem unser erstes Modell eingeführt, bei dem NXT-Stein und Roboter getrennt sind, und gesehen, wie man auch mit einer solchen Konfiguration ein zumindest eingeschränkt mobiles Wesen bauen kann.

Auf der Programmierseite haben wir verstanden, wie man Klänge des Klangblocks abspielt, und zwar sowohl einfach als auch mehrfach, parallel zum sonstigen Ablauf des Programms oder nacheinander. Wir haben außerdem gelernt, wie man den Farbsensor als Lampe zum Aussenden von Licht in verschiedenen Farben verwenden kann.

8.7 Anregungen

1. Wie funktioniert das Gehen beim *Alpha Rex*, der im NXT-Set als Beispielprojekt enthalten ist? Warum fällt er dabei nicht um? Wo befindet sich jeweils der Schwerpunkt?
2. Wie müssen wir das Programm erweitern, damit der Wächter bei der Entdeckung eines Objekts nicht nur »Alarm!« ruft, sondern danach auch noch »Object detected«?
3. Wie können wir den Wächter »schlauer« machen, sodass er merkt, dass ihm die Munition ausgegangen ist? Was könnte er in einem solchen Fall tun?
4. Wie könnten wir das Programm ändern, sodass der Wächter beim Umhergehen kein blaues Licht aussendet, sondern in regelmäßigen Abständen die Umgebung mit einer anderen Farbe beleuchtet?
5. Wie könnte ein Mechanismus aussehen, der es dem Wächter erlaubt, selbstständig die Richtung zu ändern, also nach rechts oder nach links zu gehen? Wie funktioniert das beim Menschen?
6. Wie könnte ein sich näherndes Objekt dem Wächter mitteilen, dass es ein Freund ist und nicht bekämpft werden muss? Wie müssten wir das Programm des Wächters ändern?
7. Ist es möglich, den NXT-Stein auf dem Wächter anzubringen? Welche Schwierigkeiten ergeben sich dadurch?

Kapitel 9

Schwarmwesen: Roboterkommunikation

Neues in diesem Kapitel

- Nutzung der Drehsensoren
- Fallunterscheidung nach mehreren Werten in einem Schaltblock
- Verwendung eines Eigenen Blocks in mehreren Programmen
- Nutzung von Bluetooth mit dem NXT
- Drahtlose Kommunikation zwischen Computer und NXT-Stein
- Drahtlose Kommunikation zwischen zwei NXT-Robotern
- Fernsteuerung über die LEGO MINDSTORMS NXT Software

In den bisherigen Kapiteln haben wir jeweils nur ein einziges Wesen erschaffen, das sich alleine in der Welt umherbewegt hat. Eines der faszinierendsten Gebiete der Robotik ist jedoch die Zusammenarbeit mehrerer Roboter. Dabei kommunizieren diese Wesen untereinander, um bestimmte Aufgaben zu meistern, die ihre Umwelt ihnen stellt.

Ein solches Verhalten kennt man zum Beispiel von sozialen Insekten: Honigbienen, Wespen, Ameisen und Termiten leben jeweils in einem gemeinsamen Bau zusammen und verfügen über eine strikte Arbeitsteilung zwischen den Mitgliedern. Die Einzelwesen sind dabei sogar in ihrem Körperbau an die Aufgabe angepasst, die sie im Interesse der Gemeinschaft zu erfüllen haben. So gibt es bei Ameisen etwa Arbeiterinnen, Königinnen und Kriegerinnen, die zwar alle zur selben Art gehören, jedoch unterschiedlich aussehen.

Bei anderen sozialen Arten hingegen gibt es weder diese Arbeitsteilung noch eine daraus folgende körperliche Verschiedenheit: In Fischschwärmen erfüllen die Fische im Schwarm üblicherweise keine unterschiedlichen Aufgaben und sehen auch alle gleich aus. Dennoch bleiben sie zusammen, um sich besser gegen Feinde verteidigen zu können und orientieren sich dabei an den Mitgliedern in ihrer unmittelbaren Umgebung.

Abb. 9.1: Ein Schwarm Fingerfische

Hervorzuheben ist dabei, dass es in all diesen Gemeinschaften keine Steuerung durch eine zentrale Instanz gibt, dass die einzelnen Mitglieder also keine Befehle von einem Oberwesen erhalten. Stattdessen bildet sich das gemeinsame zielorientierte Handeln durch selbstorganisierte Prozesse aus, deren Wirkungsweise bisher nur teilweise verstanden wird.

Durch diese verteilte »Intelligenz« sind soziale Schwärme in den letzten beiden Jahrzehnten auch für die Robotik hochinteressant geworden: Schwärme aus Robotern erfordern keine aufwendige zentrale Steuerung und lassen sich aus vergleichsweise einfachen Einzelwesen aufbauen. Darüber hinaus bieten sie – anders als hochkomplexe Einzelroboter – eine hohe Ausfallsicherheit: Selbst wenn einige der Wesen im Schwarm Defekte erleiden oder ganz zerstört werden, bleibt das Gesamtsystem doch arbeitsfähig.

Auch wir wollen in diesem Kapitel nun solche Wesen bauen und programmieren. Dabei werden sie in Aussehen und Verhalten an Fische in einem Schwarm erinnern:

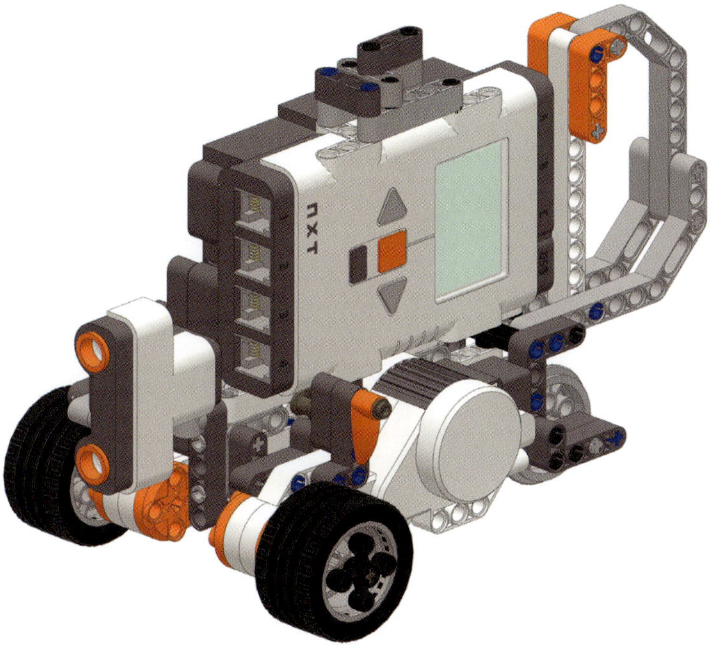

Abb. 9.2: Ein Schwarmwesen

Wir werden lernen, wie zwei dieser Schwarmwesen über eine drahtlose Verbindung miteinander kommunizieren und so ihre Bewegungen koordinieren können.

Dazu benötigen wir das erste Mal zwei NXT-Sets. Aber auch für die Leser, die nur über ein einzelnes Set verfügen, ist dieses Kapitel von Interesse, denn wir werden am Ende auch sehen, wie man einen NXT-Roboter über die LEGO MINDSTORMS NXT Software fernsteuern kann – in diesem Fall ein Schwarmwesen.

9.1 Mechanische Komponenten

9.1.1 Das Fahrwerk

Unsere Schwarmwesen werden auf eine Art angetrieben, die wir schon vom Zyklopen her kennen: Zwei Haupträder dienen sowohl zur Fortbewegung als auch zur Steuerung, während eine Lenkrolle die Stabilität sichert.

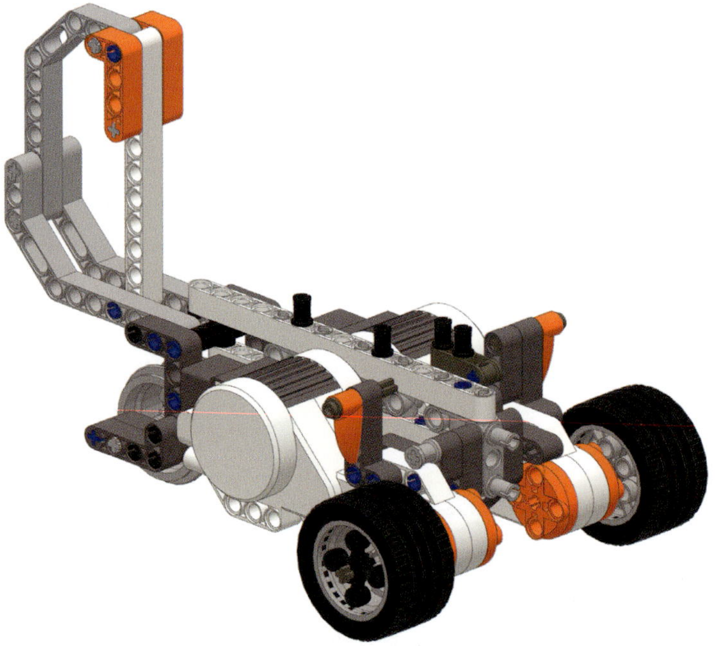

Abb. 9.3: Das Fahrwerk des Schwarmwesens

Anders als beim Zyklopen bewegen sich die Schwarmwesen aber nicht geradlinig fort, sondern schlängelnd, wie ein Fisch beim Schwimmen.

9.1.2 Der Kopf

Als »Kopf« besitzt unser Schwarmwesen einen Ultraschallsensor, den wir diesmal senkrecht anbringen:

Abb. 9.4: Der Kopf des Schwarmwesens

Wir werden ihn verwenden, um Hindernissen auszuweichen.

9.2 Die Bauanleitung

9.2.1 Benötigte Teile

Für den Bau eines Schwarmwesens benötigen wir folgende Teile des NXT-Sets:

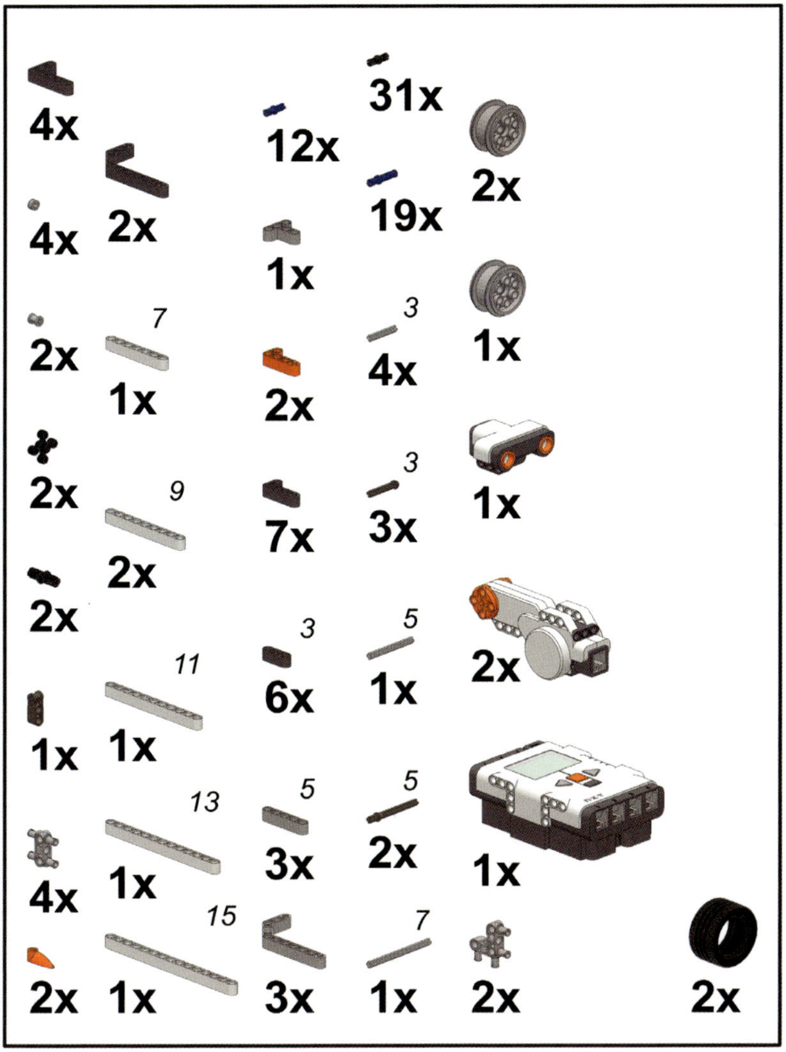

9.2.2 Schritt für Schritt

Das Fahrwerk des Schwarmwesens

1

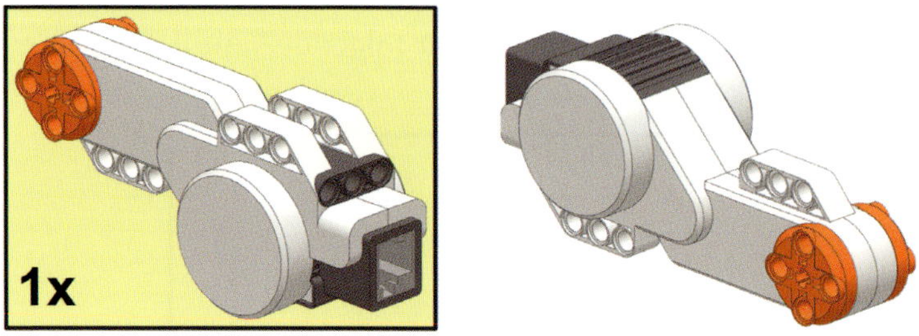

2

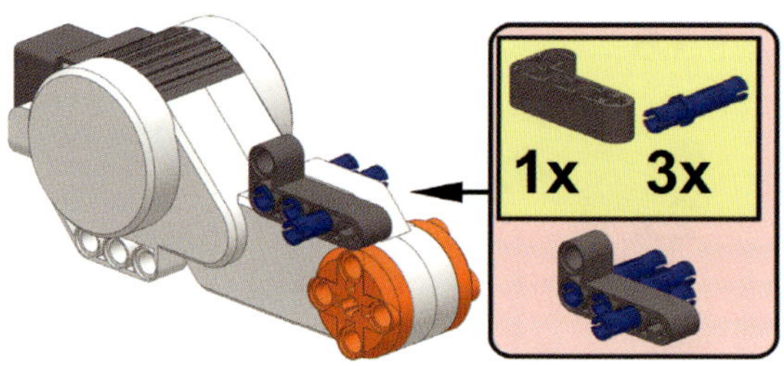

3

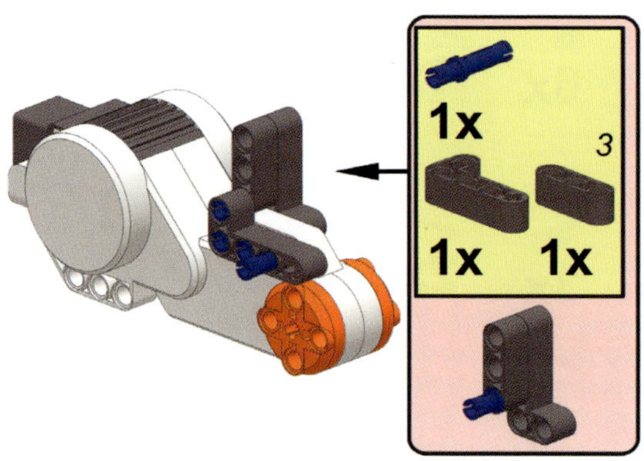

4

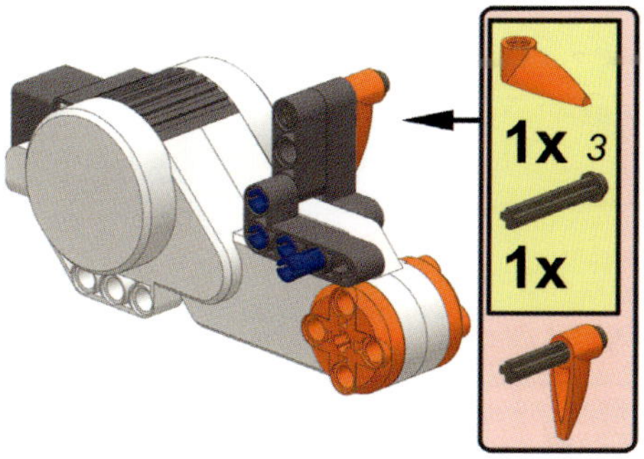

5

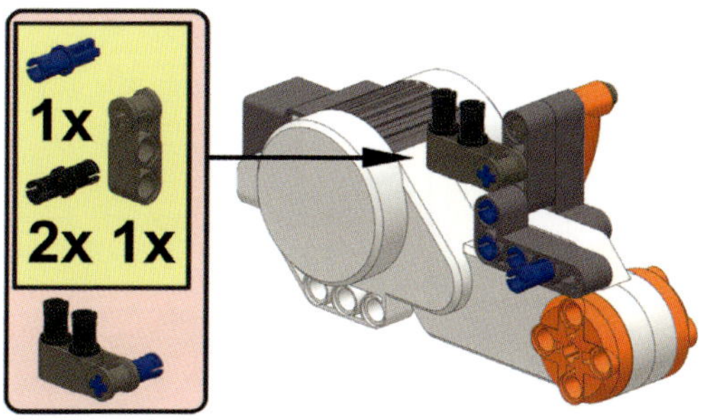

6

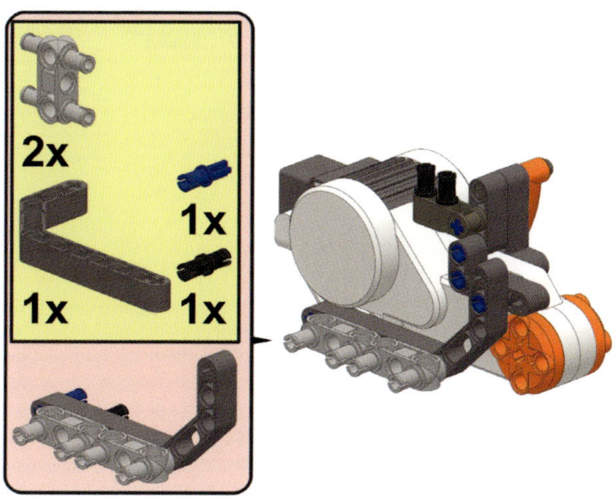

7

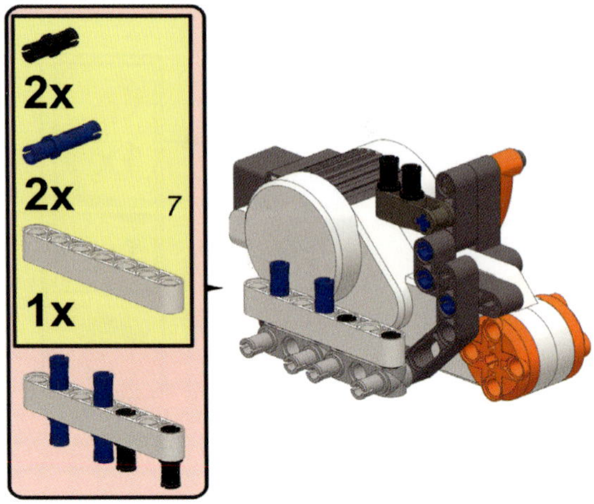

8

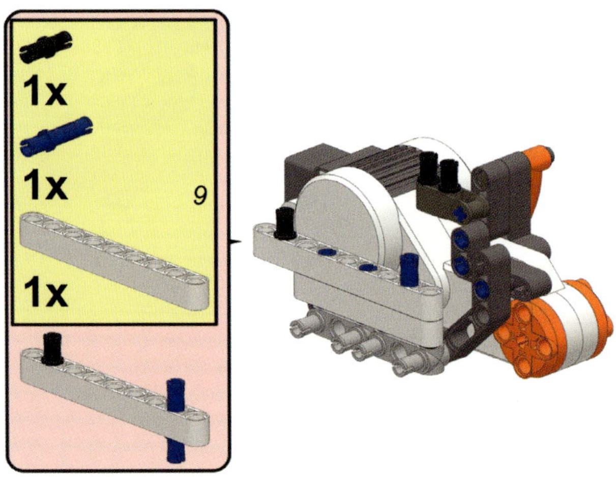

9

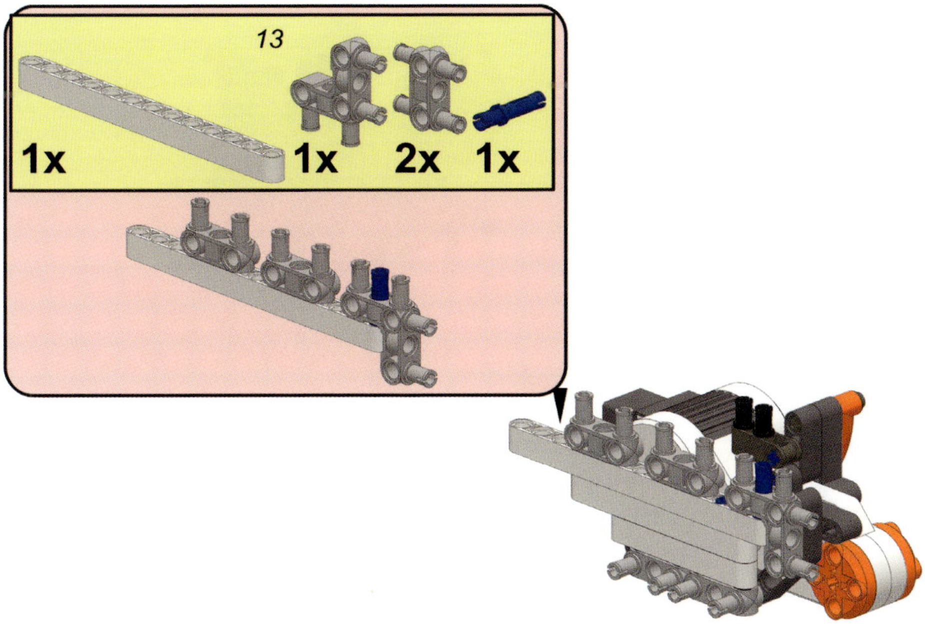

10

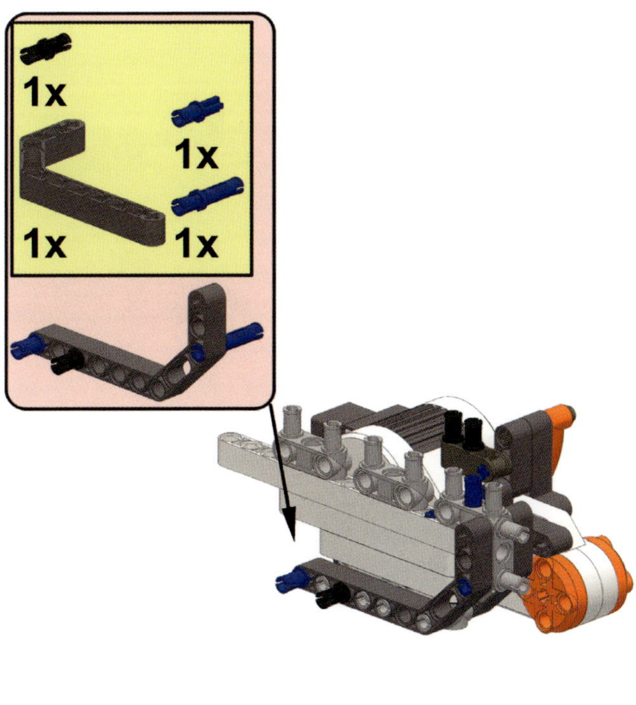

11

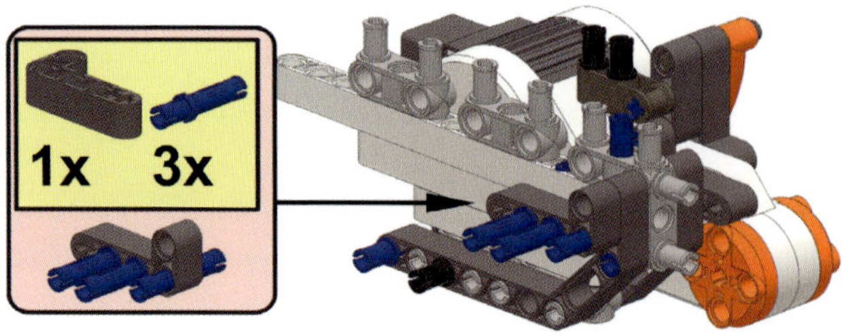

12

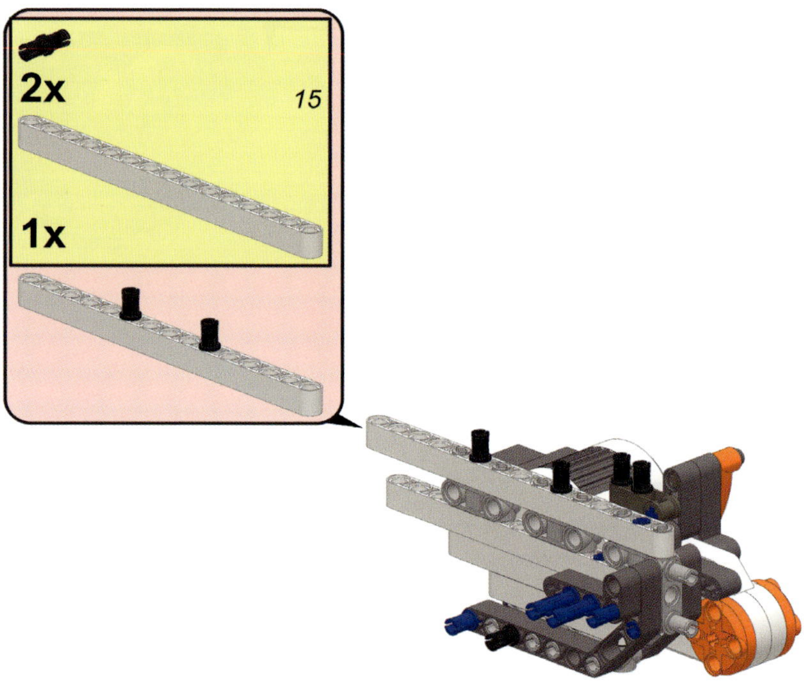

13

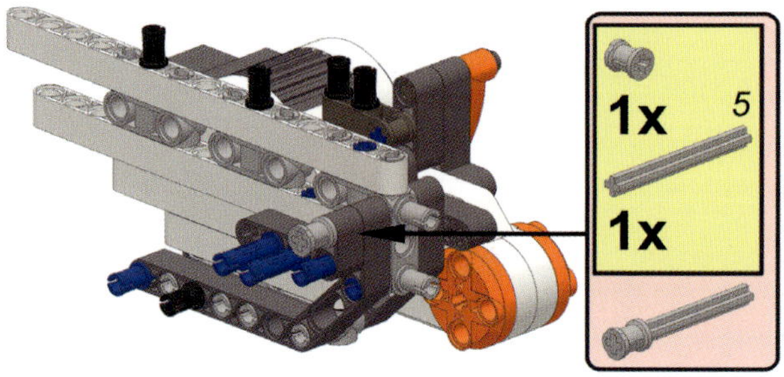

14

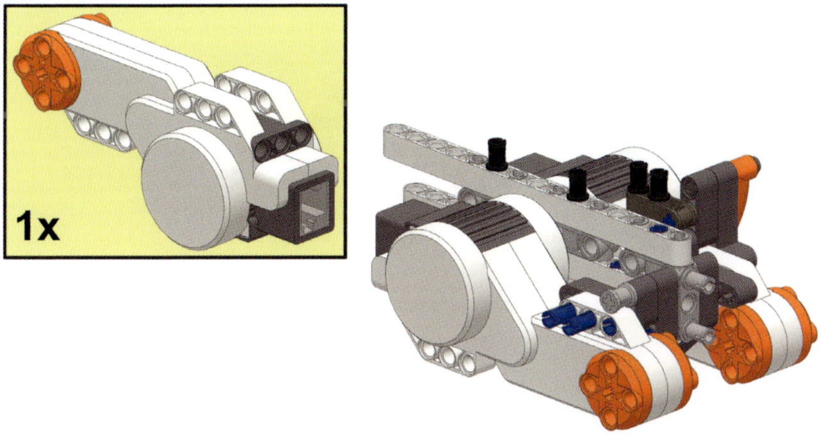

15

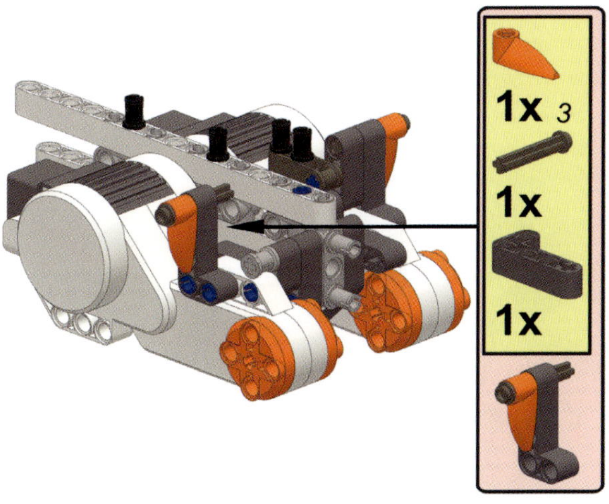

16

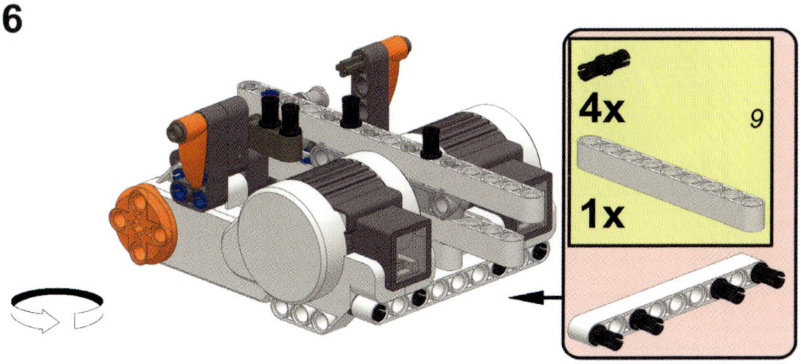

17

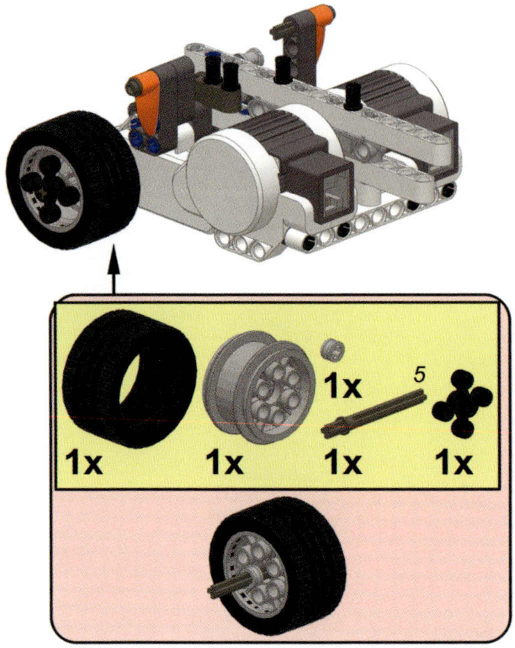

18

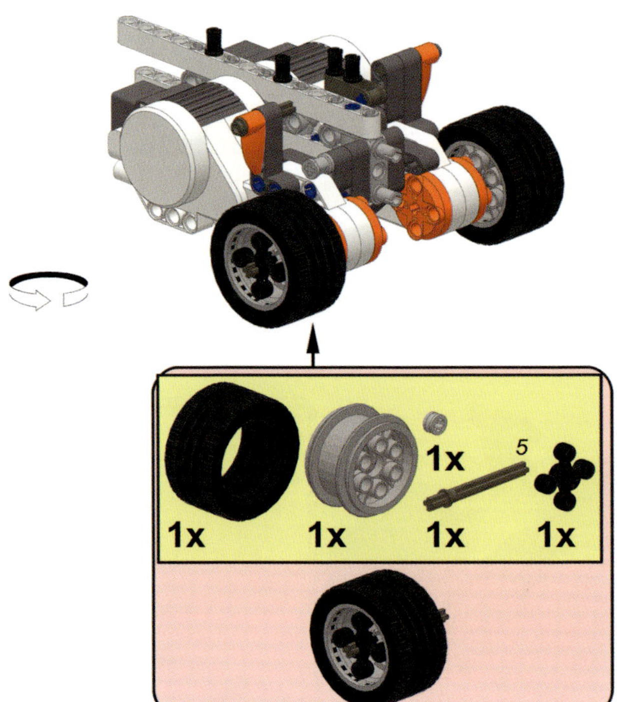

Die Schwanzflosse

1

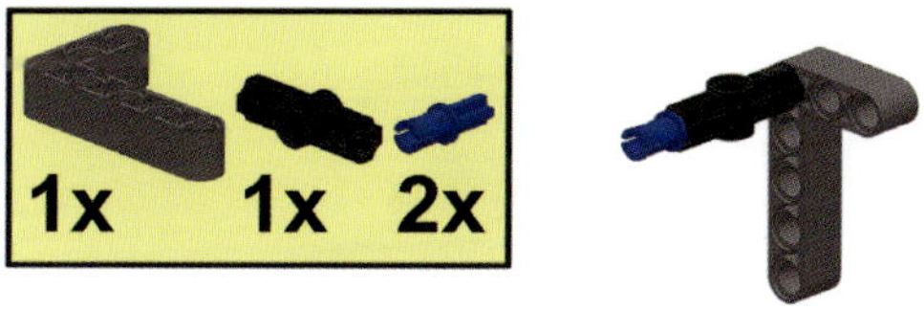

2

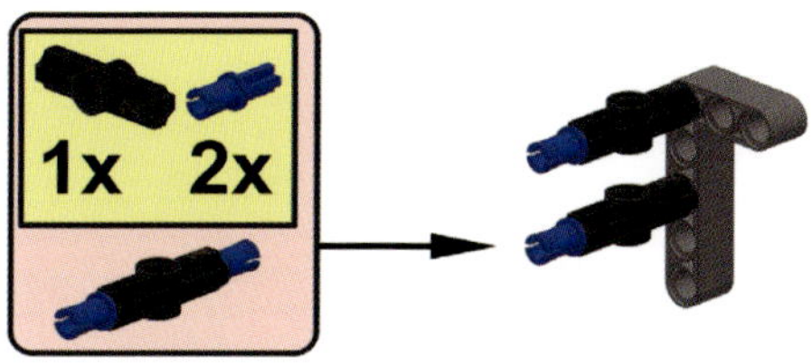

3

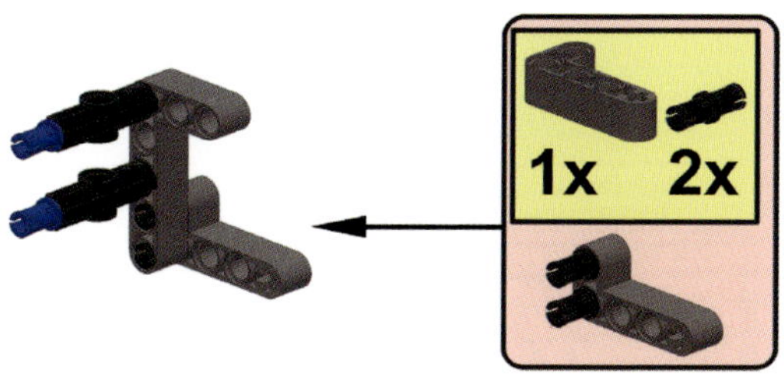

4

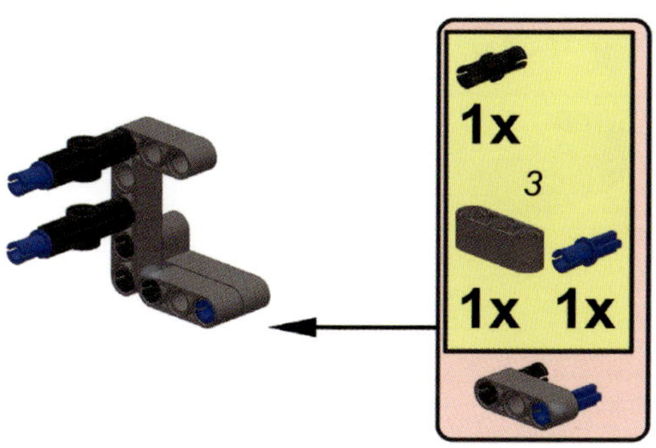

5

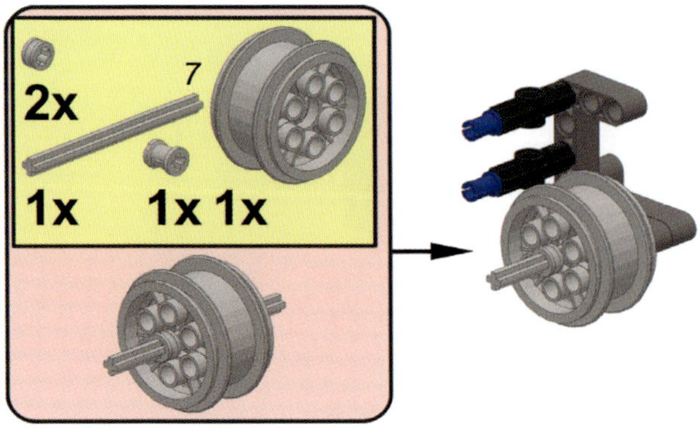

6

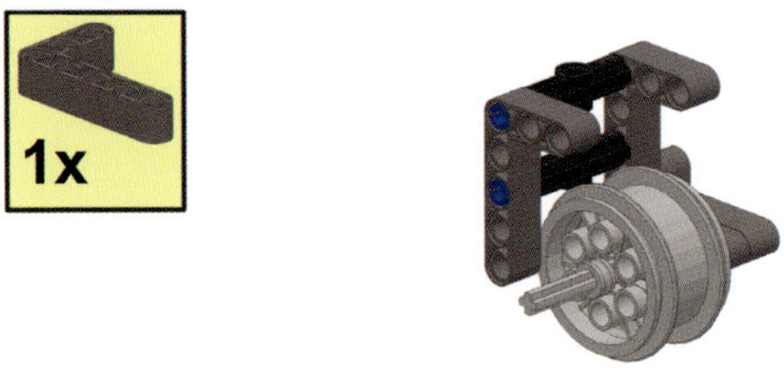

7

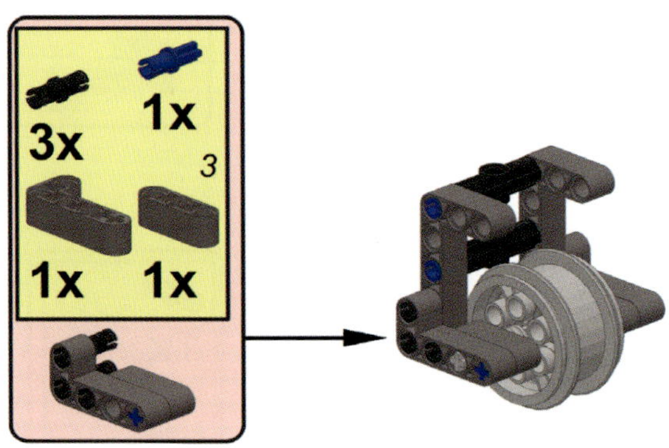

8

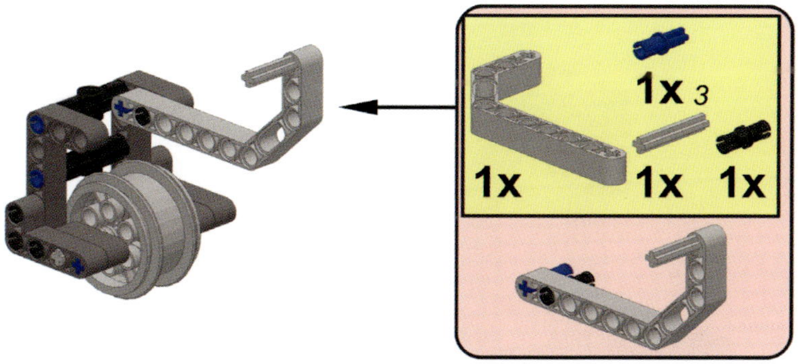

9

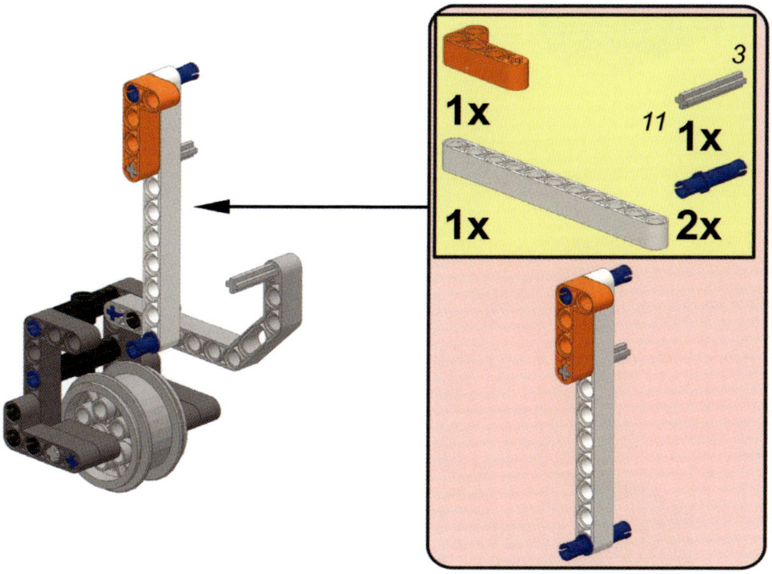

10

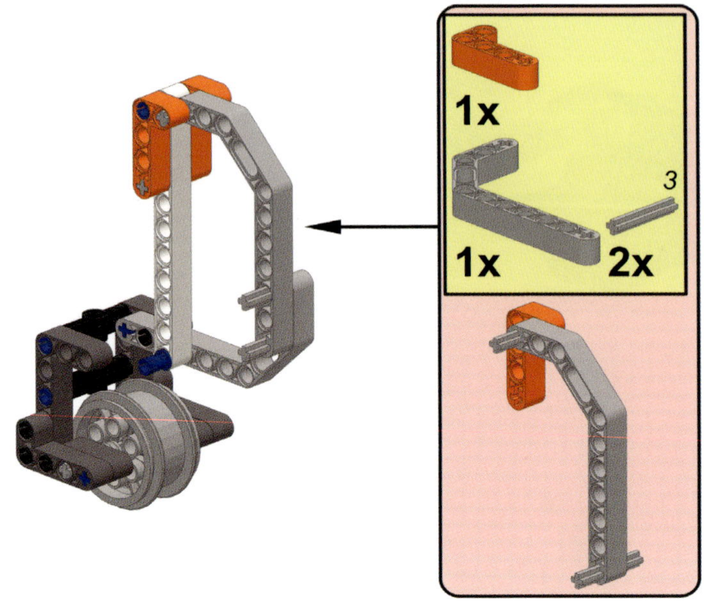

11

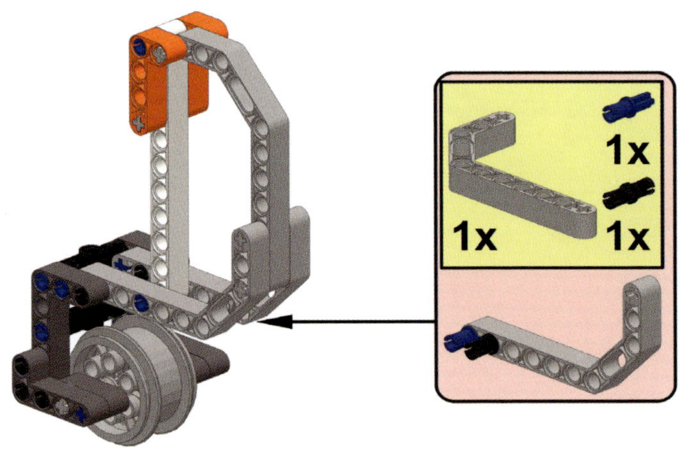

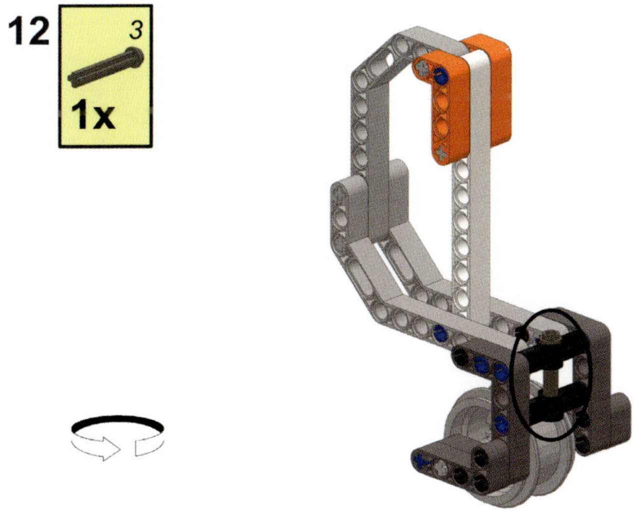

Wir setzen die Flosse an das Fahrwerk an. Dabei müssen wir den obersten Balken vorübergehend entfernen und die 3M-Achse der Flosse durch das hinterste Loch des mittleren Balkens schieben:

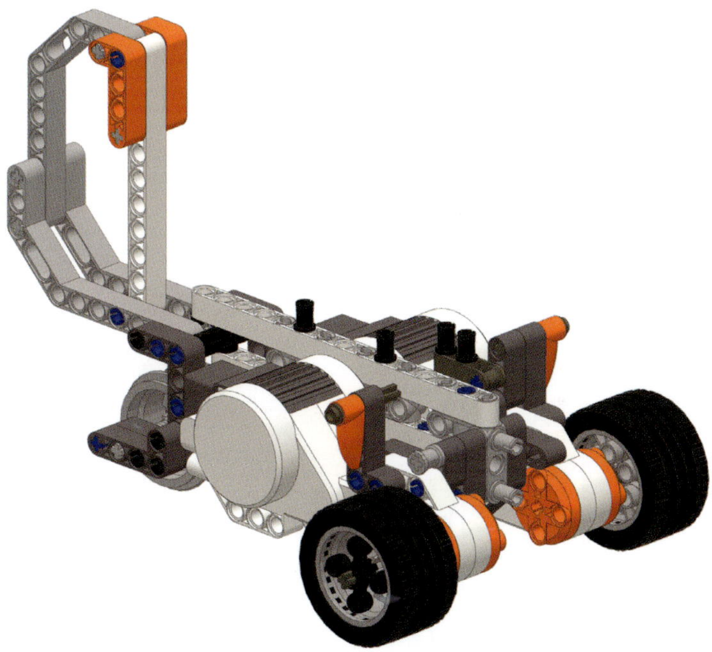

Der Körper

1

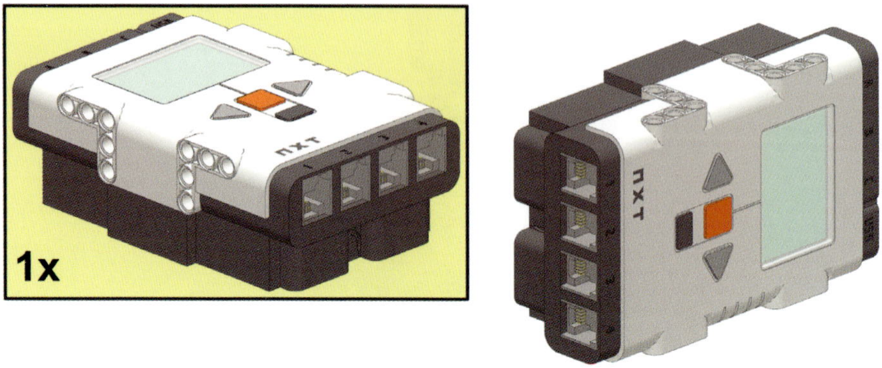

2

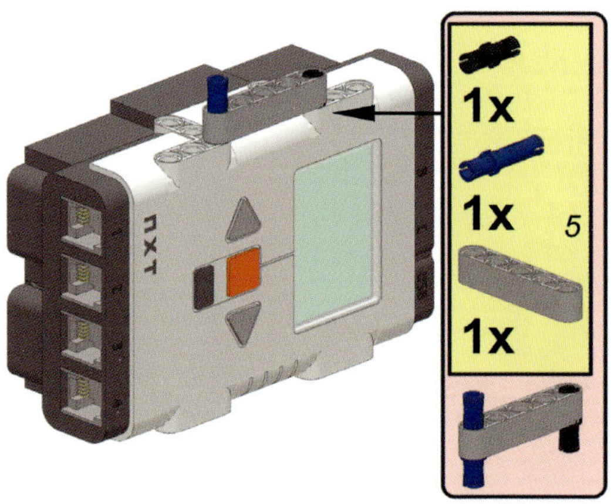

3

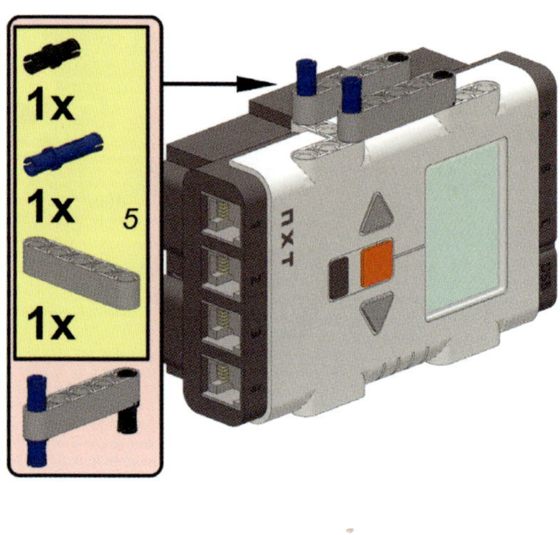

4

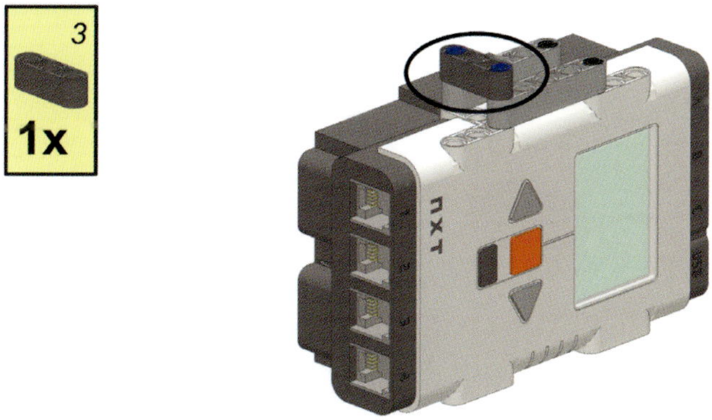

5

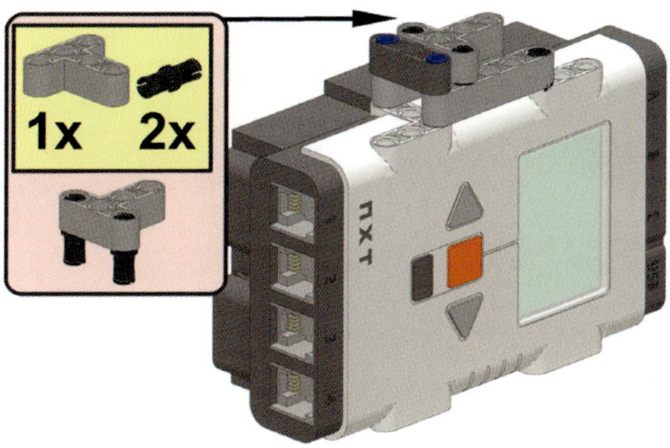

6

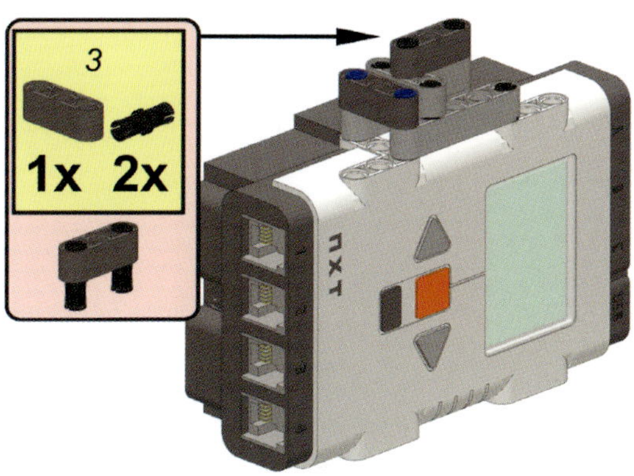

Wir setzen den Körper auf das Fahrwerk auf; dabei passen die zwei senkrechten schwarzen Stecker in die beiden vordersten Löcher des Steins:

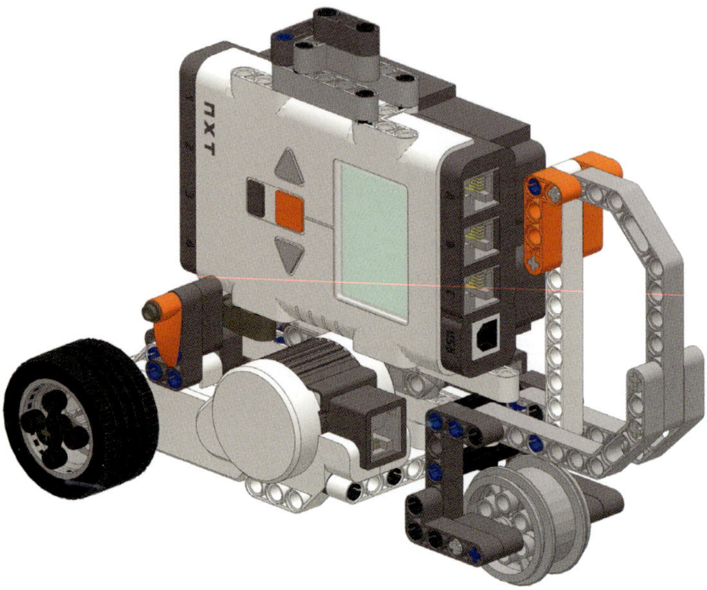

Der Kopf

1

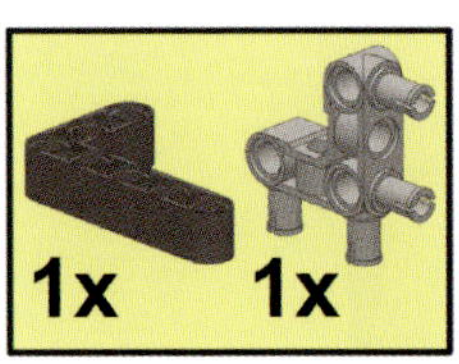

2

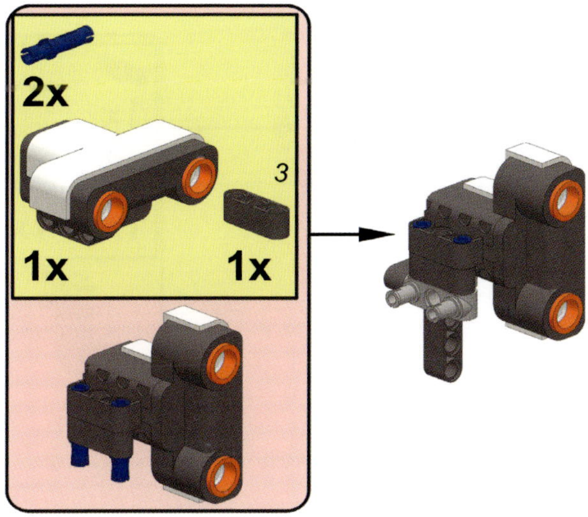

3

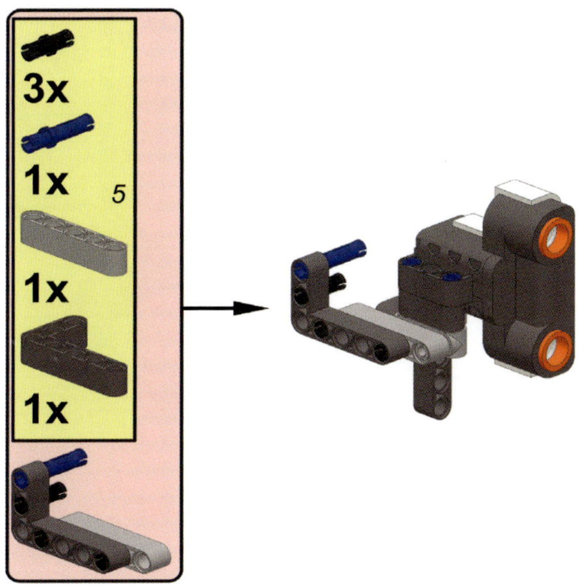

4

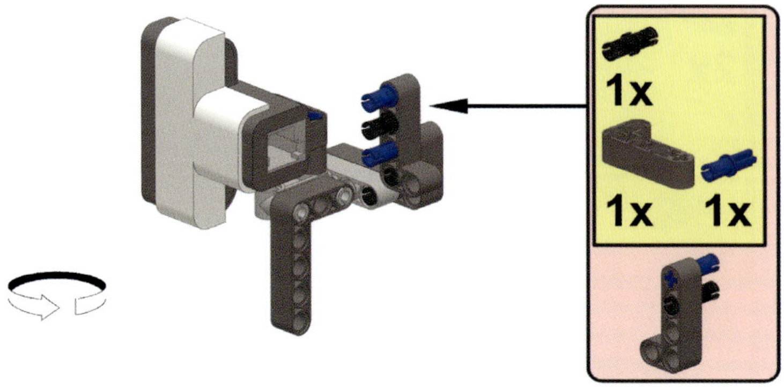

Zum Abschluss bringen wir den Kopf vorne am Fahrwerk an:

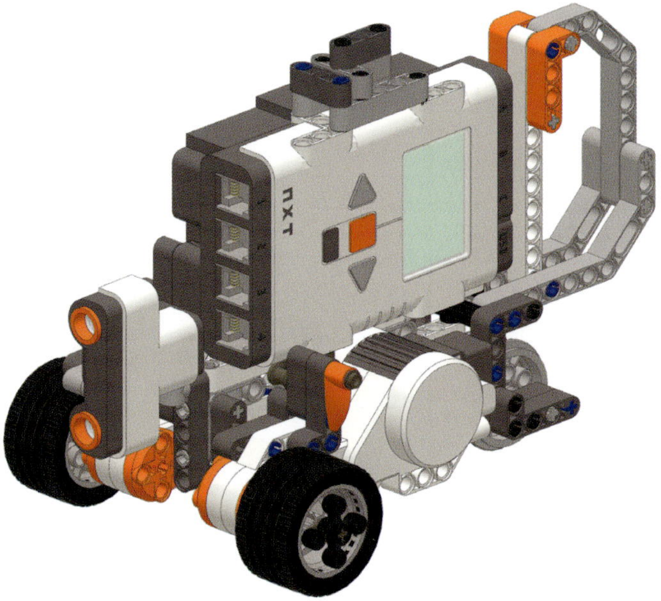

Verkabelung

Wir verbinden

1. den von hinten gesehen linken Motor mit Ausgang C
2. den von hinten gesehen rechten Motor mit Ausgang B
3. den Ultraschallsensor mit Eingang 2.

Dabei verwenden wir für die Motoren jeweils ein mittellanges Kabel und führen dieses durch die »Rückenflosse« an der Oberseite des Steins. Für den Ultraschallsensor verwenden wir das kurze Kabel:

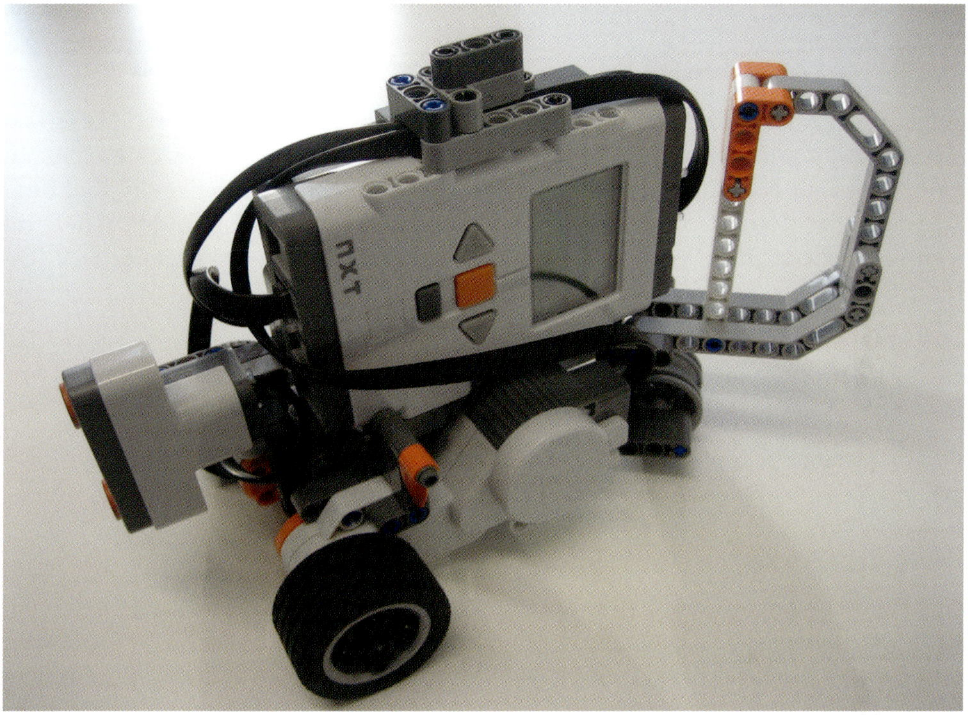

Abb. 9.5: Die Kabelführung

Wenn wir über zwei NXT-Sets verfügen, bauen wir zwei dieser Schwarmwesen.

9.3 Das Programm

9.3.1 Entwurf der allgemeinen Struktur

Wie sollen sich die Schwarmwesen verhalten?

Unsere beiden Schwarmwesen sollen sich wie zwei Fische in einem Schwarm bewegen: Im Normalzustand schwimmen diese hinter- oder nebeneinander her. Wechselt jedoch einer der beiden die Richtung, zum Beispiel wegen einer Störung von außen, so folgt ihm der andere sofort.

Unser eigentliches Ziel in diesem Kapitel ist jedoch das Verständnis dafür, wie man mit LEGO MINDSTORMS NXT eine drahtlose Kommunikation zwischen zwei Robotern umsetzt. Durch eine erhöhte Komplexität des Verhaltens unserer

Wesen würden wir dieses Verständnis unnötig erschweren. Darum wollen wir uns fürs Erste darauf beschränken, nur einen der beiden Fische die Führung übernehmen zu lassen, während der andere ihm in seinen Bewegungen immer folgt. In einem echten Fischschwarm hingegen wechseln sich die einzelnen Mitglieder aufgrund vielfältiger Einflüsse häufig in der Führungsrolle ab.

Was bedeutet das technisch?

Auf unsere beiden Roboter bezogen heißt das, dass eines der beiden Wesen so lange vorwärts »schwimmt«, bis der Ultraschallsensor ein Hindernis meldet. In einem solchen Fall ändert das führende Wesen auf zufällige Weise die Richtung und teilt dies dem nachfolgenden über ein Bluetooth-Signal mit. Anschließend nimmt es wieder eine Vorwärtsbewegung auf, nun aber in der geänderten Richtung.

Das zweite, nachfolgende Wesen »schwimmt« auf die gleiche Weise vorwärts, bis es ein solches Signal erhält, und führt dann die gleiche Richtungsänderung aus. Danach geht es auch hier geradeaus weiter.

»Schwimmen« bedeutet dabei für beide Wesen, mithilfe der beiden Antriebsmotoren auf einer schlängelnden Bahn vorwärts zu fahren.

Allgemeiner Programmablauf

Aus der technischen Beschreibung folgt, dass wir diesmal zwei leicht unterschiedliche Programme für die beiden Wesen brauchen: Während das führende Wesen auf Ultraschall-Ereignisse reagiert und Signale *sendet*, ist das folgende Wesen lediglich ein *Empfänger* der Signale.

Der Programmablauf für das führende Wesen sieht demnach so aus:

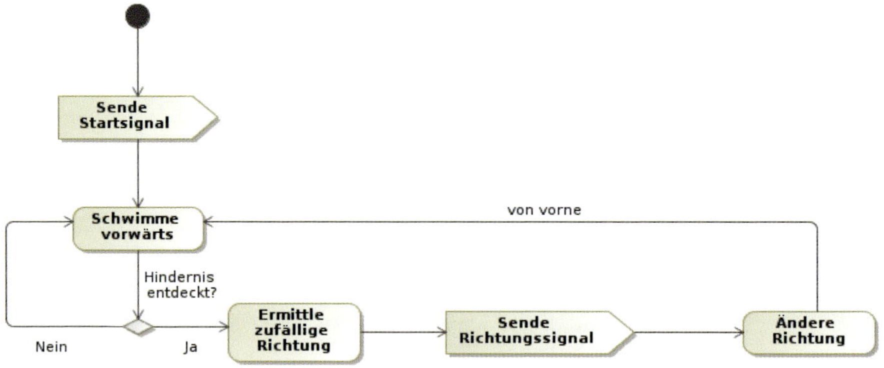

Abb. 9.6: Das Verhalten des führenden Schwarmwesens

Das zweite Wesen gehorcht dem dazu passenden Programm:

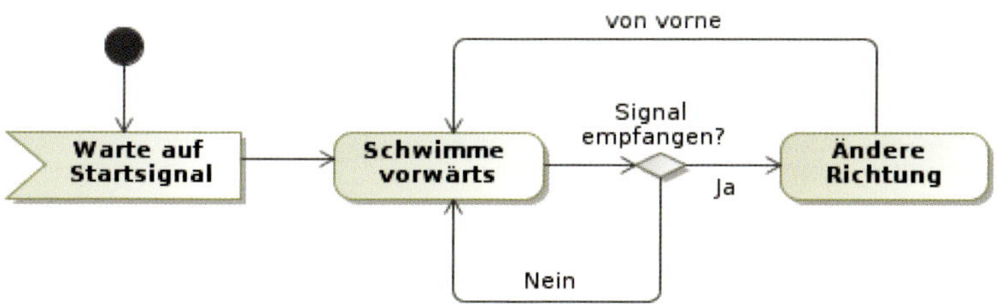

Abb. 9.7: Das Verhalten des folgenden Schwarmwesens

9.3.2 Technische Umsetzung als NXT-G-Programme

Das Programm des führenden Schwarmwesens

Vorwärtsschwimmen

Wir beginnen damit, die schlängelnde Bewegung des »Vorwärtsschwimmens« zu implementieren. Eine schlängelnde Bewegung bedeutet in unserem Fall, zunächst eine kleine Kurve nach rechts und dann eine ebensolche nach links zu fahren.

Bereits beim Zyklopen haben wir gesehen, dass sich ein Roboter mit Lenkrolle, der von zwei symmetrisch angebrachten Motoren angetrieben wird, durch unterschiedliche Leistungen dieser beiden Motoren gesteuert werden kann. Um eine Rechtskurve zu fahren, treiben wir also den linken Motor mit mehr Leistung an als den rechten. Dies geschieht mittels zweier Motorblöcke:

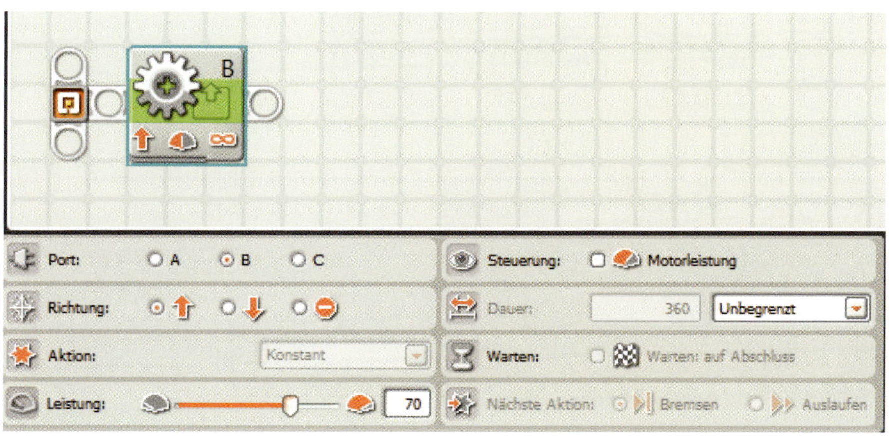

und

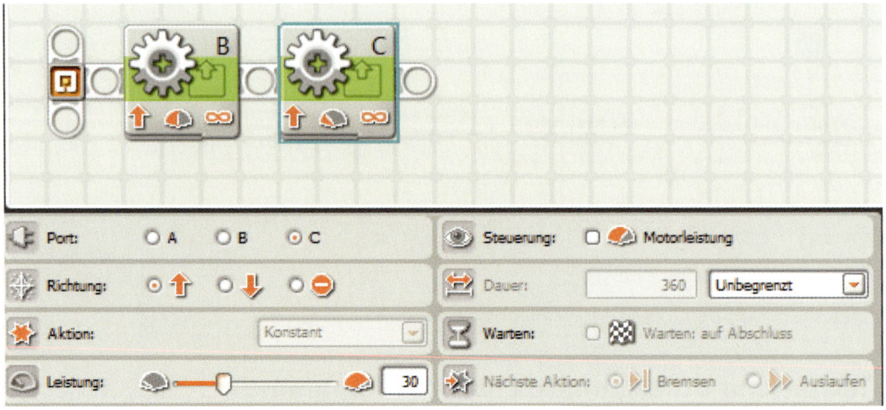

Um das Fahren der Kurve an einem bestimmten Punkt zu beenden, hätten wir statt der beiden Motorblöcke auch einen Bewegungsblock nutzen können, der die Motoren nur eine bestimmte Gradzahl weit drehen lässt. Dann hätte das Schwarmwesen aber nach jeder Kurve kurz angehalten, was nicht realistisch ausgesehen hätte.

Stattdessen nutzen wir diesmal die in die Motoren eingebauten Drehsensoren: Dazu legen wir eine Schleife um die beiden Motorblöcke und setzen deren Abbruchbedingung so, dass sich die Schleife beendet, wenn der Drehsensor des linken Motors einen Wert größer als 270° misst.

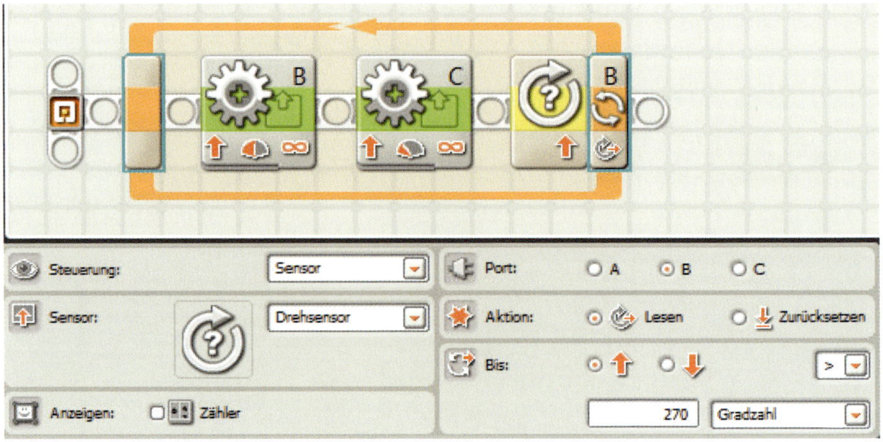

Bevor wir nun auf die gleiche Weise eine Kurve nach links fahren, müssen wir die beiden Drehsensoren wieder auf den Nullwert zurücksetzen. Dies geschieht über einen Drehsensorblock für den linken Motor ...

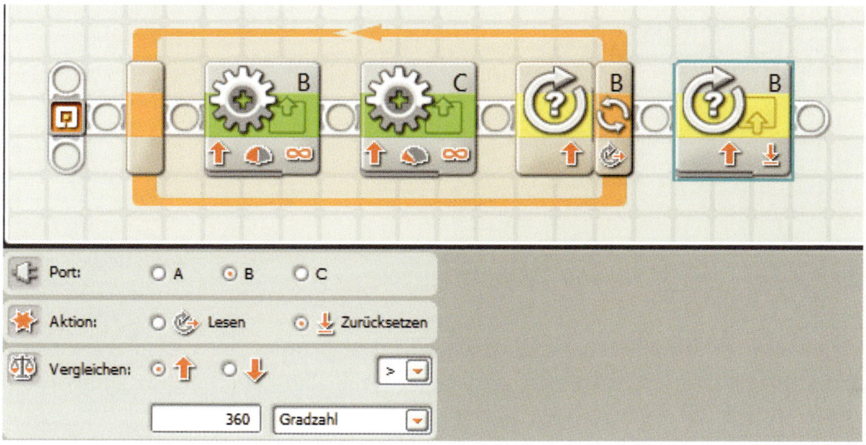

... und einen für den rechten Motor:

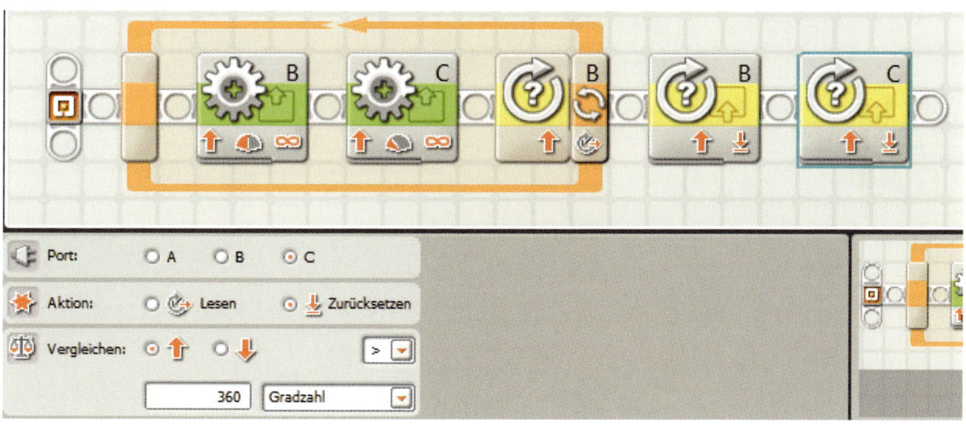

Um das Programm von Anfang an übersichtlich zu halten, lagern wir die Rechtskurve in einen Eigenen Block aus, den wir ganz nautisch »Rechtsschlag« nennen:

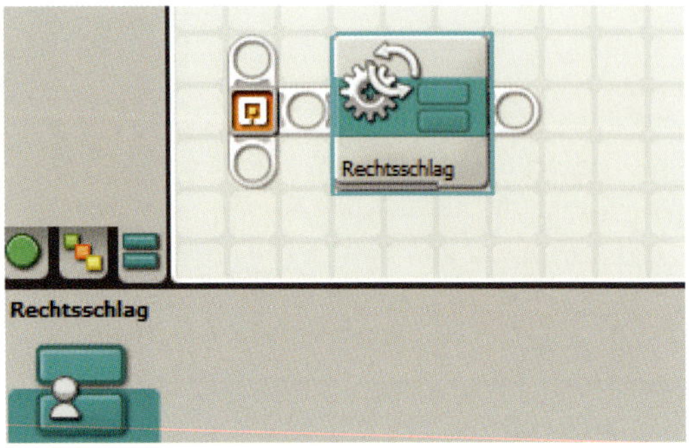

Der anschließende Schlag nach links wird wie der gerade eben implementierte Rechtsschlag programmiert, nur mit vertauschten Rollen der beiden Motoren B und C:

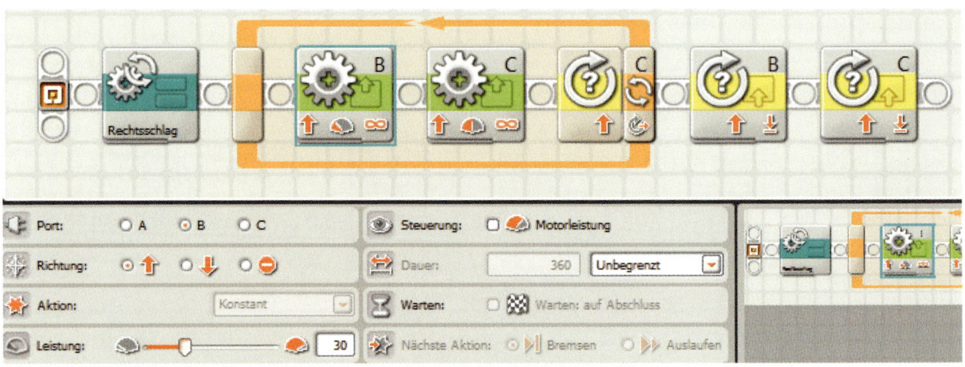

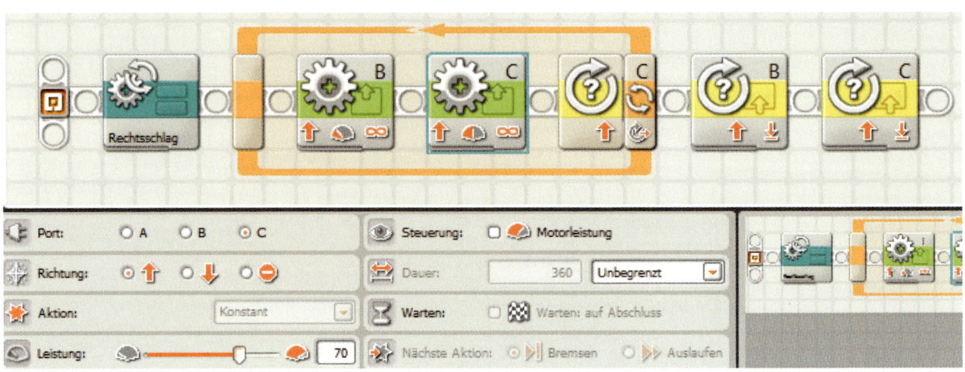

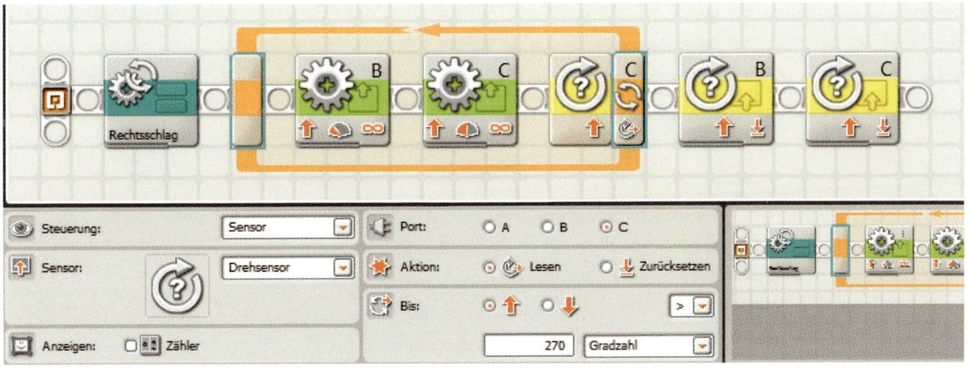

Auch den Schlag nach links überführen wir in einen Eigenen Block:

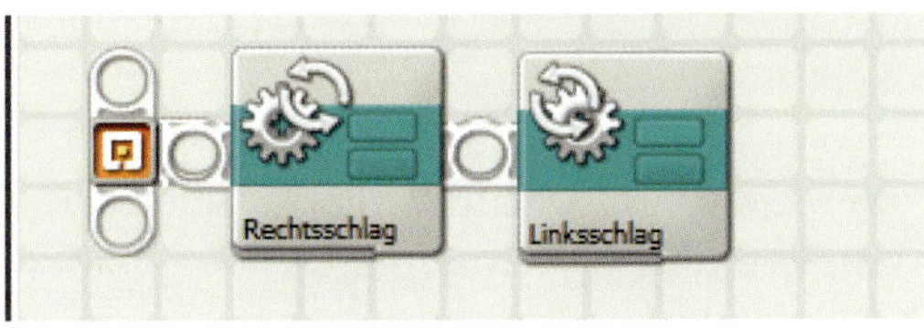

Unser führendes Schwarmwesen soll diese schlängelnde Bewegung so lange ausführen, bis der an Eingang 2 angeschlossene Ultraschallsensor ein Hindernis entdeckt. Dazu setzen wir die beiden Blöcke in eine entsprechend konfigurierte Schleife ein:

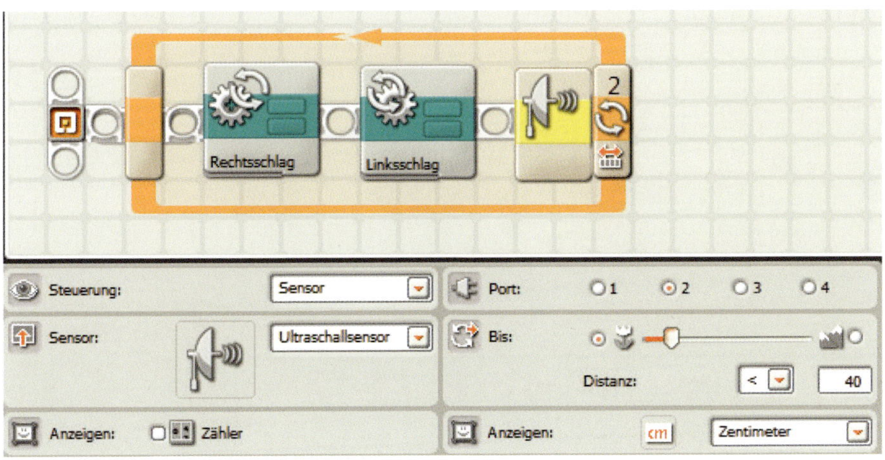

Richtungsänderung

Sobald ein solches Hindernis entdeckt worden ist, soll das Wesen ihm ausweichen, indem es in eine zufällige Richtung abbiegt. Für unsere Zwecke reicht es, wenn wir zwischen zwei Richtungen unterscheiden. Bereits im Kapitel über den Streuner haben wir gesehen, wie man eine solche zufällige Richtungsänderung mithilfe eines Zufallsblocks bestimmt, den wir diesmal nur zwischen zwei Zahlen auswählen lassen, nämlich zwischen 1 und 2:

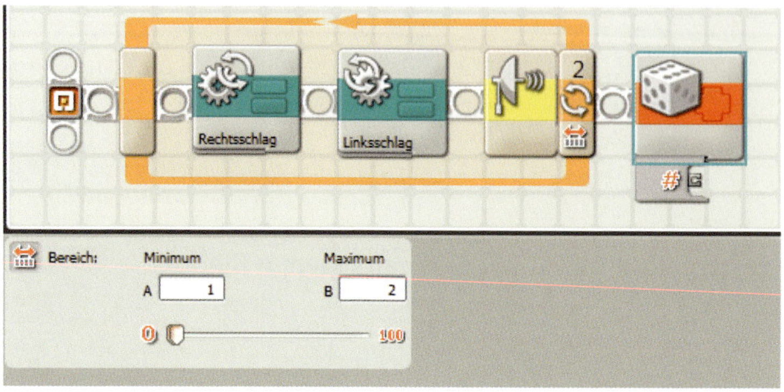

Anders als beim Streuner, bei dem wir die Ausgabe des Zufallsblocks über einen Vergleichsblock mit dem logisch konfigurierten Schaltblock verbunden haben, nutzen wir hier die Möglichkeit von NXT-G, in einem Schaltblock eine Fallunterscheidung nach mehreren Werten durchzuführen. Wir ziehen dazu einen solchen Block in das Programm und setzen den TYP auf ZAHL. Nachdem wir den Eingang des Schaltblocks über eine Datenleitung mit dem Ausgang des Zufallsblocks verbunden haben, tragen wir die beiden verschiedenen Fälle ein, also 1 und 2. Dazu müssen wir die OFFENE ANSICHT abschalten, indem wir das zugehörige Häkchen im Konfigurationsbereich des Schaltblocks entfernen:

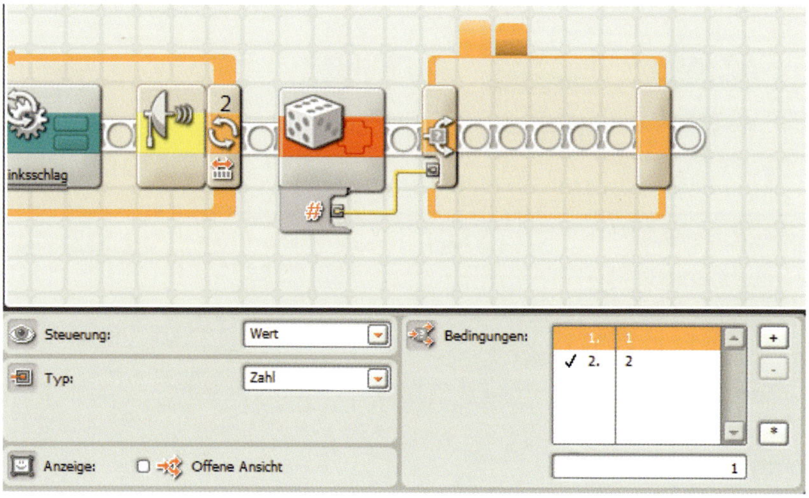

Wir sehen, dass wir im Konfigurationsbereich jetzt unter BEDINGUNGEN die verschiedenen Werte eintragen und mit der Schaltfläche »+« auch neue hinzufügen können. Für jeden Wert gibt es dann einen neuen Reiter im Schaltblock, der ausgeführt wird, wenn der in den Schaltblock eingehende Wert dem zugehörigen Wert entspricht.

Mit der Schaltfläche »*« können wir eine der Bedingungen als Standardwert setzen, der einer »sonst«-Bedingung entspricht: Ist nämlich der im Schaltblock eingehende Wert ungleich allen Werten in der Liste der Bedingungen, so wird der zum Standardwert gehörende Reiter ausgeführt. Die gerade als Standardwert gesetzte Bedingung ist in der Liste durch einen Haken gekennzeichnet.

Dem ersten Reiter, also dem Programmzweig, der ausgeführt wird, wenn der Zufallsbock die Zahl 1 liefert, ordnen wir nun eine Drehung nach links zu. Dazu führen wir einfach zwei Linksschläge aus, indem wir in eine Schleife mit Zähler 2 unseren Eigenen Block LINKSSCHLAG einfügen:

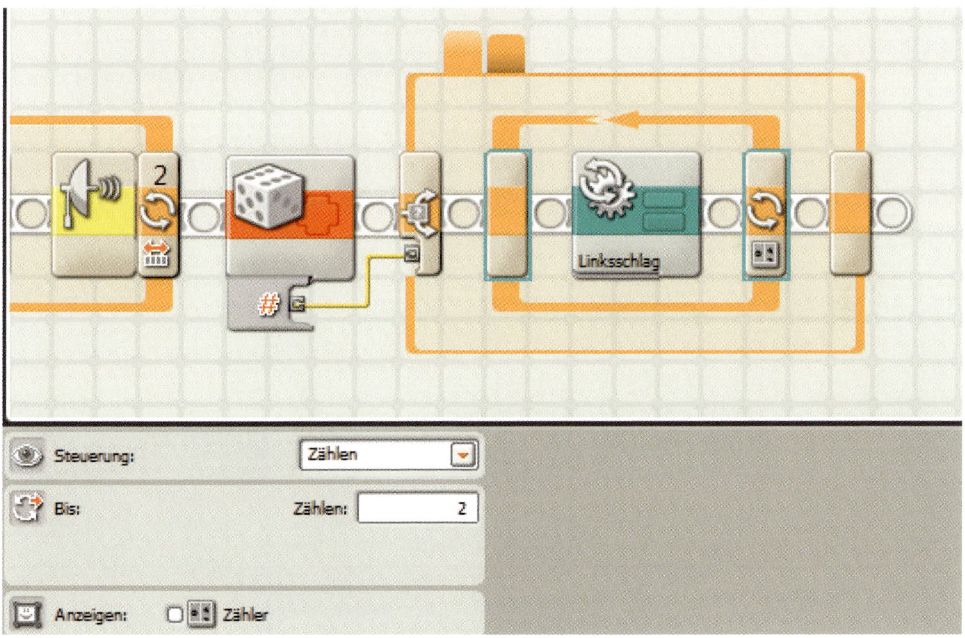

Analog führen wir im zweiten Reiter, also bei Zufallszahl 2, eine Drehung nach rechts durch zwei Rechtsschläge aus:

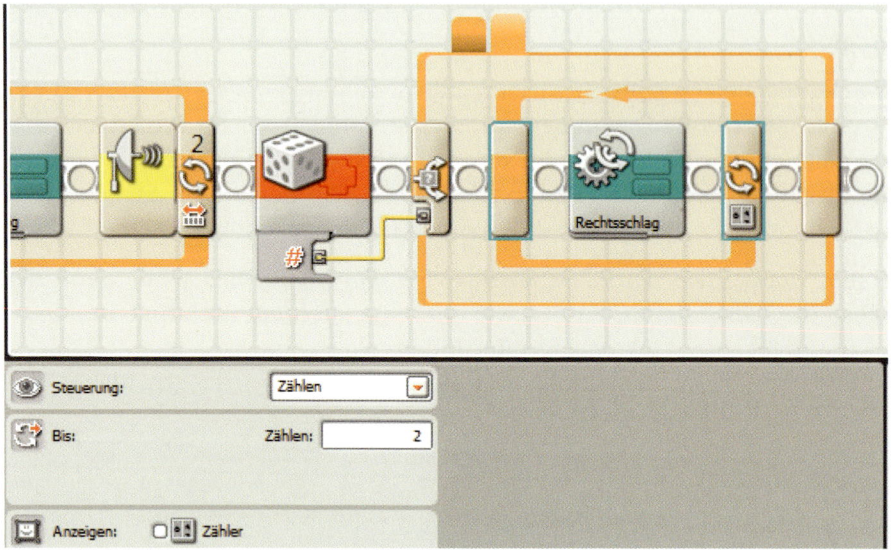

Um das bisher programmierte Verhalten des »Schwimmens« und Ausweichens kontinuierlich auszuführen, wählen wir alle Blöcke aus und ziehen sie in eine Endlosschleife:

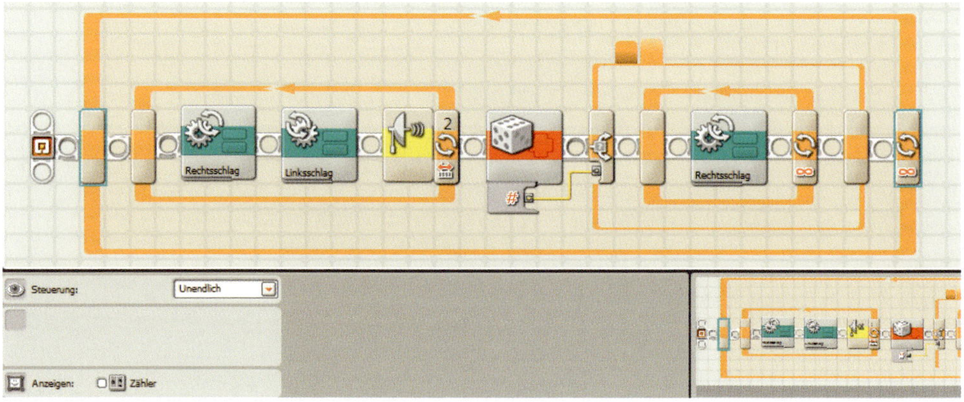

Senden der Bluetooth-Signale

In unserem Programm wollen wir über Bluetooth ein passendes Signal an das folgende Wesen senden, bevor wir die Richtungsänderung ausführen. Dazu benötigen wir einen Nachrichtensendeblock, den wir im Abschnitt AKTION der VOLLSTÄNDIG-Palette finden. Wir ziehen ihn zwischen Zufalls- und Schaltblock.

Im Konfigurationsbereich des Blocks setzen wir zunächst die VERBINDUNG, die wir für die Kommunikation zwischen den beiden NXT-Steinen nutzen wollen, auf 1.

Der Stein, der die Nachricht empfängt, verfügt über bis zu 10 verschiedene »Postfächer«, an die wir eine Nachricht senden können. Hier wählen wir MAILBOX 1 aus.

Schließlich müssen wir uns noch ein Protokoll überlegen, also die Art und Weise, wie wir die Information über die Richtungsänderung zwischen den beiden Steinen übermitteln wollen. Dieses Protokoll und die Bedeutung der jeweiligen Signale müssen die Programme auf den beiden NXT-Steinen jeweils kennen. Es bietet sich hier an, einfach die vom Zufallsblock ermittelte Zahl zu senden, also 1 oder 2. Das Programm für das führende Wesen weiß bereits, dass 1 eine Drehung nach links bedeuten soll und 2 eine solche nach rechts. Im Programm für das folgende Wesen werden wir dieses Wissen später auch einbauen.

Um das passende Signal zu senden, müssen wir also im Abschnitt NACHRICHT als Datenformat ZAHL auswählen. Damit der richtige Zahlenwert gesendet wird, also der, den der Zufallsblock ausgewählt hat, verbinden wir den Ausgang des Zufallsblocks auch noch mit dem Anschluss ZAHL im Datenknoten des Nachrichtensendeblocks:

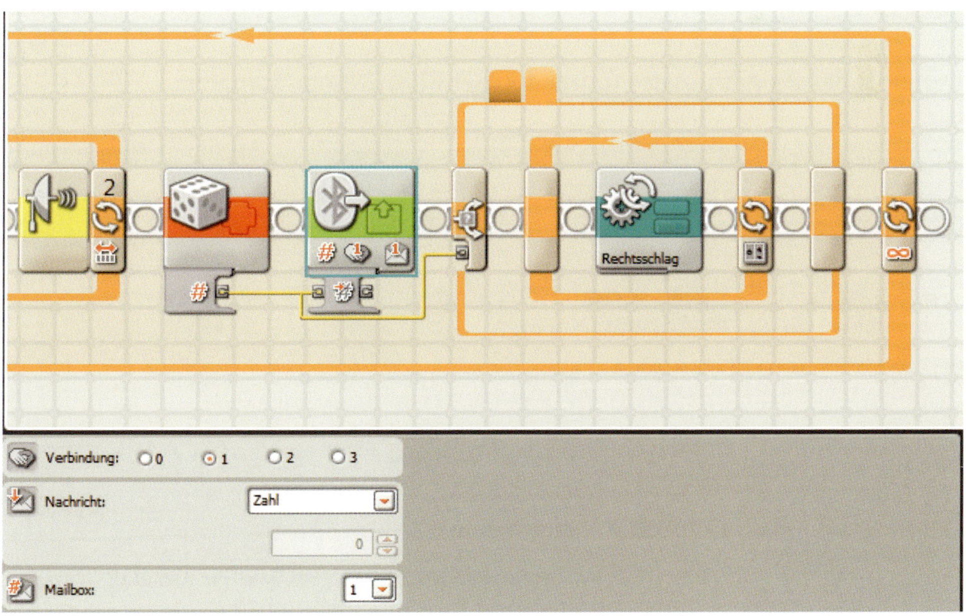

Nun fehlt nur noch das Senden des Startsignals ganz am Anfang des Programms. Auch hier senden wir wieder mithilfe des Nachrichtensendeblocks ein Bluetooth-Signal über die VERBINDUNG 1 in die MAILBOX 1, diesmal aber die Zahl 0, die in unserem Protokoll dem Signal »Start« entsprechen soll:

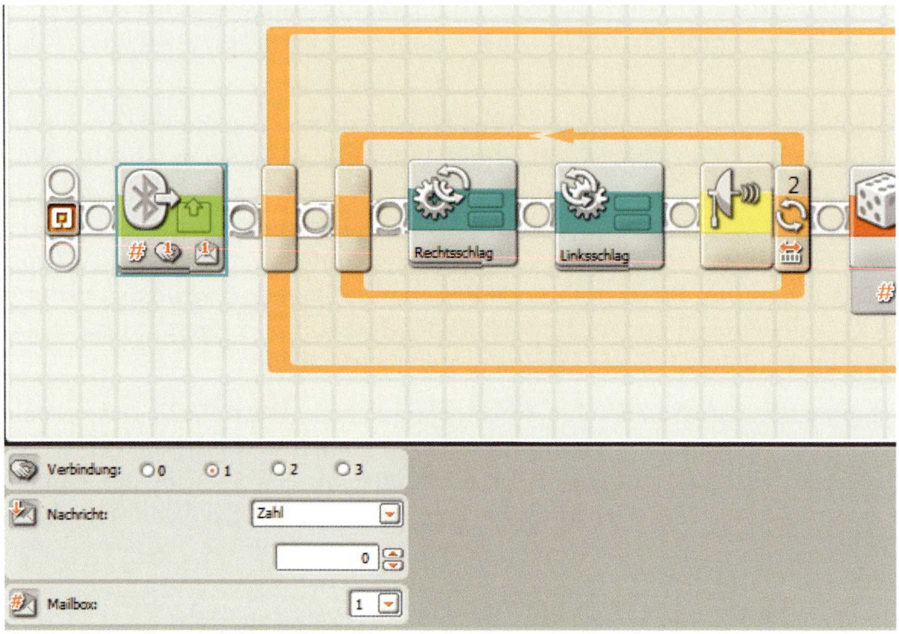

Damit ist das Programm des führenden Schwarmwesens komplett:

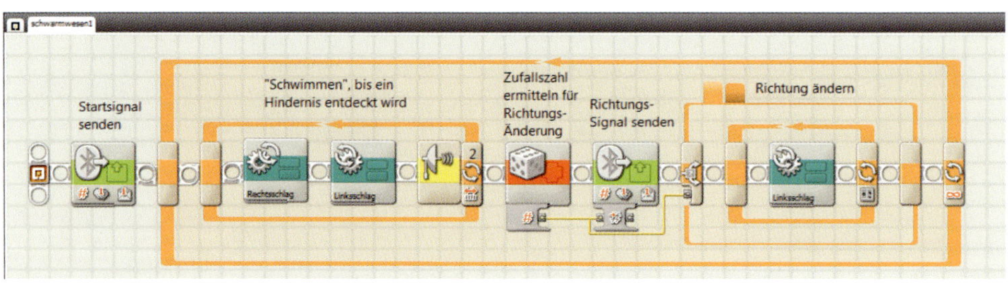

Abb. 9.8: Das Programm des führenden Schwarmwesens

Das Programm des folgenden Schwarmwesens

Für das folgende Schwarmwesen beginnen wir mit dem Warten auf das Startsignal. Dazu konfigurieren wir einen Warteblock mit STEUERUNG: SENSOR und wählen als SENSOR den Wert EINGEHENDE NACHRICHT aus. Wir wissen, dass das führende Schwarmwesen als Startsignal die Zahl 0 in die Mailbox 1 sendet, und setzen daher die Werte NACHRICHT, VERGLEICHEN MIT und MAILBOX entsprechend:

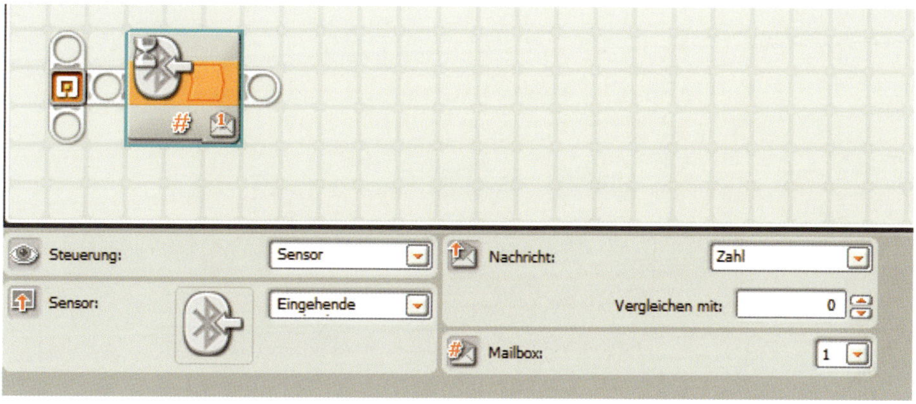

Sobald das Startsignal eintrifft, bewegt sich das folgende Schwarmwesen schlängelnd vorwärts. Dazu können wir die Eigenen Blöcke aus dem Programm für das andere Schwarmwesen nutzen:

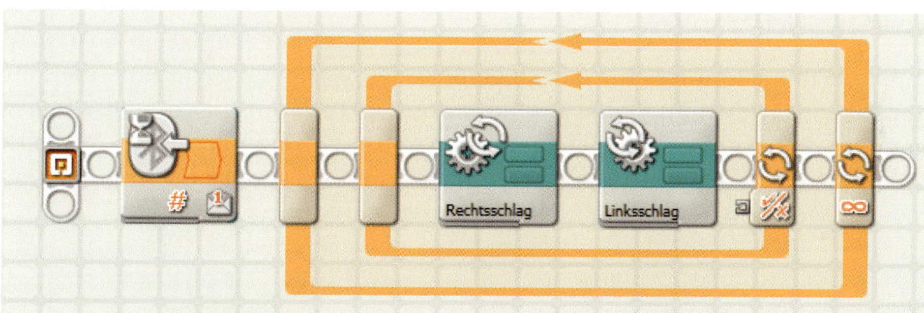

Hier sehen wir einen weiteren Nutzen von Eigenen Blöcken: Sie strukturieren nicht nur das Programm und machen es übersichtlicher, sondern wir können einen Eigenen Block mit hinreichend allgemeiner Verwendbarkeit auch in anderen Programmen nutzen, manchmal sogar für ganz andere Roboter.

Wir ziehen noch eine äußere Endlosschleife um die innere Schleife: Auf diese Weise läuft das Programm wieder so lange, bis wir es abschalten.

Wir wollen die schlängelnde Bewegung, also die innere Schleife, erst dann beenden, wenn ein weiteres Bluetooth-Signal in Mailbox 1 eintrifft. Dazu fügen wir in die Schleife hinter die beiden Eigenen Blöcke zunächst einen Block für EINGE-

HENDE NACHRICHT ein, den wir im Fach SENSOREN der VOLLSTÄNDIG-Palette finden. Anschließend setzen wir die STEUERUNG der Schleife auf LOGIKSIGNAL und verbinden ihren Eingang über eine Datenleitung mit dem Feld EINGEGANGENE NACHRICHT des neuen Blocks. Die Eigenschaft MAILBOX des Bluetoothblocks setzen wir auf 1:

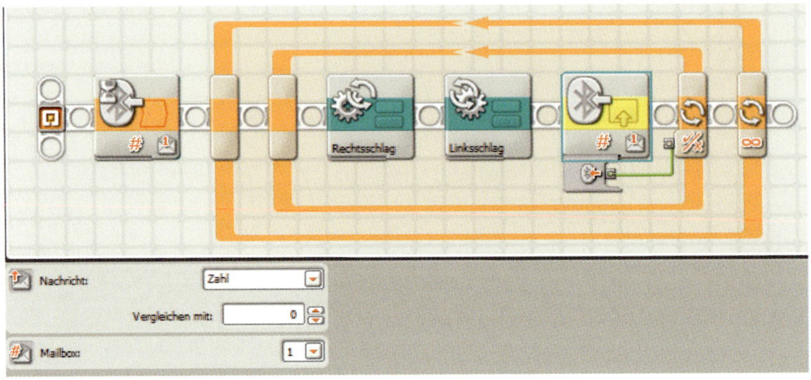

Damit haben wir erreicht, dass die Schleife so lange ausgeführt wird, bis eine Bluetooth-Nachricht in Mailbox 1 eintrifft. Der Wert von VERGLEICHEN MIT spielt hier übrigens keine Rolle, da unsere Schleife nur überprüft, ob die EINGEGANGENE NACHRICHT gleich WAHR ist.

Wir müssen uns allerdings für den folgenden Teil unseres Programms merken, welche Zahl tatsächlich im Signal gesendet worden ist, damit wir dort entscheiden können, wie wir auf die Nachricht reagieren müssen. Dazu definieren wir eine Variable vom Typ ZAHL mit dem Namen SIGNAL und weisen ihr über eine Datenleitung den Wert von ZAHLENAUSGABE im Bluetoothblock zu:

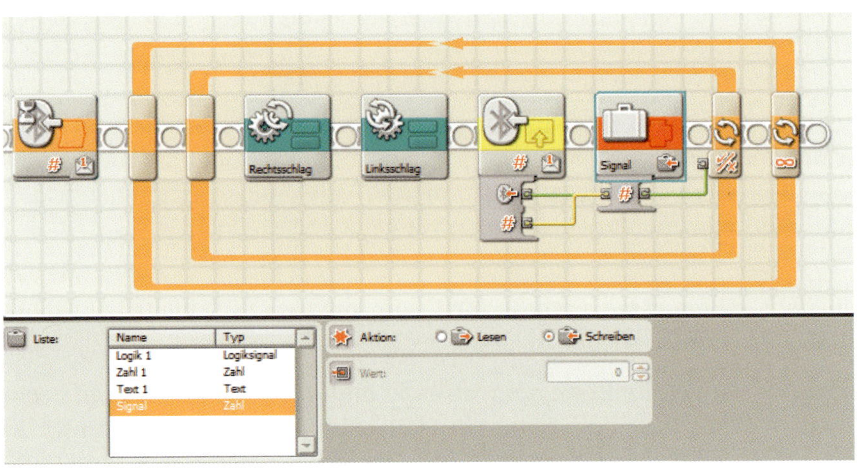

Nachdem die Schleife beendet ist, unser Schwarmwesen also seine schlängelnde Vorwärtsbewegung beendet hat, verzweigen wir unser Programm abhängig vom Zahlenwert, der vom führenden Wesen gesendet wurde. Das heißt, wir konfigurieren einen Schaltblock wieder wie im ersten Programm so, dass er auf die beiden für die Richtungsänderung gültigen Zahlenwerte 1 und 2 reagiert, und verbinden den Wert der Variablen SIGNAL mit dem Eingang des Schaltblocks:

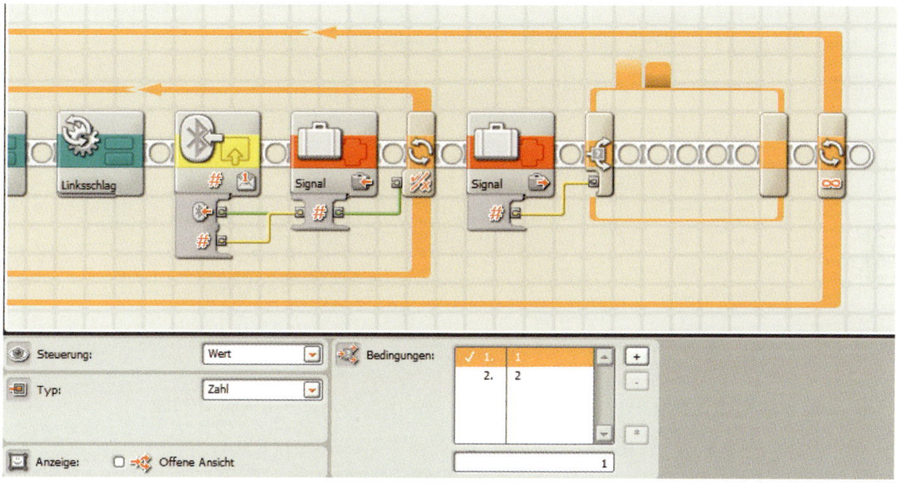

In den beiden Reitern führen wir die gleichen Bewegungen aus, wie sie auch das führende Schwarmwesen nach Absenden des Signals ausgeführt hat: im Fall des Wertes 1 zwei Schläge nach links ...:

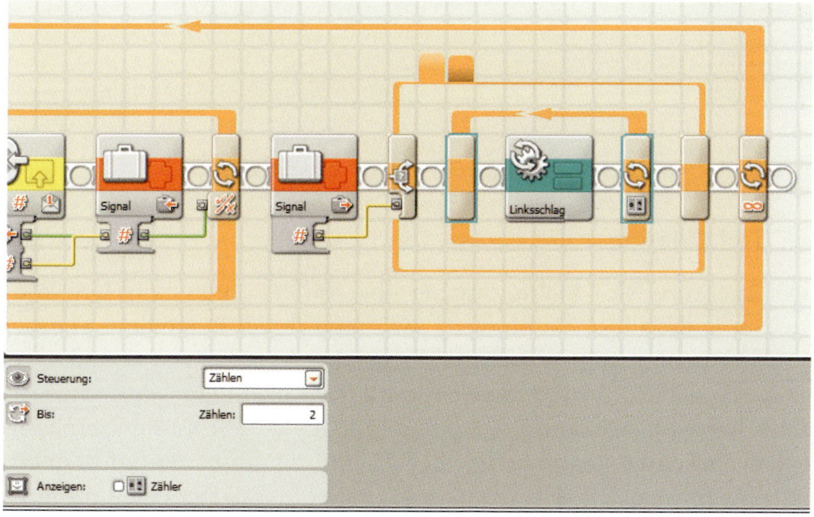

... und für den Wert 2 zwei Schläge nach rechts:

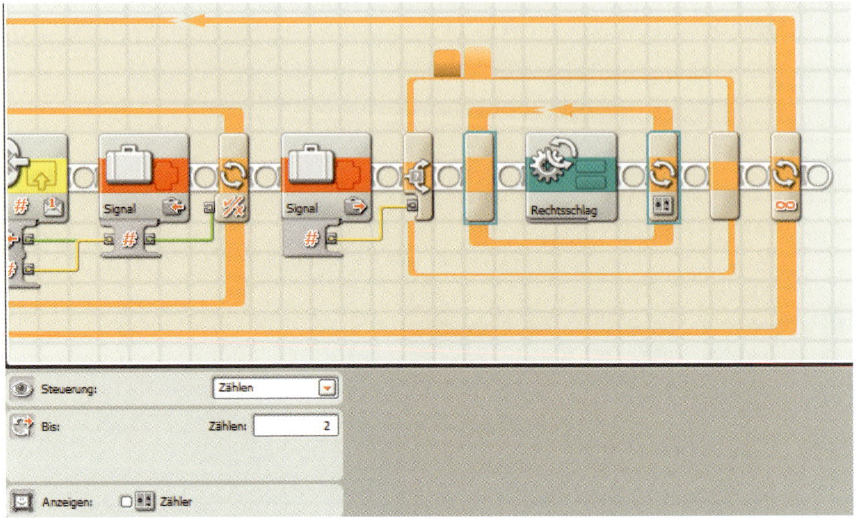

Damit ist auch das Programm für das folgende Schwarmwesen fertig:

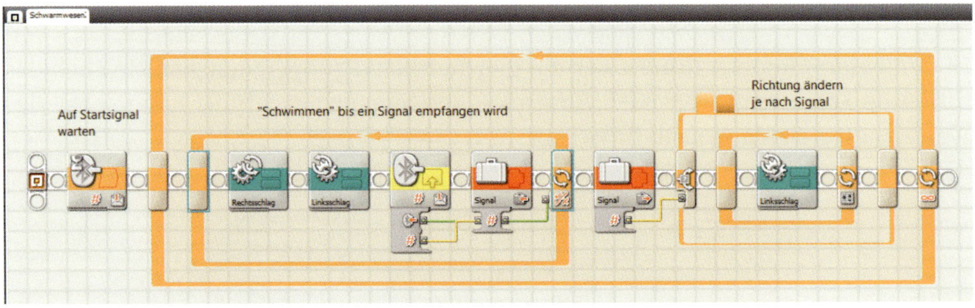

9.4 Verbinden der beiden Wesen über Bluetooth

9.4.1 Herren und Sklaven

Damit zwei oder mehrere NXT-Steine Signale über Bluetooth austauschen können, müssen wir eine drahtlose Verbindung zwischen ihnen herstellen. Hierbei fungiert immer einer der beteiligten Steine als sogenannter »Master«, der oder die anderen als »Slave«, wobei aufgrund der beschränkten Anzahl der Verbindungen immer höchstens drei Steine als »Slave« mit einem »Master« verbunden sein können. Der »Master« hat dabei das Privileg, die Verbindung aufbauen zu können, während ein »Slave« immer darauf warten muss, dass ein »Master« sich mit ihm verbindet.

Sobald jedoch eine solche Verbindung erst einmal besteht, kann jeder der beiden beteiligten NXT-Steine, egal ob »Master« oder »Slave«, über diese Verbindung Nachrichten senden oder empfangen.

Dabei ist zu beachten, dass die Rollen »Master« und »Slave« sich immer nur auf eine Verbindung zwischen zwei Steinen beziehen: Ein NXT-Stein, der als »Slave« mit einem »Master« verbunden ist, kann in einer weiteren Verbindung zu einem anderen Stein durchaus als »Master« auftreten. So ist es dann möglich, Hierarchien zwischen vielen NXT-Steinen aufzubauen und bei Bedarf die Beschränkung auf drei Verbindungen, die ein NXT-Stein als »Master« gleichzeitig eingehen kann, durch »Relais-Steine« aufzuheben.

In unserem Fall wird das führende Schwarmwesen der »Master« sein, das folgende Wesen der »Slave«.

9.4.2 Sich bekannt machen

Um eine Verbindung zwischen zwei Bluetooth-fähigen Geräten herzustellen, muss das Gerät, das die Verbindung aufbaut, das andere Gerät namentlich kennen. Unser »Master«-Stein muss also zunächst einmal nach »Slave«-Steinen suchen.

Eine Verbindung herstellen

Wir aktivieren auf unseren beiden Steinen Bluetooth und machen dem führenden Schwarmwesen, auf das wir das erste Programm geladen haben, das andere Wesen bekannt: Dazu wechseln wir im LCD-Menü in den Menüpunkt BLUETOOTH und wählen dort den mit einem Lupen-Symbol gekennzeichneten Untermenüpunkt SEARCH aus. Der NXT-Stein beginnt zu suchen und sollte nach einiger Zeit das andere Schwarmwesen finden.

Diese Suche müssen wir übrigens nur einmal pro zu findendem Stein ausführen: Hat der NXT-Stein diesen nämlich gefunden, speichert er sich alle nötigen Informationen ab und merkt sie sich auch dann, wenn wir ihn zwischendurch ausschalten.

Wir wählen über das angezeigte Stein-Symbol den gefundenen NXT-Stein aus. Wenn wir jetzt die Verbindung 1 über das zugehörige Zahlen-Symbol aktivieren, verbindet sich das führende Schwarmwesen mit dem anderen. Beim ersten Mal müssen wir dabei möglicherweise eine PIN eingeben, wobei wir einfach die Voreinstellung übernehmen.

Auch hier können wir wieder im Hauptmenü sehen, dass der NXT-Stein mit einem anderen verbunden ist: In der rechten oberen Ecke wird neben dem Bluetooth-Symbol zusätzlich noch eine kleine Raute angezeigt.

9.5 Das Verhalten der Schwarmwesen

Nachdem wir sichergestellt haben, dass unsere Roboter über eine Bluetooth-Verbindung ausgehend vom führenden Schwarmwesen verbunden sind, platzieren wir das folgende Schwarmwesen leicht versetzt hinter dem führenden:

Abb. 9.9: Die Startposition der Schwarmwesen

Nun starten wir zunächst das Programm auf dem folgenden Schwarmwesen, sodass dieses auf das Startsignal vom »Master« wartet.

Lassen wir anschließend das Programm auf dem führenden Schwarmwesen laufen, so sendet dieses das Startsignal und bewegt sich in einer schlängelnden Bewegung geradeaus. Das zweite Wesen erhält das Signal und folgt dem ersten in gleicher Weise.

Trifft das führende Wesen auf ein Hindernis, so weicht es diesem nach rechts oder links aus und sendet ein passendes Signal an das zweite Schwarmwesen. Dieses vollzieht ebenfalls die Richtungsänderung des ersten, sodass sich beide anschließend wieder in der gleichen Richtung weiterbewegen.

Wir stellen allerdings auch fest, dass diese Synchronisation der Richtung nur eine Zeit lang zuverlässig funktioniert: Nach einigen Wendungen beginnen die »Schwimm«-Bewegungen der beiden Wesen allmählich auseinanderzulaufen.

Woran liegt das? Durch kleine mechanische Unterschiede in den beiden Wesen und wegen unterschiedlicher Reibung auf dem Boden drehen sich die zwei Mitglieder unseres Schwarms nicht genau gleich weit. Beide stimmen sich aber nicht regelmäßig aufeinander ab, wie es etwa Fische in einem Schwarm tun würden. Stattdessen führt das folgende Wesen einfach nur die Signale zur Richtungsänderung aus, die ihm das andere sendet, ohne dass eines der beiden Schwarmwesen die Abweichungen »bemerkt« und korrigiert. Kleine Abweichungen summieren sich so mit der Zeit zu großen. Vergleichen kann man dies mit zwei Personen, die mit verbundenen Augen hintereinander hergehen, wobei die vordere ihre Richtungsänderungen der anderen immer nur zuruft – recht bald werden beide Personen sich an ganz unterschiedlichen Stellen wiederfinden.

Um diese Abweichungen bei unseren Schwarmwesen zu vermeiden, müsste entweder das folgende Wesen das führende wahrnehmen oder es müssten beide Wesen über die Möglichkeit verfügen, sowohl den Abstand als auch die neue Richtung zuverlässig und ohne Abhängigkeit von vorherigen Fehlern zu bestimmen.

9.5.1 Interpretation

Ein Beobachter unseres kleinen Schwarms würde schnell bemerken, dass das hintere Wesen sich offensichtlich am vorderen orientiert und versucht, dessen Bewegungen nachzuahmen. Da er von den drahtlosen Signalen nichts weiß, würde er möglicherweise denken, dass das folgende Schwarmwesen das andere auf irgendeine Weise beobachtet und dessen Verhalten erkennen kann. Das würde ihn vielleicht zu weiteren Vermutungen veranlassen: Erstens, dass es anscheinend eine gewisse Rangfolge innerhalb des Schwarms gibt – es ist nämlich immer dasselbe Wesen, das die Richtung bestimmt. Zweitens scheint eine soziale Bindung zwischen den Wesen des Schwarms zu bestehen, das heißt, sie fühlen sich wohl irgendwie zusammengehörig. Und drittens besitzt zumindest das folgende Wesen anscheinend eine Art Intelligenz: Immerhin ist es in der Lage, das Verhalten des anderen Wesens zu erkennen und nachzuahmen.

9.6 Fernsteuerung

Zum Abschluss des Kapitels wollen wir uns noch mit einem Thema befassen, das nur in einem erweiterten Sinn mit Robotik zu tun hat: der Fernsteuerung vom Computer aus. Eine ferngesteuerte Maschine ist nämlich genau genommen kein Roboter, da sie weder eigenständig handelt noch selbstständig die Umwelt wahrnimmt und mit ihr interagiert.

Dessen ungeachtet macht es natürlich Spaß, eine selbst gebaute LEGO-Maschine mit einer Fernsteuerung zu kontrollieren. Wir werden in diesem Abschnitt nicht nur sehen, wie man zwischen Computer und NXT-Stein eine drahtlose Verbindung herstellt, sondern auch das Fernsteuerungswerkzeug der LEGO MINDSTORMS NXT Software kennenlernen.

Es ist dabei wichtig zu wissen, dass dieses Werkzeug nur für solche NXT-Roboter vorgesehen ist, die über zwei Motoren gleichzeitig angetrieben und durch Veränderung der Leistung dieser beiden Motoren gesteuert werden. Dies ist unter den Roboterwesen für den Streuner, den Zyklopen, den Krabbler und das Schwarmwesen der Fall. Beim Sucher, Kriecher und Wächter hingegen erfolgt die Steuerung über andere Strategien – für sie lässt sich das Fernsteuerungswerkzeug nicht verwenden.

9.6.1 Das Fernsteuerungswerkzeug

Um das Fernsteuerungswerkzeug in der LEGO MINDSTORMS NXT Software zu starten, wählen wir in der Menüleiste unter WERKZEUGE den Punkt FERNBEDIENUNG aus:

Ist unser Computer noch nicht mit einem NXT-Stein verbunden, so sind zunächst die Steuerungsfunktionen inaktiv und wir erhalten eine entsprechende Meldung angezeigt:

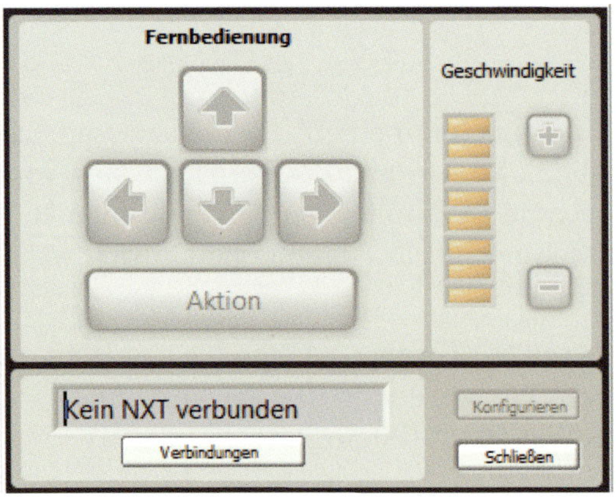

Da ein USB-Kabel bei einem mobilen Roboter hinderlich ist, wenn wir ihn fernsteuern wollen, stellen wir die Verbindung zwischen Computer und NXT-Stein über Bluetooth her, wozu wir den bereits aus dem Kontrollzentrum der LEGO MINDSTORMS NXT Software bekannten Verbindungsassistenten nutzen: Wir öffnen ihn über die Schaltfläche VERBINDUNGEN.

9.6.2 Konfiguration

Haben wir mittels des Verbindungsassistenten die Bluetooth-Verbindung zum Schwarmwesen hergestellt, so stellen wir fest, dass anschließend im Fernbedienungswerkzeug die Aktionen aktiviert sind. Wir haben dort vier Pfeiltasten, um den Roboter in die vier Richtungen zu steuern, eine Taste AKTION, die den dritten Motor laufen lässt und eine Leiste, um die Geschwindigkeit einzustellen, mit der sich unser Roboter bewegt.

Bevor wir aber mit unserem Schwarmwesen loslegen, schauen wir uns noch den Konfigurationsdialog an, den wir über KONFIGURIEREN öffnen:

Hier können wir mehrere Einstellungen vornehmen: Zum einen können wir der Fernsteuerung die beiden Motoren mitteilen, die unseren Roboter steuern und antreiben: Beim Schwarmwesen sind das die Motoren an den Ausgängen B und C.

Weiterhin können wir die Richtung bestimmen, in die sich diese Motoren drehen müssen, damit der Roboter vorwärts fährt. Beim Schwarmwesen ist das die Vorwärtsrichtung, beim Streuner zum Beispiel wäre es umgekehrt.

Im Bereich AKTION können wir sowohl die Geschwindigkeit als auch die Richtung einstellen, mit welcher der dritte Motor laufen soll. Unser Schwarmwesen verfügt nicht über einen solchen – der Druck auf die Taste AKTION im Fernsteuerungswerkzeug wird daher nichts bewirken.

Ändern wir etwas an den Einstellungen im Konfigurationsdialog, dann müssen wir auf die Taste mit dem Häkchen drücken, bevor wir ihn über Schließen beenden, ansonsten werden die Änderungen nicht übernommen.

9.6.3 Fernsteuern des Roboters

Wir können jetzt das Schwarmwesen mit dem Fernsteuerungswerkzeug steuern: Benutzen wir eine der vier Pfeiltasten, so fährt der Roboter so lange in die angegebene Richtung, wie wir die Taste gedrückt halten. Ändern wir die Geschwindigkeit über die Geschwindigkeitsleiste, dann bewegt sich das Schwarmwesen langsamer oder schneller.

Wir können im Übrigen jeden NXT-Roboter auf diese Weise fernsteuern, der über zwei Motoren angetrieben und gelenkt wird. Wie wir gesehen haben, ist es dazu nicht nötig, ein besonderes Programm auf den Roboter herunterzuladen.

Probieren wir es einmal!

9.7 Zusammenfassung

In diesem Kapitel haben wir einige interessante Dinge gelernt: Wir haben erstens gesehen, wie man die in die Motoren eingebauten Drehsensoren im Programm nutzen kann und wie man in einem Schaltblock Fallunterscheidungen nicht nur nach zwei, sondern auch nach mehreren Werten durchführt. Außerdem haben wir ein und denselben Eigenen Block in mehr als einem Programm verwendet.

Wir haben auch gelernt, wie man eine drahtlose Verbindung zwischen dem Computer und dem NXT-Stein herstellt und einen NXT-Roboter über die LEGO MINDSTORMS NXT Software steuert.

Vor allem aber wissen wir jetzt, wie man Bluetooth auf dem NXT-Stein nutzt und wie man drahtlose Kommunikation zwischen zwei NXT-Robotern umsetzen kann. Damit eröffnen sich viele neue Möglichkeiten für faszinierende Projekte mit mehreren Roboterwesen gleichzeitig.

9.8 Anregungen

1. Wenn wir das Programm des führenden Wesens starten, fällt uns auf, dass es nicht in der Richtung vorwärts schwimmt, in der wir es aufgestellt haben, sondern leicht schräg. Woran liegt das? Wie können wir das im Programm beheben?
2. In unserem Programm für das folgende Wesen haben wir uns darauf verlassen, dass das führende Wesen immer nur richtige Signale in der richtigen Reihen-

folge sendet, also zuerst die Zahl 0 und dann immer nur die Zahlen 1 oder 2. Was würde passieren, wenn Signale mit anderen Zahlen kommen? Oder wenn keine Zahlen kommen, sondern Texte?

3. Welche Fehler können bei der Kommunikation noch auftreten? Wie könnten wir all diese Fehler in den beiden Programmen besser abfangen?
4. Wie würde sich das Programm des führenden Wesens ändern, wenn wir mehr als nur ein einziges folgendes Schwarmwesen hätten?
5. Wie könnte man das Verhalten der beiden Wesen noch abwechslungsreicher gestalten? Was müssen wir dazu in den Programmen tun?
6. Wie müssten wir die Programme ändern, sodass nicht immer dasselbe Wesen führt, also alle Mitglieder im Schwarm je nach Einflüssen aus der Umgebung Richtungsänderungen in die Wege leiten können? Ist es so vielleicht sogar möglich, alle Wesen mit ein und demselben Programm auszustatten?
7. Wir haben die Verbindung zwischen den beiden NXT-Steinen über das LCD-Menü hergestellt. In NXT-G gibt es aber auch die Möglichkeit, die beiden Steine im Programm selbst zu verbinden. Welcher Block ist dafür zuständig? Wie benutzt man ihn?
8. Wie könnten wir vermeiden, dass die Bewegungen der beiden Schwarmwesen mit der Zeit auseinanderlaufen? Welche Sensoren eignen sich dazu?
9. Von LEGO selbst gibt es eine Android-App namens »MINDdroid«, um NXT-Roboter mit einem Handy fernzusteuern. Wenn wir über ein Android-Handy verfügen, probieren wir sie einmal mit einem der Schwarmwesen aus.
10. Mithilfe der drahtlosen Kommunikation über Bluetooth kann man auch eine Fernsteuerung aus einem NXT-Set bauen und damit einen anderen NXT-Roboter steuern. Wie könnte sie aussehen? Wie müssten wir sie programmieren?
11. Welche Projekte für zwei oder mehr Roboter, die untereinander kommunizieren, fallen uns noch ein?

Hinweise zu den Anregungen

A.1 Streuner

Zu 2

Da die Auswahl der Richtung völlig zufällig zwischen zwei gleich großen Zahlenbereichen erfolgt, erwarten wir, dass Streuner nach einer großen Anzahl von Wendungen ungefähr so oft nach links wie nach rechts abgebogen ist.

Zu 5

Wir verwenden als Abbruchbedingung im Feld STEUERUNG des äußeren Schleifenblocks ZÄHLEN und tragen im dann auftauchenden Feld BIS die gewünschte Anzahl der Durchläufe ein.

Zu 6

Eine Möglichkeit dazu bietet das KOMMENTAR-WERKZEUG in der Werkzeugleiste der LEGO MINDSTORMS NXT Software, mit dem sich erklärender Text in das Programm einfügen lässt.

Zu 7

Analog zur zufälligen Ermittlung der Richtung kann man auch die Dauer, also die Anzahl der Sekunden, über einen Zufallsblock bestimmen und diese Zahl über eine Datenleitung an die Eigenschaft DAUER des Bewegungsblocks in der Verzweigung senden.

A.2 Zyklop

Zu 1

Wenn wir die Zuordnung der beiden Lichtmessungen zu den Motoren nicht über Kreuz, sondern parallel schalten, wird sich unser Wesen nicht zu der Seite hin bewegen, auf der das Licht stärker ist, sondern davon weg: Verbinden wir nämlich die Messung auf der linken Seite mit dem linken Motor und die auf der rechten Seite mit dem rechten Motor, so wird sich der Motor stärker drehen, auf dessen Seite mehr Licht einfällt. Das bewirkt, dass sich das Wesen von der stärkeren Lichtquelle wegdreht.

Zu 2

Wir können zum Beispiel einen Schwellenwert für die Lichtstärke einführen, ab dem die Geschwindigkeit reduziert wird, mit der die beiden Motoren laufen. Dazu müssen wir die beiden gemessenen Lichtwerte noch durch einen Vergleichsblock schicken. Falls einer der beiden Werte den Schwellenwert überschreitet, reduzieren wir beide Werte entsprechend, bevor diese an den jeweiligen Motor geschickt werden.

Um in der Nähe der Lichtquelle anzuhalten, könnten wir beide Motoren stoppen, wenn der Schwellenwert auf einer Seite überschritten wird.

A.3 Kriecher

Zu 1

Wenn wir die Sensoren nur am Ende der Schleife abfragen, bekommen wir Berührungen nicht mit, die während eines Durchlaufs durch die Schleife stattfinden, vor dem Ende des Durchlaufs aber wieder gelöst werden. Mit anderen Worten: Wird einer der beiden Sensoren während eines Durchlaufs eingedrückt und wieder gelöst, bevor der Durchlauf zu Ende ist, bemerkt der Kriecher das Hindernis nicht.

Zu 4

Wir können den Kriecher zum Beispiel sich eine Zeit lang »tot stellen« lassen, wenn er auf ein Hindernis stößt. Er könnte anschließend vorübergehend langsamer als vorher vorwärtskriechen.

Zu 5

Wenn wir nach einer Berührung auswerten, welcher der beiden Berührungssensoren angeschlagen hat, können wir die grob die Richtung bestimmen, in der das Hindernis liegt. Wir biegen dann ein Stück in die andere Richtung ab und versuchen danach wieder, in der ursprünglichen Richtung weiterzukriechen. Diese Strategie verfolgen wir so lange, bis der Kriecher am Hindernis vorbei ist.

Zu 6

Dies ist im Prinzip eine Abwandlung von Hinweis 5 mit dem Unterschied, dass wir uns für eine gewisse Zeit nicht vom Hindernis entfernen wollen. Das heißt, wir halten an und kehren wieder um, wenn wir merken, dass wir nach einer Weile nicht mehr auf das Hindernis stoßen.

A.4 Sucher

Zu 1

Sehr runde oder sehr stark zerklüftete Gegenstände, also solche mit sehr vielen Schrägkanten, werden nur schwer erkannt, weil die ausgesandten Signale daran stark gestreut werden und deshalb nur ein kleiner Teil wieder beim Ultraschallsensor als Reflexion ankommt.

Bei sehr weichen Gegenständen werden viele der ausgesandten Signale einfach »verschluckt«. Auch hier kommen dann nur wenige Reflexionen wieder beim Sensor an.

Zu 5

Wir müssen einfach die Richtung vertauschen, in die sich unser Wesen bei Entdeckung eines Objekts dreht. Dazu reicht es aus, die Verwendung des Drehgrads einfach umzukehren.

Zu 7

Wir verwenden parallele Ablaufträger für Kopfsteuerung und Sensormessung.

A.5 Krabbler

Zu 1

Damit sich der Krabbler auf die andere Seite dreht, müssen wir die beiden Beinseiten in umgekehrter Richtung laufen lassen, also die der rechten Seite vorwärts und die der linken rückwärts.

Zu 2

Damit sich der Krabbler umdreht, muss die Drehung einfach etwas länger dauern.

Zu 3

Um rückwärts zu laufen, müssen sich beide Beinseiten rückwärts bewegen.

Zu 4

Dies ist analog zur Erforschung des Hindernisses in Hinweis 6 im Abschnitt über den Kriecher.

Zu 5

Wir messen die Rotationen der beiden Motoren und leiten daraus den wahrscheinlichen Zustand der beiden Beinseiten ab. Diese Methode ist aber ziemlich unzuverlässig, da durch Reibungseffekte und leichte mechanische Abweichungen sowohl im Bewegungsapparat als auch in den Motoren die Bewegung der beiden Beinseiten nicht genau synchron erfolgt, selbst wenn sich beide Motoren die gleiche Gradzahl weit drehen.

Zu 7

Wir messen auf einem parallelen Ablaufträger konstant den Wert des als Lichtsensor konfigurierten Farbsensors und lassen bei Überschreitung eines Schwellenwerts den Krabbler so lange vorwärts laufen, bis der Ultraschall ein Hindernis auf sehr kurze Distanz meldet.

Um zum nächsten dunklen Ort zu fliehen, messen wir zusätzlich den Lichteinfall mit dem Farbsensor. Unterschreitet der Wert einen bestimmten Schwellenwert, so verbleiben wir an dieser Stelle. Ansonsten weichen wir dem Hindernis aus. Dies wiederholen wir so lange, bis sich ein ausreichend dunkler Ort findet.

A.6 Wächter

Zu 2

Wir schalten einen weiteren Klangblock hinter den Klangblock für ALARM und konfigurieren ihn mit der Klangdatei OBJECT DETECTED.

Zu 3

Wir zählen entweder die abgefeuerten Kugeln oder bringen den Farbsensor so am Magazin an, dass wir die Reflexion des Lichts im Magazin messen können. Ist das Magazin leer, so wird fast kein Licht mehr reflektiert.

Zu 4

In einem parallel ablaufenden Programmteil wechseln wir in regelmäßigen Abständen die Auswahl der ausgesandten Farbe im Farbsensorblock.

Zu 5

Dies lässt sich durch einen Mechanismus erreichen, der den Fuß auf der Seite etwas nach außen dreht, in die das Wesen sich drehen will.

Zu 6

Eine Möglichkeit dazu ist, das sich nähernde Objekt ein Farbsignal in einer bestimmten Farbe oder einem vorgegebenen Rhythmus aussenden zu lassen, das der Wächter mit dem eigenen Farbsensor wahrnimmt und als Erkennungszeichen interpretiert.

Alternativ kann man eine drahtlose Kommunikation zwischen beiden Robotern über Bluetooth verwenden.

A.7 Schwarmwesen

Zu 1

Wir müssen zu Beginn der Vorwärtsbewegung erst eine halbe Kurve nach links machen.

Zu 2

Text-Signale werden einfach ignoriert. Kommt zu Beginn ein Signal mit einer Zahl ungleich 0, wartet das Programm weiter auf ein korrektes Startsignal. Trifft nach Start der Bewegung ein Signal ein, das eine Zahl enthält, die weder gleich 1 noch gleich 2 ist, wird der Zweig im Schaltblock mit dem Standardwert ausgeführt: Das Wesen bewegt sich also nach rechts.

Zu 4

Das führende Wesen müsste sich als »Master« mit mehreren »Slaves« verbinden und dazu unterschiedliche Verbindungsnummern nutzen. Jedes Signal muss dann mit jeweils einem eigenen Nachrichtensendeblock über alle Verbindungen gesendet werden.

Zu 6

Es bleibt zwar weiterhin ein NXT-Stein der »Master«, aber *jedes* Wesen muss sowohl Signale empfangen als auch bei Bedarf solche senden, etwa wenn es ein Hindernis entdeckt. Wir müssen dann auch dafür sorgen, dass alle Mitglieder des Schwarms zu einem bestimmten Zeitpunkt immer nur auf jeweils ein und dasselbe Signal reagieren.

Zu 7

Es handelt sich hier um den Bluetooth-Verbindungsblock, den man in der VOLLSTÄNDIG-Palette im untersten Fach GROẞER FUNKTIONSUMFANG findet.

Zu 8

Wir können zum Beispiel im folgenden Wesen nach jeder Richtungsänderung versuchen, über den Berührungs- oder den Ultraschallschallsensor die neue Position des führenden Wesens zu ermitteln. Oder wir nutzen auf jedem Wesen einen Sensor eines Drittanbieters, der uns eine absolute Richtungsmessung ermöglicht, z.B. den Kompasssensor von HiTechnic oder den GPS-Sensor von dexter industries.

Zu 10

Wir bauen ein NXT-Modell mit zwei Motoren, an die wir jeweils eine Art Griff anbringen. Bewegt der Anwender die Griffe, so messen wir im zugehörigen Programm mittels der Drehsensoren die Bewegung der Motoren und senden über Bluetooth ein passendes Signal an den zu steuernden Roboter. Dort läuft ein Programm, das diese Signale interpretieren und in passende Bewegungen des Roboters umsetzen kann. Für ein Beispiel siehe den »NXT Joystick« von Philo unter `http://www.philohome.com/nxt.htm`.

Ressourcen

B.1 Bücher

Sechs Jahre nach Erscheinen des ersten NXT-Sets gibt es mittlerweile eine ganze Reihe von gedruckten Publikationen über LEGO MINDSTORMS NXT. Die allermeisten davon sind jedoch in englischer Sprache verfasst. Deutschsprachige Bücher entstehen erst allmählich, insbesondere, wie das vorliegende, im *mitp*-Verlag. Weitere sind im *dpunkt*-Verlag erschienen sowie im Rahmen des *Roberta*-Projekts des *Fraunhofer*-Instituts.

Im Folgenden werden nur deutschsprachige Bücher aufgeführt. Die weitaus umfangreichere Bibliografie englischsprachiger Bücher lässt sich über einige der Webseiten einsehen, die im weiteren Verlauf dieses Anhangs aufgelistet werden.

- *Roboter programmieren mit NXT-G für LEGO MINDSTORMS NXT*
  von Daniel Braun, mitp-Verlag, 2011. Dies ist eine umfangreiche Einführung in die Programmierung von NXT-Robotern mit der LEGO MINDSTORMS NXT Software und der darin enthaltenen Sprache NXT-G.
- *Roboter programmieren mit NXC für LEGO MINDSTORMS NXT*
  von Daniel Braun, mitp-Verlag, 2. Auflage 2010. Es handelt sich hier um eine umfangreiche Einführung in die Programmierung von NXT-Robotern mit NXC, einer alternativen, an die Programmiersprache C angelehnten Programmierumgebung.
- *LEGO-Roboter. Bauen und programmieren mit LEGO MINDSTORMS NXT 2.0*
  von Laurens Valk, dpunkt Verlag 2011. Dies ist die deutsche Übersetzung der englischsprachigen Originalausgabe von *LEGO MINDSTORMS NXT 2.0 Discovery Book* des gleichen Autors. Ein Buch, das für Einsteiger und Fortgeschrittene gleichermaßen empfehlenswert ist und nicht nur interessante Modelle bietet, die alle jeweils mit einem einzigen NXT-Set der Version 2.0 gebaut werden können, sondern auch viel Wissenswertes rund um Bau und Programmierung von NXT-Robotern.
- *NXT-Geschöpfe aus einem Baukasten*
  von Fay Rhodes, Roberta-Band X, 2011. Dieses Buch ist ebenfalls eine Übersetzung eines englischsprachigen Originals, und zwar von *LEGO MINDSTORMS NXT 2.0 One-kit creatures* der für ihre herausragenden tierähnlichen NXT-Roboter bekannten amerikanischen Autorin Fay Rhodes. Dieses Buch enthält eine

Reihe von NXT-Tieren, die alle jeweils sowohl mit einem NXT-Set der Version 2 als auch der Version 1 gebaut werden können. Es ist vor allem für Roboter-Schöpfer interessant, die nach einer Ergänzung zu ihrem bisherigen Spektrum suchen.

- *Programmierung mit LEGO MINDSTORMS NXT: Roboter-Systeme, Entwurfsmethoden, Algorithmen*
  von Karsten Kerns, Springer-Verlag 2010. Ein Buch, das weniger für Einsteiger gedacht ist, sondern sich vor allem an Informatikstudenten richtet und für alle interessant sein dürfte, die tiefer in die technischen Details und in die allgemeine Theorie der Roboterprogrammierung einsteigen wollen.
- *Roberta-Reihe*
  Zahlreiche kleinere Bände und Publikationen zum Thema NXT im Rahmen des Projekts *Roberta* des Fraunhofer-Instituts, mit dem vor allem junge Mädchen mithilfe der Robotik für Naturwissenschaften interessiert werden sollen: `http://www.roberta-home.de/de/was-bietet-roberta/roberta-reihe`
- *Vehikel. Experimente mit künstlichen Wesen*
  von Prof. Valentin Braitenberg, Lit Verlag 2003. Kein NXT-Buch, aber d*er* Klassiker zum Thema »Simulation von Verhalten mit künstlichen Wesen«. In 14 Beispielen beschreibt der Hirnforscher und Kybernetiker Braitenberg, wie man durch einfache Verschaltungen in mit Sensoren ausgestatteten Fahrzeugen scheinbar komplexes Verhalten erzeugen kann.

B.2 Web-Links

B.2.1 Die Seiten zum Buch

- `http://www.mitp/9101`
  Die Übersichtsseite des mitp-Verlags zum vorliegenden Buch.
- `http://www.roboterwesen.matthiaspaulscholz.eu`
  Die eigentliche Webseite des Buchs mit vielen zusätzlichen Informationen und Medien wie Bildern, Filmen und Programmen zu den Robotern des Buchs sowie Errata, Korrekturen und Hilfen. Diese Seite wird je nach Bedarf aktualisiert.

B.2.2 Allgemeine Seiten zu LEGO MINDSTORMS NXT

Deutschsprachig

- `http://mynxt.matthiaspaulscholz.eu/`
  Die umfangreiche Seite des Autors dieses Buchs mit vielen Informationen rund um das Thema NXT, unter anderem mit vielen weiteren Robotern samt Bauanleitungen.

- `http://www.lego-in-der-schule.de`
  Der deutsche Onlineauftritt von *LEGO Education*. Sehr interessant vor allem für Pädagogen, die das NXT-System in Unterricht und Lehre einsetzen wollen.
- `http://www.roberta-home.de`
  Das *Roberta*-Projekt des Fraunhofer-Instituts, das sich ebenfalls vorwiegend an Lehrer und Lehrerinnen richtet.
- `http://www.hands-on-technology.de/firstlegoleague`
  Der deutsche Ableger des weltweit größten MINDSTORMS-Roboterwettbewerbs *FIRST LEGO League* für Teams aus 10- bis 16-jährigen Teilnehmern.

Englischsprachig

- `http://mindstorms.lego.com`
  Die offizielle MINDSTORMS-Seite von LEGO. Sehr hübsch gemacht mit viel Material, das man aber leider nicht immer gleich findet. Unter anderem gibt es hier eine umfangreiche Liste von englischsprachigen NXT-Büchern.
- `http://us.mindstorms.lego.com/en-us/community/nxtlog/default.aspx`
  NXTLOG ist der offizielle Katalog für NXT-Roboter von LEGO, in den jeder seinen eigenen NXT-Roboter hochladen kann. Dort finden auch regelmäßig Wettbewerbe statt.
- `http://www.nxtprograms.com`
  Eine hervorragende private NXT-Webseite, die von Dave Parker unterhalten wird. Hier finden sich viele NXT-Projekte samt Bauanleitungen, die alle jeweils mit einem einzigen NXT-Set umgesetzt werden können.
- `http://robotics.benedettelli.com`
  Die Webseite des italienischen Ingenieurs Daniele Benedettelli mit vielen äußerst sehenswerten NXT-Schöpfungen.
- `http://www.laurensvalk.com`
  Hier findet man viele interessante Kreationen des niederländischen Robotikstudenten Laurens Valk.
- `http://web.me.com/NeXTSTORM`
  Eine auch äußerlich sehr ansehnliche Webseite des griechischen NXT-Künstlers *NeXTSTORM*.
- `http://www.brickshelf.com`
  Brickshelf ist eine mittlerweile sehr inhaltsreiche Webseite für alle, die ihre eigenen Schöpfungen im Internet ausstellen wollen.
- `http://www.peeron.com`
  Bei *Peeron* handelt es sich um die wohl größte Ansammlung im Web von strukturierten Informationen über LEGO-Teile und -Sets. Es gibt dort auch zahlreiche offizielle LEGO-Bauanleitungen.

B.2.3 Blogs und Foren

Deutschsprachig

- `http://dienxteebene.blogspot.com`
  Die NXTe Ebene ist ein sehr aktiver deutscher NXT-Blog, der ständig über Neues aus dem NXT-Universum berichtet.
- `http://www.mindstormsforum.de`
  Ein großes deutschsprachiges Forum zum Thema MINDSTORMS mit vielen Diskussionen und einer großen Anzahl an registrierten Nutzern.

Englischsprachig

- `http://thenxtstep.blogspot.com`
  The NXT Step ist der weltweit größte NXT-Blog mit vielen aktiven Autoren. Wer aktuelle Neuigkeiten zum Thema NXT sucht, ist hier richtig. Der Blog führt auch eine umfangreiche Liste von englischsprachigen NXT-Büchern.
- `http://www.mindboards.sourceforge.net`
  Großes englischsprachiges Forum für alle Themen im Bereich MINDSTORMS.
- `http://www.lugnet.com`
  Das *LEGO Users Group Network* ist die größte Ansammlung an LEGO-bezogenen Foren im Web.

B.2.4 Onlineshops

Deutschsprachig

- `http://shop.lego-in-der-schule.de`
  Der Onlineshop der deutschen Webseite von LEGO Education.
- `http://shop.lego.com/de-DE/`
  Der offizielle deutsche Onlineshop von LEGO.

Englischsprachig

- `http://www.bricklink.com/`
  Der Ort, um einzelne LEGO-Teile oder ganze Sets gebraucht oder neu zu kaufen.
- `http://www.hitechnic.com/products`
  Der Onlineshop von HiTechnic, einem renommierten Hersteller von zahlreichen zusätzlichen Sensoren für LEGO MINDSTORMS NXT.
- `http://www.mindsensors.com`
  Ein weiterer Hersteller von Sensoren für LEGO MINDSTORMS NXT.

- `http://www.dexterindustries/products.html`
  Noch ein Hersteller von Sensoren und weiterer Hardware für den NXT.
- `http://wwww.codatex.com`
  Ein österreichischer Hersteller von RFID-Sensoren für den NXT. Eine Beschreibung dieser Art von Sensoren findet sich in Anhang D.

B.3 Design-Werkzeuge

- `http://ldd.lego.com`
  Der *LEGO Digital Designer* (LDD) ist das offizielle Werkzeug von LEGO zum Erstellen von virtuellen LEGO-Modellen. Seit Version 3 kann es auch für LEGO MINDSTORMS NXT genutzt werden. LDD ist ein hervorragendes Produkt, das kostenlos verfügbar ist. Damit kann der eigene NXT-Roboter auf einfache und sehr intuitive Weise als Computermodell abgelegt und mit anderen Nutzern über das Internet ausgetauscht werden. Auch schöne Bauanleitungen lassen sich so einfach erstellen.
- `http://www.ldraw.org`
  Unter dem Namen *LDraw* verbirgt sich eine ganze Sammlung an frei verfügbaren Werkzeugen, mit denen virtuelle LEGO-Modelle und Bauanleitungen erstellt werden können. LDraw ist ein Open-Source-Projekt, das von vielen aktiven Mitgliedern der LEGO-Gemeinde seit Jahren immer weiter verbessert und ausgebaut wird und heute ein überaus mächtiges und flexibles Produkt darstellt. Mit ihm lassen sich auch NXT-Robotermodelle und zugehörige Bilder und Bauanleitungen in hoher Qualität entwickeln und publizieren. Auch die Bilder und Bauanleitungen in diesem Buch wurden mit Werkzeugen von LDraw erzeugt.

Alternative Programmierumgebungen

Neben der LEGO MINDSTORMS NXT Software, der offiziellen Programmierumgebung für den NXT, sind im Lauf der vergangenen fünf Jahre eine ganze Reihe weiterer Plattformen entstanden. Dies wurde insbesondere durch zwei Faktoren ermöglicht: erstens eine Menge an sehr engagierten und aktiven NXT-Anwendern, die zum Großteil unentgeltlich sehr viel Arbeit und Kompetenz in die Entwicklung und Pflege solcher Umgebungen gesteckt haben und zum Zweiten die Politik der LEGO Group, die von Anfang an durch Offenlegung der technischen Schnittstellen und der Bereitstellung von Software Development Kits für den NXT eine enge Zusammenarbeit mit der NXT-Gemeinde gesucht hat.

Die dabei entstandenen Programmiersprachen und Werkzeuge zielen auf den fortgeschrittenen NXT-Anwender ab, während NXT-G unserer Ansicht nach eher den Einsteiger adressiert und hauptsächlich für Programme vergleichsweise geringer Komplexität geeignet ist. Zwar lassen sich auch mit NXT-G anspruchsvolle Programme realisieren; nach unserer Erfahrung sind diese aber mit einer der im Folgenden aufgeführten Plattformen wesentlich effizienter zu erstellen und zu warten.

Dabei sei es jedem Leser und jeder Leserin empfohlen, sich einmal mit einer davon zu beschäftigen, wenn er oder sie sich mit den in diesem Buch behandelten NXT-G-Programmen hinreichend vertraut gemacht hat – vielleicht wird ja eine davon zur persönlichen Favoritin.

Die Anzahl der Programmiersprachen für den NXT, die man im Netz findet, ist mittlerweile sehr groß. Wir betrachten hier aus Platzgründen nur diejenigen, die wir für besonders empfehlenswert halten. Es handelt sich dabei ausschließlich um Sprachen mit textueller Syntax: Der Entwickler baut also nicht, wie in NXT-G, ein Programm über grafische Elemente auf, sondern schreibt Programm-Code in Text-Form.

Für eine ziemlich vollständige Übersichts-Tabelle sei die entsprechende Web-Seite von Steve Hassenplug empfohlen:

`http://www.teamhassenplug.org/NXT/NXTSoftware.html`

C.1 leJOS NXJ

leJOS NXJ ist eine Open Source Plattform für den NXT, mittels deren sich NXT-Roboter mit der populären Programmiersprache *Java* programmieren lassen. Sie verfügt nicht nur über eine Implementierung der Java Virtual Machine, sondern auch über eine eigene Firmware für den NXT, die solche Programme auf dem NXT ausführt. Darüber hinaus stellt sie viele Werkzeuge zur Verfügung, mit denen man die Programme übersetzen, auf den NXT-Stein laden und dort starten kann.

Neben der Unterstützung für die gesamte NXT-Hardware wie Motoren und Sensoren werden auch sehr viele Sensoren von Dritt-Anbietern unterstützt; darüber ermöglichen zahlreiche eingebaute Frameworks und APIs die effiziente Entwicklung auch sehr fortgeschrittener Programme. Über weitere APIs lassen sich auch Programme schreiben, mit denen man mit NXT-Robotern vom Computer oder dem Handy aus kommunizieren kann.

leJOS NXJ bringt keine eigene Entwicklungsumgebung mit, sondern integriert sich nahtlos in viele Entwicklungswerkzeuge wie *Eclipse*, *NetBeans* und *JCreator*, wobei es wie diese frei und kostenlos verfügbar ist und permanent weiterentwickelt wird.

Neben einem umfangreichen englischsprachigen Tutorial gibt es mittlerweile auch einige Bücher und sonstige Publikationen zur Roboter-Entwicklung mit leJOS NXJ, unter anderem deutschsprachige in der *Roberta*-Reihe.

leJOS NXJ ist derzeit sicher eine der komplettesten Entwicklungsumgebungen für den NXT und für jeden die optimale Wahl, der seine Roboter gerne mit dem objektorientierten Paradigma programmiert.

Webseite: `http://www.lejos.org`

C.2 NXC

Not Exactly C (NXC) ist eine Sprache für den NXT, deren Syntax sehr stark an die populären Programmiersprache C angelehnt ist. Sie wurde und wird von John Hansen entwickelt und war eine der ersten NXT-Sprachen, die neben NXT-G entstanden sind.

NXC unterstützt neben der Standard-Hardware des NXT ebenfalls sehr viele Sensoren von Dritt-Anbietern und ist auf der Original-Firmware des NXT-Steins ablauffähig.

Zusammen mit einer eigenen Entwicklungsumgebung namens *BrickCC* ist NXC ebenfalls eine sehr leistungsfähige Alternative für die Programmierung von NXT-Robotern und eine hervorragende Wahl für alle, die sich eher in der Welt der prozeduralen Sprachen heimisch fühlen.

Auch zu NXC existiert neben einer umfangreichen Dokumentation eine Liste von Büchern, unter anderem das deutschsprachige *Roboter programmieren mit NXC für LEGO MINDSTORMS NXT* aus dem *mitp*-Verlag.

NXC kann zusammen mit BrickCC frei aus dem Web heruntergeladen werden.

Webseite: `http://bricxcc.sourceforge.net/nbc/`

C.3 pbLua

pbLua wurde und wird von Ralph Hempel entwickelt und basiert auf LUA, einer leichtgewichtigen Skript-Sprache, die ursprünglich für die Einbettung in andere Programmiersprachen entwickelt wurde. Der Programm-Code wird nicht auf dem Computer übersetzt, sondern direkt durch eine Terminal-Verbindung auf den NXT-Stein geladen und dort dann durch einen Interpreter ausgeführt. Dies ermöglicht es zum Beispiel, Programmteile bereits während der Entwicklung auf dem NXT auszuführen oder sie interaktiv zu verändern, selbst während das Programm gerade läuft. pbLua-Programme sind dafür bekannt, dass sie wenig Platz im Speicher des NXT benötigen und sehr schnell ablaufen.

Auch pbLua ist frei im Netz verfügbar und hervorragend dafür geeignet, Programme rasch zu entwickeln und zu testen; es stellt eine interessante Option für die NXT-Programmierung dar.

Webseite: `http://hempeldesigngroup.com/lego/pbLua/`

C.4 RobotC

RobotC ist eine weitere Programmiersprache, deren Syntax sich an C anlehnt. Anders als die bisher vorgestellten Plattformen ist sie nicht frei verfügbar, sondern wird als kommerzielles Produkt von der *Carnegie Mellon Robotics Academy* entwickelt und vertrieben; eine Einzellizenz für ein Jahr kostet dabei ungefähr 50 $.

Auch RobotC ist bereits seit den Anfangstagen von LEGO MINDSTORMS NXT auf dem Markt: Es handelt sich um ein ausgereiftes Produkt, das wie leJOS NXJ und NXC ein weites Spektrum an NXT-Hardware unterstützt.

Eine Besonderheit an RobotC ist seine Fähigkeit zum Cross Compiling: Einmal entwickelter Code kann auch für verschiedene andere Robotik-Systeme wie *VEX*, *TETRIX* oder *Arduino* verwendet werden, wobei nur wenige oder sogar gar keine Änderungen nötig sind.

RobotC ist für all jene Anwender interessant, für die kommerzieller Support, eine umfangreiche Dokumentation und eine leistungsfähige Entwicklungsumgebung mit einem hervorragenden Debugger wichtig sind.

Webseite: `http://www.robotc.net`

Weitere Sensoren

Wie wir in diesem Buch bereits umfassend gesehen haben, enthält die Version 2.0 des NXT-Set vier Sensoren: einen Farb-, einen Ultraschall- und zwei Berührungssensoren. Es gibt es aber eine große Menge an weiteren Sensoren, die für LEGO MINDSTORMS NXT erhältlich und nutzbar sind. Ein Teil davon stammt von LEGO selbst, der andere wird von Drittanbietern produziert. Teilweise ist auch deren äußeres Erscheinungsbild im Design der Original-LEGO-Sensoren gehalten. Andere sehen ganz anders aus, sind aber technisch nichtsdestoweniger mit LEGO MINDSTORMS NXT kompatibel.

Im Folgenden werden wir sehen, dass all diese Sensoren ein sehr breites Spektrum an Funktionalität abdecken. Wir werden sie nach dem Hersteller gruppieren.

Als Quelle für weitere Details können die unter dem jeweiligen Hersteller angegebenen Onlineshops im Anhang »Ressourcen« dienen. Von dort können die Teile auch bezogen werden.

D.1 LEGO Group

- **Geräuschsensor**
  Ein Sensor, der den Umgebungsschall misst und es dem NXT ermöglicht, Geräusche wahrzunehmen und darauf zu reagieren. Er war Teil der ersten Version des NXT-Sets, wurde in Version 2 aber gegen einen zusätzlichen Berührungssensor ausgetauscht.
- **Temperatursensor**
  Er misst die Temperatur der Umgebung mittels eines 10 cm langen metallischen Messfühlers in einer Bandbreite von -20° bis +120° Celsius und kann auch in flüssigen Medien verwendet werden.
- **Lichtsensor**
  Der Lichtsensor ist der Vorläufer des Farbsensors und war noch im ersten NXT-Set enthalten. Er ist in der Lage, aktiv Infrarotlicht zur Reflexionsmessung auszusenden. Anders als der Farbsensor kann er aber nur sehr rudimentär Farben erkennen.

D.2 HiTechnic

Die amerikanische Firma HiTechnic stellt eine große Anzahl von hoch-qualitativen Sensoren für LEGO MINDSTORMS NXT her. Da sie von LEGO lizenziert sind, gleichen sie äußerlich den Originalsensoren.

- **Beschleunigungssensor**
  Er misst die Beschleunigung, die auf den Sensor in den drei Raumrichtungen ausgeübt wird. So lässt sich etwa erkennen, in welche Richtung der Roboter sich bewegt und wie schnell. Man kann damit insbesondere auch feststellen, ob der Roboter in eine bestimmte Richtung gekippt wird.
- **Gradsensor**
  Mit dem Gradsensor lassen sich Drehgrad und Rotationsgeschwindigkeit einer Achse messen, auf der er steckt. Damit ähnelt er dem in die NXT-Motoren integrierten Rotationsmesser, er ist jedoch noch präziser und eignet sich hervorragend auch für solche Achsen, die nicht direkt auf einem Motor sitzen.
- **Luftdrucksensor**
  Er misst sehr präzise sowohl Luftdruck als auch die Temperatur der Umgebungsatmosphäre und kann damit unter anderem dazu verwendet werden, die Höhe über dem Meeresspiegel zu messen, in der sich ein Roboter befindet.
- **Farbsensor**
  Auch HiTechnic produziert einen Farbsensor, der aber deutlich mehr Farben unterscheiden kann als die Originalversion von LEGO und dies auch auf eine wesentlich größere Entfernung.
- **Kompasssensor**
  Mit ihm lässt sich die aktuelle Ausrichtung eines Roboters in Bezug auf die Himmelsrichtung mit einer Genauigkeit von 1° messen. Er eignet sich hervorragend zur mobilen Navigation.
- **Abstandssensor**
  Er bestimmt über einen elektrooptischen Entfernungsmesser die Entfernung eines externen Objekts und kann – so ähnlich wie der Ultraschallsensor – zur berührungsfreien Erkennung von Hindernissen verwendet werden.
- **Gyrosensor**
  Der Gyrosensor ist ein Gyrometer, mit dem sich Größe und Richtung von Rotationen des gesamten Roboters erkennen lassen. Mit ihm lassen sich sehr gut Roboter bauen, die balancieren können.
- **Infrarot-Linksensor**
  Er sendet Infrarotlicht-Signale aus, die von zahlreichen LEGO-Sets interpretiert werden können, die über Infrarotlicht fernsteuerbar sind. Damit lassen sich Fernsteuerungen für diese Sets bauen oder NXT-Roboter, die mit ihnen kommunizieren.

- **Infrarot-Empfangssensor**
  Dieser Sensor ist speziell für den Empfang von Infrarotlicht-Signalen gedacht, die von der Infrarot-Fernsteuerung aus der LEGO-Serie *Power Functions* ausgesendet werden. Ein damit ausgestatteter NXT-Roboter lässt sich auf diese Weise fernsteuern.
- **Infrarot-Suchsensor**
  Mit diesem Sensor kann ein NXT-Roboter die Richtung messen, aus der Infrarotlicht-Signale kommen, sowie deren Stärke. Besonders geeignet ist er damit für Roboter, die ein Objekt finden sollen, das Infrarotlicht aussendet, wie zum Beispiel die Infrarot-Bälle bei Roboter-Fußball-Wettbewerben.
- **Magnetfeldsensor**
  Er dient zur Entdeckung von Magnetfeldern, die sich vor ihm befinden.

D.3 Mindsensors

- **Visueller Sensor**
  Das *Vision Subsystem for NXT (NXT-Cam)* ist ein Sensor, der mit einer eingebauten Kamera die Bewegungen von bis zu acht farbigen Objekten gleichzeitig wahrnehmen kann. Er kann auch für das Verfolgen von Linien genutzt werden.
- **Hindernissensor**
  Er dient zur berührungsfreien Entdeckung von Hindernissen über einen infrarotlichtgestützten Mechanismus. Das Besondere dabei ist, dass er in zwei Entfernungszonen arbeiten sowie einen Bereich von 90° vor dem Roboter gleichzeitig überwachen kann. Der Beiname *NXTSumoEyes* deutet bereits auf seine vorgesehene Verwendung in Roboter-Sumo-Wettbewerben hin.
- **Linien-Feldsensor**
  Der *NXTLineLeader* ist eine horizontale Anordnung von acht lichtsensitiven Sensoren und vor allem für die Anwendung in Linienverfolgungswettbewerben gedacht.
- **Beschleunigungssensor**
  Wie auch der Beschleunigungssensor von HiTechnic dient dieser Sensor zum Messen von Beschleunigungskräften in den drei Raumebenen.
- **Abstandssensor**
  Mindsensors bietet drei verschiedene Sensoren zum Messen von Abständen zum nächsten Objekt in Blickrichtung an, die alle mit Infrarotlicht arbeiten und sich hauptsächlich durch den Bereich unterscheiden, in dem sie präzise arbeiten: kurze, mittlere und lange Distanz.
- **Pneumatischer Sensor**
  Der pneumatische Sensor misst Luftdruck und ist vor allem für die Verwendung in Verbindung mit dem *LEGO Pneumatics System* vorgesehen.

D.4 dexter industries

- **Temperatursensor**
  Der Temperatursensor von dexter industries misst die Temperatur von Oberflächen, ohne sie berühren zu müssen. Er verwendet dazu die Wärmestrahlung, die von den Objekten ausgeht, und kann so verlässliche Messungen aus bis zu 2 Metern im Bereich von -70° bis +380° Celsius durchführen.
- **GPS-Sensor**
  Mit diesem Sensor können satellitengestützte GPS-Daten für einen NXT-Roboter bestimmt werden, insbesondere dessen Position. Er ist besonders nützlich für zielgenaue Navigation über längere Strecken.
- **Verformungssensor**
  Der Verformungssensor misst die Verformung, die auf ein flexibles Band ausgeübt wird, das an einem Roboter angebracht werden kann. Damit lassen sich zum Beispiel mechanische Fühler umsetzen oder eine telemetrische Hand.
- **Drucksensor**
  Er misst mit hoher Präzision Drücke, die von verschiedenen Medien auf den Sensor ausgeübt werden, und kann unter anderem für das *LEGO Pneumatics System* verwendet werden oder für verschiedenste naturwissenschaftliche Experimente.

D.5 Codatex

- **RFID-Sensor**
  Der RFID-Sensor kann auf kurzer Distanz Funk-Signale wahrnehmen, die von einem zugehörigen RFID-Chip ausgesendet werden. Solche Systeme kennt man zum Beispiel von der Diebstahls-Sicherung in Bekleidungsgeschäften, von chipgesicherten Schlössern, Zeiterfassungs- oder Warenwirtschaftssystemen.

Fragen und Antworten zur Entwicklungsumgebung

- **Wie ruft man die eingebaute Hilfe auf?**

  Die in die LEGO MINDSTORMS NXT Software eingebaute Hilfe lässt sich entweder über die Taste [F1] starten oder über den Eintrag INHALTSVERZEICHNIS UND INDEX im Menü HILFE der Menüleiste.

E.1 Verwaltung des NXT-Steins

- **Wie aktualisiert man die Firmware auf einem NXT-Stein?**
  Auf jedem NXT-Stein ist bereits eine Firmware vorinstalliert. Eine Aktualisierung ist nur dann nötig, wenn man von den Verbesserungen einer neuen Version profitieren will. Um eine neue Version der Firmware auf einem NXT-Stein zu installieren, rufen wir im Menü WERKZEUGE der Menüleiste den Eintrag NXT-FIRMWARE AKTUALISIEREN auf. Im Dialog, der sich nun öffnet, können wir mit dem Knopf PRÜFEN auf der offiziellen MINDSTORMS-Webseite von LEGO nach neuen Versionen der Firmware suchen, sie von dort, falls vorhanden, auf unseren Rechner herunterladen und die ZIP-Datei auspacken. Über den Knopf DURCHSUCHEN laden wir die in der nun ausgepackten RFW-Datei enthaltene neue Version in die Liste der Firmware-Versionen. Nachdem wir sie dort ausgewählt haben, können wir sie schließlich über HERUNTERLADEN auf dem mit dem Computer verbundenen NXT-Stein installieren.
- **Wie lässt man sich Informationen über einen NXT-Stein anzeigen?**
  Drückt man den Knopf in der linken oberen Ecke des Kontrollzentrums, so wird ein Dialog geöffnet, in dem alle NXT-Steine angezeigt werden, die der Entwicklungsumgebung bekannt sind. Über den Knopf SUCHEN kann man nach gegenwärtig verbundenen NXT-Steinen suchen, die anschließend in der Liste ebenfalls auftauchen. Wählt man schließlich einen Eintrag aus der Liste aus und drückt VERBINDEN, so verbindet sich die Entwicklungsumgebung mit dem NXT-Stein und es werden im Bereich rechts sowie im Reiter SPEICHER Informationen über den Stein angezeigt. Im Bereich rechts kann man den Namen des Steins ändern, indem man ihn in das Textfeld hinter NAME einträgt und dann den Knopf rechts daneben drückt. Im Reiter SPEICHER lassen sich verschiedene Wartungsoperationen durchführen, wie zum Beispiel das Löschen von Programmen und Bild- oder Klang-Dateien auf dem NXT-Stein.

- **Wie schaltet man den NXT-Stein ein?**
  Einen NXT-Stein schaltet man über den orangefarbenen Bedienungsknopf ein. Voraussetzung dafür ist, dass der Stein über eine ausreichende Energiequelle verfügt, also entweder über eingelegte Batterien oder einen Akku.
- **Wie schaltet man den NXT-Stein aus?**
  Den NXT-Stein schaltet man aus, indem man einige Sekunden lang den dunkelgrauen rechteckigen Bedienungsknopf drückt.

E.2 Verwaltung von Programmen

- **Wie lädt man ein Programm auf den NXT-Stein?**
  Um ein im Arbeitsbereich angezeigtes Programm auf einen mit dem Computer verbundenen NXT-Stein zu laden, kann man entweder den Knopf in der linken unteren Ecke des Kontrollzentrums verwenden oder den zentralen Knopf in der Mitte. Im letzteren Fall wird das Programm auch gleich auf dem NXT-Stein gestartet.
- **Wie startet man ein Programm auf einem NXT-Stein?**
  Um das im Arbeitsbereich der Entwicklungsumgebung angezeigte Programm auf einem mit dem Computer verbundenen NXT-Stein zu starten, verwendet man den Knopf in der Mitte des Kontrollzentrums.

  Man kann ein Programm, das sich bereits auf dem Stein befindet, auch über das Menü im Anzeigefenster des NXT-Steins starten: Dazu wählt man dort mittels der Bedienungsknöpfe des NXT-Steins den Eintrag MY FILES aus, dann SOFTWARE FILES und schließlich den Namen des Programms, das man ausführen will. Über den Eintrag RUN wird das Programm gestartet.
- **Wie beendet man ein auf einem NXT-Stein laufendes Programm?**
  Hat man das Programm über das Kontrollzentrum in der Entwicklungsumgebung gestartet, so kann man es über den Stopp-Knopf in dessen unteren rechten Ecke wieder beenden.

  Eine andere Möglichkeit ist das Drücken des dunkelgrauen rechteckigen Bedienungsknopfs des NXT-Steins.
- **Wie legt man ein neues Programm an?**
  Ein neues NXT-G-Programm legt man nach dem Start der LEGO MINDSTORMS NXT Software an, indem man auf dem Startbildschirm den gewünschten Namen in das Textfeld hinter NEUES PROGRAMM ERSTELLEN einträgt und den Knopf GO drückt.

  Werden im Arbeitsbereich bereits ein oder mehrere andere Programme angezeigt, so kann man ein weiteres Programm anlegen, indem man entweder im Menü DATEI in der Menüleiste den Eintrag NEU auswählt oder in der darunter befindlichen Werkzeugleiste ganz links auf das kleine BLATT klickt.

- **Wie erreicht man, dass ein Programm so lange läuft, bis man es wieder manuell abschaltet?**
  Um das zu erreichen, legt man direkt am Ausgangspunkt des Programms einen Schleifenblock an, dessen Eigenschaft STEUERUNG auf UNENDLICH gesetzt ist. Abschließend legt man alle weiteren Programmelemente innerhalb dieser Schleife an.

E.3 Bearbeiten von Programmelementen

- **Wie löscht man einen oder mehrere Elemente aus dem Programm?**
  Einen oder mehrere Blöcke, Ablaufträger oder Kommentare kann man aus einem NXT-G-Programm wieder löschen, indem man diese durch Anklicken oder Ziehen eines Rahmens mit der Maus markiert und die Taste [Entf] drückt. Eine Datenleitung kann wieder gelöscht werden, indem man auf ihren rechten Anschlusspunkt klickt.
- **Wie kopiert man Programmelemente?**
  Will man ein Programmelement kopieren, so kann man es markieren und mittels [Strg]+[C] in die Zwischenablage kopieren. Durch anschließendes Drücken von [Strg]+[V] wird eine Kopie in den Arbeitsbereich eingefügt, die man dann nur noch an die richtige neue Position ziehen muss. Dieses Vorgehen funktioniert nicht nur für einzelne Elemente, sondern auch für größere Programmteile. Diese markiert man, indem man bei gedrückter linker Maustaste einen Rahmen um sie zieht.
- **Wie scrollt man in einem Programm?**
  Wird ein NXT-G-Programm breiter als der aktuell sichtbare Ausschnitt des Arbeitsbereichs, so erscheint in der Entwicklungsumgebung leider keine Bildlaufleiste. Man kann hier jedoch auf drei andere Arten scrollen:

  Zum Ersten kann man die Pfeiltasten der Tastatur benutzen.

  Zum Zweiten gibt es das SCHWENKWERKZEUG, das als kleine Hand in der Menüleiste angeklickt werden kann und mit dem man dann den Arbeitsbereich mit der Maus verschieben kann.

  Schließlich befindet sich im rechten unteren Bereich der Entwicklungsumgebung eine Lupe als zweiter Reiter: Klickt man sie an, so zeigt ein kleines Übersichtsfenster das gesamte Programm an, über das man mit der Maus den im Arbeitsbereich sichtbaren Bereich des Programms verschieben kann.
- **Wie legt man einen parallelen Ablaufträger an?**
  Um einen bestehenden Block auf einem neuen parallelen Ablaufträger zu platzieren, ziehen wir den Block parallel zum Hauptablaufträger in das Programm und verbinden den Anfang des neuen Ablaufträgers mit dem Hauptablaufträger. Dazu muss man ihn anklicken und bei gedrückter [⇧] die Maus zum Hauptablaufträger ziehen.

Dabei tritt oft das Phänomen auf, dass sich der umgebende Block – es handelt sich häufig um einen Schleifenblock –, in dem der parallele Ablaufträger angelegt werden soll, nicht automatisch vergrößert. In diesem Fall ist es zunächst gar nicht möglich, den ersten Block für den parallelen Ablaufträger zu platzieren. Hier hilft ein Trick: Wir klappen den Datenknoten eines Blocks aus, der sich bereits auf dem Hauptablaufträger befindet. Dadurch vergrößert sich der Bereich entsprechend nach unten. Jetzt kann man den neuen Block hineinziehen und den neuen parallelen Ablaufträger wie beschrieben anlegen. Anschließend kann man den ausgeklappten Datenknoten wieder schließen.

- **Wie legt man einen Eigenen Block für ein Unterprogramm an?**
  Um eine Anzahl von Programmelementen in ein Unterprogramm auszulagern, erzeugt man in NXT-G einen Eigenen Block. Dazu markiert man die Elemente zunächst, indem man sie entweder mit gedrückter [⇧] anklickt oder mit gedrückter linker Maustaste einen Rahmen um sie zieht. Dann öffnet man den Assistenten für Eigene Blöcke über den Eintrag NEUEN EIGENEN BLOCK ERSTELLEN im Menü BEARBEITEN der Menüleiste. Auf dessen erster Seite vergibt man einen eindeutigen Namen und eine Beschreibung für den neuen Eigenen Block, auf der nächsten Seite kombiniert man ein Icon aus der Liste der angebotenen Icons. Drückt man jetzt FERTIGSTELLEN, wird der neue Eigene Block angelegt. Die ausgewählten Elemente im ursprünglichen Programm werden automatisch durch den neuen Block ersetzt, der jetzt auch in der Palette EIGENE im Bereich EIGENE BLÖCKE verfügbar ist.

  Durch einen Doppelklick auf den Eigenen Block im Programm kann man sich dessen Inhalt als neuen Reiter im Arbeitsbereich der Entwicklungsumgebung anzeigen lassen und ihn dort auch bei Bedarf verändern.

- **Wie fügt man Kommentare in ein Programm ein?**
  Um einen neuen Text als Kommentar im Programm abzulegen, wechselt man zunächst durch Auswahl der SPRECHBLASE in der Werkzeugleiste in den Kommentarmodus. Klickt man nun in den Arbeitsbereich, so wird dort eine Textbox angezeigt, in die man den gewünschten Text eintippen kann. Mittels der Taste [Esc] kann man die Eingabe beenden und danach weitere Kommentare in das Programm einfügen oder durch Auswahl des ZEIGER-Symbols in der Werkzeugleiste wieder in den Editiermodus für das Programm wechseln.

E.4 Datenknoten und -leitungen

- **Wie öffnet und schließt man den Datenknoten eines Blocks?**
  Ein Datenknoten eines Blocks lässt sich ausklappen, indem man mit der Maus auf den linken unteren Rand des Blocks klickt. Ist der Datenknoten ausgeklappt, so kann man ihn auf diese Weise auch so weit wieder schließen, dass nur noch die verbundenen Anschlusspunkte angezeigt werden.

- **Wie legt man eine Datenleitung an?**
  Eine Datenleitung zwischen zwei Anschlusspunkten der Datenknoten zweier Blöcke wird angelegt, indem man den gewünschten Anschlusspunkt im ersten Datenknoten anklickt und den Mauszeiger hinüber zum gewünschten Anschlusspunkt des zweiten Blocks zieht.
- **Wie kann man Datenleitungen besser anordnen?**
  Die LEGO MINDSTORMS NXT Software stellt Datenleitungen manchmal unschön oder gar verwirrend dar. Das lässt sich korrigieren, indem man alle beteiligten Datenknoten einklappt, nachdem man die betreffenden Datenleitungen angelegt hat.
- **Warum sind Datenleitungen manchmal grau dargestellt?**
  Legt man eine Datenleitung an, die aus irgendeinem Grund ungültig ist, so wird sie grau dargestellt. Solche Datenleitungen müssen wieder entfernt werden, da sich das Programm ansonsten weder herunterladen noch ausführen lässt! Eine Datenleitung kann wieder gelöscht werden, indem man auf ihren rechten Anschlusspunkt klickt.

E.5 Variablen

- **Wie legt man eine neue Variable an?**
  Neue Variablen lassen sich über den Eintrag VARIABLEN DEFINIEREN im Menü BEARBEITEN der Menüleiste anlegen. Es öffnet sich ein Dialog, in dem man über ERSTELLEN die neue Variable mit Name und Datentyp anlegen kann.
- **Wie ändert oder löscht man eine Variable?**
  Variablen lassen sich ebenfalls über den Eintrag VARIABLEN DEFINIEREN im Menü BEARBEITEN der Menüleiste ändern oder auch löschen. Im sich öffnenden Dialog wählt man die Variable aus und drückt entweder LÖSCHEN oder ändert Name oder Datentyp.

Glossar

- **Ablaufträger**
  Element der Programmiersprache NXT-G zur Steuerung des Programmablaufs.
- **Bionik** (auch: Biomimetik)
  Technische Anwendung von Prinzipien aus der Natur.
- **Block**
  Element der Programmiersprache NXT-G, das Datenverarbeitung, Programmsteuerung und Aktionen kapselt. Blöcke werden auf Ablaufträgern angeordnet.
- **Bluetooth**
  Industriestandard für die drahtlose, funkgestützte Kommunikation von Geräten.
- **Datenknoten**
  Element der Programmiersprache NXT-G, das Ein- und Ausgabeschnittstellen von Blöcken abbildet.
- **Datenleitung**
  Element der Programmiersprache NXT-G für den Austausch von Daten zwischen den Datenknoten zweier Blöcke.
- **Education-Edition**
  Version von LEGO MINDSTORMS NXT, die vorrangig für den Einsatz an Schulen und Universitäten gedacht ist.
- **Eigener Block**
  Element der Programmiersprache NXT-G zur Erweiterung der Sprache mittels selbst definierter Unterprogramme.
- **Firmware**
  Betriebssystem der Hardware eines eingebetteten Gerätes, zum Beispiel des NXT-Steins.
- **Roboter**
  Ein Gerät, das über verschiedene Sensoren verfügt und damit in der Lage ist, den Programmablauf selbsttätig den Veränderungen der Umwelt anzupassen.
- **LDraw**
  Sammlung von Open-Source-Werkzeugen für die Definition und Weiterverarbeitung virtueller LEGO-Modelle.

- **LEGO Digital Designer**
  Von LEGO produziertes Werkzeug für die Definition virtueller LEGO-Modelle.
- **LEGO Education**
  Unternehmenszweig von LEGO, der sich speziell dem Einsatz von LEGO im pädagogischen Bereich widmet.
- **LEGO MINDSTORMS NXT**
  Seit 2006 verfügbares Produkt von LEGO aus der MINDSTORMS-Serie, in dem zahlreiche Teile aus der TECHNIC-Linie um einen programmierbaren Kleincomputer sowie Motoren und Sensoren gruppiert sind, und das für den Bau von Robotern gedacht ist.
- **LEGO MINDSTORMS NXT Software**
  Von LEGO produzierte Software-Plattform für die Programmierung und den Betrieb von NXT-Robotern.
- **leJOS NXJ**
  Open-Source-Plattform für die Programmierung und den Betrieb von NXT-Robotern auf Grundlage der Programmiersprache Java.
- **Lenkrolle**
  Drehbar gelagertes Rad eines dreirädrigen Roboters, das dessen Lenkbarkeit ermöglicht.
- **Massenmittelpunkt**
  Das theoretische gewichtete Mittel aller Massenpunkte eines Körpers.
- **MINDSTORMS Community Partners Program** (MCP)
  Von LEGO initiiertes und betriebenes Programm zur Einbindung der MINDSTORMS-Gemeinde über eine Gruppe von herausgehobenen Vertretern.
- **Modul**
  Ein normiertes Maß für die Länge von LEGO-Teilen, das zum Beispiel bei einem Balken der Anzahl seiner Löcher entspricht.
- **NXC** (Not Exactly C)
  Open-Source-Plattform für die Programmierung und den Betrieb von NXT-Robotern, die auf der Programmiersprache C beruht.
- **NXT-G**
  Sprache zur Programmierung von NXT-Robotern mit grafischer Syntax, die in der offiziellen LEGO MINDSTORMS NXT Software enthalten ist.
- **NXT-Roboter**
  Roboter, die vorrangig aus den Komponenten gebaut sind, die in LEGO MINDSTORMS NXT enthalten sind.
- **NXT-Set**
  Ein Set aus der Reihe LEGO MINDSTORMS NXT.

- **NXT-Stein** (Intelligenter Stein)
  Die zentrale programmierbare Steuerungseinheit von LEGO MINDSTORMS NXT.
- **On-Brick-Programmierung**
  Programmierung des NXT-Steins direkt über dessen Menü ohne Zuhilfenahme eines externen Computers.
- **pbLua**
  Open-Source-Plattform für die Programmierung und den Betrieb von NXT-Robotern, die auf der Programmiersprache Lua beruht.
- **Retail-Edition**
  Version von LEGO MINDSTORMS NXT, die vorrangig für Privatanwender und den Verkauf über den Spielwarenhandel gedacht ist.
- **Roberta**
  Initiative des Fraunhofer-Instituts, die darauf abzielt, Mädchen mithilfe von LEGO MINDSTORMS für eine naturwissenschaftliche Ausbildung zu begeistern.
- **Robo-Center**
  In der LEGO MINDSTORMS NXT Software enthaltenes Portal zu Bauanleitungen, Anleitungen und Angeboten von LEGO MINDSTORMS im Internet
- **RobotC**
  Kommerzielle Plattform für die Programmierung und den Betrieb von NXT-Robotern, die auf der Programmiersprache C beruht.
- **Robotic Invention Set** (RIS)
  Seit 1998 verfügbarer Vorläufer von LEGO MINDSTORMS NXT.
- **Schwerpunkt**
  Gedachter Punkt, an dem die Schwerkraft an einem Körper angreift. Für die meisten praktischen Anwendungen auf der Erde kann er gleich dem Massenmittelpunkt gesetzt werden.
- **Schwerpunktverschiebung**
  Methode, um einen Zweibeiner beim Gehen durch Verschiebung des Schwerpunkts im Gleichgewicht zu halten.
- **Servo**
  Ein unter anderem in LEGO MINDSTORMS NXT enthaltener Typ von Motor, bei dem verschiedene interne Parameter wie Rotationsgrad, -richtung und -geschwindigkeit extern abgefragt und verändert werden können.
- **TECHNIC**
  Produktlinie von LEGO, die vorrangig technische Modelle beinhaltet und sich von den klassischen LEGO-Produkten vor allem durch die Konstruktionsweise mit Balken und Steckern abhebt.

- **Tripod-Laufweise**
  Gangart für Wesen mit mehreren Beinen, bei der immer genau drei Beine zugleich am Boden, die anderen drei Beine zugleich in der Luft sind. Dabei bewegen sich auf jeder Seite das vordere und das hintere Bein gleichartig, während das mittlere Bein eine gegenläufige Bewegung vollzieht.
- **UML-Aktivitätsdiagramm**
  Eine Methode, mit der der Ablauf von Aktivitäten modelliert und die unter anderem zum Entwurf von Softwareprogrammen benutzt werden kann.
- **USB** (Universal Serial Bus)
  Serielles Bussystem zur kabelgestützten Verbindung von Computern mit externen Geräten.
- **Zamor-Werfer**
  Ursprünglich aus der Bionicle-Produktlinie stammende LEGO-Komponente zum Verschießen von Kugeln, die auch in Version 2.0 des NXT-Set enthalten ist.

Stichwortverzeichnis

A
Ablaufträger 45
Achse 36
Akku 24
Anzeigefenster 26
Arbeitsbereich 48
Ausführen eines Programms 57
Ausgang 25
Ausgangspunkt 82
Auto 181

B
Balken 33
Beenden eines Programms 82
Beispielroboter 49
Benutzeroberfläche 47
Berührungssensor 29, 131, 134, 225, 229, 258
Betriebssystem 14
Bewegungsblock 59, 82, 119
Bionik 116
Block 45
Block für Eingehende Nachricht 353
Bluetooth 51, 350, 361
Bluetooth aktivieren 52
Bluetooth-Symbol 52
Buchse 39

D
Datenfluss-orientierter Ansatz 44
Datenknoten 46
Datenleitung 46, 59, 84, 85
Doppelritzel 38
Drahtlose Kommunikation 321
Drahtlose Verbindung 356, 359
Drehknopf 38
Drehsensoren 344
Drehung 85

E
Education Resource Set 25
Education-Edition 14, 24
Eigenen Block 219
Eigener Block 46, 179, 211, 262, 353
Eingang 25
Eingegangene Nachricht 354
Entwurf 59, 80
Erweiterbarkeit 46

F
Fallunterscheidung 348
Farbsensor 31, 91, 117, 269, 307, 310
Farbsensorblock 119
Fernsteuerung 43, 359
Fernsteuerungswerkzeug 360
Firmware 48
Fortbewegung 16, 225, 258, 269

G
Gleichgewicht 229, 269, 270
Gleichzeitigkeit 91, 124, 168
Grafische Notation 44

H
Hexapode 226
Hilfe 48, 50, 385
Hilfebereich 48

I
Intelligent Robot 43
Intelligenter Stein 25

J
Java 378

K

Klang 310
Klangblock 313, 315
Klänge 269, 313
Kommentar 388
Kommentare 365
Konfigurationsbereich 48
Kontakt 18
Kontrollzentrum 48, 53
Kopieren 122
Koppelung 227
Kreis 18
Kriechsohle 131

L

Laden eines Programms 51, 53
Lampe 32, 269, 275, 310
Laufketten 16, 59
Laufroboter 16, 177, 225, 269
Lautsprecher 26
LEGO Education 24
LEGO MINDSTORMS NXT Software 47
leJOS NXJ 378
Lenkbare Vorderräder 181
Lenkrolle 91, 94, 321
Leser 13
Lichtsensor 91, 117, 119, 310
Logische Blöcke 131
Löschen eines Blocks 83

M

Mailbox 351
Massenmittelpunkt 270
Master 356
Matheblock 126, 208
mathematische Operationen 91, 179
MINDSTORMS 22
MINDSTORMS Community Partners Program 23
Mobiler Roboter 59
mobiler Roboter 179
Modul 17, 33
Motorblock 124

N

Nachrichtensendeblock 351
Neues Programm 81
NXC 378
NXT-Firmware 385
NXT-G 16, 44, 377
NXT-G-Programm 81
NXT-Motor 16, 28, 59
NXT-Set 17
NXT-Stein 22, 25
NXT-Steuerungsmenü 26

O

Öffnen eines Datenknotens 84
On-Brick-Programmierung 43
Open Source 378

P

Palette 48
Parallele Ablaufträger 262
Paralleler Ablaufträger 124
pbLua 379
PIN 53, 357
Programmablauf 80
Programmiersprachen 377
Programmierung 43, 80
Programmverzweigung 59

R

Räder 16, 39, 91, 92
Retail-Edition 14, 24
Robo-Center 48
RobotC 379
Robotic Invention Set 21
Rotationspfeil 17
Rotationssensor 28

S

Schaltblock 84, 173, 348
Schleife 82
Schließen eines Datenknotens 85
Schwarm
    Schwarm 319
Schwarmwesen 321
Schwerpunkt 269, 273
Schwerpunktverschiebung 271
Sechsbeiner 225, 226
Sensor 16, 29, 91
Sensoren 381
Servo 28
Slave 356
Standardwert 349

Stecker 35
Stoppen eines Programms 57
Stopper 37
Strukturierung 179
Synchronisation 228

T

TECHNIC 32
Technische Details 27
Tripod-Laufweise 227, 258

U

Ultraschallsensor 30, 179, 204, 258, 308, 367
UML-Aktivitätsdiagramm 80
Unterprogramm 179, 180, 211
USB 51

V

Variable 120
Variablen 91
Verbindungsassistent 361
Verbindungsstücke 35
Vergleich 59
Vergleichsblock 84
Vorkenntnisse 14

W

Wahrnehmung 16, 91, 131, 179
Warteblock 91, 121, 169, 264
Webseite 18, 47
Werkzeugleiste 48
Wettbewerb 49
Wiederholungsmodus 315

Z

Zahnräder 37
Zamor-Werfer 40, 269, 271, 274, 309
Zeichnung 80
Zufallsblock 83, 348
Zweibeiner 270, 272
Zweibeiniges Gehen 225, 269

Daniel Braun

Roboter programmieren mit

NXC

für LEGO® MINDSTORMS® NXT

- Von einfachen Befehlen über den Einsatz von Sensoren bis zur Kommunikation zwischen Robotern
- Abschlussprojekt: der Roboter als Spielekonsole für zwei Personen
- Zahlreiche Praxisbeispiele und Übungsaufgaben mit vollständigen Lösungen
- Für die Versionen NXT 1.0 und 2.0

2., aktualisierte Auflage

Kleine Roboter in Form von intelligenten Maschinen sind heutzutage im Alltag – meist unsichtbar – schon überall zu finden. Mit diesem Buch lernen Sie, einen eigenen Roboter zu programmieren. Sie brauchen dafür lediglich einen LEGO MINDSTORMS NXT und einen Computer.

Der Autor erläutert Ihnen das Programmieren mit der Sprache NXC von Grund auf, dabei werden keine Programmierkenntnisse vorausgesetzt. Anhand praxisnaher Beispiele werden Sie nach und nach immer mehr Befehle kennen lernen und somit immer weitere Möglichkeiten haben, Ihren Roboter zu steuern. Am Ende werden Sie in der Lage sein, einen autonomen Roboter zu programmieren, der intelligent auf seine Umgebung reagiert und die verschiedensten Aufgaben lösen kann.

Jedes Kapitel enthält am Ende eine Übersicht der neu eingeführten Befehle. Darüber hinaus finden Sie in jedem Kapitel mehrere Fragen und Übungsaufgaben mit vollständigen Musterlösungen. Abgerundet wird das Buch durch eine Zusammenstellung aller im Buch behandelten Befehle zum Nachschlagen.

Die aktualisierte Neuauflage beinhaltet alles Wissenswerte zur neuen Version NXT 2.0 und zum neuen Farbsensor. Alle Beispiele sind sowohl auf dem NXT 1.0 als auch auf dem NXT 2.0 ausführbar.

Über den Autor:

Daniel Braun beschäftigt sich schon seit langem mit den Themen Künstliche Intelligenz und Robotik. Er nahm bereits als aktiver Teilnehmer und als Coach an zahlreichen Wettbewerben teil wie z.B. bei der First Lego League. Im Jahr 2005 trat er zusammen mit dem späteren Weltmeister im Roboter-Fußball bei den German Open des RoboCups an. Außerdem ist er mitverantwortlich für das „Pleopatra"-Projekt des Deutschen Forschungszentrums für Künstliche Intelligenz (DFKI).

Probekapitel und Infos erhalten Sie unter:
www.mitp.de/9064

ISBN 978-3-8266-9064-8